Rolf Franken / Swetlana Franken

Integriertes Wissens- und Innovationsmanagement

Mit Fallstudien und Beispielen aus der Unternehmenspraxis

GABLER

Bibliografische Information der Deutschen Nationalbibliothek
Die Deutsche Nationalbibliothek verzeichnet diese Publikation in der Deutschen Nationalbibliografie; detaillierte bibliografische Daten sind im Internet über <http://dnb.d-nb.de> abrufbar.

1. Auflage 2011

Lektorat: Ulrike Lörcher | Katharina Harsdorf

Gabler Verlag ist eine Marke von Springer Fachmedien.
Springer Fachmedien ist Teil der Fachverlagsgruppe Springer Science+Business Media.
www.gabler.de

Umschlaggestaltung: KünkelLopka Medienentwicklung, Heidelberg
Gedruckt auf säurefreiem und chlorfrei gebleichtem Papier
Printed in Germany

ISBN 978-3-8349-2599-2

Vorwort

Die hohe Veränderungsdynamik der wirtschaftlichen und sozialen Umwelt stellt Unternehmen und ihr Management vor neue Herausforderungen. Der langfristige Erfolg eines Unternehmens wird von seiner Fähigkeit bestimmt, vorhandene Wissens- und Kreativitätspotenziale intelligent zu nutzen, neues Wissen zu generieren und in zukunftsträchtige Geschäftsmodelle, marktfähige Produkte und effiziente Prozesse umzusetzen. Jedoch sind diese Herausforderungen auch als Chancen zu betrachten. Die exponentielle Entwicklung des Wissens, seine zunehmende Zugänglichkeit und die Möglichkeiten der Informations- und Kommunikationstechnologie eröffnen Unternehmen neue Wege zu Kunden, Märkten und Geschäftspartnern und neue Optionen der Unternehmensführung und -steuerung.

Auch wir wollen mit diesem Buch einen neuen Weg einschlagen und ein Konzept für ein ganzheitliches Management entwickeln, das die drei bis jetzt eigenständigen Bereiche Wissensmanagement, Organisationales Lernen und Innovationsmanagement als Einheit betrachtet. Wissen, Lernen und Innovation bilden eine dynamische Begriffskette, die für die Wettbewerbsfähigkeit und den Erfolg eines Unternehmens eine Schlüsselrolle spielt. Diese Begriffe werden auch in diesem Buch im Mittelpunkt stehen.

Im ersten Kapitel wird gezeigt, welche Anforderungen die aktuellen Entwicklungen in Wirtschaft und Gesellschaft an Unternehmen stellen und welche Chancen sich dadurch ergeben. Als adäquate Antwort auf diese Veränderungen wird ein integriertes Wissens- und Innovationsmanagement als ganzheitliches Konzept dargestellt.

Im zweiten Kapitel werden wir die zentralen Begriffe des Buches, Wissen und Wissensmanagement, definieren sowie Formen und Dimensionen des Wissens beschreiben. Der Schwerpunkt liegt dabei auf den Besonderheiten und der Gestaltung des kollektiven Wissens. Anschließend gehen wir auf die Gestaltung von Basisfunktionen des Wissensmanagements ein – Wahrnehmung, Gedächtnis, Wissensverarbeitung, Wissensnutzung und Wissenscontrolling.

Die dynamische Komponente des Wissens in Unternehmen – das organisationale Lernen – wird in Kapitel drei erläutert. Hierbei wird gezeigt, wodurch sich das individuelle und kollektive Lernen unterscheiden und wie man das Lernen in Unternehmen auf allen vier Ebenen (individuelle, Gruppen-, organisationale und überorganisationale Ebene) praktisch gestalten und fördern kann. Es werden formelles und informelles Lernen, traditionelle Formen im Rahmen der Personalentwicklung und neue Trends zu web- und spielbasiertem Lernen in Unternehmen beschrieben.

Im vierten Kapitel wird Innovationsmanagement erläutert, insbesondere Begriffe und Typen von Innovationen, Innovationsstrategien und einzelne Schritte des Innovationsprozesses, die ausführlich beschrieben und hinsichtlich ihrer praktischen Gestaltung analysiert werden. Der Schwerpunkt wird dabei auf die Wissensarbeit zur Förderung von Ideen und im Innovationsprozess gelegt.

Die einzelnen Kapitel, die sich an traditionellen Disziplinen Wissensmanagement, Organisationales Lernen und Innovationsmanagement ausrichten, werden durch Querverweise und Verbindungen vernetzt.

Wir haben uns bemüht, die theoretischen Ausführungen und Diskussionen auf ein Minimum zu reduzieren, um möglichst viele Fallstudien und Praxisbeispiele einzuarbeiten. Diese Beispiele dienen zudem als weitere Verbindungsglieder zwischen den einzelnen Kapiteln, da es schwierig ist, die praktischen Instrumente und Maßnahmen einzelnen Bereichen zuzuordnen. Die Unternehmenspraxis geht hier der Wissenschaft voran und beweist die Notwendigkeit eines integrierten Ansatzes.

Mit diesem Buch wollen wir uns in erster Linie an die BWL-Studierenden in Bachelor- und Masterstudiengängen, insbesondere mit den Schwerpunkten Management und Organisation, wenden. Darüber hinaus sehen wir Entscheidungsträger[1] und Führungskräfte in Unternehmen, Managementberater und Wissenschaftler genauso als unsere Zielgruppe. Wir alle sind Akteure der Wissensgesellschaft und werden ständig mit ihren Herausforderungen und Chancen konfrontiert. Von unserem Umgang mit Wissen, von kontinuierlichem Lernen und der Innovationskompetenz sind unser persönlicher Erfolg, die Wettbewerbsfähigkeit unserer Unternehmen und die Zukunft unserer Gesellschaft abhängig.

Um den Lesefluss zu erleichtern, haben wir die Kontrollfragen und -aufgaben in einem separaten Anhang (gegliedert nach Kapiteln) aufgeführt. Auf der Homepage des Verlags unter www.gabler.de können Dozenten und Studenten Vorlesungsfolien und Zusatzmaterialien zu diesem Buch finden.

Wir wünschen Ihnen viel Spaß beim Lesen und Mitdenken sowie viel Erfolg bei der Umsetzung des integrierten Wissens- und Innovationsmanagements in die Unternehmenspraxis.

Köln, im Februar 2011 Rolf und Swetlana Franken

---

[1] Hier und im Weiteren werden aus Einfachheitsgründen nur männliche Formen benutzt, wobei Vertreter des weiblichen und männlichen Geschlechts gemeint sind.

Inhaltsverzeichnis

1 Das Modell des integrierten Wissens- und Innovationsmanagements

Betrachtet man Google-Search-Trends zu den Themen „Wissensmanagement" und „Innovationsmanagement", so muss man feststellen, dass diese Themen eigentlich out sind.[2] Die Attraktivität des Themas „Wissensmanagement" ist seit Jahren rückläufig, Innovationsmanagement hat eine permanente relativ geringe Nachfrage die sich in den letzten Jahren plötzlich steigert, aber immer noch relativ gering ist. Vor 10 Jahren sah das – zumindest für das Wissensmanagement – noch ganz anders aus, Wissensmanagement erlebte einen Hype und jeder beschäftigte sich damit.

Warum also heute noch ein Buch zum Wissens- und Innovationsmanagement?

In seiner Anfangsphase (1990 bis 2000) war das Wissensmanagement durch einige neu entstandene Tools – z.B. die Dokumentenmanagementsysteme auf der technischen Seite und die Communities of Practice auf der sozialwissenschaftlichen Seite – geprägt und jeder musste die neuen Schlagworte kennen. Die theoretischen Ansätze waren noch sehr oberflächlich. Die zentralen Begriffe „Wissen", speziell „Wissen von Unternehmen", wurden sehr pragmatisch gehandhabt, Beziehungen zum Innovationsmanagement und zum Lernen von Unternehmen wurden nicht herausgearbeitet, integrative Ansätze waren selten. Inzwischen wird immer deutlicher, dass ein Managementkonzept für ein intelligentes Unternehmen nicht mehr ohne Wissensmanagement, Innovationsmanagement und die dynamische Perspektive eines lernenden Unternehmens denkbar ist. Es Zeit für ein durchdachtes integratives Konzept.

Wir möchten in diesem Buch einen solchen integrativen Ansatz auf der Basis eines klaren theoretischen Konzeptes unter Einbeziehung der vielen neuen Informations- und Kommunikationstechnologien und der Erkenntnisse der Kognitiven Neurobiologie skizzieren. Dabei soll mehr das Konzept an sich, als seine wissenschaftstheoretische Begründung im Vordergrund stehen.

1.1 Management

Die klassische Literatur betrachtet Management (Unternehmensführung) als das Gestalten, Lenken und Entwickeln von Unternehmen bzw. gesellschaftlichen Institutionen. Die Untergliederungen der dazu notwendigen Managementfunktionen werden uneinheitlich

---

[2] Vgl. http://www.google.com/trends, dies gilt sowohl für die deutschen wie die englischen Begriffe.

vorgenommen, es gibt jedoch einen Grundkonsens hinsichtlich der Funktionen Organisation, Planung und (Mitarbeiter-)Führung.[3]

Parallel zu diesen klassischen Teilfunktionen haben sich in den letzten Jahrzehnten zahlreiche neue Ansätze – Wissensmanagement, Innovationsmanagement, organisatorisches Lernen und Konzepte wie grenzenlose Unternehmen u.a. – entwickelt, die in das ursprüngliche Modell nur schwer einzuordnen sind. Wie jede Wissenschaft, wird die Managementlehre von gesellschaftlichen Veränderungen und neuen wissenschaftlichen Erkenntnissen beeinflusst. Vier relevante Faktorengruppen machen ein neues Managementparadigma erforderlich:

- die aktuellen wirtschaftlich-gesellschaftlichen Trends, die das Umfeld des Unternehmens verändern und neue Anforderungen an das Management stellen;
- neue Entwicklungen und Erkenntnisse in der Managementlehre,
- der Wandel des Menschenbildes in Gesellschaft und Unternehmen als Einflussfaktor auf das Management und nicht zuletzt
- die Entwicklung der Technik, insbesondere der Informations- und Kommunikationstechnologie.

Um zu einem neuen Verständnis von Management und seinen Teilaufgaben zu kommen, wollen wir von der Charakterisierung eines Unternehmens ausgehen und auf dieser Grundlage die Hauptfunktionen des Managements ableiten und in einen Kontext bringen.

1.1.1 Unternehmen und Management

In der Betriebswirtschaftslehre gibt es zahlreiche und mehrdeutige Begrifflichkeiten in Bezug auf Unternehmen und Management, die verschiedene Sichtweisen widerspiegeln.

1.1.1.1 Sichten

Jeder, der über etwas spricht (oder schreibt), verfolgt eine bestimmte Absicht und hat eine bestimmte Sicht auf das, worüber er spricht. Sein primäres Ziel ist, eine gemeinsame Situation der Aufmerksamkeit und bestimmte aufeinander bezogene Verhaltensweisen in dieser Situation herzustellen. Normalerweise werden die Prämissen und Kontextbedingungen der Kommunikation nicht explizit verbalisiert.

---

[3] Steinmann/Schreyögg (2005) unterscheiden z.B. die Teilfunktionen Planung, Organisation, Personaleinsatz, Führung und Kontrolle. Selbst die frühere sozialistische Literatur ging von ähnlichen Funktionen aus. So unterscheiden z.B. Weidauer/Wetzel (1972) zwischen dem „Leitungsschwerpunkt Planung und Rechnungsführung“, dem „Leitungsschwerpunkt Organisation“ und die „Aufgaben des Leiters bei der Persönlichkeits- und Kollektiventwicklung“. Planung und Organisation bleiben bei den verschiedenen Gliederungen der Managementaufgaben relativ konstant, Führung wird unterschiedlich durch mehrere personalbezogenen Funktionen beschrieben und zusätzlich erscheint teilweise „Informationswirtschaft“ oder ähnliche in Richtung Wissensmanagement weisende Teilaufgaben.

Eine Sicht ist eine Betrachtungsweise, die bestimmte Aspekte eines Systems oder Problems hervorhebt und andere in den Hintergrund stellt. Sie ist wissenschaftlich mit bestimmten Methoden und Werkzeugen verbunden, die bei der Betrachtung des Systems und bei seiner Behandlung eingesetzt werden. Eine Sicht ist in der Regel so ausgelegt, dass die zu verarbeitende Informationsmenge auf ein für den Benutzer überschaubares Maß reduziert wird.

Sichten definieren die Abgrenzung des Objektes und seine grundsätzlich wichtigen Eigenschaften, die der Betrachter seinem Objekt unterstellt bzw. bei seiner Betrachtung in den Vordergrund stellt und instrumental die Teilaspekte, in die diese Betrachtung zerlegt wird, damit sie überschaubar bleibt (Komplexitätsreduktion).

Wenn wir unsere Sicht auf ein Unternehmen und danach auf Management, Wissensmanagement, Innovationsmanagement und Lernen definieren, so legen wir damit fest, was wir an diesen Konzepten als relevant erachten und welche Eigenschaften wir den betrachteten Objekten unterstellen. Wir wollen dies offen tun, um damit leichter nachvollziehbar und kritikfähig zu sein. Was also sind Unternehmen aus unserer Sicht?

1.1.1.2 Unternehmen

Unternehmen sind komplexe, intelligente Handlungssysteme, die sich selbst managen.[4]

In diesen Begriff gehen verschiedene Unterbegriffe ein, die wiederum erklärungsbedürftig sind:

- **Unternehmen sind Handlungssysteme**, d.h. sie bilden eine Ganzheit aus verschiedenen Elementen und haben die Funktion, Handlungen auszuführen. Sie produzieren Leistungen, die sie am Markt verkaufen, aber sie verhalten sich auch als verantwortliche Handlungseinheiten in unserer Gesellschaft. Auf diese Eigenschaft und wie sie zu verstehen ist, wird noch ausführlicher eingegangen, wenn wir beschreiben, was Handeln eines Unternehmens ist und welche Rolle dabei das Wissen spielt.
- **Unternehmen managen sich selbst**, d.h. sie gestalten, entwickeln und lenken sich selbst. Was ein Unternehmen tut, wie es aufgebaut ist, welche Ressourcen es einsetzt usw. wird von ihm selbst bestimmt, inklusive der Metafunktion des Managens des Managens selbst.
- **Unternehmen sind komplex**, d.h. sie entstehen durch die Interaktion vieler selbst komplexer Teile, die sich ständig ändern. Sie sind daher in ihrem Handeln von einer Teileinheit nicht vollständig beschreibbar und beherrschbar.
- **Unternehmen sind intelligent**, d.h. sie entwickeln ein eigenes Wissen, welches ihnen ermöglicht, ihr Handeln selbst zu bestimmen (unabhängig von, aber in Relation zu ihrer Umwelt).

---

[4] Vgl. zum Systemansatz das St. Galler Modell, Rüegg-Stürm (2005).

In einem kleinen Exkurs wollen wir auch andere Sichten auf Unternehmen darstellen, um einen Vergleich von Positionen und Meinungen zu ermöglichen.

Exkurs zum Begriff Unternehmen

Meistens wird das komplexe Phänomen Unternehmen durch Merkmale beschrieben, die von Wissenschaftler zu Wissenschaftler verschieden sind.

Grochla hat Unternehmen als eine vom Unternehmer geführte Wirtschaftseinheit verstanden und damit als Hort der unternehmerischen Tätigkeit des Inhabers interpretiert. Auch für Wöhe war bei der Definition des Unternehmens das Eigentumsverhältnis von zentraler Bedeutung: ein Unternehmen ist ein Betrieb im marktwirtschaftlichen Wirtschaftssystem. Das Unternehmen als privater Betrieb arbeitet selbstbestimmend (Autonomieprinzip) und strebt nach Gewinn (das ökonomische Prinzip).[5]

Für Gutenberg stand im Mittelpunkt, dass ein Unternehmen zur Fremdbedarfsdeckung betrieben wird, wobei die Transformation von Input- in Outputgüter entscheidend ist. Gutenberg hat von wirtschaftlicher Selbstständigkeit unternehmerischen Handelns gesprochen, gemessen an Eigeninitiative und Verantwortung, eigener Planung und eigenen ökonomischen Überlegungen.

Die Fremdbedarfsdeckung wird auch von Ulrich als Zweck des Unternehmens bezeichnet, allerdings betont er auch den gesellschaftsbezogenen Charakter eines Unternehmens. Für Ulrich ist die Freiheit des Unternehmens bei der Bestimmung seiner eigenen Ziele von besonderer Bedeutung, deswegen bezeichnet er Unternehmen als produktives soziales System.[6]

1.1.1.3 Management von Unternehmen

Das Management von Unternehmen (Unternehmensführung) umfasst alle Maßnahmen

- **zur Abgrenzung des Unternehmens:** Wer und was gehört zum Unternehmen?
- **zur Orientierung des Handelns des Unternehmens in seiner Umwelt:** Was wird gemeinsam getan? Mit welchen Mitteln wird es getan? Für wen wird es getan? Wer sind die Stakeholder?
- **zur Bildung der Teileinheiten des Unternehmens (Systembildung) und Orientierung dieser Teileinheiten auf ein abgestimmtes, gemeinsames Handeln:** Wer im Unternehmen tut wann was mit welchen Mitteln? sowie
- **zur Gestaltung des Managementsystems selbst (auf der Metaebene, Systementwicklung als Aufgabe):** Wie und durch wen werden die genannten Ziele definiert? Wie definieren das Unternehmen die Zuständigkeiten für die Ausführung bestimmter Aufgaben (Arbeitsteilung)? usw.

---

[5] Vgl. Wöhe (2008), S. 37, 41.

[6] Vgl. Macharzina/Wolf (2005), S. 15-16.

1.1.2 (Teil-) Funktionen des Managements

Management ist eine Aufgabe, die in jedem Unternehmen getan werden muss. Aufgrund ihrer Komplexität wird sie in größeren Unternehmen arbeitsteilig von verschiedenen Spezialisten erledigt. Die Form der Arbeitsteilung bei dieser Aufgabe und mit ihr verbunden die Entwicklung von Teildisziplinen der Managementlehre ist historisch gewachsen und nur bedingt analytisch zu erklären.

Die Klassiker der Managementlehre waren zumeist eng mit der Praxis verbunden und bildeten sehr pragmatische Teilfunktionen des Managements, wie z.B. Frederick Winslow Taylor, Henri Fayol und Luther Halsey Gulick.

Henri **Fayol** hat z.B. in seinem 1916 erstmals veröffentlichten Werk „Industrielle und allgemeine Verwaltung" zwischen fünf Elementen der Verwaltung Vorschau und Planung (prévoir), Organisation (organiser), Anweisung (commander), Koordination (coordonner) und Kontrolle (contrôler) unterschieden[7].

Luther Halsey **Gulick** als einer der bedeutendsten Vertreter der amerikanischen Managementlehre hat 1937 das bekannte POSDCORB-Konzept entwickelt, das auf den folgenden Managementfunktionen aufbaute: **P**lanning, **O**rganizing, **S**taffing, **D**irecting, **CO**ordinating, **R**eporting und **B**udgeting.[8]

Im Laufe der Entwicklung haben sich drei zentrale Funktionen des Managements stabilisiert, die allgemein akzeptiert werden.

- **Planung und Kontrolle** als Gesamtheit aller Maßnahmen des Erarbeitens, Koordinierens, Setzens und Verfolgens von Handlungszielen, definiert als Rahmen für das Handeln der Unternehmung und ihrer Teileinheiten unter Berücksichtigung der internen und externen Situation, zur Zuteilung der dazu notwendigen Ressourcen und zur Festlegung von Bewertungsmaßstäben für das "unternehmenskonforme" Handeln.
- **Organisation** als Gesamtheit aller Maßnahmen zur Segmentierung und Strukturierung der Handlungsrahmen aller Teileinheiten eines Unternehmens und zur Festlegung einer zeitlichen Struktur der Handlungsausführung.
- **(Personal)führung** als Gesamtheit aller Maßnahmen zur Harmonisierung der individuellen Ziele und Handlungsbedingungen mit den formellen, handlungsbezogenen Anforderungen des Unternehmens.

---

[7] Vgl. Fayol (1929), S. 34 ff.

[8] Vgl. Schreyögg/Koch (2007), S. 9.

Daneben hat sich ein Schichtenkonzept durchgesetzt, welches strategische, operative und Steuerungsprobleme bei der Ausführung von Handlungen unterscheidet. Teilweise wird noch zwischen normativen und strategischen Problemen unterschieden. Diese Schichten korrespondieren einerseits mit der Reichweite des Betrachtungshorizontes, lassen sich aber schwer auf die Teilaufgabe der Organisation übertragen. Auf dieses Schichtenmodell wird im Weiteren genauer eingegangen.

Wissensmanagement fehlt in dieser klassischen Gliederung der Managementfunktionen ganz. Unternehmen wurden lange Zeit als reine Leistungseinheiten gesehen, die ihre Produkte möglichst effizient produzieren. Es reichte, wenn man Menschen als abstrakte ausführende Einheiten betrachtete. Kreativität und Intelligenz standen nicht im Mittelpunkt der Betrachtung. Insbesondere die Entwicklung einer kollektiven Intelligenz, wie sie Unternehmen ohne Zweifel besitzen, wurde nicht thematisiert.

> Man bedenke einmal, wie es möglich ist, dass ein Unternehmen z.B. ein Automobil entwickelt und herstellt. Kein einzelner Mensch verfügt über die Intelligenz, eine solche Aufgabe zu erledigen – schon aus zeitlichen Gründen nicht. Kollektiv unter Ausnutzung von Spezialisierung und Arbeitsteilung ist es eine alltägliche Aufgabe. Das war übrigens auch zu Taylors und Fayols Zeiten so. Unternehmen besitzen also eine Intelligenz, die jedem Individuum überlegen ist.

Trotzdem ist die Erkenntnis, dass zu den Managementaufgaben auch die Entwicklung einer kollektiven Intelligenz der Unternehmen gehört, erst in den letzten zwanzig Jahren vor allem durch die Entwicklung der Informations- und Kommunikationstechnologie (IKT) entstanden. Der Begriff „Wissensmanagement" erlangte seine Popularität durch das Entstehen der Dokumentenmanagementsysteme und der damit bestehenden neuen Möglichkeiten.

Unternehmen stehen heute vor neuen Anforderungen und Möglichkeiten, die eine Beschäftigung mit dem Thema Wissen und seinem Entstehen unumgänglich machen.

1.2 Chancen und Anforderungen an das Management der Zukunft

Unternehmen werden einerseits durch ihre Umwelt vor neue Herausforderungen gestellt, die sie durch ihre Intelligenz meistern müssen, andererseits bietet die technologische Entwicklung auf dem IKT-Sektor neue Chancen, die genutzt werden können. Beides hängt natürlich zusammen, denn zur Umwelt gehören andere Unternehmen, die diese Chancen nutzen und im Vorteil sind, wenn das Unternehmen selbst nicht (re)agiert.

Zu den Anforderungen gibt es eine Fülle von Publikationen – im Prinzip beginnt jedes Managementbuch mit einer solchen Aufzählung – und auch einige Studien, die auf Befragungen von Managern basieren, z.B. die Studien von IBM. Nicht zu vergessen sind die politischen Aussagen der deutschen Ministerien und der Europäischen Union, wie sie in politischen Strategiepapieren und Ausschreibungen von Forschungsprojekten zum Ausdruck kommen.[9]

Ohne Anspruch auf Vollständigkeit sollen hier nur einige Aspekte thesenartig zusammengefasst werden.

1.2.1 Anforderungen an die Unternehmen der Zukunft

Die Anforderungen an die Unternehmen ergeben sich aus Rahmenbedingungen ihrer Umwelt(en) und erfordern spezifische Fähigkeiten und Einstellungen.

Die Umwelten der Unternehmen werden immer heterogener, komplexer, dynamischer, unsicherer und diskontinuierlich. Ursachen dafür sind die

- generelle Globalisierung,
- die technologische Entwicklung,
- Rohstoffe und Energie sind begrenzt,
- die technologische Entwicklung und der internationale Wissensaustausch beschleunigen sich,
- Nachhaltigkeit und Klimaschutz werden zu zentralen Themen,
- die individualisierte Produktion und Vernetzung gewinnen an Bedeutung,
- Verflechtungen von Industrie und Dienstleistungen nehmen zu.[10]

In den meisten europäischen Ländern kommt noch der sich abzeichnende demographische Wandel hinzu, der die Unternehmen zu einer neuen Strategie im Umgang mit ihren alternden Belegschaften vor dem Hintergrund des Fachkräftemangels zwingen wird, aber auch Märkte mit neuen Anforderungen hervorbringt.

Beispiel demographischer Wandel

Der demografische Wandel wird in den nächsten Jahrzehnten zu gravierenden sozialen, wirtschaftlichen und politischen Problemen führen.

Als Folge davon wird die Bedeutung älterer Arbeitnehmer in Unternehmen in Deutschland kontinuierlich zunehmen. Die KMU sind von dieser Tendenz besonders stark betroffen, da sie im Vergleich zu Großunternehmen für junge Fachkräfte weniger attraktiv

---

[9] Vgl. die Homepages der Bundesministerien BMWi (http://www.BMWi.de/) und BMBF (http://www.bmbf.de/).

[10] Vgl. BMWi (2010a).

sind.[11] Viele Unternehmen (überwiegend Großunternehmen) haben das Problem der Alterung der Belegschaften erkannt und mit speziellen personalpolitischen Maßnahmen reagiert – mehr als 53 Prozent der Unternehmen analysieren ihre Altersstrukturen und bereiten sich auf den Fachkräftemangel vor.[12]

Das BMBF fördert die Entwicklung spezieller Demografie-Werkzeuge für das Personalmanagement: Instrumente für Altersstrukturanalyse, Personalmarketing für Gewinnung von Fachkräften, Zukunftsplanung, Gefährdungsbeurteilung mit Betonung alterskritischer Belastungen, Nachfolgeplanung, Unternehmenskultur sollen den Unternehmen helfen, diese Probleme zu meistern.[13]

Die Generation 50 Plus hat einiges zu bieten, was Unternehmen zugutekommt: Betrachtet man zwei Aspekte der klassischen Intelligenz, fluide und kristalline, so kann man feststellen, dass die kristalline Intelligenz (methodisches Wissen, Fach- und Erfahrungswissen) mit dem Alter zunimmt.[14] Das menschliche Gehirn ist auch im hohen Alter lernfähig.[15] Die neuen Erkenntnisse der Gehirnforschung belegen, dass lebenslanges Lernen gehirnbiologisch gesehen durchaus möglich ist.

Des Weiteren verbringen Ältere im Gegensatz zu Young Professionals weniger Zeit mit Konkurrenzkampf und Mobbing, da sie ihren Platz im Unternehmen bereits gefunden haben. Aus der Perspektive des Wissensmanagements sind ältere Mitarbeiter mit ihrem Erfahrungswissen, das zum großen Teil in impliziter Form vorliegt, für Unternehmen besonders wertvoll. Es bedarf jedoch bestimmter Verfahren, dieses implizite Wissen für Unternehmen zugänglich zu machen und zu erhalten. Diese werden derzeit vermehrt erforscht.[16]

Ebenso bedeutet die zunehmende Zahl von Menschen der Generation 50 Plus einen komplett neuen Markt. Die Bedürfnisse dieser Menschen bilden die Nachfrage für komplexe Dienstleistungsbündel, die individuell um die Betroffenheit und den Lebensort der Menschen gestaltet werden müssen. Dem wachsenden Bedarf dieser Dienstleistungen steht jedoch noch eine geringe Zahlungsbereitschaft der potenziellen Kunden gegenüber, da derzeit nur selten aufeinander abgestimmte Problemlösungen und innovative Geschäftsmodelle angeboten werden. Wir gehen davon aus, dass die zahlungswillige Nachfrage nach ganzheitlichen Lösungen mit flexibel gestaltbaren, individuellen Leistungen zunehmen wird, wenn ein entsprechendes Angebot verfügbar ist.

Das Angebot muss flexibel konfigurierbare Produktbündel aus Dienstleistungen und Sachgütern umfassen, die ganzheitliche Problemlösungen für individuelle Bedürfnisse

[11] Vgl. Fuchs/Dörfler (2005).

[12] Vgl. Adecco Institut-Weißbuch (2008).

[13] Vgl. BMBF (2010), S.12ff.

[14] Vgl. Franken (2010).

[15] Vgl. Haeberlin (2003), S. 599; Lehr (2007), S. 93 ff.

[16] Vgl. z.B. das an der Ruhr-Universität Bochum entwickelte Konzept Nova.PE. Nova.PE(o.J.)

bieten. Klassische Unternehmensstrukturen sind jedoch zu komplex und zu schwerfällig zur Überwindung der Angebotslücke in einem wirtschaftlich vertretbaren Rahmen. Einen konstruktiven Ansatz zur Überwindung der dargestellten Lücke im Dienstleistungsangebot bilden Angebotsstrukturen auf der Basis von Netzwerkorganisationen, die hybride Leistungen aus einer Hand mit standardisierter Qualität und Transparenz erstellen.[17]

Diese Tendenzen aus dem demographischen Wandel fallen zusammen mit einer generellen Tendenz zur Aufhebung der Unternehmensstrukturen durch die Integration von Lieferanten und Abnehmern in die Produktentwicklung und Produktion und die zunehmende Bedeutung von Netzwerken und Kooperationen zwischen Unternehmen sowie zu einer immer stärkeren Integration von Dienstleistungen und Sachgütern im Angebot der Unternehmen.

Die Anforderungen aus der Umwelt des Unternehmens erfordern neue Fähigkeiten und Orientierungen, denen sich die Unternehmen weitgehend schon bewusst sind. Dies zeigen z.B. Studien der IBM, bei der mehr als 1000 CEOs und Führungskräfte auf der ganzen Welt persönlich befragt wurden. Sie kennzeichneten Unternehmen der Zukunft durch folgende Eigenschaften: [18]

- Agilität – ein agiles Unternehmen ist in der Lage sich schnell und erfolgreich zu verändern, um sich neuen Herausforderungen der Umwelt zu stellen und diese aktiv zu gestalten.
- Innovativität – Unternehmen sind kreativ und entwickeln gemeinsam mit ihren Kunden und Lieferanten Innovationen, die deren Erwartungen noch übertreffen.
- global integriert – Unternehmen nutzen das beste Wissen der globalen Wirtschaft, ganz gleich wo es sich befindet. Dazu müssen sie kooperationsfähig und interaktiv sein.
- Revolutionär – Unternehmen stellen ihr Geschäftsmodell ständig radikal in Frage und orientieren es an den aktuellen Anforderungen des Wettbewerbs neu.
- gesellschaftlich engagiert – Unternehmen sind aktive Mitgestalter der Gesellschaft und nicht nur gesetzestreue Handlungseinheiten.

1.2.2 Chancen aus der Entwicklung der IKT

Den gestiegenen Anforderungen stehen auch gestiegene Möglichkeiten von Unternehmen aufgrund der technologischen Entwicklung gegenüber. Die Computerisierung und Digitalisierung des Wirtschafts- und Alltagslebens werden als bahnbrechende Erneuerungen

[17] Vgl. das Konzept des GenerationenCenter in Dortmund-Hörde, http://www.generationencenter.de/

[18] Vgl. IBM (2008), IBM (2010). Die Formulierungen wurden teilweise geändert, die Studie von 2010 bestätigt dabei die Ergebnisse der Studie 2008, auf die primär Bezug genommen wird.

bezeichnet, die weitgehende Folgeinnovationen verursachen.[19]

Am Beispiel der IKT werden einige Instrumente für Unternehmen aufgezeigt, um ihr Handlungspotenzial und ihre Intelligenz neu zu gestalten.[20]

Die aktuellen Entwicklungen der IKT lassen sich in drei Bereiche einteilen, die hier kurz angedeutet und im Weiteren ausführlich diskutiert werden:

1. Gestaltung der Beziehungen zwischen realer Welt und Wissenswelt (zwischen der Realität und digitaler Informationsverarbeitung),
2. die Verbesserung der Vernetzung und der Kommunikation in der Wissenswelt und
3. die Verbesserung der Intelligenz bei der Informationsverarbeitung.

Die neuen Möglichkeiten für die Gestaltung der Beziehungen zwischen realer Welt und Wissenswelt basieren auf neuen Technologien wie **RFID** (radio-frequency identification), die automatische Identifizierung von Gegenständen und Lebewesen erlaubt und damit erheblich die Erfassung von Daten erleichtert. Durch die Einbettung von Computersystemen mit Kommunikationsfähigkeit kann die RFID-Technologie realen Objekten eine eigene Intelligenz (ambient intelligence) verleihen.

Die Transponder zur Durchführung der RFID werden immer kleiner und kostengünstiger. Heutzutage kann ein Transponder so klein wie ein Reiskorn sein und auf ein Produkt angebracht oder sogar implantiert werden, etwa bei Menschen oder Haustieren. Wir werden auf diese Technik noch ausführlich eingehen.[21]

Auch Handy's dienen nicht mehr nur dem ursprünglichen Zweck der Kommunikation zwischen Menschen, sondern sind inzwischen hochleistungsfähige Computer. Zusammen mit der derzeit staatlich geförderten Tendenz zum Cloud Computing (die Hardware für Verarbeitung und Speicherung von Informationen kann quasi beliebig im Internet verteilt werden) hat damit jeder Mensch und auch jedes Objekt an jedem Ort die Möglichkeit, über beliebig große Computerleistung und beliebige Datenmengen zu verfügen. Voraussetzung dafür sind die ständig weiterentwickelten Technologien zur Informationsübertragung wie UMTS (Universal Mobile Telecommunications System), die immer schneller werden.

Parallel zur hardwaretechnischen Basis wird an der Entwicklung der inhaltlichen Komponente der Kommunikationsfähigkeit gearbeitet. Das Stichwort hierzu lautet "semantische Technologien". Grundvoraussetzung dafür ist jedoch eine allgemein akzeptierte Ontologie (Ontologien sind in der Informatik sprachlich gefasste, formale Darstellungen einer Menge

---

[19] Vgl. Kapitel 4.1.4 Basisinnovationen, Kondratieff-Zyklen.

[20] Vgl. auch die umfangreichere Diskussion des Feldafinger Kreises unter http://www.feldafinger-kreis.de oder das Harvard Business Manager, Heft von Oktober 2008.

[21] Vgl. dazu die Ausführungen im Kapitel 2.2 Wahrnehmung.

von Begrifflichkeiten und ihrer Beziehungen) als Grundlage der Kommunikation.[22] Auch sie werden wir noch ausführlich darstellen.

Die IKT-Strategie der Bundesregierung „Deutschland Digital 2015" strebt unter anderem an, den Zugang zu Informationen zu vereinfachen, Daten zu neuem Wissen zu vernetzen und die Grundlage für die Entwicklung neuer Dienstleistungen im Internet zu schaffen. Es geht dabei um das **Internet der Dienste** – eine Marktplattform, auf der künftig Informationsverarbeitungsleistungen wie Güter handelbar und auf der Grundlage semantischer Technologien und serviceorientierter Architekturen beliebig kombinierbar sind.[23]

Von besonderem Interesse für die Nutzung des Wissens sind die Ansätze zur Verbesserung der Verarbeitungsintelligenz im Umgang mit Informationen. Ein zentrales Instrument dazu sind Multi-Agenten-Systeme (MAS) verbunden mit speziellen Ansätzen zur Verarbeitung komplexer Ereignisse (Event Processing).[24]

Die skizzierten neuen technologischen Instrumente ermöglichen die Entwicklung einer neuen Generation von Managementsystemen, die in den nächsten Jahren auf uns zukommen werden.

Bedingt durch die Entwicklung der IKT werden die Unternehmen vor die Forderungen gestellt, ein verantwortungsvolles Management auf der Basis hochauflösender Geschäftsdaten (High-Resolution-Management[25]) zu praktizieren, welches neue Anforderungen an das Wissensmanagement stellt.

Vor dem Hintergrund der Anforderungen der IKT müssen sich Unternehmen zu so genannten **Echtzeitunternehmen** (Real-Time Enterprise) entwickeln. Das bedeutet, dass sie drei wesentliche Fähigkeiten besitzen müssen: [26]

- Interne und externe Daten werden ohne Zeitverzögerung in Echtzeit in den wohl organisierten, betrieblichen Datenpool integriert;
- Analysen der Informationen im betrieblichen Datenpool können funktionsübergreifend und auf „Knopf-druck" in Echtzeit abgerufen werden;
- Die Anzahl der Arbeitsschritte, die im so genannten Batch-Prozess, d. h. Schritt für Schritt, durchgeführt werden, verschiebt sich drastisch in Richtung sofortiger Erledigung in Echtzeit.

---

[22] Vgl. dazu die Ausführungen im Kapitel 2.4 Gedächtnis: Organisation des Wissens.

[23] Vgl. BMWi (2010a).

[24] MAS werden im Kapitel 2.5 Wissensnutzung ausführlicher dargestellt. Zum Event Processing vgl. z.B. Etzion/Niblett (2011) oder Luckham (2002).

[25] Vgl. Fleisch/Müller-Stewens (2008), S. 275.

[26] Kuhlin/Thielmann (2005), S. 4.

"Real time enterprises provide real time information to employees, customers, suppliers, and partners and implement processes to ensure that all information is current and consistent across all systems, minimizing batch and manual processes related to information."[27]

Die Kommunikationstechnologie ermöglicht, dass dies zusätzlich mobil erfolgen kann. "M-business is defined as the use of the mobile information technologies, including the wireless Internet, for communication and coordination within an organization, between an organization and other organizations and/or customers, and for management of the firm."[28]

Unternehmen werden smarte Produkte entwickeln und für deren Verteilung das Internet der Dinge nutzen. Als **smarte Produkte** werden Alltagsgegenstände bezeichnet, „die mit Informationstechnologie zum Sammeln, Speichern, Verarbeiten und Kommunizieren von Daten „aufgerüstet" sind. Sie erhalten so eine gegenüber ihrem ursprünglichen Zweck erweiterte Funktionalität und damit eine neue, zusätzliche Qualität."[29]

„Das „Internet der Dinge" steht ... für eine Vision, in der das Internet über den Bildschirm hinaus Teil der physischen Welt wird, und in der jeder Gegenstand der realen Welt umgekehrt ein Teil des Internets werden kann."[30]

Hinter allen diesen Schlagworten verbergen sich tiefgreifende Konzepte zu Veränderungen der Wirtschaft durch die Entwicklung der IKT aus jeweils unterschiedlichen Perspektiven. Die nationalen Regierungen und die Europäische Union fördern die Entwicklung der Technologien und der wirtschaftlichen Konzepte mit hohen Beträgen, da sie in Ihnen das Erfolgspotenzial für die zukünftige wirtschaftliche Entwicklung sehen.

Die Veränderungen auf dem Gebiet der IKT haben die Entstehung einer neuen Generation von Menschen hervorgerufen, die als Generation Y oder Digital Natives bezeichnet werden.

Als **Digital Natives** werden Personen bezeichnet, die zu einer Zeit aufgewachsen sind, in der bereits digitale Technologien wie Computer, das Internet, Handys und MP3s verfügbar waren. Die Kluft zwischen den Älteren und der Generation Y hinsichtlich der IKT- und Computernutzung ist enorm. Die meisten Jugendlichen nutzen digitale Technologien intuitiv, „leben Internet", wogegen die älteren Generationen es als Informationsquelle nutzen. Dieser Generationswechsel spielt bei der Akzeptanz und Integration neuer Technologien in Unternehmen eine wichtige Rolle.

Eine Managementlehre von heute und insbesondere von morgen muss alle diese Tendenzen in ihr Konzept integrieren. Damit übernehmen die Funktionen Wissensmanagement, Innovationsmanagement und Lernen eine wichtige Rolle in jedem Managementkonzept.

[27] Malhotra (2005); vgl. auch Grauer/Karadgi/Metz/Schäfer (2010).

[28] Scornavacca/Barnes/Huff (2006), S. 636.

[29] Mattern (2005), S. 61.

[30] Fleisch/Müller-Stewens (2008), S. 272; vgl. auch Fleisch/Mattern(2005), Bullinger/ten Hompel (2007), Kommission der Europäischen Gemeinschaften (2009).

1.3 Wissensorientierte Sicht des Managements

Die Chancen und Anforderungen an das Management der Zukunft erfordern eine Ergänzung der traditionellen Managementfunktionen um eine neue Sichtweise: eine wissensorientierte Sicht des Managements, ein Wissensmanagement.

1.3.1 Wissensmanagement

Das Handeln bzw. die Handlungsmöglichkeiten einer jeden Handlungseinheit werden bestimmt durch ihr Wissen, durch ihre physischen Fähigkeiten zur Veränderung der Welt und die ihr zur Verfügung stehenden Hilfsmittel, die selbst schon ein enormes Wissen repräsentieren können. Dies gilt für Menschen genauso wie für Unternehmen.

Wenn Management Unternehmen als Handlungssysteme gestalten will, so ist die Gestaltung des Unternehmenswissens, der Wissensbasis des Unternehmens, eine zentrale Aufgabe des Managements.

Wissensmanagement sind alle Maßnahmen zur Entwicklung, Gestaltung und Nutzung der Wissensbasis für das intelligente Handeln eines Unternehmens.

Im Gegensatz zur klassischen Managementlehre will Wissensmanagement bewusst das Wissen und seine Verarbeitung im Unternehmen gestalten und nicht nur Anforderungen an ein notwendig vorhandenes Wissen stellen, damit die Menschen und Maschinen die gewünschten Handlungen des Unternehmens ausführen können. Ausgangpunkt für das Wissensmanagement ist die Konstruktion von Wissen und dessen Einsatz für das Handeln.

Um diese Definition in konstruktive Aussagen für ein Unternehmen umsetzen zu können, ist es zunächst notwendig, ein klares Bild von dem zu haben, worüber man redet – nämlich über Wissen. Nur wer klar sagen kann, was Wissen oder eine Wissensbasis ist, kann auch umfassend über Wissensmanagement reden. Dieses Konzept muss sowohl die technologische Entwicklung, als auch die neuesten Erkenntnisse der Kognitionswissenschaften integrieren können. Nur unter dieser Prämisse kann eine umfassende Theorie des Wissensmanagements entstehen.

Die auf dieser Grundlage entwickelte Konzeption eines Wissensmanagements umfasst eine Fülle von Teildisziplinen, die alle selbst wiederum eigene Lehrbücher füllen können, denn konsequent betrachtet, müssten alle Bereiche des Managements aus der Wissenssicht neu durchleuchtet werden. Dies wird auch zum Teil in der Literatur schon getan. Es gibt Bücher zu den kognitiven Problemen der strategischen Planung, zum Verhältnis von Organisation und Wissensmanagement und viele mehr.

So spannend die verschiedenen Themen auch sind, wir müssen uns beschränken und haben uns zunächst einmal darauf konzentriert, drei Bereiche des Wissensmanagements besonders herauszustellen:

- die **Basisfunktionen des Wissensmanagements** (Wahrnehmung, Gedächtnis und Wissensverarbeitung und die Wissensnutzung im Rahmen des Handelns) verbunden mit einem kurzen Einblick in die Problematik des Wissenscontrollings,
- die Veränderung (Dynamik) des Wissens als **organisationales Lernen** und
- die Generierung und Nutzung des Wissens für neue Ideen und Produkte als **Innovationsmanagement**.

In allen Bereichen sprechen wir zunächst einmal die individuelle Sicht des Menschen bei seiner Lösung des Problems an, danach wird aus Sicht des Unternehmens untersucht, wie ein intelligentes System die gleichen Probleme lösen kann.

Der Unterschied liegt vor allem darin, dass Handlungssysteme (Unternehmen) verteilte Systeme sind, bei denen die Ausführung der Funktionen von verschiedenen, bis zu einem gewissen Grad unabhängigen Handlungselementen durchgeführt werden. Dies hat zur Folge, dass alle Funktionen, die von Menschen zum Teil implizit, als Ergebnis einer Evolution entstanden, ausgeführt werden, in Unternehmen sehr explizit gestaltet werden müssen und damit in ganz anderem Maße der kollektiven Konstruktion unterliegen.

Bei dieser Konstruktion können wir auf technische Systeme zurückgreifen, die unserem Gehirn nicht zur Verfügung stehen. Wir entwickeln also für die Unternehmen eine Intelligenz, deren Möglichkeiten weit über unsere eigenen hinausgehen.

Bei der Diskussion der Möglichkeiten zur Gestaltung einer Unternehmensintelligenz sind wir darauf angewiesen, Technik und Organisation mit den individuellen Fähigkeiten zusammenzubringen. Wir müssen über aktuelle technische Entwicklungen ebenso sprechen wie über Erkenntnisse über uns selbst – etwa aus dem Bereich der Psychologie oder der Neurowissenschaften.

1.3.2 Integration von Wissens- und Innovationsmanagement

Die Notwendigkeit einer integrierten Betrachtung von Wissens-, Lern- und Innovationsprozessen lässt sich in Form von „schwachen Signalen" in wissenschaftlichen Publikationen und in der Unternehmenspraxis erkennen. Wir wollen diese Integration explizit erläutern und begründen.

1.3.2.1 Wissen-Lernen-Innovation

Die Begriffe „Wissen", „Lernen" und „Innovation" stehen in einer Wechselbeziehung zu einander und bilden eine Begriffskette. Die genauen Definitionen werden in weiteren Kapiteln vorgenommen, an dieser Stelle sind nur die Zusammenhänge wichtig.

Man kann Wissen als einen Zustand beschreiben, der dem Lernen als Prozess der Wissensveränderung vor- und nachgelagert ist. Deswegen fließen diese beiden Begriffe ineinander. Innovation ist ein neues Wissen (Idee), das umgesetzt wird. Eine Idee wird nur dann zu Innovation, wenn sie wirtschaftlich realisiert wird (aus Ideen entstehen Produkte oder Dienstleistungen, die Abnehmer haben) (vgl. Abbildung).

Abbildung 1.1 Zusammenhang zwischen Wissen, Lernen und Innovation

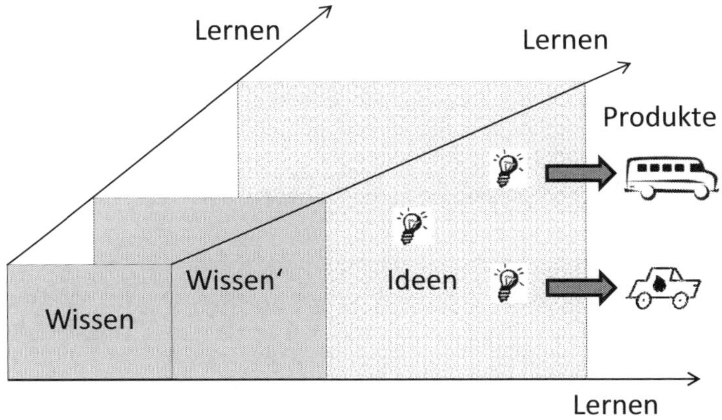

Wir betrachten Wissen als einen dynamischen Zustand, der sich ständig verändert. Diese Veränderung wird durch den Prozess des Lernens verursacht. Als Ergebnis des Lernens kommt ein neues Wissen zustande. Eine wichtige Rolle in diesem Veränderungsprozess spielt die Ausrichtung des Lernens, die durch die Vision und Strategie des Unternehmens bestimmt wird.

Da Unternehmen erfolgsorientiert handeln, sind diese Wissens- und Lernprozesse kein Selbstzweck, sondern dienen den wirtschaftlichen Zielsetzungen. Für den langfristigen Erfolg und die Wettbewerbsfähigkeit sind vor allem die Generierung des neuen Wissens (Ideen) und seine Umsetzung in neue Geschäftsmodelle, Produkte und Prozesse (Innovationen) wichtig. Die Innovationen stellen eine Materialisierung des neuen Wissens dar, und sprengen damit den Rahmen des Wissensmanagements.

Aus diesem Grund werden wir von einem integrierten Wissens- und Innovationsmanagement sprechen, das sich sowohl mit Wissensarbeit als auch mit Innovationsarbeit befasst.

1.3.2.2 Integrierter Managementansatz

Die Überschneidungen zwischen den Begriffen „Wissensmanagement", „Organisationales Lernen" und „Innovationsmanagement" und die Notwendigkeit, sie miteinander zu verbinden, werden in vielen wissenschaftlichen Publikationen angedeutet. Diese historisch gewachsenen Disziplinen greifen immer mehr in die Grenzbereiche ein und suchen nach

Synergieeffekten. Das Innovationsmanagement ist als das älteste Fachgebiet von den dreien zu bezeichnen, danach entwickelte sich Organisationales Lernen zu einer Wissenschaft und schließlich das Wissensmanagement.

Wissensmanagement beschäftigt sich mit den Maßnahmen zur Entwicklung, Gestaltung und Nutzung der Wissensbasis für das intelligente Handeln eines Unternehmens. Das organisationale Lernen kann als ein Prozess der Veränderung der Wissensbasis des Unternehmens beschrieben werden, der im Wechselspiel zwischen Individuen und dem Unternehmen in Interaktion mit der Umwelt stattfindet. Die aktuelle Literatur zum organisationalen Lernen zeichnet sich durch einen bewussten Gebrauch des Wissensbegriffs aus, das organisationale Lernen wird meistens als Veränderung der Wissensbasis einer Organisation definiert.[31] Ebenfalls beinhalten die Bücher zu Wissensmanagement Hinweise auf die Verbindungen zu dem organisationalen Lernen.[32]

Innovationsmanagement befasst sich mit der Gewinnung von Ideen und ihrer Umsetzung in Geschäftsmodelle, Produkte, Prozesse oder soziale Veränderungen. Zwischen dem Innovationsmanagement und organisationalen Lernen bestehen deutliche Interdependenzen, die in der Literatur zum Thema Innovationsmanagement erläutert werden: Die Innovationen werden als Folge des organisationalen Lernens bezeichnet, kontinuierliche Lernprozesse als Voraussetzung für Innovationsmanagement genannt.[33]

Allerdings bleibt es im wissenschaftlichen Diskurs bezüglich der Integration von den drei Disziplinen bei Andeutungen: Es gibt bis jetzt keine konsequente Darstellung von Zusammenhängen zwischen dem Wissensmanagement, Organisationalen Lernen und Innovationsmanagement. Wir sehen unsere Aufgabe darin, ein ganzheitliches Konzept zu entwickeln, das Synergieeffekte zwischen bestehenden Fachgebieten schafft.

Als Tribut an die historische Entwicklung und so entstandene Selbstständigkeit von Fachdisziplinen, bleiben wir in der Gliederung bei den Kapiteln „Wissen und Wissensmanagement", „Organisationales Lernen" und „Innovationsmanagement", denken diese jedoch ganzheitlich und erstellen zahlreiche Verbindungen und Verweise, um die Einheitlichkeit zu betonen.

1.3.2.3 Überschneidungen von Instrumenten und Maßnahmen

Da sich die Bereiche des Wissens- und Innovationsmanagements und organisationales Lernens weitgehend überschneiden, kommt es ebenfalls zu Überschneidungen bei den praktischen Maßnahmen und Instrumenten, die in Unternehmen eingesetzt werden.

---

[31] Vgl. Hasebrook (2003), Schreyögg/Eberl (1998) u.a.

[32] Vgl. Lehner (2009), Nonaka/Takeuchi (1997), Probst (2006) u.a.

[33] Vgl. Schmidt/Gleich/Richter (2009), Thom/Piening (2009) u.a.

Man kann beispielsweise die Kreativitätsförderung der Mitarbeiter nur schwer dem Bereich des organisationalen Lernens oder dem Innovationsmanagement zuordnen, da sie zur Steigerung von Kompetenzen führt, die für beide Gebiete wichtig sind. Ebenso unmöglich ist es von webbasiertem Lernen in Unternehmen zu sprechen, ohne die Aspekte des Wissensmanagements mit einzubeziehen.

Diese Unmöglichkeit, die Instrumente des Wissensmanagements, organisationalen Lernens und Innovationsmanagements in der Unternehmenspraxis voneinander abzugrenzen, ist ein weiterer Grund für den integrierten Ansatz.

Folglich werden geeignete Instrumente und praktische Beispiele in einem oder anderem Kapitel erläutert und durch Querverweise mit anderen Kapiteln verknüpft.

Es ist offensichtlich, dass sowohl theoretisch als auch praktisch eine (zumindest teilweise) Integration der Teilbereiche des Wissensmanagements, organisationalen Lernens und Innovationsmanagements bereits stattgefunden hat.

2 Wissen und Wissensmanagement

Grundlage einer Theorie des Wissensmanagements sollte ein klares Konzept des Begriffes „Wissen“ sein. Man sollte wissen, was man managt. Betrachtet man die Literatur zum Thema, so stellt man jedoch fest, dass diese intuitive Selbstverständlichkeit weitgehend ignoriert wird. Man arbeitet mit oberflächlichen Umschreibungen oder benutzt sogar Definitionen, an die man sich später selbst nicht hält.

Bei kurzem Nachdenken über das Problem jedoch wird sehr schnell deutlich, warum das so ist. „Wissen“ ist ein Thema, das die abendländische Philosophie seit 2500 Jahren beschäftigt und noch zu keinem abschließenden Ergebnis geführt hat. An dem Thema „Wissen“ hängt ein Großteil unseres menschlichen Selbstverständnisses. Die Institution Wissenschaft begründet damit ihre Existenzberechtigung. Wenn wir als „Wissenschaftler“ etwas zu diesem Thema äußern, sind wir damit natürlich voreingenommen.

Dies würde zumindest rechtfertigen, zunächst einmal eine lange Abhandlung über das Wissen und seine Bedeutung zu schreiben. Wir werden es relativ kurz halten und nur die wichtigsten Prämissen unseres Ansatzes offen legen, ohne philosophische Diskussionen.

Andererseits ist es wichtig für ein klares Verständnis von Wissensmanagement zunächst einmal ein Bild zu schaffen, wovon wir eigentlich reden. Wir wollen klären, was Wissen – allgemein und speziell für Unternehmen – ist, und auf dieser Grundlage unser Konzept von Wissens- und Innovationsmanagement entwickeln.

2.1 Wissensbegriff, Formen und Wert des Wissens

Jeder hat eine intuitive Vorstellung von Wissen, aber es ist schwierig, eine vernünftige Definition des Wissensbegriffes zu geben. Wir wollen Wissen rein funktional über seine Bedeutung für das handeln definieren. Auf dieser Basis werden verschiedene Formen des Wissens, die für das Handeln entscheidend sind, eingeführt und die Möglichkeiten der Bewertung des Wissens untersucht.

2.1.1 Individuelles Wissen und Handeln

Wissen ist etwas immaterielles, wir können es nicht sehen und nicht anfassen. Damit können wir es auch nicht als wahrnehmbares Objekt beschreiben. Trotzdem hat Wissen eine enorme Bedeutung für unser Handeln. Dies ist der Ansatz, um unser Bild von Wissen zu entwerfen. Wir unterscheiden zwischen der realen Welt und der Welt des Wissens (s. Abbildung).

Abbildung 2.1 Wissen und Handeln

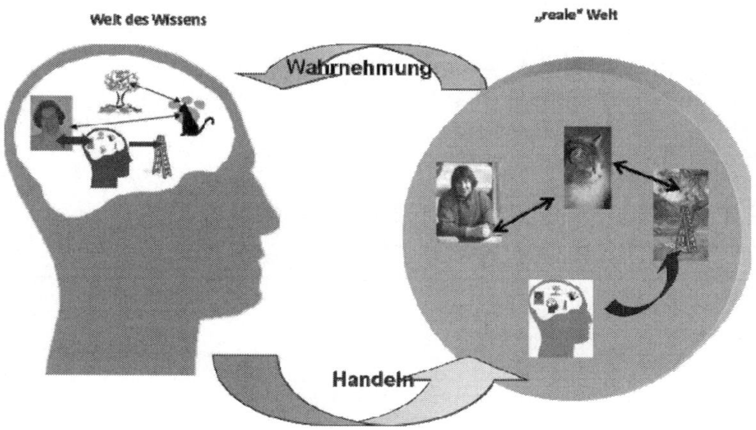

Wir gehen davon aus, dass es eine „reale" Welt gibt. Zu ihr gehören wir und viele andere Objekte (z.B. die Katze, der Baum, die Leiter – s. Abbildung, rechte Seite). Zu dieser realen Welt stehen wir in einer Austauschbeziehung: Wir nehmen sie wahr und wir handeln in ihr, um sie zu verändern.

Daneben gibt es in unserem Kopf eine immaterielle Welt des Wissens (s. Abbildung, linke Seite). Repräsentiert wird das Wissen in Form von mentalen Mustern in unserem Gehirn. Diese mentalen Muster sind individuelle, auf Erfahrungen und Lernprozessen basierende komplexe Verbindungen von Tausenden von Neuronen im Gehirn, die gemeinsam aktiv werden („feuern"). Das Gehirn besteht aus 10^{11} bis 10^{14} Neuronen, jedes Neuron ist durch Synapsen mit weiteren 10^3 bis 10^4 anderen Neuronen verbunden. Auf diese biologische Repräsentation wollen wir jedoch nicht näher eingehen, da wir noch zu wenig davon wissen. In vereinfachender Form wollen wir davon Reden, das unser Wissen aus inneren Bildern oder Modellen besteht,[34] die unser Handeln bestimmen. Interessant an diesen Bildern ist, wie sie entstehen und wie wir damit umgehen können.

Die Welt des Wissens ist die einzige Welt, die wir kennen. Wir entwickeln sie als individuelle Konstruktion aus unserer Interaktion mit der realen Welt.[35]

Das Wissen bestimmt unser Handeln, mit dem wir die reale Welt verändern können. Dadurch entstehen künstliche Objekte, die wir Artefakte nennen, die unseren menschlichen Zielen und Zwecken angepasst sind, wie z.B. eine Uhr oder ein Unternehmen.[36]

---

[34] Eine ausführliche Diskussion dieser Sichtweise findet man bei Hüther (2009).

[35] Vgl. Kapitel 3.1.5 Lernen im Konstruktivismus.

[36] Vgl. Simon (1990).

Unsere reale Welt können wir also unterscheiden in einen Teil, den wir „Natur“, und einen Teil, den wir „Kultur“ nennen wollen.

Abbildung 2.2 Natur und Kultur

	**Objekte der Natur:** unabhängig von Menschen, reagieren nach eigenen Gesetzen.	**Artefakte der Kultur:** von Menschen geschaffen, Eigenschaften und Verhaltensweisen sind vorbestimmt.

Natur und Kultur ordnen wir unterschiedliche Eigenschaften zu. Die Natur sehen wir als unabhängig vom menschlichen Willen an. Sie reagiert auf alle Eingriffe nach ihren eigenen Gesetzen, die für alle Menschen gleich sind. Artefakte der Kultur sind von Menschen für ihre Zwecke geschaffen, ihre Eigenschaften oder Verhaltensweisen sind teilweise so, weil ihre menschlichen Schöpfer es so wollten. Dies heißt nicht, dass Artefakte nicht den Naturgesetzmäßigkeiten unterliegen, soweit sie Teil der Natur sind, aber zum Teil sind sie so wie sind, weil wir es wollten.

Die Unterscheidung zwischen Natur und Kultur hat Konsequenzen für unser Wissen. Wissen über die Natur beschreiben wir zumeist über Gesetzmäßigkeiten (wenn..., dann...), denen wir unterstellen, dass sie für alle Menschen gleich gelten, wenn sie die gleichen Handlungen ausführen und über gleiche Wahrnehmungsmöglichkeiten verfügen. Artefakte können wir sinnvoll nur über ihre Ziele bzw. Zwecke erklären. Wir beschreiben sie über ihre Funktionen (..., weil...) und diese müssen nicht für alle Menschen gleiche Bedeutung haben.

Es ist enorm, wie viel in unserer Welt Kultur ist. Das Wissen selbst ist ein kulturelles Artefakt, Unternehmen sind von uns geschaffene Artefakte usw. Dies bedeutet insbesondere, dass jede Theorie über Wissen oder Wissensmanagement nur funktional, aus ihrem Zweck heraus zu betrachten ist.

Diese kurze Beschreibung der philosophischen Grundlagen unserer Theorie ist sicher diskussionsbedürftig, aber wir gehen zunächst einmal von diesen Prämissen aus. Die meisten von Ihnen haben sicher Filme wie „Matrix“ oder „Die Welt am Draht“ gesehen und wissen daher, dass wir nicht entscheiden können, ob wir nur eine Simulation sind oder ob die reale Welt wirklich existiert. Egal: Wir gehen einfach davon aus, dass sie existiert, da es unserem üblichen Denken entspricht.

2.1.2 Formen des Wissens

In der wissenschaftlichen Diskussion gibt es eine Fülle von Typisierungen des Wissens, die wir insbesondere aus pragmatischen Gründen in Bezug auf das Wissensmanagement betrachten wollen. Verschiedene Wissensformen erfordern einen unterschiedlichen Umgang mit dem Wissen und stellen damit besondere Anforderungen an das Wissensmanagement. Wir werden diese Wissensformen sowohl aus individueller Sicht, als auch aus Unternehmenssicht betrachten, obwohl wir noch nicht erklärt haben, was Unternehmenswissen überhaupt ist. Wir appellieren daher an ihr Vertrauen, dass diese Übertragungen möglich sind.

2.1.2.1 Beschreibendes, prozessuales und wertendes Wissen

Die Unterscheidung von beschreibendem, prozessualem und wertendem Wissen hat schon in den 70er und 80er Jahren des letzten Jahrhunderts bei der Entwicklung der Wissenschaft der „Künstlichen Intelligenz" eine wichtige Rolle gespielt, da diese Wissensformen bei ihrer Repräsentation im Computer sehr verschieden behandelt werden müssen.

- **Beschreibendes Wissen** gibt unsere Vorstellungen von der Welt wieder. Es beschreibt wie die Welt ist oder sein sollte. Sprachlich wird es in Aussagen, Theorien, Bildern o.ä. repräsentiert. Im Computer repräsentieren wir es durch Objekte (abgrenzbare Einheiten) mit ihren Eigenschaften und ihren Beziehungen zu anderen Objekten.
  In Unternehmen gehört dazu beispielsweise das in Enterprise Resource Planning (ERP) oder Rechnungswesen-Systemen gespeicherte Wissen über das Unternehmen selbst, Marktstudien, Kundeninformationen.

- **Prozessuales Wissen** befähigt uns, die Welt zu verändern. Es ermöglicht uns, Tätigkeiten auszuführen, die zu einer Veränderung dessen führen, was ist. Zu dem prozessualen Wissen gehören alle motorischen Fähigkeiten wie laufen, schreiben, aber auch komplexere Vorgänge wie Auto fahren oder Klavier spielen. Wir können prozessuales Wissen nur sehr begrenzt sprachlich erfassen. Im Computer wird es durch Programme, die etwas verändern, repräsentiert.
  In Unternehmen sind es Prozesse, die meist von einer Mehrzahl von Personen durchgeführt werden, z.B. die Abwicklung einer Bestellung von ihrem Eingang im Unternehmen bis zur Bezahlung der Rechnung durch den Kunden.

- **Wertendes Wissen** gibt uns an, welchen Zustand der Welt und wie stark wir anstreben. Es ist der Motor unseres Handelns. Dazu gehören beispielsweise Emotionen, Einstellungen, Präferenzen, Motive oder Ziele. Im Computer sind es Entscheidungsregeln, die angeben, welche alternative Handlungen unter welchen Bedingungen durchgeführt werden sollen (incl. Optimierungsregeln).
  Wertendes Wissen kann in Unternehmen z.B. in Form von Visionen, Strategien, Plänen oder durch Bewertungsvorschriften (Investitionen werden durch ihren Kapitalwert bewertet) gegeben sein.

Über die Rolle der drei Wissensformen beim Entstehen unseres Handelns gibt es derzeit sehr unterschiedliche Auffassungen. Insbesondere der Einfluss des wertenden Wissens ist einer der provokanten Diskussionspunkte, die durch die Neurowissenschaften aktuell besonders in den Vordergrund gestellt werden.[37]

Wir wollen hier von der These ausgehen: Handeln ist generell nur durch ein Zusammenspiel aller drei Wissensformen, die eng miteinander verknüpft sind, möglich. Wir könnten deshalb auch sagen, dass Beschreibung, Prozess und Werte drei Dimensionen des Wissens sind. Als Einheit unseres Denkens wollen wir mentale Modelle ansehen, die als Verbindung von Komponenten aller drei Wissensformen gespeichert sind. Mentale Modelle erfassen Prozesse, die zu situationsbedingen Aktionen mit einem bewerteten Ergebnis führen.

2.1.2.2 Explizites und implizites Wissen

Explizites und implizites Wissen sind eng verbunden mit dem Bewusstsein.

Explizites Wissen wird bewusst verarbeitet, es hängt stark von der Bereitstellung kognitiver Ressourcen (Arbeitsgedächtnis) ab, benötigt Aufmerksamkeit, läuft langsam (Sekunden bis Minuten) und mühevoll ab, benötigt intensiven Zugriff auf das Langzeitgedächtnis, ist störanfällig, zeigt wenig Übungseffekte, ist schnell veränderbar und sprachlich berichtbar.[38]

Bewusstsein ist nötig, wenn das Gehirn mit Sachverhalten konfrontiert wird, die hinreichend neu (keine Standardlösung vorhanden), hinreichen komplex und hinreichend wichtig sind. „Bewusstsein ist für das Gehirn ein Zustand der tunlichst zu vermeiden und nur im Notfall einzusetzen ist. Wir Menschen leben jedoch in einer Umwelt, besonders einer sozialen Umwelt, die uns ständig neue, wichtige und komplizierte Probleme stellt, so dass es ratsam ist, das Bewusstsein mehr oder weniger durchgehend ‚eingeschaltet' zu lassen."[39]

Implizites Wissen wird unbewusst, quasi automatisiert verarbeitet, ist unabhängig von der Begrenzung kognitiver Ressourcen, ist der willentlichen Kontrolle weitgehend entzogen, benötigt keine Aufmerksamkeit, läuft schnell und mühelos ab, hat eine geringe Fehleranfälligkeit, verbessert sich durch Übung, ist schwer veränderbar, wenn es einmal ein-

---

[37] Die Neurowissenschaften verankern das wertende Wissen im limbischen System des menschlichen Gehirns und differenzieren es noch einmal in körperliche Bedürfnisse, Affekte und Emotionen. „Das limbische System hat gegenüber dem rationalen corticalen System das erste und das letzte Wort. Das erste beim Entstehen unserer Wünsche und Zielvorstellungen, das letzte bei der Entscheidung darüber, ob das, was sich Vernunft und Verstand ausgedacht haben, jetzt und so und nicht anders getan werden soll." (Roth (2005), S. 162).

[38] Vgl. Roth (2003), S. 238.

[39] Roth (2003), S. 240.

geübt ist, und in seinen Details sprachlich nicht berichtbar.[40]

Explizites und implizites Wissen spielen für die „Ökonomie" unseres Denkens eine wichtige Rolle. Alle impliziten Prozesse belasten uns nur in geringem Ausmaß. Wenn wir einmal darüber nachdenken, welche enormen Informationsverarbeitungsprozesse wir z.B. beim Autofahren leisten und dabei noch Musik hören, telefonieren oder ein Gespräch mit unserem Mitfahrer führen, wird die Leistung des impliziten Wissens deutlich. Deswegen ist es dringend davon abzuraten, die Prozesse des Autofahrens bewusst durchführen zu wollen. Andererseits erfordert das Lesen eines Buches viel Zeit, da wir uns mit dem Text explizit/bewusst beschäftigen.

Diese Bedeutung von explizitem und implizitem Wissen für Unternehmen ist insbesondere durch die Theorie von Nonaka und Takeuchi zum Ausdruck gebracht worden.[41]

2.1.2.3 Zeitbezug von Wissen

Rein formal kann sich Wissen auf die Vergangenheit, die Gegenwart oder die Zukunft beziehen. Unabhängig von diesem Bezug entwickelt sich unser Wissen ständig und kann sich damit auch ständig verändern. Dies gilt insbesondere für das Wissen von der Vergangenheit. Wir verändern unsere Vorstellungen von der Vergangenheit ständig auf der Grundlage des aktuellen Wissens, der aktuellen Sicht der Welt ebenso wie der aktuellen Werte.

Von besonderer Bedeutung ist unser Wissen über die Zukunft. Wie bereiten wir uns auf unsere ungewisse Zukunft vor? Können wir diese Zukunft prognostizieren?

Menschen und Unternehmen bewegen sich hauptsächlich in einem kulturellen Umfeld. Die Wirklichkeit sozialer Bedingungen (Markt, Technologie...) wird konstruiert und unterliegt damit einer kollektiven Wahlfreiheit. Sie ist nur soweit prognostizierbar, wie wir uns auf das Verhalten anderer Akteure verlassen können. Die beste Prognose ist also eine Vereinbarung.

Wenn wir auch die Zukunft nicht prognostizieren können, wir können uns doch auf sie vorbereiten und wir können sie gemeinsam gestalten. Unternehmen haben dazu verschiedene Instrumente entwickelt, z.B. die Szenariotechnik.

Beispiel Szenariotechnik

Die Szenariotechnik ist ein organisatorischer Lernprozess des Unternehmens. Es geht darum, gemeinsame Zukunftsbilder zu entwickeln, ihre Relevanz für das Unternehmen zu bewerten und gemeinsame aufeinander abgestimmte Handlungskonzepte zu entwerfen, auf die bei Bedarf zurückgegriffen werden kann. Ergebnis ist eine verbesserte

[40] Vgl. Roth (2003), S. 237.

[41] Vgl. Kapitel 3.2 Theorien des organisationalen Lernens.

Handlungsfähigkeit des Unternehmens.

Ein Szenario ist ein Zukunftsbild, das eine Beschreibung von zukünftigen Situationen oder zukünftigen Ereignisfolgen, die Ergebnis eines bewussten Konstruktionsprozesses sind, ist. Es beschreibt eine mögliche Zukunft (ohne Vorhersageanspruch).

Im Allgemeinen entwickelt man mehrere Szenarien der Zukunft, um sie zu vergleichen, darunter ein optimistisches, positives Szenario, ein realistisches, wahrscheinlichstes Szenario und ein pessimistisches, negatives Szenario. Die Szenarien werden innerhalb des Unternehmens diskutiert und abgestimmt.[42]

Aufbauend auf den Szenarien müssen alle betroffenen Bereiche des Unternehmens Handlungsoptionen, die sie durchführen würden, wenn dieses Szenario Realität wäre, entwerfen und miteinander abstimmen. Diese Handlungsoptionen werden dann wieder im Unternehmen diskutiert, damit sie in das kollektive Gedächtnis aller eingehen.

Als Ergebnis verfügt das Unternehmen über vorgedachte Handlungsentwürfe, die es bei Bedarf einsetzen kann.

Die Szenariotechnik wird seit den 80er Jahren von vielen großen Unternehmen angewandt, um sich auf potenzielle Entwicklungen ihrer Umwelt vorzubereiten.[43]

2.1.3 Bewertung von Wissen

Ziel des Wissensmanagements ist es, den Umgang mit Wissen zu gestalten und es für Zwecke der Unternehmensführung nutzbar zu machen. Ein zentrales ökonomisches Problem ist dabei die Frage: Gibt es ein Kriterium, welches uns erlaubt „gutes" oder „wertvolles“ (z.B. „wissenschaftliches") Wissen zu identifizieren? Wenn ja, sollten wir unsere Aufmerksamkeit primär diesem Wissen widmen.

In der philosophischen und betriebswirtschaftlichen Diskussion sind verschiedene Ansätze zur Bewertung von Wissen entwickelt worden, die kurz skizziert werden sollen:

- Semantischer Reichtum: Aussagegehalt, Universalität;
- Wahrheit, Vertrauenswürdigkeit;[44]
- Nutzungswert, Handlungswert.

---

[42] Vgl. Kapitel 4.5.3 Techniken und Instrumente der Zukunftsforschung.

[43] Siehe z.B. die Darstellung der Anwendung bei Shell im Jahre 1983 in de Geus (1998). Eine ähnliche große Studie hat auch Lufthansa Mitte der 80er Jahre unter dem Titel „Flotte 2000“ durchgeführt. Die Ergebnisse dieser Studie haben eine Vielzahl von Ideen zur Reaktion auf einen stark wachsenden Markt hervorgebracht, die einige Jahre später bei der Öffnung des „sowjetischen Marktes“ für westliche Airlines gute Dienste geleistet haben.

[44] Wahrheit wird oft zum Definitionsmerkmal von Wissen generell gemacht.

Bei allen Ansätzen geht es primär um die Beurteilung sprachlich formalisierten Wissens.

2.1.3.1 Semantischer Reichtum (Aussagegehalt)

Die Beurteilung des semantischen Reichtums vergleicht sprachliche Ausdrücke hinsichtlich der Anzahl der einmaligen individuellen Wahrnehmungsereignisse, über die sie eine Aussage treffen.

Wir können nach dem Aussagegehalt drei Ebenen von sprachlichen Ausdrücken unterscheiden: Basissätze, allgemeine Aussagen und Theorien.

Basissätze (Fakten) sind singuläre Sätze über einen ganz bestimmten Tatbestand (Fakt), der von allen Menschen unmittelbar akzeptiert werden kann.

Zum Beispiel: "Die Kaufhaus AG hat am 08. 04. 2010 200 Stück Hosen von Typ "Jeans" zum Preis von 12,- € pro Stück bestellt."

Basissätze stellen nur einen ganz bestimmten Sachverhalt zu einem Zeitpunkt fest und erlauben daraus keine weiteren Schlüsse. Sie bilden die Grundlage für Eingaben in betrieblichen Rechnungssystemen.

In **allgemeinen Aussagen** (Aussageformen) treten Namen für Klassen von Objekten (Kunden, Hosen, T-Shirts) auf, die sich auf mehr als ein 'Individuum' (eine Instanz[45]) beziehen.

Beispiele: „Alle Hosen kosten weniger als 12,- €.“ Oder „Kunden, die Hosen kaufen, kaufen gleichzeitig auch T-Shirts.“ Hierbei geht es nicht um eine konkrete Hose oder einen Kunden, sondern um Hosen und Kunden allgemein.

Allgemeine Aussagen erlauben uns Prognosen abzugeben, wenn sie zeitinvariant (zeitunabhängig) formuliert sind und Sachverhalte ausdrücken, die immer wieder vorkommen.

Modelle oder Theorien bestehen aus Systemen von aufeinander bezogenen allgemeinen Aussagen und stellen damit die höchste Nutzbarkeitsstufe dar.

Beispiel: Eine Preis-Absatz-Theorie für Modeartikel, die Motivationstheorie von Maslow usw.

Die Gestaltung der Aussageform spielt logisch gesehen eine große Rolle bei der Bewertung der Wahrheit.

---

[45] Unter Instanz wird in der Informatik ein Objekt der Klasse verstanden.

2.1.3.2 Vertrauenswürdigkeit von Wissen (Wahrheit, Wissenschaftlichkeit)

Die Vertrauenswürdigkeit von Wissen ist philosophischer Diskussionsgegenstand seit dem Bestehen von Wissenschaft. Sie betrifft das berufliche Selbstverständnis von allen, die als Wissenschaftler, Berater, Lehrer o.ä. tätig sind, genauso wie jeden Menschen, der einen anderen von etwas überzeugen möchte. Neben den theoretischen Ansätzen werden hier praktische Formen der Regelung des Vertrauens und Nutzungswerte des Wissens betrachtet.

Wissenschaftstheoretische Ansätze

Lange Zeit suchten die Philosophen nach dem wissenschaftlich begründeten Wissen, welches objektiv und für alle gleich "wahr" sein sollte. Dazu gab es viele verschiedene Ansätze mit unterschiedlichem Anspruch an das, was Vertrauenswürdigkeit sein sollte, und mit unterschiedlichem Erfolg.

In den 70er und 80er Jahren des 20. Jahrhunderts wurde innerhalb der Betriebswirtschaftslehre eine breite Diskussion über dieses Thema geführt. Im Zentrum stand die Frage, kann es eine Wissenschaft von den Betriebswirtschaften geben und was kann diese leisten? Dabei gab es zunächst zwei Grundpositionen, die wir objektivistische und intersubjektivistische Wissenskonzeption nennen wollen.[46]

Die **objektivistische Wissenskonzeption** (auch: empirische Wissenskonzeption), vertreten z.B. von Karl Popper, geht von folgenden, naturwissenschaftlich geprägten Axiomen für ihr Denken aus:

- Es gibt eine Welt (Realität), die gegenüber menschlichen Einflüssen invariant ist und die auf jeden Menschen gleich wirkt.
- Alle Menschen verfügen prinzipiell über die gleichen Sinnesorgane zur Wahrnehmung der Welt und sind damit potentiell in der Lage, die Einflüsse der Welt in der gleichen Weise zu verarbeiten (in Sprache umzusetzen).
- Es gibt eine Sprache, die von jedem Menschen erlernbar ist.
- Teilweise: Die Eigenschaften, Verhaltensweisen und Beziehungen in der Welt sind zeit- und rauminvariant.

Das Begründungsverfahren objektivistischer Wissenskonzeptionen sollte der Beweis von Theorien aus Basissätzen sein. Dies erwies sich als logisch nicht durchführbar. Als Ausweg aus der Krise wurde die Konzeption von Karl Popper propagiert, der das Verfahren umkehrte und aus der Verifikation bzw. dem Beweis eine Falsifikation als Prinzip machte. D.h. wissenschaftliche Theorien sollten so lange eine Berechtigung auf Gültigkeit haben,

[46] Vgl. zu einer ausführlichen Darstellung Franken (1982), S. 120 ff.

wie sie nicht durch einen Basissatz widerlegt wurden. Auch dies geht praktisch nicht, denn der Basissatz müsste jederzeit von jedem überprüft werden können, also selbst dauerhafte Gültigkeit haben.

Selbst wenn es ein Verfahren gäbe, es bleibt das Problem: Ist die Betriebswirtschaftslehre und damit die Managementlehre und das Wissensmanagement überhaupt eine (objektive) Wissenschaft? Denn Betriebe oder Wissen sind Artefakte, d.h. von Menschen künstlich geschaffene Gebilde, welche von Menschen auch wieder verändert werden können. Die Betriebswirtschaftslehre und das Wissensmanagement verfügen also über keine invariante Realität, die sie erforschen und beschreiben können. Betriebswirtschaftslehre kann nur eine „Kunstlehre" (Schmalenbach) sein.

Ergebnis: Wir müssen den Anspruch auf objektive Wahrheit aufgeben.

Wir können nichts wissen über die „reale", externe Welt. Alles was wir kennen, ist die Welt der Begriffe in unserem Kopf. Unsere Welt ist ein Konstrukt unseres Kopfes, welches irgendwie zur realen Welt passt. Wir können unsere Vorstellungen durch Kommunikation soweit untereinander harmonisieren, dass der Gebrauch von Symbolen abgestimmt ist.

Wahrheit kann nur darin bestehen, dass die Gemeinschaft in einem gerechten Verfahren etwas als „wahr" anerkennt.

Dies führt zu einer **intersubjektivistischen Wissenskonzeption** (vertreten durch Jürgen Habermas und die Erlanger Schule). Sie geht von folgenden Axiomen aus:

- Jede Gruppe von Menschen (jede Kommunikationsgemeinschaft) ist potentiell in der Lage, über geeignete Techniken den Gebrauch bestimmter Symbole (Wörter, Zeichen,...) so zu vereinbaren, dass jedes Mitglied der Gruppe die Symbole in der gleichen Weise gebraucht und die gleichen Folgen für sein Handeln ableitet, wenn es ihre Gültigkeit akzeptiert.
- Die Mitglieder einer Kommunikationsgemeinschaft haben ein Interesse an einer intersubjektiven Verständigung.

Was vertrauenswürdiges Wissen ist, muss also von der Gemeinschaft in einem kommunikativen Verfahren festgelegt werden. Probleme dieses Ansatzes sind:

1. Die Machtausübung in der Kommunikation,
2. die Rolle von Vorwissen und
3. die Teilnahme an der Wissenskonstituierung.

Damit kann auch nicht garantiert werden, dass wir ein begründetes, für alle gleich wahres Wissen schaffen können. Die Lösung besteht darin, den Anspruch auf Objektivität generell aufzugeben und ihn durch praktische Formen der Regelung von Verlässlichkeit zu ersetzen.

Praktische Formen der Regelung von Vertrauen in Wissen

Praktische Formen haben eine wichtige Bedeutung für alle Gemeinschaften, insbesondere für Unternehmen. Festzulegen, welches Wissen relevant und vertrauenswürdig ist, ist eine sehr wichtige und wesentliche Aufgabe der Unternehmensführung. Dazu eine kleine Geschichte:

> Die erste Aufgabe eines frisch gebackenen Vorstandsassistenten war eine Produktionsstatistik für die im Unternehmen hergestellten Produkte zusammenzustellen. Diese wollte der Vorstand am nächsten Tag auf einer Pressekonferenz präsentieren. Nach einigem Hin-und-her-Telefonieren mit verschiedenen Abteilungen im Unternehmen hatte er endlich die gewünschte Tabelle fertig. Als er sie bei dem Vorstandsmitglied ablieferte, zog dieser einen zweiten Zettel aus seiner Schublade, blickte auf beide, gab sie seinem Assistenten und sagte: "Diese Zahlen sind von Ihrem Kollegen. Es ist mir egal, wer sich warum verrechnet hat, aber ich als Mitglied des Vorstandes kann mir nicht leisten, die Wahrheit nicht zu kennen. Also klären Sie, welchen Zettel ich benutzen soll, und kümmern Sie sich darum, dass niemand im Unternehmen andere Zahlen benutzt als ich."

Ein Unternehmen muss also über Mechanismen verfügen, die die kollektive Wahrheit bestimmen und die festlegen, welches Wissen in welcher Situation herangezogen werden soll, also relevant ist.

Die Beurteilung von Informationsquellen ist stark kulturell geprägt und abhängig von der eigenen Situation, z.B. bevorzugen wir in der westlichen Kultur menschliche Informationsquellen bei unstrukturierten Problemsituationen. Das Vertrauen in eine Person gleicht die sachliche Unsicherheit aus. Gedruckte Informationsquellen werden i.a. als verlässlicher, genauer und breiter als menschliche Quellen angesehen, insbesondere wenn sie ein Beurteilergremium (Experten) durchlaufen haben. Die gilt auch für Radio und Fernsehen. Das Internet hat allgemein einen schlechteren Ruf, es gibt jedoch viele Institutionen, die sich um die Qualität kümmern.[47]

Die Beurteilung von Wissen ist ein Vertrauensproblem, welches den allgemeinen Mechanismen zur Bildung von Vertrauen unterliegt.

„Vertrauen ist die positive Erwartung, dass sich ein anderer – in Worten, in Taten oder bei Entscheidungen – nicht opportunistisch verhalten wird“[48], d.h. sich nicht nur an seinen individuellen Interessen orientieren wird. Fremdem Wissen kann ich umso mehr vertrauen, wenn ich dem Urheber ein Interesse an einer allgemeinen Akzeptierbarkeit seines Wissens unterstellen kann.

---

[47] Eine Suche nach "Criteria for evaluation of Internet Information Resources" lieferte bei Google 4370 verschiedene Treffer mit Hinweisen und Richtlinien (Januar 2011).

[48] Robbins (2001), S. 394.

Nach Stephen P. Robbins basiert das Vertrauen in Menschen oder Institutionen auf deren Integrität, Kompetenz, Konsistenz, Loyalität und Offenheit.[49]

Integrität bedeutet Ehrlichkeit und Aufrichtigkeit. Diese Eigenschaften machen eine Person in den Augen einer anderen glaubwürdig. Moralische Werte und Einstellungen spielen dabei eine entscheidende Rolle. Welche Erfahrungen haben ich oder andere bisher mit Wissen aus dieser Quelle gemacht? Welchen Ruf hat diese Quelle bezüglich der Ehrlichkeit ihrer Äußerungen?

Die **Kompetenz** umfasst sowohl fachliche als auch soziale Kompetenzen eines Individuums oder einer Institution. Über welche fachliche Kompetenz verfügt die Quelle?

Die **Konsistenz** wird als Übereinstimmung zwischen Wort und Tat verstanden, die sich in der Verlässlichkeit und Berechenbarkeit äußert.

Als **Loyalität** wird als Bereitschaft bezeichnet, einen anderen Menschen in Schutz zu nehmen und seinen Ruf zu verteidigen.

Offenheit ist die Bereitschaft des Partners, seine Motive und Informationen offenzulegen und nichts zu verheimlichen.

Konsistenz, Loyalität und Offenheit lassen sich nur heranziehen, wenn ein direkter Kontakt zur Informationsquelle besteht.

Vertrauen kann – insbesondere innerhalb von Unternehmen – auch eine Frage der **Macht** sein. Das Unternehmen mit seiner gegebenen Machtstruktur definiert, welche Informationen als Grundlage für Entscheidungen und damit das Handeln von Unternehmensmitgliedern herangezogen werden sollen.

Zur Herstellung von Vertrauen können verschiedene Maßnahmen eingesetzt werden:

- Entwicklung einer gemeinsamen Kultur oder die Unterstützung einer multikulturellen Basis: Eine gemeinsame Kultur liefert die Grundlage für ein gegenseitiges Verständnis. Eine Qualitätskultur kann z.B. durch spezielle Maßnahmen wie Zertifizierung oder Nennung von Referenzen dokumentiert und damit glaubhaft gemacht werden.
- Kommunikation: Kommunikation ermöglicht fehlendes Verständnis aufzubauen und zu erhalten. Probleme müssen offen diskutierbar sein. Der Produzent von Wissensartefakten muss ansprechbar sein.
- Emotionale Beziehungen: Emotionale Beziehungen überbrücken die immer bestehenden Verständnislücken und schaffen einen Vertrauenskredit. Persönliche Beziehungen sind also für ein gegenseitiges Vertrauen von großer Bedeutung.
- Kontroll- und Sanktionspotential (z.B. durch Verträge): Kontroll- und Sanktionspotential vermittelt Sicherheit gegenüber möglichem strategischem Verhalten der Partner.

[49] Vgl. Robbins (2001), S. 395 f.

Nutzungswert von Wissen

Der ökonomische Wert von Wissen ist theoretisch sehr gut erklärt und in der mathematischen Entscheidungstheorie mit klaren Formeln ausgedrückt. Ihn praktisch zu bestimmen ist jedoch ein anderes Problem. Das Grundprinzip ist einfach: Der Wert (Erwartungswert) des Handelns einer Handlungseinheit mit dem zu beurteilenden Wissen, verglichen mit dem Wert ohne das Wissen, ergibt den Wert des Wissens. Der Wert des Handelns bestimmt sich dabei aus dem Nutzen des Handlungsergebnisses für die bewertende Einheit.

Trotz dieses klaren Denkprinzips ist es so gut wie unmöglich, den Wert praktisch zu berechnen. Abschreckende Beispiele für konkretisierende Ansätze liefern einige Theorien aus dem Bereich des Wissenscontrollings. Eine beliebte Veranschaulichung des Wertes des Wissens eines Unternehmens ist der Vergleich von Marktwert (Wert der Aktien an der Börse) und Buchwert (gemäß Bilanz) des Unternehmens. Aus diesem Vergleich lässt sich hervorragend demonstrieren, dass der Wert des Softwareproduzenten SAP sehr stark von dessen Wissen abhängt, im Gegensatz beispielsweise zu dem Chemieunternehmen Bayer. Die Unsinnigkeit derartiger Vergleiche ergeben sich leicht aus den Überlegungen, die bei sinkendem Börsenwert anzustellen sind. Ist das gleiche Wissen plötzlich so viel weniger Wert?

Unter ökonomischen Aspekten stellt Wissenscontrolling eine sehr wichtige und schwierige Aufgabe dar.

2.1.4 Die kollektive Welt des Wissens

Die Veränderung unseres Wissens erfolgt auf verschiedenen Wegen:

- durch die direkte Wahrnehmung oder Interaktion mit der Welt,
- durch Interaktion mit Anderen und
- durch die interne Verarbeitung und Neugestaltung.

Den weitaus größten Anteil hat dabei die Interaktion mit Anderen. Unser Wissen ist nicht Ergebnis einer individuellen Leistung, sondern ein gesellschaftliches – ein menschliches – Produkt, welches im Laufe der Entwicklungsgeschichte der Menschheit entstanden ist. Der individuelle Anteil ist nur ein kleiner Beitrag zur Entwicklung des menschlichen Wissens generell, der auf dem aufbaut, was in den Jahrtausenden vorher entstanden ist, und auch nur in der Interaktion mit diesem Wissen entsteht.

2.1.4.1 Wissensaustausch

Beim interaktiven Wissensaustausch lassen sich drei Grundtypen identifizieren: Imitation, symbolische Kommunikation und Zusammenarbeit.[50]

---

[50] Vgl. Tomasello (2002), S. 15.

Grundlage für jeden Wissensaustausch ist die **Imitation**. Sie basiert darauf, dass ein Individuum das intentionale Verhalten von Anderen und deren Gebrauch von Artefakten versteht und versucht, eine der darin erkannten Rollen zu übernehmen. Die Neurowissenschaften haben diese Fähigkeit mit der Entdeckung der **Spiegelneuronen** biologisch untermauert.[51]

Imitation bei Wissensaustausch

Vereinfacht ausgedrückt hängt diese Fähigkeit damit zusammen, dass Wahrnehmung, Denken, Emotionen und Motorik in unserem Kopf eng verwoben sind. Wenn wir einen anderen Menschen eine Tasse Tee trinken sehen, dann wird dies nicht nur als Wahrnehmung verarbeitet, sondern gleichzeitig werden auch alle anderen Bereiche des Gehirns angesprochen. Aus eigener Erfahrung und der Wahrnehmung des entspannten Gesichtsausdruckes meines Gegenübers entwickele ich ein Gefühl von der wohltuenden Wärme und dem Geschmack des Tees und als Reaktion darauf läuft mir das Wasser im Munde zusammen. Die Wahrnehmung der Bewegung vermittelt mir die Problematik, mit einer vollen, heißen Tasse umzugehen, und ermöglicht mir, aus meinem eigenen Bewegungsrepertoire eine ähnliche Bewegung zu reproduzieren. Als Ergebnis kann ich die Erfahrung in ihrer Gesamtheit imitieren, mit alle ihren Gefühlen, der Bewegung und dem Verstehen der Abläufe. Die Imitation muss nicht sofort perfekt sein, aber durch Wiederholung immer besser angepasst werden.

Über die Imitation lernen wir auch die **sprachliche Kommunikation**.[52] Wenn wir die kommunikativen Absichten des anderen verstehen, können wir einen Rollentausch vollziehen und die neuen Symbole selbst verwenden.

Die **Zusammenarbeit** ist ein Teil der Generierung eines kollektiven Wissens. Wenn mehrere Individuen gemeinsam an einem Problem arbeiten, suchen und lernen dabei eine gemeinsame, reproduzierbare Lösung. Dabei muss jeder seine Rolle verstehen und beherrschen.

2.1.4.2 Symbolische Repräsentation von Wissen

Grundlage der sprachlichen Kommunikation ist die Repräsentation des Wissens in Symbolen (Worten). Neben den Bildern in unserem Kopf gibt es eine symbolische Repräsentation, die mit diesen Bildern verknüpft ist.

[51] Vgl. die zusammenfassende Darstellung bei Rizzolatti/Sinigaglia (2008).

[52] Vgl. Kapitel 3.1.4.2 Lernen am Modell, oder Beobachtungslernen.

Abbildung 2.3 Symbolische Repräsentation von Wissen

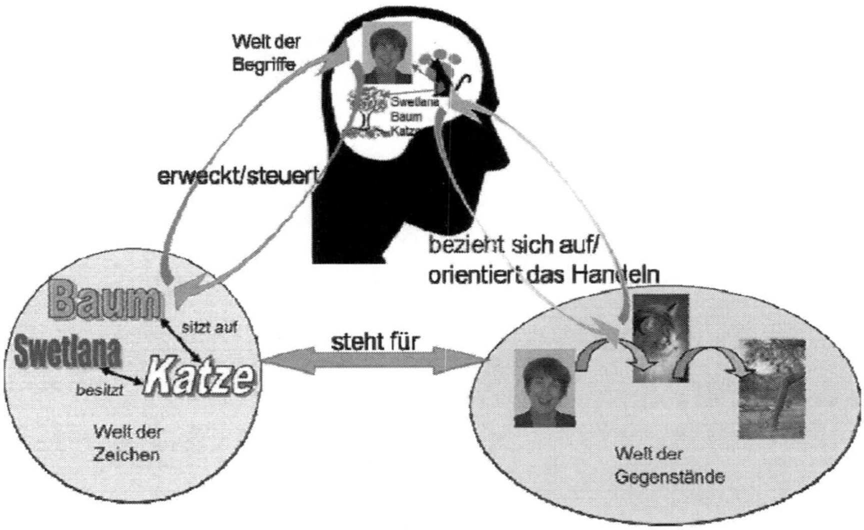

Das Symbol „Baum“ verweist in unserem Kopf auf die Vorstellung, die wir von einem Baum haben usw.

Die symbolische Repräsentation hat einen großen **Nutzen** für unser Denken und für unsere Interaktion:

- Wir können uns damit eine unabhängige Form des Gedächtnisses schaffen, wenn wir die Symbole außerhalb unseres Kopfes „aufschreiben“ und aufbewahren.
- Wir können die Zeichen zur Simulation und Antizipation (Vorwegnahme) der Welt benutzen, wenn wir den Zeichen die gleichen Eigenschaften zuweisen, wie den Objekten der Welt, für die sie stehen.
- Und schließlich können wir über die Symbole Wissen austauschen, wenn es uns gelingt, die Bedeutung der Symbole innerhalb unserer Kommunikationsgemeinschaft so weit abzustimmen, dass wir uns gegenseitig aufgrund unseres Verhaltens und dem Gebrauch der Symbole „Verstehen“ bestätigen. Die Herstellung von Verstehen ist ein ständiger Prozess der gegenseitigen Abstimmung.

Die symbolische Repräsentation von Wissen wollen wir auch als Information bezeichnen. Dies korrespondiert mit der häufig genutzten Definition von Wissen über die sogenannte „Wissenstreppe“: Zeichen – Daten – Informationen – Wissen …[53] Insgesamt ist dieser De-

[53] Vgl. z. B. North (1998), S. 41.

finitionsansatz jedoch zu beschränkt (auf symbolisch repräsentiertes Wissen) und zu unklar bezüglich der Stufen.

Informationen, die wir auf Trägermedien (Papier, Tonträger, Film, digitale Speichermedien) niedergelegt haben, können wir sammeln, lagern und wie ein Objekt der realen Welt behandeln, im Gegensatz zu Wissen.

Die Nutzung der Informationen für das Handeln und damit das Wissen ist an eine Handlungseinheit gebunden. Die Handlungseinheit muss die Information interpretieren und in ihre inneren Modelle übertragen. Eine Handlungseinheit kann jedoch nicht nur der Mensch sein, sondern genauso ein Computer, der aufgrund einer Lagerbestandsinformation eine Bestellung auslöst, ein Automobil, das dem hinter ihm fahrenden Automobil mitteilt, wie schnell es fahren soll, um nicht aufzufahren usw. Wissen ist damit nicht an Menschen gebunden, was auch häufiger als Definitionsmerkmal benutzt wird.

Der Kommunikationsprozess insgesamt umfasst neben der Herstellung des Verstehens der Symbole auch noch die Herstellung der Akzeptanz des Verstandenen auf der Basis der sozialen Rollenverteilung zwischen den Kommunikationspartnern.[54]

Zusammen mit der sprachlichen Koordination entsteht ein kollektives Wissen, welches allen Mitgliedern der Sprachgemeinschaft zugänglich ist, von ihnen genutzt wird, aber unabhängig von den Individuen existiert. Die kollektive Welt des Wissens bekommt eine eigenständige Existenz.

Eigene Dynamik der Welt des Wissens

Durch die technologische Entwicklung des Internets und der mobilen Kommunikation (Handy, Laptop) bekommt die Eigenständigkeit des Wissens eine besondere Bedeutung. Die Welt des Wissens entwickelt aufgrund der technischen Kommunikations- und Speichermöglichkeiten eine eigene Dynamik, deren langfristige Konsequenzen wir noch nicht erahnen können. Wissen kann unabhängig von Personen an unterschiedlichsten Orten gespeichert und von dort abgerufen und genutzt werden. Computer übernehmen immer mehr Aufgaben der Wissensverarbeitung, die noch vor ein paar Jahren den Menschen vorbehalten waren. Die aktuelle Diskussion um das Cloud Computing (ein Ansatz, bei dem Rechner- und Speicherkapazität einem User über Internet zur Verfügung gestellt wird) ist ein Musterbeispiel für die Möglichkeiten und Probleme, die auf uns zukommen. Es ist Aufgabe des Wissensmanagements, diese Möglichkeiten konstruktiv zu gestalten.

2.1.4.3 Kollektives Wissen und Handeln

Der Wissensaustausch über Symbole ist darauf gerichtet, einen gemeinsamen, für alle Mitglieder einer Gesellschaft nutzbaren Fundus an Wissen aufzubauen und damit das

[54] Zur ausführlichen Diskussion des Themas „Kommunikation" vgl. Franken (2010), S. 142 ff.

Handlungspotenzial aller aufeinander abzustimmen, zu erweitern und zu verbessern. Daneben gibt es in der Gesellschaft auch die Tendenz zu einer immer größer werden Spezialisierung: Menschen arbeiten zusammen, ohne dass jeder versteht, was der Andere tut.

Organizational Memory und betriebliche Wissensstrukturen

In einer Studie haben Freimuth, Hauck und Asbahr sehr anschaulich die Wissensrepräsentation von Teams in der Automobilproduktion dargelegt. Sie stellen fest, dass die Teammitglieder verschiedene Spezialistenrollen (für den Umgang mit bestimmten Maschinen, für soziale Probleme des Teams, für den Kontakt zum Unternehmen) übernehmen und damit über Wissen verfügen, welches die Anderen nicht haben. Jeder tut das, was er am besten kann. Insgesamt gibt es jedoch genügend Redundanz in der Wissensverteilung, so dass der Ausfall eines Mitgliedes das Team nicht blockiert.

Für den Abruf und die Nutzung des Wissens entwickeln sich spezifische Kommunikationsformen. Häufig genügt ein Blick oder eine Geste, und der angesprochene weiß Bescheid. Es gibt keine Barrieren für den Abruf. Für Problemlösungen entstehen gemeinsame Suchbewegungen.

So entstehen innerhalb eines Teams verteilte Wissensstrukturen, auf deren Grundlage man gemeinsam mehr Probleme lösen kann als jeder Einzelne. Mit ihnen verbunden sind auch die Zuständigkeiten für das Handeln.[55]

Verallgemeinert können wir sagen, dass wir in unserer Gesellschaft für kollektives, arbeitsteiliges Handeln auch kollektive mentale Modelle entwickeln.

Kollektive Mentale Modelle (**KMM**) sind von allen Mitgliedern eines Kollektivs geteilte Vorstellungen über die Welt, die Möglichkeiten ihrer Veränderung, die Intentionalität des Kollektivs und die Wertigkeit bestimmten Handelns. Sie basieren auf einer vorgegebenen Rollenverteilung der in dem Modell gedachten Individuen und Objekte und führen zu einem aufeinander abgestimmten Handeln. Dies kann der Gebrauch einer Sprache, wie auch die Produktion eines Automobils sein.

Kollektive Handlungssysteme entstehen als Netzwerke aufeinander bezogener KMM.Bei dem Gebrauch von KMM ist es nicht unbedingt erforderlich, dass alle jedes Handeln in dem System beherrschen, sondern nur das ihrer eigenen Rolle. In dem Sinn gibt es Arbeitsteilung bei der Nutzung von KMM. Beispielsweise, muss ein Chefsekretär eine Tagesplanung machen und Termine vergeben können, aber die Moderation einer Sitzung und die Verhandlungsführung liegen in der Kompetenz des Chefs, der entsprechende Rituale kennt.

Im Rahmen eines KMMs benötigt jedes Individuum als Mitglied des Kollektivs:

- eine Vorstellung von der eigenen Rolle in dem Kollektiv: Ein KMM definiert verschie-

[55] Siehe Freimuth/Hauck/Asbahr (2002).

dene Rollen in dem System, die von einzelnen Individuen übernommen werden können. Eine solche Rolle umfasst Handlungserwartungen an den jeweiligen Rolleninhaber, die dieser kennen und erfüllen muss. Dazu benötigt er insbesondere:

- das Wissen zur Erfüllung der eigenen Rolle,
- häufig damit verbunden eine Vorstellung von der Situation in der sich das Kollektiv befindet (da das erwartete Handeln situationsbedingt definiert sein kann),
- eine Vorstellung von den Zielen (Intentionen) des Kollektivs (sie dient vor allem der Steuerung einer zielgerechten Ausfüllung von Handlungsspielräumen, die jede Rollendefinition in einem KMM den Mitgliedern lässt) und
- eine Vorstellung von den Schnittstellen (Beziehungen) zu den Anderen (die Kenntnis der Auswirkungen des eigenen Handelns auf die anderen Mitglieder des Kollektivs ermöglicht den Umgang mit Interdependenzen in außergewöhnlichen Fällen).

KMM bestimmen unser Handeln in **sozialen Situationen**. Sie prägen unsere Erwartungen und leiten unser eigenes Handeln. Damit schaffen sie die Grundlage jeglichen kollektiven Handelns. Es gibt eine große Vielfalt derartiger Modelle in unserem alltäglichen Leben, die von unterschiedlich großen Gemeinschaften als Bestandteil ihrer Kultur getragen werden.

Alle sozialen Standardsituationen werden durch KMM bestimmt. Jeder Mitarbeiter in einem Unternehmen hat ein Modell im Kopf, wie er sich in einer alltäglichen Arbeitssituation verhalten soll, was die Folge eines Fehlers sein könnte, wie sein besonderes Engagement belohnt wird usw. Derartige Modelle erleichtern uns die Orientierung in der Welt und machen diese prognostizierbar.

Zu den Inhalten von KMM zählt neben der sozialen Interaktion auch der Gebrauch von **physischen Artefakten** als Mittel für unser Handeln. Diese Mittel erweitern unser individuelles Wissen, ohne dass wir ihr eigentliches Funktionieren verstehen müssen. Wir müssen nur ihre Handhabung beherrschen.

Wir fahren Auto und benutzen ein Handy oder einen Computer, ohne wissen zu müssen, wie diese Artefakte funktionieren. Wichtig ist nur, dass wir sie benutzen können. Alle von Menschen hervorgebrachten physischen Objekte haben eine bestimmte Funktion, d.h. sie dienen der Umsetzung bestimmter Intentionen und bedürfen einer bestimmten, zu erlernenden Handhabung.

Eine weitere wichtige Eigenschaft der KMM ist ihre **Veränderbarkeit**, wenn diese Veränderung von dem Kollektiv getragen wird.

So kann in einem Arbeitsteam eine Entscheidung getroffen werden, dass man sich ab morgen duzt, anstatt zu siezen. Dies kann weitere Formalien überflüssig machen und das Miteinander angenehmer und familiärer gestalten. Oder man führt in einem Unternehmen ein Ritual ein, sich monatlich gegenseitig über die neuen Ideen und Erkenntnisse zu informieren. Diese regelmäßigen Treffen können den Wissensaustausch und die Innovationsfähigkeit des Unternehmens enorm steigern.

2.1.5 Wissen von und in Unternehmen

Mit diesen Vorbereitungen können wir nun ein Modell von Wissen und Handeln von Unternehmen entwickeln, in dem einzelne Wissensträger und Repräsentationsformen des Wissens charakterisiert werden.

2.1.5.1 Zwei Welten in Unternehmen

Zunächst können wir unser Modell des Denkens und Handelns von Individuen (vgl. Abbildung 2.1) dahingehend erweitern, dass wir alle parallel in einer (kollektiven) Welt des Wissens und einer realen Welt leben. In der realen Welt interagieren wir mit vielen anderen Menschen und Objekten, in der Welt des Wissens sind wir ebenfalls mit einer Vielzahl von anderen Akteuren, Menschen und Computern, vernetzt. Wir gestalten und entwickeln gemeinsam beide Welten. Die Strukturen und Inhalte in beiden Welten sind jedoch nicht kongruent. In der Welt des Wissens interagieren wir mit Menschen und Maschinen, die wir real noch nie gesehen haben. Die Vorstellungen von der Welt, die wir auf der Wissensebene entwickeln, müssen nicht mit der realen Welt korrespondieren – auch wenn sich die Gemeinschaft in der Welt des Wissens darüber einig zu sein scheint.

Die Verknüpfung zwischen beiden Welten entsteht daraus, dass

- alle Wissensträger (Menschen, Computer, Dokumentenspeicher, Artefakte generell) in beiden Welten vorkommen,
- es verschiedene Formen von Wahrnehmung gibt, die eine Korrespondenz zwischen den Welten herstellen, und
- das Handeln realer Handlungseinheiten von ihrem Wissen bestimmt wird.

Abbildung 2.4 Zwei Welten in Unternehmen

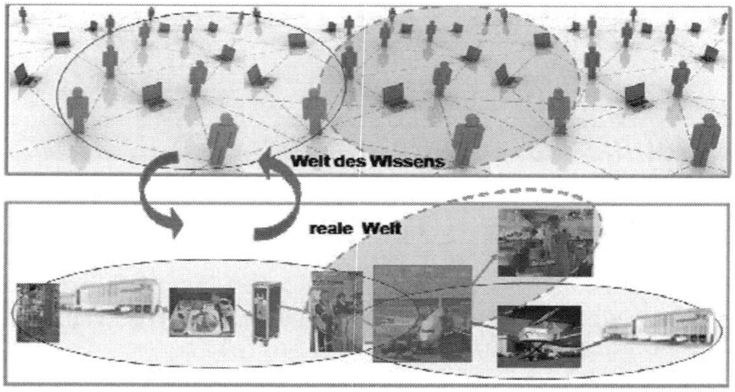

Beide Modelle, individuelles und kollektives, entsprechen sich strukturell. Inhaltlich bestehen jedoch wesentliche Unterschiede.

Die Welt eines Airline-Caterers

Die Abbildung beschreibt die Welt eines Airline-Caterers, der Essenszutaten, Getränke, Handelswaren usw. einkauft, Essen produziert, in Trolleys verpackt, in die Galley eines Flugzeuges transportiert und die Abfälle vom letzten Flug entsorgt. Das Handeln des Caterers wird von verschiedenen Menschen mit Hilfsmitteln (Öfen, Trolleys, Highloader) durchgeführt, für deren Handeln KMM definiert sind und die spezielle Informationen mitgeteilt bekommen (z.B. Arbeitspläne).

Zu den Managementaufgaben gehört u.a. abzugrenzen, welche Aufgaben das Cateringunternehmen selbst ausführen will (der Serviceprozess im Flugzeug gehört z.B. nicht zu den Aufgaben des Caterers sondern wird von der Airline ausgeführt).[56] Für die eigenen Prozesse muss das Cateringunternehmen klare KMM entwickeln, zeitliche und inhaltliche Regeln treffen und mit ihren Handlungseinheiten abstimmen. Generell regelt es so, was Handeln in seinem Namen bedeutet. Ebenso wie bei den realen Prozessen muss das Management auch den zum Unternehmen gehörigen Teil der Welt des Wissens abgrenzen. Welches Wissen von wem wird eingesetzt (Fremdsprachenkenntnisse von Mitarbeitern usw.), welche Informationen werden von außen zugekauft (IATA Reports, Wetterinformationen) oder mit den Airlines ausgetauscht (Flugplaninformationen, Servicekonzepte usw.).

Trotzdem kommt es vor, dass bei der Festlegung der Arbeitspläne den für das Management zuständigen Handlungseinheiten nicht notwendig bekannt ist, dass das zu beladende Flugzeug Verspätung hat. Der Fahrer des Highloaders sieht es und richtet sich schon einmal auf Überstunden ein.

Die Welt des Wissens eines Unternehmens (das gesamte im Unternehmen gespeicherte und für das Unternehmen als relevant definierte Wissen) wird als **Wissensbasis** des Unternehmens bezeichnen.

Die Wissensbasis ist ein verteiltes System mit unterschiedlichen Wissensträgern (Mensch, DV, Papier usw.), deren Einzelwissen nicht notwendig konsistent ist. Die Abgrenzung der Wissensbasis eines Unternehmens von dem Rest der Welt des Wissens ist Aufgabe des Managements. Es kann Meinungs- und Zielkonflikte zwischen den verschiedenen Wissensträgern geben. Ein Mensch kann mit solchen Widersprüchen nicht leben, da er sonst entscheidungs- und handlungsunfähig würde. Bei einem Unternehmen ist dies nicht der Fall, da auch das Handlungssystem durch unabhängige Einheiten gebildet wird.

Die Verteilung des Wissens in der Wissensbasis und seine Zugänglichkeit für die Handlungseinheiten sind nicht notwendig kongruent zum Handlungssystem mit den dort geregelten Zuständigkeiten und den Handelnden nur unvollständig bekannt.

---

[56] Siehe die Definition von Management in Kapitel 1.

Schon aus diesen Gründen ist für jedes Unternehmen ein Wissensmanagement notwendig. Das Unternehmen muss entscheiden, welches Wissen es selbst aufnehmen oder generieren will, wie es dieses Wissen speichern und verteilen will und wie es für das Handeln des Unternehmens genutzt wird.

Die Lösung dieser Aufgaben erfolgt durch explizites Gestalten entsprechender Systeme. Die Möglichkeiten der Gestaltung hängen dabei von den Trägern und den unterschiedlichen Formen des Wissens in Unternehmen ab.

2.1.5.2 Wissensträger und -formen in Unternehmen

Die Wissensträger eines Unternehmens sind verteilte, autonome Einheiten in Form von

- Menschen,
- Computern,
- Speichereinheiten (Bücher, Ordner, Festplatten, CDs),
- technischen Anlagen (Potentialfaktoren) u.a.

Die Wissensträger sind über parallel arbeitende Kommunikationsnetze verbunden. Die für die praktische Handhabung wichtigsten Repräsentationsformen von Wissen sind in Abbildung wiedergegeben.

Abbildung 2.5 Repräsentationsformen von Wissen in Unternehmen

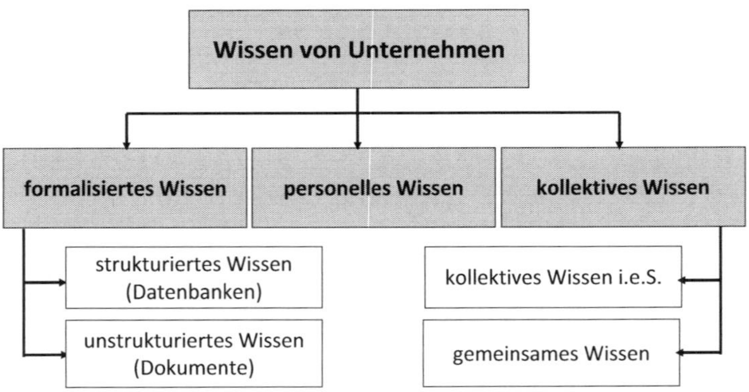

Formalisiertes Wissen, ist Wissen, welches in einem kommunizierbaren Symbolsystem repräsentiert ist. Es kann strukturiert oder unstrukturiert vorliegen.

Strukturiertes, formalisiertes **Wissen** ist durch formalisiertes Metawissen in seiner Nutzung vorgeprägt. Das formalisierte Metawissen ermöglicht die gezielte Auswertung des strukturierten Wissens nach den definierten Kriterien. Zu strukturiertem Wissen in Unternehmen gehören z.B. Datenbanken, Karteisysteme, Kontobücher, ausgefüllte Formulare.

Die Struktur einer Datenbank entspricht z.B. einer Tabelle. Die Spalten haben Überschriften, die angeben, was in den darunter liegenden Feldern abgespeichert ist, Bei einer Kundendatenbank z.B. Name, Postleitzahl oder Adresse eines Kunden. Jede Zeile entspricht den Informationen über einen Kunden. So können über die Postleitzahl sehr schnell alle Kunden einer bestimmten Region ermittelt werden.

Unstrukturiertes, formalisiertes **Wissen** hat keine feste Form, dazu gehören z.B. Dokumente, E-Mails, Bilder u.a. Es erschließt sich nur durch einen Inhalt. Für eine automatisierte Auswertung und Verarbeitung bereitet dieses Wissen einige Schwierigkeiten.

Personelles Wissen eines Unternehmens ist das Wissen der Menschen im Unternehmen. Es ist dem direkten Zugang durch andere entzogen und nur durch Kommunikation und freiwillige Preisgabe zugänglich. Das Management personellen Wissens ist immer ein Kommunikationsmanagement. Als unterstützendes Metawissen sind z.B. „Gelbe Seiten", welche die Experten eines Unternehmens auflisten, einsetzbar.

Kollektives Wissen ist aufeinander abgestimmtes, den Einzelindividuen aber nicht komplett verfügbares Wissen, welches trotzdem das Handeln des Kollektivs bestimmt.

Dazu gehört einerseits **das kulturelle Wissen**, d.h. von allen Individuen des Unternehmens geteiltes (verstandenes und akzeptiertes) Wissen, welches zumeist implizit gespeichert ist. Die Mitglieder eines Unternehmens nutzen z.B. eine gemeinsame Sprache, die von jedem verstanden wird, über die aber nicht weiter nachgedacht wird. Neben der allgemeinen Sprache gehören dazu z.B. unternehmensspezifische Symbole (Wörter, Abkürzungen usw.), die von Außenstehenden nicht notwendig verstanden werden, innerhalb des Unternehmens aber zum Standard gehören.

Ein Beispiel sind die 3-Letter-Codes für Flughäfen im Airline-Sektor, also z.B. CGN (Köln), FRA (Frankfurt), QKL (Köln Hauptbahnhof).

Kollektives Wissen i.e.S. sind die KMM zur Regelung gemeinschaftlichen Handelns. Sie sind häufig den einzelnen Individuen nicht komplett bekannt und können nur durch spezielle Erhebungsmethoden erfasst und zugänglich gemacht werden.

Ein wichtiges Beispiel sind institutionalisierte Prozesse, die in einem Unternehmen ausgeführt werden, aber nicht formal erfasst sind.

So kann normalerweise kein Unternehmensmitarbeiter genauer beschreiben, wie in dem Unternehmen ein Kundenauftrag vom Auftragseingang bis zur Bezahlung der Rechnung durch den Kunden abläuft. Solche Prozesse werden einmal formell eingeführt und entwickeln sich dann informell im Unternehmen weiter. Dabei weiß jeder Teilnehmer an diesem Prozess, was er zu tun hat, aber „entferntere" Teilaufgaben sind ihm unbekannt.

2.2 Funktionen des Wissensmanagements

Aufbauend auf dem Grundmodell von Wissen ergeben sich vielfältige Aufgaben für das Wissensmanagement.

2.2.1 Funktionale Gliederungen in der Literatur

Die in der Literatur genannten Funktionen des Wissensmanagements sind sehr unterschiedlich und hängen jeweils von der spezifischen Sicht auf das Thema bzw. das Wissenskonzept ab.[57]

Die im deutschsprachigen Raum bekannteste Einteilung der Funktionen sind die Wissensbausteine von Probst, Raub und Romhardt.

2.2.1.1 Bausteine des Wissensmanagements nach Probst, Raub und Romhardt

Das von Probst, Raub und Romhardt entwickelte Modell der „Bausteine des Wissensmanagements" gliedert den Prozess des Wissensmanagements in folgende Kernelemente (vgl. folgende Abbildung):[58]

- Wissensidentifikation – Wie schaffe ich mir intern und extern Transparenz über vorhandenes Wissen?
- Wissenserwerb – Welche Fähigkeiten kaufe ich mir extern ein?
- Wissensentwicklung – Wie baue ich eigenes Wissen auf?
- Wissens(ver)teilung – Wie bringe ich das Wissen an den richtigen Ort?
- Wissensnutzung – Wie stelle ich die Anwendung sicher?
- Wissensbewahrung – Wie schütze ich mich vor Wissensverlusten?

Die dargestellten Kernelemente beschreiben die operativen Probleme im Umgang mit Wissen in Unternehmen. Dieser Prozess muss im Unternehmen so gestaltet werden, dass das organisationale Wissen mit den Zielen und Visionen verknüpft werden und die Lernprozesse unter diesem Aspekt bewertet werden. Deswegen werden die Kernelemente des Wissensmanagements durch Wissensziele und Wissensbewertung ergänzt:

- Wissensziele – Wie gebe ich meinen Lernanstrengungen eine Richtung?
- Wissensbewertung – Wie messe ich den Erfolg meiner Lernprozesse

[57] Siehe dazu z.B. die Zusammenfassung von Holsapple/Joshi (2003), S. 103 f.

[58] Vgl. Probst/Raub/Romhardt (2006), Darstellung nach Franken (2010), S. 308 ff.

Abbildung 2.6 Bausteine des Wissensmanagements nach G. Probst u.a.[59]

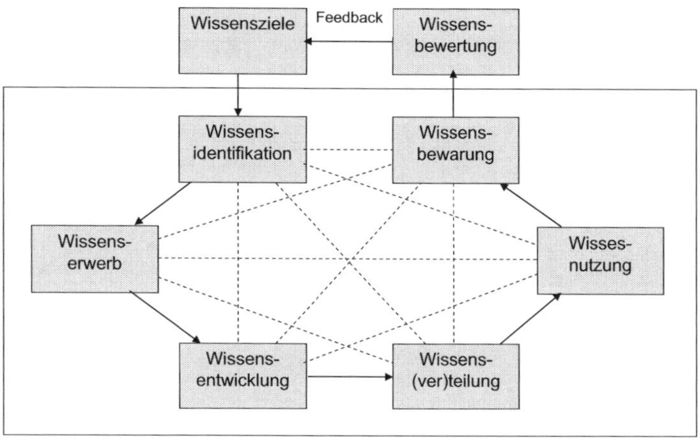

Die Gesamtheit der Bausteine ergibt einen in sich geschlossenen Prozess des Wissensmanagements und zugleich eine Spezifikation von seinen Funktionen.

2.2.1.2 Prozessmodell des Informationsmanagements von Choo

Ein formal ähnliches, jedoch in seiner inhaltlichen Ausgestaltung sehr verschiedenes Modell wurde von dem Kanadier Chun Wei Choo entwickelt.[60] Choo betrachtet jedoch nur formalisiertes Wissen und schreibt dementsprechend von Information.

Als Funktionen werden Informationsbedarfsbestimmung, -beschaffung, -organisation und -speicherung, -verwertung und -nutzung genannt. Die Informationsnutzung wird von Choo als zentrale Funktion angesehen und weiter spezifiziert in die Unterfunktionen:

- Sinngebung (organisatorische Interpretation und Einordnung der Information in ihren Kontext)
- Wissensschaffung (Transformation des Wissens im Sinne von Nonaka und Takeuchi) und
- Entscheidungsfindung (nach dem Prinzip der begrenzten Rationalität von Simon).

[59] Probst/Raub/Romhardt (2006), S. 32.

[60] Vgl. Choo (1997) und die Ergänzung zur Informationsnutzung in Choo (1996) und ausführlich in Choo (1998).

Abbildung 2.7 Prozessmodell des Informationsmanagements von Choo[61]

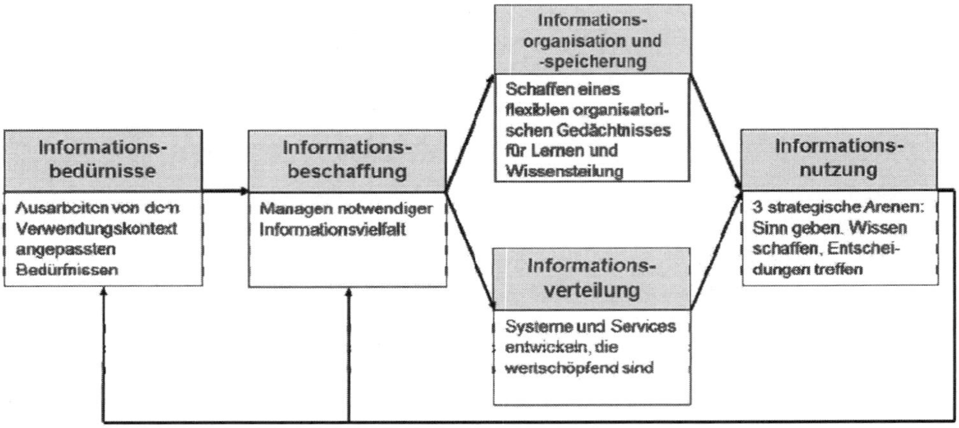

Generell können die betrachteten Funktionsklassifikationen nur als eine Einteilung der obersten Ebene angesehen werden. Darunter folgt jeweils eine weitere Differenzierung, mit sehr unterschiedlichen Zuordnungen.

2.2.2 Funktionen eines integrierten Wissens- und Innovationsmanagements

Wir wollen uns bei unserer eigenen Klassifikation am Bild einer wissensverarbeitenden Einheit (Mensch, Unternehmen) orientieren (vgl. Abbildung 2.1) und folgende Funktionsgruppen unterscheiden:

- Basisfunktionen
  - Wahrnehmung,
  - Gedächtnis als Organisation des Wissens,
  - Wissensnutzung: Planen, Entscheiden, Handeln,
- Lernen und Innovation
  - Lernen als Wissensveränderung,
  - Innovationsmanagement (Generierung und Nutzung von neuem Wissen),
- Management des Wissensmanagements
  - Wissensbilanz (Wissenscontrolling).

[61] Choo (1997), S. 17.

Innerhalb der einzelnen Funktionen ergeben sich spezifische Sichten, die dadurch geprägt sind, das Wissensmanagement generell in drei Dimensionen gedacht werden muss: dem Verhalten der Individuen, der Organisation und der Technik.

Im Weiteren werden die Basisfunktionen des Wissensmanagements Wahrnehmung, Gedächtnis und Nutzung und danach Wissenscontrolling erläutert. Die zwei weiteren Funktionen – Lernen und Innovation – werden in separaten Kapiteln erläutert.

2.3 Wahrnehmung

Wahrnehmung wird in der Psychologie mit der Aufnahme von Reizen über unser menschliches Sinnensystem verbunden. Die Reize werden dabei unmittelbar mit unserer realen Welt verbunden.[62] Doch in welcher Beziehung stehen diese Reize zu unserer realen Welt? Wenn wir die Hitze einer Flamme spüren, so wissen wir unmittelbar, dass wir unsere Hand zurückziehen müssen. Was aber ist mit der Wahrnehmung einer roten Ampel? Das, was wir wahrnehmen, ist nicht nur ein rotes Licht, sondern ein Symbol, welches uns zu einer bestimmten Handlung auffordert (anhalten!). Was vermittelt uns das Lesen eines Buches oder das Lächeln eines anderen Menschen? Es ist schwer, die physikalisch nachweisbare Wahrnehmung von dem zu trennen, was dadurch bei uns hervorgerufen wird.

Wir wollen deshalb **Wahrnehmung** ganz allgemein als eine Aufnahme von Reizen durch unser Sinnensystem definieren, aus der wir auf der Basis unseres Vorwissens neues Wissen über unsere (reale) Welt konstruieren. Wahrnehmung ist die Verbindung der Welt zu uns.

Dabei können wir eine direkte, von dem Objekt der Welt, welches die Reize hervorgerufen hat, ausgehende Wahrnehmung und eine indirekte Wahrnehmung, bei der ein Zwischenträger, z.B. unsere Sprache, das neue Bild von der Welt ausgelöst hat, unterscheiden. Beiden gemeinsam ist das Entstehen eines neuen Bildes von der Welt in unserem Kopf.

Bei einem Unternehmen ist die Aufnahme von Reizen vom Ablauf her gleich, häufig aber an ein technisches System gekoppelt. Auch Unternehmen nehmen den größten Teil ihrer Wahrnehmung indirekt auf und konstruieren ihr Weltbild aus allen Wahrnehmungen, alle Vorgänge sind jedoch bewusst geschaffen und im Unternehmen implementiert.

2.3.1 Wahrnehmung des Individuums

Wahrnehmung ist der Prozess der Konstruktion eines Bildes von unserer Welt, welcher durch einen von der Welt kommenden Reiz ausgelöst wird.

---

[62] Vgl. Zimbardo/Gerrig (2004), S. 156 ff.

Wir verfügen über ein System von Sinnen, über welches wir unterschiedliche Reize aufnehmen und in unserem Gehirn zu Bildern über die Welt verarbeiten, z.B. Sehen, Hören, Geschmack, Riechen, Druck aber auch Gleichgewicht und Schmerz. Die Fähigkeiten der einzelnen Sinne sind begrenzt, ebenso wie die Kapazität zur Verarbeitung der Reize.[63]

Das Bild, das wir bei der Wahrnehmung entwerfen, hat nur bedingt etwas mit der Realität zu tun. Wir kennen viele systematische Verzerrungen unserer Wahrnehmung. In Bezug auf die visuelle Wahrnehmung sind das z.B.

- der "blinde Fleck", d.h. das Loch in unserer visuellen Reizaufnahme, welches wir nicht sehen,[64]
- die perspektivischen Verzerrungen, die wir bei der Verarbeitung von visuellen Reizen systematisch vornehmen (s. Abbildung),
- die Vorprägungen der Bildinterpretation durch unsere gewohnten Wahrnehmungsschemata, die uns zu einer subjektiven Interpretation aber auch zu Hochleistungen beim Erkennen von Bildern verhelfen.

Abbildung 2.8 Perspektivische Verzerrungen bei der Wahrnehmung[65]

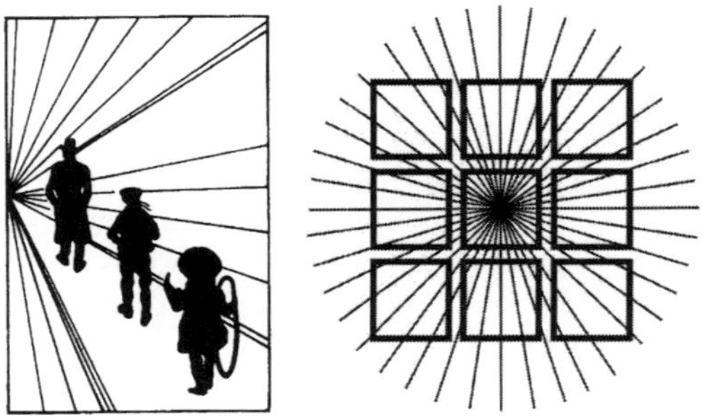

Zwei Beispiele für die perspektivischen Täuschungen sind links und rechts abgebildet. Auch wenn die drei Figuren links gleich groß sind, täuscht uns unser Gehirn – angeregt durch die perspektivische Darstellung – vor, dass die linke Figur wesentlich größer „sein muss". Psychologen sagen: Wir sehen das, was wir zu sehen glauben, nicht umgekehrt. Auf dem rechten Bild erscheinen uns die neun Quadrate nach außen verbogen, dabei ver-

[63] Vgl. z.B. Franken (2010), S. 37 ff.

[64] Auf der Rückseite unseres Auges befinden sich viele Rezeptoren, die das durch die Pupille aufgenommene Licht in Nervensignale übersetzen. In der Mitte des Augapfels, wo der Sehnerv im Auge endet, gibt es keine Rezeptoren, an dieser Stelle gibt es ein Loch in unserer Rezeption. Wir nehmen dieses Loch jedoch nicht wahr.

[65] Bildquelle: Spiegel Online Wissenschaft http://www.spiegel.de/fotostrecke/fotostrecke-32369.html (06.02.2011).

laufen die horizontalen und vertikalen Linien jeweils parallel. Der Effekt entsteht dadurch, dass die Mitte als Fluchtpunkt dient und die Strahlen dem Gehirn eine Bewegung suggerieren.

Darüber hinaus zeichnet sich unsere Wahrnehmung durch Subjektivität aus und wird zusätzlich von den Erwartungen und Gewohnheiten geprägt. Ein Polizist, der tagtäglich mit Kriminellen zu tun hat, sieht in jedem eher einen potentiellen Verbrecher (vgl. Abbildung, linkes Bild). Unsere Neigung, die Bilder zu interpretieren und zu vervollständigen, kann uns allerdings auch behilflich sein. Erkennen Sie auf dem rechten Bild einen Dalmatiner?

Abbildung 2.9 Subjektive Interpretation, Wahrnehmung komplexer Bilder[66]

Menschliche Wahrnehmung und menschliches Denken werden bestimmt von vorgeprägten, gelernten Schemata, die wir als Assoziationsgrundlage benutzen. Wir reduzieren die Komplexität der Informationsaufnahme, indem wir neue Informationen zunächst mit bekannten Schablonen vergleichen und diesen zuordnen. Dadurch können wir auch aus relativ diffusen Informationen schnell wichtige Zusammenhänge erkennen. Andererseits sind wir dadurch vorgeprägt.

Als Konsequenzen ergeben sich daraus für unser Wahrnehmungs- und Denkverhalten charakteristische Tendenzen:

- Jeder betrachtet die Welt aus einer individuellen Brille, die von seinen gelernten Schemata geprägt wird.
- Wir tendieren allgemein dazu, Informationen leichter aufzunehmen, wenn sie nicht im Widerspruch zu unseren bisherigen Anschauungen stehen.

[66] Das Bild übernommen aus Anderson (1988), S. 107.

- Wir suchen neue Informationen für die Lösung von Problemen immer zuerst im Umfeld dessen, was wir schon kennen.

Solche Verhaltenstendenzen werden auch Unternehmen zugerechnet.[67]

Ähnlich wie beim Denken können wir eine explizite (bewusste) und eine implizite (unbewusste) Wahrnehmung unterscheiden. Explizite Wahrnehmung erfolgt durch eine bewusste Aufmerksamkeitssteuerung mit oder ohne Einsatz spezifischer Instrumente. Implizite Wahrnehmung wird von der wahrnehmenden Einheit nicht bewusst erfasst. Implizite Wahrnehmung resultiert aus bestimmten Eigenschaften unseres Wahrnehmungs- und Aufmerksamkeitssystems. Zum Beispiel, werden visuelle Reize, die maximal 50 Millisekunden präsentiert werden, nicht bewusst wahrgenommen. Solche Reize werden trotzdem unterschwellig registriert und schaffen eine „Vorbereitung" in der Wahrnehmung, wenn die Präsentation die Grenze von 50 Millisekunden überschreitet (Priming).

Die menschliche Wahrnehmung kann durch vielerlei Technik unterstützt werden. Wir benutzen Mikroskope, Teleskope, Kopfhörer, Hörgeräte, Geschmacksverstärker und vieles mehr. Eine der neuen Entwicklungen ist die erweiterte Realität (augmented Reality). Erweiterte Realität bezeichnet die computergestützte Erweiterung unserer Wahrnehmung von der Realität durch einspielen von Zusatzinformationen. Das bekannteste Beispiel dazu sind Applikationen auf dem Handy, die zu einem Kamerabild verbunden mit der Ortsinformation (GPS) Erklärungen über die zu sehenden Objekte liefern. Man wird darauf hingewiesen, dass man jetzt vor dem Kölner Rathaus steht und es nach links zum Dom geht. Solche Anwendungen können vielfältig eingesetzt werden, z.B. zur Unterstützung von Wartungstechnikern bei der Reparatur von komplexen Maschinen.

2.3.2 Wahrnehmung von Unternehmen

Unternehmen richten spezielle Wahrnehmungssysteme ein, die für alle Standardwahrnehmungen zuständig sind. Nur wenn ein Wahrnehmungssystem für einen bestimmten Wissensinhalt existiert und in die Wissensverarbeitungs- und Entscheidungsprozesse im Unternehmen integriert ist, handelt das Unternehmen gemäß dieser Wahrnehmung.

Dies lässt sich sehr gut an den politisch relevanten Themen von Unternehmen aufzeigen. Vor einigen Jahren war das Thema „Qualitätsmanagement" wichtig für alle kleinen und mittleren Unternehmen. Große Unternehmen forderten von ihren Lieferanten, dass sie sich nach ISO 9000 zertifizieren lassen sollten. Das bedeutete für die kleinen und mittelständischen Zulieferer, dass sie sich mit dem Thema Qualität in ihrem Unternehmen explizit auseinandersetzen mussten. Die Zertifizierung nach ISO 9000 verlangte, dass die Unternehmen ein Qualitätsmanagementsystem einrichten mussten, welches auf einem Qualitätskontrollsystem (-messsystem) aufbaut und damit eine Qualitätssteuerung ermöglicht. Ein Qualitätssystem zu implementieren erfordert, Qualität wahrnehmen zu können.

---

[67] Vgl. z.B. Cyert/March (1963).

Ähnlich geht es derzeit mit dem Thema „Risiko". Große Unternehmen sind verpflichtet, ein Risikomanagementsystem einzurichten, welches ihnen ermöglicht, den Fortbestand des Unternehmens gefährdende Entwicklungen rechtzeitig zu erkennen und Anteilseigner und Kapitalgeber über solche Risiken zu informieren. Zentrales Problem der Einrichtung eines Risikomanagementsystems ist das Wahrnehmungssystem von Risiken. Es gibt noch keine Standards, wie Risiken wahrgenommen werden können bzw. sollten.

Nachhaltigkeit und Umweltschutz, Sozialstandards (Zertifizierung nach Social Accountability 8000) sind ähnliche Themen. Sie alle erfordern zunächst einmal, dass das Unternehmen die Probleme wahrnimmt, also über ein Messsystem verfügt, welches es über die eigene Situation informiert.

Bei der Wahrnehmung von Unternehmen kann es um verschiedene Formen und diverse Instrumente gehen.

2.3.2.1 Formen der Wahrnehmung

Die Wahrnehmung von Unternehmen lässt sich nach verschiedenen Kriterien unterscheiden. Choo bezeichnet diesen Prozess als „environmental scanning" und unterscheidet vier Formen, je nachdem, ob sich das Unternehmen dabei aktiv oder passiv verhält und ob die Umwelt als analysierbar oder nicht analysierbar betrachtet wird:

1. Bedingte Wahrnehmung (passives Verhalten und analysierbare Umwelt) – Aufnahme von Wissen aufgrund von Routinen.
2. Ungerichtete Wahrnehmung (passives Verhalten und analysierbare Umwelt) – Aufnahme von Wissen ohne spezifischen Zweck.
3. Entdeckung (aktives Verhalten und analysierbare Umwelt) – aktives Suchen und auswerten von Wissen für Unternehmenszwecke wie strategische Planung.
4. Wissenskonstruktion (aktives Verhalten und nicht analysierbare Umwelt) – Gestaltung und Test von neuen Weltbildern durch „learning by doing".

Man könnte weiter danach unterscheiden, was das Objekt der Wahrnehmung ist (Selbstwahrnehmung oder Wahrnehmung der Umwelt) oder was das Ziel der Wahrnehmung ist (explorative Wahrnehmung oder Kontrollwahrnehmung).

Wir wollen die folgenden drei Formen herausstellen, die diese Kriterien verbinden:

- **Strategische Wahrnehmung**
  Strategische Wahrnehmung hat das Ziel Handlungspotenziale oder -chancen zu entdecken und zu verfolgen. Sie ist primär explorativ ausgerichtet, auch wenn sie zunächst eingeübten Suchprozessen folgt. In Bezug auf das Unternehmen selbst werden Kompetenzen ermittelt und systematisiert, die Umwelt wird nach Chancen und Risiken untersucht. Für die strategische Wahrnehmung gibt es eine Vielzahl von Methoden und

Techniken, die vor allem im strategischen Management eingesetzt werden. Bezogen auf Innovationen gibt das Kapitel „Zukunfts- und Trendforschung" einen Überblick.[68] Die Wahrnehmung der Umwelt erfolgt zumeist auf der Grundlage sekundärer Informationen durch das Internet. Als ein weiteres Beispiel wird auch die Wahrnehmung in der Personalbeschaffung dargestellt.

- **Operative Wahrnehmung**
  Die operative Wahrnehmung dient vor allem dazu, geplantes Handeln zu steuern und seine Umsetzung zu sichern. Sie ist primär eine Kontrollwahrnehmung, d.h. es sind feste Inhalte vorgegeben, auf die sich die Wahrnehmung konzentriert. Explorativ ist die operative Wahrnehmung nur bei Frühwarnsystemen, wenn es darum geht, nicht bekannte Einflussfaktoren auf das geplante Handeln zu erkennen. Besondere Bedeutung erlangt die operative Wahrnehmung in Zusammenhang mit der Steuerung der Produktion (des kundenbezogenen Handelns) des Unternehmens. Die Ansprüche der Kunden hinsichtlich Variabilität der Wünsche sowie Zeit und Qualität der Lieferung erfordern ein präzises Handeln und eine hohe Flexibilität um dieses Handeln zu sichern. Grundlage dieses Handelns ist eine kontinuierliche und sehr genaue Wahrnehmung des Geschehens. Das Unternehmen benötigt eine detaillierte, unmittelbare Wahrnehmung der eigenen Prozesse. In diesem Sektor wurde bzw. wird eine Fülle von technischen Hilfsmitteln entwickelt, die wir unter der Überschrift „Sensornetze" kurz umreißen wollen.

- **Vergangenheitsbezogene Wahrnehmung**
  Die vergangenheitsbezogene Wahrnehmung dokumentiert und bewertet abgeschlossenes Handeln. Sie schafft damit die Grundlage für bewusste Lernprozesse und dient als Legitimation für die Korrektheit des Handelns. Das bewusste Aufarbeiten der Vergangenheit und ein darauf aufbauendes Lernen sind leider noch sehr wenig verbreitet.[69] Das Rechnungswesen, als das dominierende vergangenheitsorientierte Wahrnehmungssystem, verfolgt primär Legitimationszwecke. Wir werden im Weiteren als Beispiel das Storytelling als eine Methode des Wissensmanagements zum Umgang mit Vergangenheitswissen darstellen.

Für alle Wahrnehmungssysteme gemeinsam gilt: Ein Unternehmen entscheidet bewusst, welche Informationen es verarbeiten will (was es sehen will). Die im Wahrnehmungsprozess involvierten Instrumente und Personen definieren das Bild des Unternehmens von seiner Welt und damit auch die „Wahrheit" des Unternehmens und seine Verlässlichkeit.

Die Konstruktion der Wahrnehmungssysteme bestimmt, was die Unternehmen wahrnehmen wollen und können. Z.B. erlauben die Strukturen des Rechnungswesens (Kosten- und Ertragsarten, -stellen, -träger; Kontextinformationen: Kunden, Aufträge, Verkäufer) immer nur bestimmte Sichten auf die wirtschaftliche Lage des Unternehmens. Auch im Bereich des strategischen Managements wird zunehmend über den Zusammenhang zwischen

[68] Vgl. Kapitel 4.5 Zukunfts- und Trendforschung.

[69] Vgl. Instrument Lessons Learned im Kapitel 3.3.4 Gestaltung des Gruppenlernens in Unternehmen.

kognitiven Strukturen und Strategien nachgedacht.[70]

Neben der expliziten gibt es in Unternehmen eine Fülle von impliziter Wahrnehmung, vor allem durch die Mitarbeiter. Außendienstmitarbeiter, die die Reaktionen der Kunden oder Lieferanten aufnehmen, Mitarbeiter, die einen privaten Fortbildungslehrgang besuchen, sie alle nehmen Wissen auf, haben aber häufig keinen institutionalisierten Zugang zu den offiziellen Wissensverarbeitungsprozessen des Unternehmens, über den sie ihr individuelles Wissen in das Unternehmen einbringen können. Hier müssen die unternehmensinterne Sensibilität und die Durchlässigkeit für Informationen in die offiziellen Entscheidungsprozesse gesteigert werden.

Verschiedene Formen der Wahrnehmung werden anhand einzelner Beispiele in Unternehmen erläutert. Strategische Wahrnehmung wird am Beispiel der Analyse sekundärer Informationen durch das Internet und der Auswahl von Kandidaten bei der Personalbeschaffung aufgezeigt. Für die operative Wahrnehmung wird das Beispiel von Sensornetzen beschrieben und für die vergangenheitsbezogene Storytelling.

2.3.2.2 Internet: eine schier unerschöpfliche Quelle

Immer mehr Wissen nehmen wir und Unternehmen nicht mehr direkt sondern kommunikativ über verschiedene Medien auf. Diese Form der Wahrnehmung hat ihre eigenen Potenziale und Gefahren.

Die technische Grundlage dazu ist die Verkabelung und die immer breiter ausgebaute Funktechnologie. Glasfaser und LTE (Long Term Evolution), der Nachfolgestandard von UMTS, ermöglichen immer höhere Datenraten im kommunikativen Austausch.

Die Welt aus Sicht von Google?

Inhaltlich wächst das Angebot des Internet in einem geradezu beängstigenden Ausmaß. Gleichzeitig findet eine immer stärkere Monopolisierung auf dem Markt der Suchmaschinen und damit bei der Lenkung der Zugriffe statt. In Deutschland verfügt das Unternehmen Google über einen Marktanteil von fast 90%, gefolgt von dem auf Google aufbauenden Anbieter t-online (3%). Der Konkurrent Yahoo kommt nur auf 1%.[71] Sehen wir die Welt also nur noch durch die Brille von Google? Ganz so schlimm ist es nicht, denn Google beschäftigt sich nur zum Teil mit dem Inhalt des Internet (Google-Books). Die Hauptarbeit von Google liegt in der Verfügbarmachung des Inhaltes (die Indexierung der Welt). Umso wichtiger ist es heutzutage, die Mechanismen des Internet zu verstehen und richtig zu nutzen.

---

[70] Vgl. z.B. Lüer (1998)

[71] Stand Juni 2009. Siehe: http://www.luna-park.de/home/internet-fakten/suchmaschinen-marktanteile.html#c162.

Das Informationsangebot des Internet geht weit über das hinaus, was Suchmaschinen erfassen. Neben dem indexierten Internet gibt es das sogenannte „Deep Web", das sind Datenbanken, die zwar über das Web zugänglich, aber nicht in Suchmaschinen indiziert sind. Allein deren Datenbestand wird auf ca. das 500 fache des „Surface Web" der Suchmaschinen geschätzt. Diese Datenbanken sind teilweise kostenfrei (z.B. die Datenbanken der Central Intelligence Agency (CIA)[72] oder der Deutschen Zentralbibliothek für Wirtschaftswissenschaften ZBW[73] und vieler öffentlicher Einrichtungen[74]) oder werden von kommerziellen Anbietern betrieben. Kommerzielle Datenbanken vermarkten entweder spezielle selbstgenerierte Informationen wie D&B oder die Creditreform, die Wirtschaftsinformationen – speziell Auskünfte über Unternehmen – anbieten, oder sie fassen Inhalte anderer Informationsquellen (Nachrichten, Publikationen) zusammen, z.B. GENIOS, LexisNexis oder Scopus.

Der Zugriff auf die Informationen des Deep Web erfolgt anbieterindividuell. Für den Zugriff auf das Surface Web stehen neben Suchmaschinen auch Web-Kataloge[75] und Metasuchmaschinen zur Verfügung. Web-Kataloge haben den Vorteil, dass sie vorstrukturiert sind und damit für einen ersten Einstieg in ein Themengebiet eine bessere Orientierung ermöglichen.

Zentrales Problem bleibt: Wie finde ich die richtigen Informationen? Zumeist sind vorgeprägte Suchstrategien hilfreich, was am Beispiel einer Internetrecherche zur Wettbewerbsanalyse[76] aufgezeigt wird.

Beispiel: Wettbewerbsanalyse Automobilmarkt

Die Wettbewerbsanalyse kann in Brancheninformationen, Informationen über Wettbewerber, Marktinformationen, Statistiken und allgemeine Wirtschaftsinformationen gegliedert werden.

Brancheninformationen:

siehe: Verbände, Communities; Deutsches Verbände Forum (http://www.verbaende.com).

Die meisten Verbände unterstützen Communities zum Wissensaustausch über offene Diskussionsrunden, moderierten oder unmoderierten Expertenaustausch zu einem Thema. Beispiel: Competence Center Automobil (http://www.competencesite.de/automotive).

Wettbewerber:

[72] https://www.cia.gov/index.html.

[73] http://www.zbw.eu/.

[74] Z.B. der statistischen Ämter (http://www.stabu.de oder für NRW http://www.lds.nrw.de) oder der Patentämter (http://www.depatisnet.de oder der EU http://ep.espacenet.com).

[75] Z.B. http://www.dmoz.org.

[76] Vgl. Kapitel 3.3.6 Gestaltung des Open Learning.

Basisdaten: Internet (Homepages): Allgemeines, Geschäftsberichte, Unternehmensstruktur, Pressemitteilungen etc.
über externe Anbieter: Bonitätsauskünfte /Finanzlage: z.B. Creditreform, Dun & Bradstreet (D&B),
Handelsregister: z.B. Genios, GBI,
Konzernstruktur/Unternehmensverflechtungen: M&A-Datenbanken.
F&E-Aktivitäten:
Patentdatenbanken: Sie enthalten Informationen zu Neuentwicklungen, die zum Patent angemeldet werden. Die Patentanmeldung wird mit der Einreichung beim Patentamt offengelegt, unabhängig vom Ausgang des Erteilungsverfahrens. Damit ist eine Überwachung der Wettbewerber und Produktklassen möglich.
Recherchehilfe: IPC International Patent Classification.
Deutsches Patent- und Markenamt: DEPATIS (http://www.depatisnet.de).
Europäisches Patentamt: Espacenet (http://ep.espacenet.com).
Produkte: Internet – Produktbeschreibungen, Gebrauchsanweisungen, Technische Dokumentationen, Wissenschaftlich-technische Publikationen, Patente.

Marktinformationen: Studien (GfK, Online-Datenbanken – kostenpflichtig).

Statistiken:
Statistisches Bundesamt (www.destatis.de) Basisdaten in Tabellenform, grobe Klassifizierung; Zeitreihen gegen Entgelt, Statistisches Landesamt (http://www.lds.nrw.de).

Allg. Wirtschaftsinformationen: Wirtschaftsnachrichten.

Außerdem wichtig: Netzwerke, Lokale Verbände, IHK, Tagungen und Kongresse, Beziehungspflege zu Kunden und Lieferanten, Interne Vernetzung von Kundenberatern, Ingenieuren und Geschäftsleitung.

Immer mehr in den Vordergrund rückt auch das sogenannte Web 2.0. Unter dieser Bezeichnung werden verschiedene Softwareangebote zusammengefasst, bei denen der menschliche Informationsaustausch im Mittelpunkt steht. Zu diesen Angeboten zählen RSS (die Nachrichtenfunktion, die darin besteht, eine Website zu abonnieren), Wikis, Blogs, Podcasts, Social Bookmarks, Twitter und viele mehr. Zentrale Idee und Vorteil dieser Anwendungen ist die Nutzung der Schwarmintelligenz bzw. der Intelligenz des Kollektivs. Warum ist der Publikumsjoker stets erfolgreicher als der Expertenjoker?, so betitelte es die zfo in einem Interview.[77]

Das Internet ermöglicht auf eine geradezu geniale Weise die Realisierung der intersubjektiven Wahrheit. Es bildet ein Forum der gemeinsamen Konstruktion einer Welt des Wissens, die ständig von vielen Menschen überprüft, geändert und kommentiert wird. Wenn viele es genauso sehen wie ich, kann ich doch nicht falsch liegen. Wenn ich es nicht weiß, vielleicht haben andere eine Lösung für das Problem.

---

[77] Vgl. Interview mit Heinz G. Koppermann über Schwarmintelligenz im Unternehmen, zfo 79, 6/2010, S. 384-386.

Dieser Ansatz wird auch immer mehr von Unternehmen intern genutzt. Sie fördern das Kollektivprinzip durch den Einsatz von Social Software.[78]

2.3.2.3 Wahrnehmung in der Personalbeschaffung

Die meisten Unternehmen messen der Beschaffung und Auswahl neuer Mitarbeiter besonders große Bedeutung bei, insbesondere vor dem Hintergrund des Fachkräftemangels und „War of Talents". In die Auswahl von hochqualifizierten Kandidaten für die Besetzung gehobener Fach- und Führungspositionen wird viel Zeit und Geld investiert.

Man legt Beschaffungswege und -verfahren fest, schaltet Anzeigen in den Medien, engagiert teure Personalvermittler (Headhunter) usw. Nach der ersten Auswahl anhand der Bewerbungsunterlagen werden die geeigneten Kandidaten zu einem Gespräch eingeladen und häufig verschiedenen Tests unterzogen. Das können Persönlichkeits-, Intelligenz-, Eignungstests oder auch mehrtägige Assessment Center sein. Die kostspieligen Assessment-Center (AC) haben das Ziel, unter mehreren Bewerbern diejenigen zu ermitteln, die den Anforderungen des Unternehmens und einer zu besetzenden Stelle am besten entsprechen. Hierzu werden die Bewerber vor verschiedene praxisähnliche Probleme gestellt und im Umgang mit diesen bewertet.

Jedoch stehen alle diese aufwändigen, wissenschaftlich begründeten Verfahren auf wackeligen Füßen: die Wahrnehmung der Kandidaten ist mit Verzerrungen und Fehlern behaftet.

Was nimmt ein Personalreferent wahr, wenn er mehrere Bewerbungsmappen auf seinem Tisch liegen hat? Inwiefern wird seine Meinung von einem hübschen Gesicht auf dem Bewerbungsfoto beeinflusst? Von einem ausländischen Namen? Nach welchen Kriterien vergleicht er die Kandidaten, wenn sie ganz verschiedene Ausbildungswege, Praxiserfahrungen und Biografien haben? Und inwieweit entsprechen die formalen Zeugnisse den tatsächlich vorhandenen Kompetenzen?

In der zweiten Phase der Personalauswahl geht es um die Wahrnehmung von Kandidaten in einem persönlichen Gespräch oder Assessment Center. Was sollte bei den individuellen und Gruppenaufgaben im Rahmen eines AC beobachtet werden? Welche Eigenschaften und Kompetenzen sollte der geeignete Stelleninhaber besitzen? Was ist im Zweifelsfalle verzichtbar und was absolut notwendig? Inwieweit lassen sich die Beobachter von einem selbstsicheren Auftreten täuschen? Wie gut können sie die wahre Persönlichkeit erkennen?

Zu den zentralen Problemen einer adäquaten Wahrnehmung von Kandidaten bei der Auswahl gehören:

- Entwicklung und Begründung von Bewertungskriterien sowie
- Subjektivität und Fehleranfälligkeit der Beurteilung.

---

[78] Vgl. Finzen/Kasper/Kintz (2010).

Klare Kriterien sollen im Voraus definiert und mit den Beobachtern diskutiert werden – z.B. Anforderungsprofile für die zu besetzende Stelle und die davon abgeleiteten Kompetenzen der Kandidaten. Nur dann können sie bei der Wahrnehmung ihre Aufmerksamkeit auf das Wesentliche ausrichten und Prioritäten im Sinne des Unternehmens setzen.

Es ist bekannt, dass unsere Erwartungen und Vorstellungen die Wahrnehmung lenken und verzerren. Faktoren, wie Sympathie, Ähnlichkeit, Ausstrahlung eines Kandidaten machen die Beurteiler mehr oder weniger blind. Deswegen ist jegliche Wahrnehmung eines Beobachters zumindest teilweise subjektiv. Bewertungstabellen mit messbaren Kriterien und die Beteiligung von mehreren Beobachtern helfen, die Subjektivität zu reduzieren.

Das Festlegen von Bewertungskriterien für die Wahrnehmung und das Bewusstwerden von Wahrnehmungsproblemen sind absolut notwendig, um die Auswahl von geeigneten Kandidaten möglichst objektiv, begründet und fehlerfrei durchführen zu können.

2.3.2.4 Sensornetze: RFID, GPS & Co.[79]

Zur Steuerung der Handlungsprozesse von Unternehmen werden immer mehr automatisierte Wahrnehmungsprozesse auf der Grundlage von RFID und anderen Sensoren eingesetzt.

RFID (Radiofrequenz Identifikation) ist eine Autoidentifikationstechnik, die das automatische, eindeutige Erkennen eines physischen Objektes und die Übermittlung weiterer wesentlicher Informationen ermöglicht. RFID unterstützt damit die Integration von realer Welt und Welt des Wissens.

Ein RFID-System besteht allgemein aus folgenden Komponenten:

- dem RFID-Transponder,
- einen Schreib-/Lesegerät mit Antenne,
- einem Computer und auf der Softwareseite

[79] Die im Folgenden beschriebenen Erfahrungen entstammen dem Forschungsprojekt iC-RFID. Auf dieses Projekt wird in den weiteren Darstellungen noch mehrfach zurückgegriffen. Das Verbundprojekt „iC-RFID – Intelligent Catering mittels Radio Frequency Identification“ (Förderkennzeichen: 01MT06001A, gefördert durch BMWi, Projektträger DLR. Konsortialpartner waren Airbus Deutschland, EADS, die Fraunhofer Institute IAO und PYCO, sowie die KMU autoID-Systems, MGS und B&W-Engineering) wurde in den Jahren 2007 bis 2010 durchgeführt. Im Rahmen dieses Projektes wurde von uns ein Simulations- bzw. Planungs- und Steuerungssystem entwickelt, welches in der Lage ist, die detaillierten Informationen, wie sie von Sensorsystemen wie RFID, GPS, Temperaturmessung u.a. geliefert werden, in die Produktionsplanung und -steuerung aufzunehmen, diese anzupassen, die beteiligten Produktionseinheiten neu aufeinander abzustimmen und gegebenenfalls Sonderaktionen zu veranlassen. Zu weiteren Hinweisen über die RFID-Technologie vgl. Lammert/Grauer (2006).

- einem Produktcode

Der **Transponder** (auch als „Tag“ bezeichnet) ist eine technische Einheit, die aus einem Computerchip als Datenspeicher und -verarbeitungseinheit und einer Sende- und Empfangseinheit („**Trans**mitter“ (Sender) und „Res**ponder**“ (Empfänger)) besteht.

Es gibt aktive Transponder, die über eine eigene Energiequelle verfügen und von sich aus aktiv werden können, und passive Transponder, deren Energieversorgung über die elektromagnetischen Wellen der Antenne des Schreib-/Lesegerätes erfolgt. Passive Transponder können nur mit Hilfe des Schreib-/Lesegerätes angesprochen werden. Transponder können auf fast jedem Objekt angebracht oder sogar implantiert oder eingebaut werden (s. Abbildung).

Abbildung 2.10 Barcode und Transponder im Vergleich

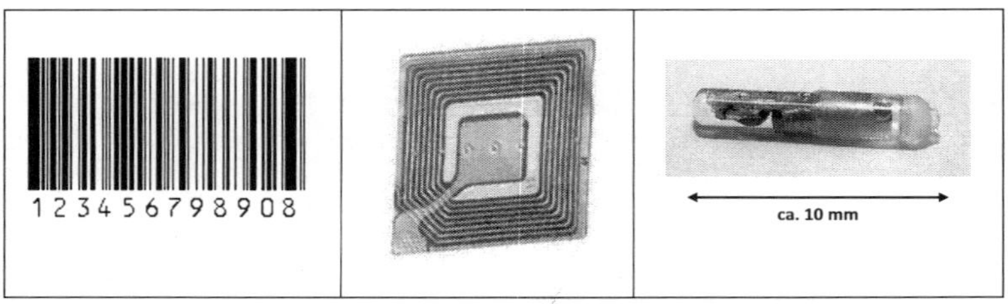

Links in der Abbildung ist ein konventioneller Barcode abgebildet, in der Mitte – ein Transponder zum Anbringen auf verschiedene Objekte (z.B. zur Warensicherung in Geschäften) und rechts – ein Transponder zur Implantierung (z.B. bei Tieren).

Über das Schreib-/Lesegerät kann der Inhalt des Chips abgerufen oder neuer Inhalt gespeichert werden. Die Verarbeitung des Inhaltes erfolgt über einen Computer, normalerweise durch verschiedene Schichten von Programmen gesteuert.

Was als Inhalt auf dem RFID-Chip steht, ist frei wählbar. Für den RFID-Einsatz – und daher stammt auch der Name – ist besonders der eindeutige Objektcode wichtig. Alternative Identifikationstechniken wie der Barcode umfassen nur eine Produktgruppenkennzeichnung.

> Anhand des Barcodes auf einer Flasche Wasser, kann festgestellt werden, dass es eine Flasche Wasser ist, aber nicht welche. Der RFID-Code ist wesentlich komplexer und identifiziert genau die Flasche, die vor mir auf dem Tisch steht.

In der Praxis werden verschiedene Codes diskutiert, von denen der Electronic Product Code (EPC) der bekannteste ist.

Auf der technischen Seite ist die RFID-Technologie noch mit vielen Problemen behaftet, die ihren universellen Einsatz schwierig machen, doch diese Probleme sollen zunächst einmal undiskutiert bleiben.

Die besonderen Vorteile der RFID-Technologie liegen in der Lesbarkeit und der Informationsmenge, die auf einem Chip abgespeichert werden kann. Die Information eines RFID-Transponders kann positionsabhängig und als Pulk erfasst werden. Der Barcode muss einzeln an einem Lesegerät vorbeigeführt werden.

Ein Einkaufswagen voller getagter Produkte kann in einem Lesevorgang ohne spezielle Einzelausrichtung erfasst werden. Das macht beispielsweise eine Kassiererin, die Barcodes von jeder Ware abliest, überflüssig, und ermöglicht zudem eine automatische, bestandsabhängige Nachbestellung der Ware.

Was macht nun eine solche Technik so revolutionär aus der Perspektive des Wissensmanagements? Wir wollen dies am Beispiel eines möglichen Einsatzes beim Airline-Catering diskutieren.

RFID im Airline-Catering

Das Servicekonzept ist von besonderer Bedeutung für die Positionierung einer Airline am Markt, da sich die verschiedenen Anbieter für die Kunden besonders darüber unterscheiden. Ein besonderes Konzept wäre das Angebot von **meal on demand**.

Dem Passagier soll ein möglichst weit gehender zeitlicher Spielraum zur Bestellung eines individuellen Essens auf seinem Flug eingeräumt werden. Es soll möglich sein, bis relativ kurz vor dem Flug ein individuelles Essen aus einer umfangreichen Speisekarte auszuwählen, welches dann im Flugzeug serviert wird. Herr Maier möchte als Vegetarier gern ein fleischloses Gericht aus europäischen Gemüsesorten auf seinem Flug von Frankfurt nach New York genießen (mit Einschränkungen ist dies auch heute schon möglich, aber kein Standardprodukt).

Ein solches Angebot erfordert zunächst einmal eine schnelle Reaktion der Produktion auf die Wünsche des Kunden. Es stellt aber auch ein logistisches Problem dar, Passagier und Essen im Flugzeug zusammenzubringen. Das Essen und mit ihm das Kabinenpersonal muss wissen, wo der Passagier sitzt. Der Caterer muss dafür sorgen, dass dieses Essen in dem richtigen Trolley in der richtigen Galley landet, so dass es beim Austeilen sofort verfügbar ist. Man stelle sich vor, dass fast alle Fluggäste eines A380 mit zwei Etagen individuelle Essen bestellt hätten und erst im Flugzeug die zugehörigen Passagiere zu den jeweiligen Essen gesucht werden müssten: Chaos. Die Zuordnung erfolgt in der Welt des Wissens, im Computer. Doch wie verlässlich ist das Wissen des Computers? Wurde das Essen wirklich in den richtigen Trolley verladen? Hat der Passagier Maier auch nicht seinen Platz mit einer anderen Person getauscht? Über RFID-Transponder in der Bordkarte des Herrn Maier und auf seinem Essen lassen sich zumindest häufige Abgleiche zwischen den geplanten und realen Positionen herstellen und gegebenenfalls Korrekturmaßnahmen planen. Selbst wenn Herr Maier seinen Platz nicht einhält oder vom Reservierungssystem einen anderen Platz zugeteilt bekommt, ist das Servicepersonal des Caterers oder der Airline (im Flugzeug) doch in der Lage, eine

Umsortierung der Essen vorzunehmen, wenn z.B. die intelligenten Trollies ihren Inhalt kennen und sofort veranlassen können, welches Essen von wo nach wo umsortiert werden muss. Dafür erfordert das logistische Problem einen kontinuierlichen Abgleich von der Welt des Wissens und der realen Welt auf einer sehr detaillierten Ebene.

RFID ermöglicht aber auch noch weiteren Service zur Verbesserung der Essensqualität an Bord. Neuartige Induktionsöfen ermöglichen ein individuelles Erwärmen der Speisen auf jedem Tablett. Ein Steak erfordert für den optimalen Geschmack eine andere Wärmezufuhr als ein Gemüsegericht. Auf dem Chip des RFID-Transponders kann zusätzlich die Information für eine optimale Erwärmung gespeichert, von dem Ofen ausgelesen und genutzt werden.

Dieses Beispiel zeigt, dass eine zunehmende individualisierte Massenproduktion eine Technologie wie RFID erfordert.

Verbindet man die Identifikationsfunktion von RFID mit weiteren Informationen wie z.B. einer Lokalisierung über GPS oder Umgebungsinformationen wie Temperatur, Luftzusammensetzung usw. (Einsatz von Sensornetzen), so ergeben sich vielfältige neue Einsatzgebiete für diese Technologien. Für den Betriebswirt ist dabei besonders wichtig, dass die Steuerung in den entstehenden Systemen die wirtschaftlichen Kriterien Kosten, Erträge, Qualität und Zeit hinreichend berücksichtigt.

Ein weiteres Beispiel ist das in der Politik vieldiskutierte „Internet der Dinge".

Beispiel: Internet der Dinge

Die Bezeichnung „Internet der Dinge" steht für eine Vision, das sich das Internet von einem Computernetz zu einem Netz untereinander verbundener Gegenstände entwickelt. Diese Gegenstände werden bisweilen sogar eine eigene Internetprotokoll-Adresse haben, in komplexe Systeme eingebettet sein und über Sensoren verfügen, um Informationen aus ihrer Umgebung aufzunehmen.[80] Die Kommission der Europäischen Gemeinschaften hat dafür einen Aktionsplan entwickelt, um das Internet der Dinge zu Lenken.

Anwendungen dazu gibt es schon sehr viele, von vernetzten Autos, die sich untereinander koordinieren, bis hin zu Gesundheitsüberwachungssystemen zur Präventionen von Erkrankungen bzw. akuten Notfällen.[81] Ein Bereich, in dem besonders intensiv auf diesem Gebiet geforscht wird, ist die Logistik. In diesem Bereich geht es z.B. um die Einsatzsteuerung von Transportmitteln (LKW, Schiffe, Lokomotiven) für eine kostengünstige und umweltfreundliche (CO_2 minimierte) Durchführung von Transportaufgaben durch Logistik-Kooperationen. RFID und GPS liefern dabei die notwendigen Informationen über die jeweils aktuelle Situation der Welt.

---

[80] Vgl. Kommission der Europäischen Gemeinschaften (2009), S. 2.

[81] Vgl. die Übersichtsbände Fleisch/Mattern (2005) und Bullinger/ten Hompel (2007).

Die kleinen Chips an den Objekten unserer Welt und auch an uns selbst – man denke an die neuen Personalausweise – liefern die Möglichkeit, in großem Ausmaß sehr detailliertes Wissen über unsere Welt zu sammeln, welches wir nur noch genauso intelligent auswerten und für unser Handeln nutzen müssen. Wir werden darauf im Kapitel „Wissensnutzung" wieder zurückkommen. Die RFID-Technologie birgt Chancen und Gefahren, auf jeden Fall müssen die Unternehmen und wir persönlich uns damit auseinandersetzen.

2.3.2.5 Storytelling: der Umgang mit der Vergangenheit

Damit ein Unternehmen Lehren aus der Vergangenheit ziehen und für erfolgreiches Handeln weiterhin nutzen kann, ist gerade das oft mangelnde kollektive Nachdenken – die gemeinsame Reflexion über gemachte Erfahrungen – unabdingbar.

Andererseits: An was erinnert man sich besser als an Geschichten? Was hält eine Gemeinschaft zusammen, wenn man sich nach Jahren wieder trifft? Geschichten sind die älteste Form des menschlichen kollektiven Gedächtnisses.

Dies hat eine Gruppe von Wissenschaftlern um Reinmann-Rothmeier[82] zusammen mit einem Industriepartner dazu geführt, eine neue narrative Wissensmanagementmethode zu entwickeln. Geschichten sollen bewusst genutzt werden, um ein Unternehmen dazu zu befähigen, aus seinen Erfahrungen zu lernen. In einem strukturierten Verfahren sollen in einem Unternehmen Geschichten über besondere Ereignisse (positive oder negative) erfasst, dokumentiert und im Unternehmen verbreitet werden. Die Geschichten müssen also zunächst neu wahrgenommen und dann in das Unternehmensgedächtnis überführt werden.

Der Prozess soll in sechs Schritten ablaufen:[83]

- Planen: Zunächst muss die Geschichte abgegrenzt und zur Ausarbeitung an ein Team übergeben werden.
- Interviewen: Zu den Ereignissen, auf die man sich geeinigt hat, werden direkt Beteiligte sowie indirekt Betroffene interviewt: Was ist genau passiert? Was haben einzelne Personen gesehen und/oder gehört? Alle Interviews werden wörtlich festgehalten (z.B. aufgezeichnet), transkribiert und später von den Befragten gegengelesen.
- Extrahieren: Entscheidende Aussagen aus dem Rohmaterial der Interviews extrahieren. Die extrahierten Aussagen werden dann zu einer Reihe zentraler Themen – im Sinne von Kurzgeschichten – zusammengefügt.
- Schreiben: Im nächsten Schritt werden die erarbeiteten Themen zu einer emotionsbetonten, aber beweiskräftigen Geschichte verwoben.
- Validieren: Der erste Entwurf der so entstandenen Erfahrungsgeschichte geht zurück

[82] Vgl. Reinmann-Rothmeier/Erlach/Neubauer (2000), Thier (2006).

[83] Vgl. Reinmann-Rothmeier/Erlach/Neubauer (2000), S. 6 ff., teilweise wörtlich übernommen.

an die Beteiligten. Darüber hinaus werden Workshops zur Validierung mit den Schlüsselpersonen durchgeführt.

- Verbreiten: Sobald eine Erfahrungsgeschichte als Dokument (vorläufig) abgeschlossen ist, dient sie als Grundlage für Gruppengespräche in hierzu geplanten Workshops.

Wie auch andere Studien zeigen[84] erfolgt die Speicherung von kollektivem Wissen in Unternehmen nicht in Form von „Theorien" sondern in Form von Fallbeispielen, Geschichten, gemeinsamen Erlebnissen. Dieser Effekt soll durch das Storytelling aufgegriffen und systematisch genutzt werden. Unternehmen haben somit einen Ansatz aus Erfahrung zu lernen.

2.3.2.6 Kauf von Wissen: der besondere Weg der Wahrnehmung von Unternehmen

Unternehmen haben noch eine weitere Möglichkeit, Wissen aus ihrer Umwelt aufzunehmen und zu nutzen, die sich einem einzelnen Menschen nicht erschließt: Sie können Wissen kaufen oder als Mitarbeiter einstellen.

Menschen und Unternehmen können Artefakte (Maschinen, Computer u.a.) kaufen und für sich nutzen, ohne deren Funktionsweise, also deren gespeichertes Wissen, verstehen zu müssen. Unternehmen können darüber hinaus Mitarbeiter speziell wegen ihres Wissens einstellen. Nach der Integration in das System verfügt das Unternehmen damit über Wissen, welches es sich selbst nicht erarbeitet und auch nicht indirekt über sprachliche Wissensträger gelernt hat. Damit wird Headhuntig zu einer speziellen Form der Wissensaufnahme von Unternehmen.

2.4 Gedächtnis: Organisation des Wissens

Die Problematik der Organisation des Wissens umfasst zwei Subprobleme, die sehr stark miteinander verbunden sind: das Problem der Gestaltung von verteilten Wissenssystemen und das inhaltliche Problem der Strukturierung von Wissensinhalten, in Zusammenhang mit der Formalisierung des Wissen.

Die Organisation des Wissens ist schlecht aus einer strategischen und einer operativen Sicht zu betrachten, wie wir dies bei der Wahrnehmung gemacht haben und bei der Wissensnutzung (dem Handeln) auch wieder tun werden. Ihre Gestaltungsmöglichkeiten ergeben sich mehr aus der Repräsentationsform bzw. der Form des Wissens. Formalisiertes Wissen ist einer Technisierung leichter zugänglich, als personelles oder gar kollektives Wissen. Die eingesetzten Systeme und Methoden unterscheiden sich je nach Repräsentations- oder Wissensform.

[84] Vgl. die schon dargestellte Studie von Freimuth/Hauck/Asbahr (2002).

2.4.1 Individuelle Perspektive der Organisation des Wissens

Eines der Hauptanliegen der Hirnforschung ist die Verortung unterschiedlicher Funktionen unseres Denkens in unserem Gehirn. Es gibt eine linke Gehirnhälfte für „rationale“ Tätigkeiten wie Sprache, Logik, Regeln, Wissenschaft usw. und eine rechte Gehirnhälfte für „künstlerische“ Tätigkeiten wie Intuition, Kreativität, Kunst-Tanz-Musik usw.

Roth[85] unterscheidet etwas differenzierter fünf Typen von Arealen unserer Großhirnrinde:

- sensorische Areale, die Aktivitäten unserer bewussten Wahrnehmung organisieren,
- motorische Areale, die Details der Steuerung unserer Bewegungen festlegen,
- kognitiv-assoziative Areale, die die Verarbeitung komplexer, bedeutungshafter Wahrnehmungen zu Vorstellungen und Erinnerungen leisten,
- exekutive Areale, für die Verhaltensplanung und -vorbereitung, und
- limbische Areale, die zuständig sind für Emotionen, Motivation und Verhaltensbewertung.

Trotz aller sehr differenzierten Verortung von Funktionen in unserem Gehirn wissen wir auch, dass alle Bereiche sehr stark untereinander verwoben und keine isolierten Einheiten sind.

Eine weit reichende Erkenntnis der Hirnforschung ist, dass das Gehirn nicht hierarchisch, sondern distributiv aufgebaut ist. Das heißt, es gibt keine obersten Zentren des Bewusstseins oder der Wahrnehmung. Die einzelnen vorhandenen Hierarchien durchdringen sich so stark, das sie heterarchisch wirken. Für die Organisation des Gehirns und deren Komplexität war diese Einsicht sehr wichtig. Komplexe Systeme können nur distributiv funktionieren. Der grundlegende Paradigmen-Wechsel liegt in der Frage: Wie können hyperkomplexe Systeme sich selbst steuern? Früher hieß die Antwort: Hierarchie, und heute lautet sie: Heterarchie.[86]

Das Problem der inhaltlichen Strukturierung unseres sprachlichen Wissens ist für das Individuum das gleiche wie für Unternehmen und kann deshalb gemeinsam diskutiert werden.

2.4.2 Strukturierung von sprachlichen Wissensinhalten

Im Kapitel über symbolische Repräsentation von Wissen haben wir versucht deutlich zu machen, dass sprachliche Symbole Objekte unserer Welt des Wissens sind, die für ein bestimmtes Bild in unserem Kopf stehen und zur Kommunikation genutzt werden kön-

---

85 Roth (2003), S. 139 ff.

86 Unser Interview mit Gerhard Roth im Jahr 2006.

nen, wenn unsere Kommunikationspartner für uns nachvollziehbar ein ähnliches Bild in ihrem Kopf damit bezeichnen. Die Überprüfung dieser Hypothese erfolgt durch die Kontrolle der Verwendung des Symbols bei ihrem (zumeist sprachlichen) Handeln. Unschärfen, d.h. mangelnde Übereinstimmung der Bilder, können wir durch Wiederholungen und gegenseitige Korrekturen oder durch Umschreibungen mit anderen Symbolen ausgleichen.

Ist der Kommunikationspartner ein Computer, muss die Sprache eine besondere Präzision haben. Der Gebrauch der Sprachelemente kann nur auf formale Beziehungen reduziert werden. Ein intentionales Verstehen, wie es zwischen Menschen üblich ist, kann es mit dem Computer nicht geben. Ein ähnliches Problem gibt es auch dann, wenn z.B. ein Ablagesystem für Dokumente geschaffen werden muss. Das formale Ablagesystem erfordert eine eindeutige Zuordnung der Dokumente zu den Ablagekategorien. Wenn das System von mehreren Menschen gemeinsam genutzt werden soll, muss diese Zuordnung für jeden Nutzer gleich sein.

Es gibt also viele Bereiche, in denen die Kommunikation besonders hohe Anforderungen an die Präzision des Sprachgebrauches stellt. Um Probleme dieser Art zu lösen, wurde in der Informatik das Konzept der Ontologie eingeführt. Der Begriff der Informatiker hat dabei nur entfernt mit dem klassischen philosophischen Begriff „Ontologie" zu tun.

„An ontology is an explicit specification of a conceptualization."[87] ist die klassische Definition von Gruber. Wir wollen dies etwas weiter fassen und definieren: **Ontologien** sind Repräsentationen eines Ausschnittes aus der Welt des Wissens auf der Basis einer formalen Sprache, die ein semantisches Verstehen zwischen den Nutzern der Sprache unterstützen. Die wesentlichen Eigenschaften einer Ontologie sind:

- Ontologien sind per definitionem in einer formalisierten, auf einfache Grundelemente reduzierten Sprache mit präzisen syntaktischen Regeln repräsentiert, die es ermöglicht, sie als Grundlage für die Kommunikation von Menschen und Computern zu benutzen.
- Es wird unterstellt bzw. angestrebt, dass die semantische Bedeutung der Begriffe in der formalen Sprache für alle Teilnehmer der Kommunikationsgemeinschaft (alle Nutzer der Ontologie) eindeutig vereinbart werden kann. Sie ist damit Grundlage für die Kommunikation der Teilnehmer und für den Aufbau eines kollektiven Gedächtnisses der Gemeinschaft. Genau dies ist aber auch die Problematik jeder Ontologie: Wie weit können wir wirklich von einer übereinstimmenden Semantik ausgehen?

Die Ausdruckfähigkeit einer Ontologie hängt von ihren formalen Sprachelementen ab. Die Problematik steckt in der (möglichst) eindeutigen semantischen Bedeutung für alle Nutzer der Ontologie. Je nach Anwendungskontext ist dies eine fast unmögliche Forderung. Trotzdem wird an vielen Stellen daran gearbeitet, wie unsere Beispiele zeigen sollen.

---

[87] Gruber (1993). Zur inhaltlichen Ausgestaltung des Themas und seines Bezuges zur Logik vgl. Stuckenschmidt (2009).

Als **Vorstufe einer Ontologie** unter Ausblendung der Semantik kann auch der Google-Index für die Welt des Internets angesehen werden. Sprachelemente sind hier Zeichenketten (Worte) ohne vereinbarte Inhalte (Semantik). Google identifiziert die Zeichenketten in den ausgewerteten Seiten des Internets und merkt sich die Adressen, in denen diese Zeichenkette vorkommt. Eine Gewichtung hinsichtlich der unterstellten Bedeutung der Worte wird durch den Algorithmus zur Erstellung der Anzeigereihenfolge gegeben. Prinzipiell wird die Bedeutung (die Semantik) der Worte der Interpretation des Nutzers überlassen.

Will man eine höhere semantische Präzision erreichen, so muss man einen zweiten Schritt tun und ein **Wörterbuch** erstellen, in dem die Bedeutung der syntaktisch als Zeichenkette gegebenen Worte definiert wird. Derartige Wörterbücher sind für viele Bereiche unserer Wirtschaft von großer Bedeutung. Sie werden z.B. bei der Verschlagwortung von Dokumenten, also der Organisation des Wissens über Metawissen, eingesetzt.

Besonders wichtig sind Wörterbücher für den elektronischen Handel. Wenn Computer Bestellungen für Produkte aufgeben oder annehmen sollen, so müssen sie sich sehr genau darüber einig sein, welches Produkt sie kaufen oder verkaufen. Der Preis ist sehr einfach auszutauschen, da Zahlen und Währungssymbole international eindeutig sind, aber die Spezifikation des Produktes ist schwer, insbesondere dann, wenn Lieferant und Abnehmer aus unterschiedlichen Sprachgemeinschaften stammen. Daher arbeiten viele Interessengemeinschaften an Produktklassifikationsstandards. Einige Beispiele dafür sind:

- eCl@ss,[88]
- EPC (Electronic Product Code),
- UNSPSC (United Nations Standard Protocol for Services and Goods),
- proficl@ss,
- ETIM (Elektrotechnischer Informationsmode).

Stellvertretend für diese Beispiele wird der eCl@ss-Standard erläutert.

Beispiel: eCl@ss-Standard

Die Homepage des eCl@ss-Standards zeigt sehr anschaulich, worum es bei der Einführung eines Produktklassifikationsstandards geht. eCl@ss ist ein Verein, dessen Mitglieder – wie der Vorstand zeigt – von großen Unternehmen dominiert werden, die auch eine große Einkaufsmacht repräsentieren. Die Mitglieder erstellen gemeinsam Standardbeschreibungen von Produkten, wie z.B. eines Apfels (vgl. folgende Abbildung). Der Apfel wird durch eine Klassifikationsnummer (16-04-01-01) und weitere vorgegebene oder wählbare Merkmale beschrieben (Artikelbezeichnung usw.). Auf diese kann bei einer Bestellung oder generell bei einem Schriftverkehr Bezug genommen werden. Dadurch wird die Kommunikation zwischen den Nutzern des Standards normiert und für alle präziser.

[88] Siehe http://www.eclass.de/index.html?no=intro&svt=2&navid=3065 (08.02.2011).

Abbildung 2.11 eCl@ss-Standardproduktbeschreibung eines Apfels

Ein nächster Schritt zur Einführung einer komplexeren Sprachstruktur ist die Einführung von Beziehungen zwischen Begriffen (mit oder ohne inhaltliche Standardisierung). Dies führt zu einem **Semantischen Netz**.

Als Beispiel wird in der folgenden Abbildung ein semantisches Netz für das Arbeitsumfeld eines Professors dargestellt. Die verschiedenen Begriffe (in der Abbildung als Pyramiden dargestellt) sind durch Beziehungen miteinander verbunden. Professoren halten Vorlesungen, schreiben Veröffentlichungen, betreuen Promotionen, beschäftigen drittmittelfinanzierte Mitarbeiter usw. (vgl. folgende Abbildung).

Durch die Beziehungsstrukturen werden semantische Inhalte auch ohne inhaltliche Spezifikation wiedergegeben. Man kann die Bedeutung der Begriffe sehr viel besser erkennen, wenn man ihr begriffliches Umfeld ebenfalls kennt. Semantische Netze sind die Grundlage für alle weiteren Beispiele für Ontologien.

Abbildung 2.12 Semantisches Netz: Arbeitsumfeld eines Professors[89]

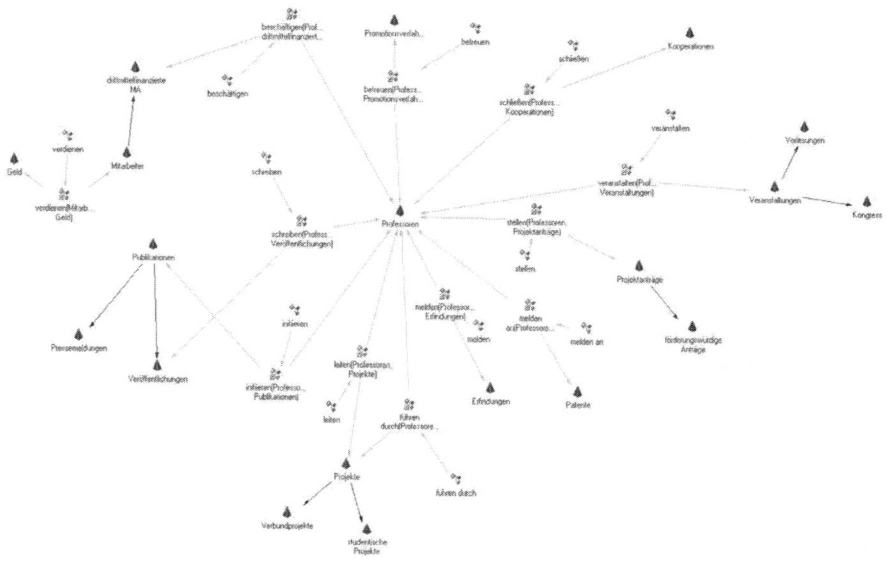

Innerhalb der semantischen Netze gibt es einige besondere Beziehungen, die zu spezifischen Netzwerktypen führen:

- Ist-Teil-von Beziehung. Sie führt zu einer hierarchischen Struktur der Begriffe, die vor allem zur Klassifikation von Dokumenten, Büchern usw. eingesetzt wird (vgl. auch die Klassifikation im eCl@ss-Standard). Das Ergebnis ist ein Thesaurus, wie er von Bibliotheken häufig benutzt wird. Man betrachte z.B. den Thesaurus Wirtschaft der Deutsche Zentralbibliothek für Wirtschaftswissenschaften, der diese Struktur hat.[90]
- Hat-die-Eigenschaft (Verhaltensweise)-Beziehung. Durch die Zuordnung von Eigenschaften und Verhaltensweisen werden einzelne Begriffe zu einer komplexeren Struktur, die als Objekt bezeichnet wird. Objekte sind strukturierte Elemente mit Name, Eigenschaften und Verhaltensweisen. Sie stehen für reale Objekte in unserer Welt und beschreiben diese durch ihre Eigenschaften und Verhaltensweisen.
- Ist-ein-Beziehung. Sie ist die Grundlage für eine Taxonomie. Durch sie ordnen wir unsere Welt durch die Bildung von Klassen (Typen) von Objekten (s. Abbildung).

Die Taxonomie beschreibt ein hierarchisches System von Klassen von Objekten, deren Eigenschaften aufeinander aufbauen. Die Klasse Fahrzeuge kann z.B. die Eigenschaft ha-

[89] Erstellt mit dem Ontology Generator von Magenta.

[90] Siehe http://www.zbw.eu/stw/versions/latest/about.de.html (08.02.2011).

ben, dass alle Fahrzeuge Räder besitzen und damit fahren, daraus folgt, dass auch alle nachgelagerten Klassen (Automobile, Fahrräder, PKW usw.) Räder besitzen und damit fahren. Alle Automobile besitzen darüber hinaus einen Motor. Dies gilt auch für alle PKW, LKW und Busse, nicht aber für Fahrräder. Objektklassen „erben" alle Eigenschaften hierarchisch übergeordneter Klassen, unterscheiden sich aber von gleichgeordneten Klassen. Die untergeordneten Einheiten einer Objektklasse werden auch als Instanzen bezeichnet.

Abbildung 2.13 Taxonomie Fahrzeuge

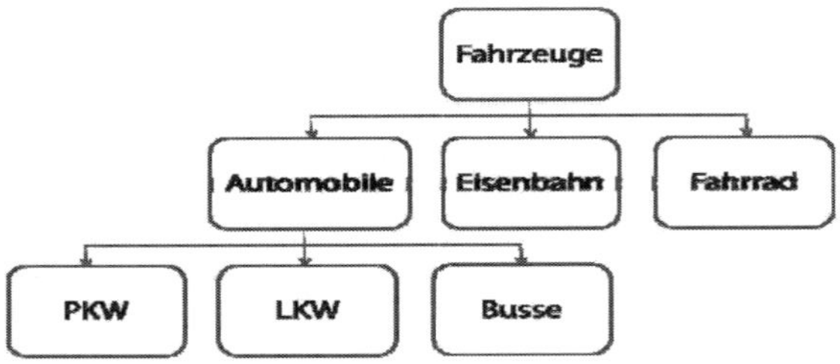

Objektbasierte Ontologien, die auf den Sprachelementen Objekte und Beziehungen aufbauen, spielen heute bei der Klassifikation von Wissenselementen eine große Rolle, z.B. auch für die Spezifikation von Multiagentensystemen (MAS), auf die wir noch näher eingehen werden.

2.4.3 Gestaltung von Wissenssystemen

Die Welt des Wissens von Unternehmen mit ihren Trägern und ihren Nutzern ist in der Regel kein einheitliches System, sondern besteht wiederum aus einer Vielzahl von Subsystemen, die mehr oder weniger aufeinander abgestimmt und miteinander verbunden sind.

Abbildung 2.14 Wissenssysteme

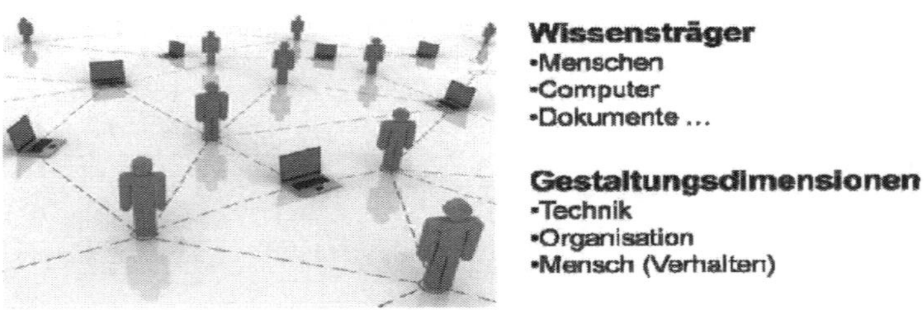

Auf jeder Ebene besteht das grundsätzliche Problem: Wie gestaltet man oder wie gestalten sich Wissenssysteme mit verteilten Wissensträgern?

Wissenssysteme (WS) sind Systeme von Wissensträgern, die ein gemeinsames kollektives Wissen besitzen, es entwickeln und es Handlungssystemen verfügbar machen.[91] Die Handlungssysteme eines Unternehmens stimmen zumeist nicht mit den Wissenssystemen überein, sondern werden von diesen mit dem für sie notwendigen Wissen versorgt.

Die Gestaltung von Wissenssystemen ist ein mehrdimensionales Problem, das sich aus dem Zusammenspiel von drei Hauptdimensionen bestimmt.

Abbildung 2.15 Gestaltungsdimensionen von Wissenssystemen

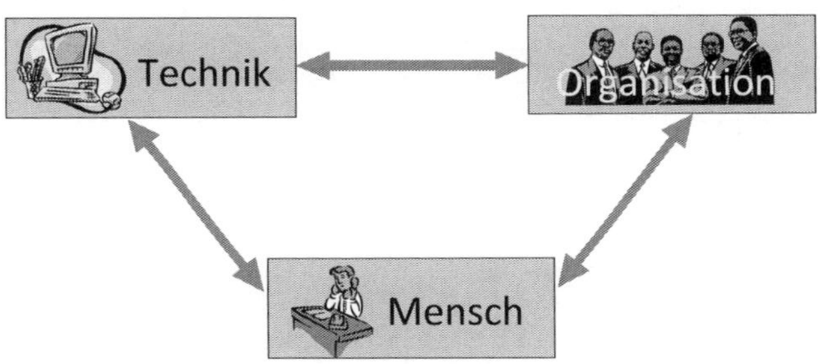

Diese Gestaltungsdimensionen lassen sich wie folgt charakterisieren:

- Technik: Technische Hilfsmittel dienen vor allem der Speicherung, Kommunikation und Verarbeitung von formalisiertem Wissen. Dies kann sowohl Basiswissen als auch Metawissen (z.B. Wissen über das Wissen von anderen Menschen) sein. Verfahren helfen bei der Aufbereitung und Analyse von Wissen.
- Organisatorische Regelungen: Sie bestimmen die Zuständigkeiten von Wissensträgern innerhalb des Unternehmens und definieren Prozesse für deren Handlungsabläufe. Sie beschränken damit das zulässige Handeln der Wissensträger und koordinieren es in Bezug auf das organisatorische Handeln des Unternehmens.
- Mensch (Verhalten): Jedes System stellt für sein Funktionieren bestimmte Verhaltenserwartungen an die beteiligten menschlichen Wissensträger. Verhaltensregeln für Wissensträger ergänzen die organisatorischen Regeln. Sie dienen der Abstimmung des individuellen Handelns der Einheiten mit den Erfordernissen aus der Sicht des Unternehmens oder schaffen eine allgemeine Kultur von Verhaltenserwartungen im Unternehmen, auf die sich alle verlassen.[92]

[91] Zu einer umfassenden Diskussion theoretische Ansätze zu Wissenssystemen vgl. Lehner (2000), einen Überblick über die technische Seite geben Maier/Hädrich/Peinl (2009).

[92] Vgl. Kapitel 3.3.1 Lernprozesse in Unternehmen: Zielsetzung und Bereiche.

2.4.3.1 Wissenssysteme in Abhängigkeit von der Repräsentationsform des Wissens im Unternehmen[93]

Die Gestaltung eines Wissenssystems wird weitgehend von der Repräsentationsform des in ihm gespeicherten und entwickelten Wissens bestimmt.

Formalisiertes Wissen ermöglicht einen dominierenden technischen Zugang bei der Gestaltung des Systems.

Strukturiertes, formalisiertes Wissen wird vor allem in Datenbanken und Data Warehouse verwaltet.

In einem **Data Warehouse** werden verschiedene strukturierte Informationen zusammengefasst und unterschiedlichen Nutzern für ihre Fragen intelligent zur Verfügung gestellt. Die Ziele der Einführung sind vor allem eine Schnittstellenminimierung, die Abstimmung und Vereinheitlichung der Datenbasis und eine verbesserte Analysefähigkeit durch Anreicherung mit Metadaten und Schaffung einer einheitlichen Zeitdimension. Eine darauf aufbauende spezielle Funktionalität ist das Data Mining. **Data Mining** sind Prozesse oder Methoden zur Aufdeckung von bisher unbekannten Strukturen, Gesetzmäßigkeiten und/oder Regeln in einer großen Menge von Ausgangsdaten mit Hilfe formalisierter Verfahren aus dem Bereich der Statistik und darüber hinausgehender neuer Verfahren. Beispielsweise die Aufdeckung von Gesetzmäßigkeiten im Kundenverhalten aus den vorhandenen Informationen über die Einkäufe der Kunden (Kassenzettel).

Unstrukturiertes, formalisiertes Wissen ist das Anwendungsgebiet von Dokumentenmanagementsystemen.

Dokumentenmanagementsysteme (DMS) sind zentrale Ablagesysteme für Dokumente jeder Art mit den Zielen, sie einer großen Anzahl von Nutzern zugänglich zu machen, den Nutzern Hilfen beim Auffinden der Dokumente zu liefern und die gemeinsame Bearbeitung von Dokumenten zu ermöglichen. Eine Variante von DMS, die hauptsächlich auf die Publikation von Texten in Netzen ausgerichtet ist, sind Content Management Systeme. Sie definieren Strukturen für die Intra- oder Internetpräsentation bestimmter Informationen und liefern Verwaltungssysteme für die Publikation in diesen Strukturen.

Bei technischen Systemen können wir zwischen zentralen und dezentralen Wissenssystemen unterscheiden. Zentrale Wissenssysteme sammeln das Wissen an einem zentralen Punkt (zumeist einem Computer) und nutzen es von da aus für die zu unterstützenden Funktionen. Alle Funktionalitäten, Ablagesysteme, Sprachsysteme usw. werden zentral definiert und gelten für alle Nutzer des Systems gleichermaßen. Die Ablage wird z.B. durch eine zentrale, kollektive Ontologie gestaltet. Beispiele für technische zentrale Systeme sind Dokumenten-Management-Systeme, Data Warehouse u.a.

[93] Einige Textpassagen wurden entnommen aus Franken (2011), S. 503 ff.

Dezentrale Systeme belassen das Wissen wo es ist und unterstützen stattdessen die Kommunikation zwischen den beteiligten Einheiten. Ein Beispiel dafür sind Peer-to-peer (p2p) -Systeme.

p2p ist ein Kommunikations- und Interaktionsmodell, bei dem gleichberechtigte Handlungseinheiten die Generierung, Verwaltung und Verbreitung von Wissen ohne zentral organisierte Struktur selbst realisieren. Jeder Teilnehmer ist Geber und Nehmer zugleich. Die Regeln des Austausches werden von den Teilnehmern gemeinsam bestimmt und kontrolliert. p2p-Systeme gibt es z.B. im Internet in Form von Tauschbörsen. Zentrales Problem beider Systeme ist die Regelung bzw. das menschliche Verhalten in Bezug auf den Zugriff und die Zur-Verfügung-Stellung von Wissen. Technische Systeme ermöglichen normalerweise Regelungen über die Zugriffsrechte von Nutzern auf das in ihnen gespeicherte Wissen. Schwierig ist es, die Menschen dazu zu bringen, ihr Wissen anderen zur Verfügung zu stellen oder sogar in ein technisches System einzustellen.

Personelles Wissen ist schon per definitionem der Technik nicht zugänglich. Es ist in den Köpfen der Wissensträger gespeichert und nur kommunikativ auszutauschen. Die Entwicklung und Nutzung personellen Wissens erfordert vor allem die Anregung und Organisation von menschlicher Kommunikation, wie es in Communities angestrebt wird.[94]

Kollektives Wissen liegt Unternehmen meisten nicht kommunizierbar vor. Es ist primär implizites Wissen, welches Bestandteil der Unternehmenskultur oder von evolutorisch entstandenen Kollektiven Mentalen Modellen ist. Für ein explizites Management von kollektivem Wissen ist daher ein vorgeschalteter Schritt der Explikation erforderlich. Das Wissen muss erhoben und formal dargestellt werden. Dies kann über Prozessdarstellungen, Organisationserhebungen oder über narrative Methoden wie das Storytelling erfolgen. Erst nach seiner formalen Dokumentation kann kollektives Wissen einem rationalen Wissensmanagement unterzogen werden.

2.4.3.2 Wissenssysteme und Wissensform

Auch die Wissensformen spielen eine wichtige Rolle für die mögliche Gestaltung von Wissenssystemen. Meistens denken wir bei der Gestaltung von Wissenssystemen nur an explizites Wissen. Wie aber können wir das implizite Wissen eines Unternehmens entwickeln und verbessern? Implizites Wissen von Unternehmen ist das Wissen, welches unreflektiert die Standardprozesse der Unternehmen beherrscht. Es macht das Handeln der Unternehmen effizient, verhindert aber auch das Entstehen innovativer Ideen, wenn wir es nicht hinterfragen und nach neuen Ideen suchen.

Nonaka und Takeuchi[95] haben einige Hinweise gegeben, wie neues Wissen in Unterneh-

---

[94] Vgl. Kapitel 3.3.4.3 Gestaltung des Gruppenlernens in Unternehmen, Communities of Practice.

[95] Siehe die Darstellung in Kapitel 3.2 Theorien des organisationalen Lernens, Wissensgenerierung nach Nonaka/Takeuchi.

men entwickelt und eingeführt werden kann. Sie propagieren die Schaffung spezieller individueller Arbeitsbedingungen, die Einführung der Hypertextorganisation und ein Middle-up-down-Management. Die Organisationslehre geht schon seit langem der Frage nach, wie formale Organisationsstrukturen überwunden werden können, um Unternehmen mehr Kreativität und Innovativität zu ermöglichen. Eine der Hypertextorganisation sehr nahekommende Lösung war z.B. der Vorschlag von Schnelle „vermaschte Teams" einzuführen.[96]

Ein Beispiel der Bosch GmbH zeigt, welche Synergieeffekte gemischte Entwicklungsteams aus den Vertretern verschiedener Kulturen und hierarchischen Ebenen erzeugen können.

Beispiel Heterogene Teams in der Produktentwicklung

Ein aktuelles Beispiel aus der Praxis der Bosch GmbH zeigt die Vorteile der Diversität in der Produktentwicklung. Die Anforderungen für den neuen Dieselantrieb des indischen Kleinstwagen Tata Nano waren hoch und erforderten eine ungewöhnliche Lösung. Um ein geringes Gewicht, enge Kostenvorgaben und ein robustes Design zu gewährleisten, arbeiteten Entwickler aus Deutschland, Indien, Italien und Österreich eng zusammen. Das Ergebnis: Statt einer herkömmlichen Hochdruckpumpe entwickelten die Bosch-Ingenieure für den indischen Markt eine Steckpumpe weiter, die erstmals im Diesel-Leitwerk in Feuerbach (Deutschland) zum Einsatz gekommen war. In Indien leitete Rakkiappan Baskaran das Steckpumpen-Projekt. Sein Vorteil: Er hatte zu einer Gruppe indischer Ingenieure gehört, die in Feuerbach für die Diesel-Applikation ausgebildet worden waren. Seit Bosch in Regionen wie Asien und Amerika technische Zentren aufgebaut hat, sind multikulturelle Innovationsteams die Regel. Deshalb unterstützen auch Mitarbeiter des Diversity-Managements die Innovations-Workshops beispielsweise mit Methoden, die auf die beteiligten Kulturen zugeschnitten sind. Bosch hat erkannt, dass für Innovationen Grenzüberschreitungen nicht nur eine notwendige Herausforderung, sondern auch eine große Chance sind.[97]

Bolte und Porschen haben Modelle zur Überwindung formaler Strukturen durch die Förderung informeller Kooperation im Arbeitsalltag entwickelt. Dazu gehören:

- Die Förderung von Netzwerken: Durch arbeitsbezogene persönliche Kontakte und Beziehungen, die z.B. über Einstiegsseminare, Best Practice Workshops oder Projektarbeit gefördert werden können.
- Ein Hospitations- und Rotationsmodell, bei dem einzelne Mitarbeiter bewusst zum Kennenlernen in andere Abteilungen geschickt werden und dort hospitieren oder zeitlich begrenzt mitarbeiten.
- Ein Beauftragten- und Wanderermodell, bei dem spezielle Beauftragte oder „Wande-

[96] Vgl. Schnelle (1966), S. 74 ff., mehr dazu in Kapitel 4.8 Innovation, Interne Ideenfindung.

[97] Vgl. Bosch (2010).

rer" stellvertretend für die Abteilung dafür eingesetzt werden verschiedene Abteilungen zu durchlaufen, um deren Arbeitsweisen kennen zu lernen.[98]

Alle drei Modelle tragen dazu bei, die Kommunikationshemmnisse in formalen Organisationsstrukturen aufzubrechen und damit neue Ideen durch Explikation entstehen zu lassen und Veränderungen in Gang zu setzen.

Beschreibendes, prozessuales und wertendes Wissen sind ebenfalls Kategorien, die eine getrennte Betrachtung rechtfertigen würden. Bei allen Systemen, die dargestellt und diskutiert werden, dominiert die Betrachtung von beschreibendem Wissen. Wie aber gehen Unternehmen mit prozessualem und wertendem Wissen um? Diese Hinweise deuten darauf hin, dass das Wissensmanagement noch eine Fülle von nicht durchdachten Problemen beinhaltet, die bisher durch eine unvollständige Reflektion des Wissensbegriffes gar nicht gesehen werden. Auch wir können diese Probleme nur anreißen. Es soll uns zunächst einmal darum gehen, anhand von Beispielen die Vielfalt der Facetten des Wissensmanagements aufzuzeigen.

2.4.4 Funktionen von Wissenssystemen

Wissenssysteme erfüllen eine Reihe von Funktionen im Umgang mit dem Wissen, für das sie eingerichtet wurden.

Abbildung 2.16 Wissenssysteme

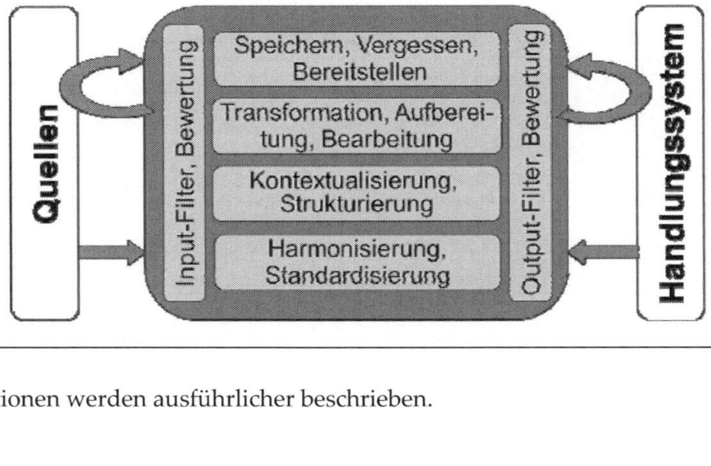

Diese Funktionen werden ausführlicher beschrieben.

[98] Mehr dazu im Kapitel 3.3 Gestaltung des Lernens in Unternehmen.

2.4.4.1 Wissensaufnahme, Filterung und Bewertung

Wissenssysteme nehmen wahrgenommenes Wissens auf, filtern und bewerten es und übergeben es zur Speicherung den dafür vorgesehenen Wissensträgern.

Input-Filter dienen vor allem der Qualitätsdefinition und Qualitätssicherung der Wahrnehmungen. Die Qualitätsdefinition wird von den Trägern des Wissenssystems bestimmt. Grundlage dafür ist das Ziel bzw. die Zweckbestimmung des Systems. Die Qualitätssicherung erfolgt durch spezielle Einrichtungen (z.B. Redaktionsgremien) oder durch das Verfahren der Wissensaufnahme. Eine wichtige Grundlage für die Qualitätsbeurteilung ist die Quelle des Wissens.

Die Filterung von Informationen verfolgt über die normale Suche hinaus das Ziel, ein differenziertes Interessenprofil des Wissenssystems (als Nutzer) aufzustellen und für die Suche zu nutzen. Zur Erstellung des Interessenprofils kann u.a. eine Auswertung des bisherigen Wahrnehmungsverhaltens zugrunde gelegt werden.

Ein anderer Ansatz ist, die Bewertung von Informationen über Social Media, also durch soziale Netzwerke, vornehmen zu lassen. Auch die Einbeziehung von aktuellen Kontextinformationen ist für die Filterung von Bedeutung.

Input-Filter müssen teilweise auch die Rolle der konstruktiven Ignoranz übernehmen. Dies gilt besonders in Unternehmen, wenn z.B. Führungskräften bewusst Informationen vorenthalten werden, um sie in ihrem aktuellen Denken nicht zu sehr abzulenken – ein schwieriges Problem aller Vorstandsassistenten. Auch wenn wir alle sie ständig stellen müssen, die Frage nach dem Umgang mit Ignoranz ist sehr nachdenkenswert.[99]

2.4.4.2 Wissensverteilung und Nutzung

Verteilungsmodelle regeln Form und Inhalt des Nutzerzugriffs auf das Wissen. Verteilungsmodelle können aktiv oder passiv sein:

- bei aktiven Modellen (**Push-Konzepte**) bekommt der Nutzer das Wissen unaufgefordert (z.B. Nachrichtendienste, Abonnements usw.),
- bei passiven Modellen (**Pull-Konzepte**) muss der Nutzer die Information abfragen.

Besondere Formen sind z.B. Agentensysteme für Angebot und Nachfrage („aushandeln" des Wissensbedarfs) oder Workflowsysteme (arbeitsprozessbezogene Wissensweitergabe).

Pull-Konzepte basieren auf dem aktiven Nachfrageverhalten des Nutzers. Bei technischen Informationssystemen kann dies z.B. durch Navigation in vorgegebenen Strukturen, Datenbankabfragen, Nutzung der Ablagestrukturen von Dokumenten, „Gelbe Seiten" zum Finden von Experten oder durch eine Suche erfolgen. Für die Suche in unstrukturierten

[99] Vgl. die lobenswerte Diskussion bei Schneider (2006).

Dokumenten gibt es mittlerweile eine große Anzahl von Algorithmen je nach Dokumenttyp (Text, Bild, Ton).

Neben dem Suchverhalten der Nutzer spielen bei der Wissensweitergabe auch eingeräumte Zugriffsrechte eine wichtige Rolle. Diese können entweder technisch oder sozial durch Teilnahmerechte an Besprechungen, Gruppen oder Veranstaltungen geregelt sein.

Die Einräumung von Zugriffsrechten ist in Unternehmen ein wichtiges und häufig zu oberflächlich durchdachtes Problem.

2.4.4.3 Speichern, Vergessen und Bereitstellen

Speichern, Vergessen und Bereitstellen von Wissen sind Probleme, die häufig mehr technisch als inhaltlich betrachtet werden. Gegen das Vergessen technischer Systeme (Datenverlust durch technische Fehler) hilft nur ein regelmäßiges Backup zur Risikominderung.

Bezogen auf das menschliche Gedächtnis ist Vergessen jedoch nicht unproblematisch. Für Unternehmen kommen noch einige zusätzliche Probleme hinzu. Vergessen oder Wissensverlust können bei Unternehmen auch das Ausscheiden von Individuen aus dem Unternehmenskollektiv als Grund haben.

Das Ausscheiden kann dabei unerwartet (z.B. durch Kündigung) oder vorhersehbar durch Alter oder Krankheit eines Mitarbeiters begründet sein. Unerwartetem Ausscheiden kann nur durch rechtzeitige Schaffung von Redundanz bei der Speicherung des Wissens begegnet werden. Vorhersehbarem Ausscheiden kann durch spezielle Maßnahmen der Wissensübergabe entgegengewirkt werden. Rechtzeitig vor dem Ausscheiden sollte eine Form der Übergabe des Wissens vereinbart werden. Es muss analysiert werden, um welches Wissen in welcher Form es sich dabei handelt und wie eine Übergabe (Formalisierung, Anlernen von Nachfolgern (Mentoring), Einführung der Nachfolger in wichtige Gemeinschaften usw.) erfolgen kann.[100]

Das Vergessen kann aber auch umgekehrt ein gewünschter Effekt sein. Nicht nur in Bezug auf das Internet, auch für viele alte Datenbestände in Unternehmen ist ein rechtzeitiges Löschen manchmal sinnvoll. Es entlastet die Suche nach dem wirklich wichtigen.

2.4.4.4 Transformation und Aufbereitung, Kollaboration

Wissenssysteme speichern nicht nur, sie transformieren und bereiten das gespeicherte Wissen auf. Ein besonderes Problem ist dabei die kollaborative Bearbeitung von Wissen durch mehrere Personen.

Die gemeinsame Bearbeitung von formalisiertem Wissen durch mehrere Bearbeiter erfordert klare organisatorische Regelungen. Dabei gelten zwei Grundprinzipien:

---

[100] Mehr dazu im Kapitel 3.3 Gestaltung des Lernens in Unternehmen.

1. Segmentieren und Verteilen: Der gemeinsam zu bearbeitende Wissensbestand muss aufgeteilt und mit klaren Zuständigkeiten an die einzelnen Bearbeiter übergeben werden.
2. Transaktionen: Während eine Person an einem Teil arbeitet, ist dieser für weitere Bearbeitungen gesperrt. Erst nach Beendigung der Bearbeitung und Freigabe durch den Bearbeiter darf eine andere Person ebenfalls damit arbeiten.

Dauert eine Bearbeitung durch eine Person länger, so können besondere Koordinationsmechanismen eingeführt werden:

- gegenseitiges Ausleihen von Teilen, die in Bearbeitung sind,
- die Weitergabe von Teilen zur Bearbeitung durch einen anderen, der dann die Verantwortung übernimmt, (z.B. Urlaubsvertretung),
- das Entwickeln von alternativen Bearbeitungsständen, die unter bestimmten Bedingungen ausgetauscht werden können.

Diese Prinzipien gelten nicht nur für gemeinschaftliche Hausarbeiten von Studierenden sondern werden auch in Unternehmen z.B. bei kollektiven Planungsprozessen angewandt (Produktionsplanung für einen gemeinsamen Maschinenpark).

Um unvorhergesehenen Problemen vorzubeugen, wird ein Versionenmanagement eingeführt, d.h. ältere Stände der Bearbeitung werden besonders gesichert. Derartige Systeme spielen gleichzeitig eine wichtige Rolle für die Arbeitsorganisation und erlauben eine Kontrolle über den Bearbeitungsstand. Bei komplexen Bearbeitungsprozessen kann eine Workflow-Integration durchgeführt werden. Dokumente werden gemäß ihrem Bearbeitungsstand in einem vordefinierten Prozess an andere Bearbeiter weitergeleitet.

2.4.4.5 Sinngebung: Kontextualisierung und Strukturierung

Eines der zentralen Aufgaben von Wissenssystemen ist die Sinngebung, d.h. das Strukturieren und Einordnen des Wissens in bestimmte Kontextzusammenhänge, die ihre Bewertung und ihr Wiederfinden erleichtern.

Menschen denken in Bildern, Geschichten oder Beispielen und nur selten in logischen Theorien. Diese Erkenntnis haben schon Adriaan de Groot und Herbert Simon in ihren Experimenten zum menschlichen Denken herausgefunden.

> **De Groots Experimente zur Wahrnehmung beim Schach**
>
> „De Groot legte Versuchspersonen Schachstellungen aus wirklich gespielten Partien vor. Nach etwa fünf Sekunden entfernte er die Vorlage und ersuchte die Versuchspersonen um eine Rekonstruktion. Großmeister und Meister konnten die Stellungen (mit vielleicht 20 bis 24 Figuren auf dem Brett) beinahe fehlerlos rekonstruieren, währen Laien kaum eine der Figuren korrekt zu plazieren vermochten; Mittelklassespieler rangierten irgendwo dazwischen. Bemerkenswert war jedoch, dass Meister und Großmeister wie Laien abschnitten, sobald man ihnen die gleiche Anzahl Figuren zufällig übers Brett ver-

> teilt vorsetzte, während die Laien so gute oder schlechte Ergebnisse erzielten wie vorher."[101]

In Unternehmen kommt noch die kulturelle Dimension hinzu: die Geschichten und Bilder müssen möglichst gleich interpretiert werden, damit sie einen kollektiven Sinn ergeben. Diese Sinngebung ist eine wichtige Grundlage für das kollektive Denken eines Unternehmens.

In Zusammenhang mit technischen Systemen bekommt die Sinngebung einen formalen Charakter. Das Wissen in Datenbanken oder Dokumentenmanagementsystemen wird in vorgeprägte Strukturen von Metawissen (Wissen über das Wissen) eingeordnet. Durch dieses Metawissen werden die einzelnen Wissenseinheiten (Dokumente, Datenbankeinträge) in einen Kontext gestellt, der einen leichteren Zugriff auf sie ermöglicht. In Dokumentenmanagementsystemen erfolgt dies über eine Ontologie zur Verschlagwortung, häufig in Form eines semantischen Netzes.[102]

2.4.4.6 Harmonisierung und Standardisierung

Mit der Sinngebung eng verbunden ist die Harmonisierung und Standardisierung des Wissens. Die Bedeutung der Standardisierung wurde schon am Beispiel der Produktklassifikationsstandards diskutiert. Darüber hinausgehend ist eine ständige Harmonisierung des Wissens in Unternehmen erforderlich. Auch wenn die einzelnen Personen spezialisiert und damit in ihrem Wissen einmalig sind, so ist doch zur Entwicklung von Kollektiven Mentalen Modellen für ein gemeinsames Handeln eine Abstimmung des individuellen Wissens der Personen in dem Umfang wichtig, wie es notwendig ist, um die gewünschten kollektiven Handlungen hervorrufen zu können. Diese Prozesse sind Grundlage des kollektiven Lernens.

2.4.5 Beispiele von Wissenssystemen

Hier werden wir einige Beispiele von Wissenssystemen erläutern, um die theoretischen Überlegungen zu untermauern.

2.4.5.1 Technische Systeme: Dokumentenmanagementsysteme (DMS)

DMS waren einer der treibenden Faktoren für die Entwicklung des Wissensmanagements generell. Die Technologie benötigte einen Markt und griff das positiv belegte Wort „Wissensmanagement" für sich auf. So kam es, dass eine Zeit lang praxisorientierte Publikationen zum Thema Wissensmanagement eigentlich nur etwas über Dokumentenmanagement aussagten.

---

[101] Simon (1990), S. 64.

[102] Siehe das Beispiel der ThyssenKrupp ComWorld im folgenden Kapitel.

Mit dem Dokumentenmanagement verließ die Datenverarbeitung den bis dahin dominierenden Bereich strukturierter Informationen und ermöglichte neue Formen des Umgangs mit unstrukturierten Dokumenten. Dabei kamen viele technische Entwicklungen zusammen: das Scannen und Erkennen (OCR) als Eingabemedium, die Verwaltung unterschiedlicher Dokumenttypen in einem System und vor allem die neu entwickelten „Suchmaschinen" zum Finden und Analysieren der Dokumente.

Ein Dokumentenmanagementsystem ist ein Programmsystem, welches es ermöglicht, Dokumente in unterschiedlichen Formaten aufzunehmen, zu verwalten, zur Verfügung zu stellen und kollektiv zu bearbeiten. Es umfasst eine Vielzahl von Funktionalitäten, die je nach Einsatzgebiet sehr unterschiedlich zusammengesetzt sein können.

Einsatzgebiete von DMS sind u.a.:

- Das Archivieren und Verwalten von Geschäftsdokumenten zur Schaffung eines papierlosen Büros (mit Zulassung vom Finanzamt). Z.B. erfasst eine große Kölner Krankenversicherung den gesamten Geschäftsverkehr mit ihren Kunden elektronisch durch Einscannen und Umsetzen in verarbeitbare Textdokumente. Die Bearbeitung der Geschäftsvorfälle erfolgt dann am Computer auf der Grundlage des elektronischen Archivs.
- Das Schaffen kollektiver Ablagesysteme für Abteilungen oder das ganze Unternehmen. Erfasst werden alle erstellten Dokumente, E-Mails und Faxe. Insbesondere der Umgang mit E-Mails kann dabei eine große Rolle spielen, da Mehrfachspeicherungen bei Sendern und Empfängern vermieden werden können usw.
- Das Schaffen von Informationssystemen für bestimmte Einsatzbereiche. In technischen Bereichen, z.B. bei der Entwicklung und Wartung großer technischer Anlagen, entsteht eine Fülle unterschiedlicher Dokumente (Bedienungsanweisungen, technische Zeichnungen, Produktbeschreibungen von Herstellern von Zulieferteilen) und Expertenwissen bei Mitarbeitern, die an oder mit diesen Anlagen gearbeitet haben. Für die weitere Wartung oder Störfallbeseitigung ist es erforderlich, alle diese Informationen möglichst schnell im direkten Zugriff zu haben. Deshalb haben beispielsweise große Chemiewerke DMS für die Verwaltung und Bereitstellung des entsprechenden Wissens (Dokumente, Telefonnummern) eingerichtet.
- Das Schaffen einer Arbeitsgrundlage für räumlich und zeitlich verteilt arbeitende Teams. Teams in Großunternehmen sind häufig über die ganze Welt verstreut und können nicht immer an einem Ort gemeinsam zusammenkommen. Um ihnen eine Arbeitsgrundlage zu schaffen, benötigen sie Systeme, die gemeinsam erstellte Berichte aufnehmen und einer kollektiven Bearbeitung zugänglich machen, die einen gemeinsamen Terminplan verwalten und ähnliche Funktionen erfüllen.

Diese Beispiele zeigen, das DMS sehr verschiedene Aufgaben erfüllen können. Dementsprechend verschieden sind auch die auf dem Markt angebotenen Systeme. Jedes Unternehmen, welches an den Einsatz eines DMS denkt, sollte zunächst eine ausführliche Marktanalyse durchführen, um das für sich richtige System zu finden.

Die Hauptfunktionalitäten, die ein DMS haben kann, sind:

- Eingabe, Speicherung und Verwaltung von Dokumenten. Eingabe, Speicherung und Verwaltung von Dokumenten sind die zentralen Funktionen eines DMS. Schon hier zeigen sich die Unterschiede in dem, was ein System kann. Bei der Eingabe entstehen vor allem die Fragen, ob das Einscannen eine besondere Bedeutung hat, wie mit E-Mails oder Faxen umgegangen werden kann und – bei Neueinführung eines Systems – wie mit Altbeständen von Dokumenten verfahren werden soll. Bei der Verwaltung sind die Gestaltungsmöglichkeiten des Ablagesystems von Bedeutung. Was sich so trivial anhört, denn schließlich hat jeder Sekretär schon immer ein Ablagesystem gehabt, wird schnell zum Problem, wenn man sich vergewissert, wie viele Personen mit welchen Vorstellungen über ein Ablagesystem zusammengebracht werden müssen und ob es nicht angebracht ist, die Möglichkeiten des Computers für neue, nicht hierarchische Ablagesysteme zu nutzen. Welcher Arbeitsaufwand entsteht aber dann? Die Speicherung betrifft z.B. die Frage, ob eine sichere, behördlich genehmigte Speicherung auf DVD oder ähnlichen Medien erforderlich ist.
- Aufbereitung und Verbreitung der Dokumente. Das Gegenstück zur Eingabe ist die Verfügung über die Dokumente. Im Zentrum dieser Funktionalität steht natürlich die Art und Weise, wie man ein Dokument findet und präsentiert bekommt. Zum Finden gibt es einerseits Navigationshilfen (die Ablagestruktur), um durch den Dokumentenbestand zu blättern, andererseits Suchfunktionen, um mit eigenen Kategorien den Weg zum Dokument, d.h. zum gesuchten Wissen zu finden. An dieser Stelle spielen die schon besprochenen Ontologien eine große Rolle. In Ontologien wird ein Metawissen über die Dokumente in einer einheitlichen Sprache aufgebaut und zur Beschreibung (für die Suche) der Dokumente eingesetzt. In der Intelligenz der Such- und Navigationsfunktion gibt es erhebliche Unterschiede. Schließlich entsteht die Frage, wie man das Dokument angezeigt bekommt, ob es nutzergerecht aufbereitet wird. Bei ständiger Arbeit an einem bestimmen Thema möchte man z.B. über alle neu in das System hineinkommenden Dokumente zu dem eigenen Bedarfsprofil unterrichtet werden.
- Rechteverwaltung. Für Unternehmen sind die Gestaltungsmöglichkeiten der Zugriffsrechte und die Sicherheit gegenüber Missbrauch von besonderer Bedeutung. Aus Wissensmanagementsicht ist zwar eine Tendenz zur möglichst weiten Verfügbarkeit von Wissen im Unternehmen wünschenswert. In der Praxis wird dies immer noch anders gesehen. Großunternehmen sind teilweise sehr restriktiv, was den Zugang zu bestimmten Dokumenten angeht.

> In einer Sparkasse gab es zwei verschiedene Typen von Wertpapierberatern: die Spezialisten und die allgemeinen Berater. Bei der Gestaltung des Informationssystems für die Berater sollte sichergestellt werden, dass die allgemeinen Berater bestimmte Informationen, z.B. über Termingeschäfte, nicht einsehen konnten. Diese Entscheidung hatte einen konkreten Hintergrund, denn die allgemeinen Berater sollten keine Auskünfte zu diesen Themen geben, da die Sparkasse sonst für alle haften muss. Andererseits konnten die Kunden nicht erkennen, wer welche Auskunft geben durfte und wer nicht, sie stellten ihre Fragen an jeden Berater.

Dieses Beispiel zeigt, dass die Diskussion um den Zugang zu Wissen nicht so einfach zu entscheiden ist. Generell bedarf es aber in Unternehmen und in unserer Gesellschaft noch vieler Diskussionen über das Wissen: was sollte man austauschen und was nicht? Die Gestaltung der Zugriffsfunktionalität in DMS kann sehr flexibel sein und so weit gehen, dass unterschiedliche Nutzer beim Öffnen eines Dokumentes unterschiedliche Inhalte sehen ohne es zu merken.

Die weiteren Funktionsgruppen spielen eine sekundäre Rolle und sind anwendungsspezifisch.

- Kollaborative Dokumentenbearbeitung. Sie umfasst alle Funktionen, die notwendig sind, wenn mehrere Nutzer „gleichzeitig" an Dokumenten arbeiten, die gerade unter Funktion „Transformation und Aufbereitung, Kollaboration" beschrieben wurden.
- Zusatzfunktionalitäten. Angebotene Zusatzfunktionalitäten sind zum Beispiel Bewertungsfunktionen bezüglich der Dokumente (Punktbewertung durch die Nutzer, Kommentare usw.) und die Einbeziehung des Internets, also interner und externer Quellen in die Suchfunktionen.

Der Einsatz von DMS zum allgemeinen Wissensaustausch in einem Unternehmen kann nur funktionieren, wenn die einbezogenen Mitarbeiter auch mit dem System umgehen. Sie müssen es nutzen, aktiv wie passiv, und sie müssen es richtig nutzen. Wenn z.B. die Verschlagwortung von Dokumenten zur Ablage als lästig angesehen wird, kann auch niemand das Dokument anschließend wieder finden.

2.4.5.2 Soziale Systeme: Wissensgemeinschaften (Communities)

In großen Unternehmen, in Hochschulen, in der Gesellschaft gibt es sie eigentlich schon immer – Gruppen von Menschen, die sich treffen und austauschen, weil sie sich gemeinsam für ein bestimmtes Thema interessierten. Egal ob dieses Thema „Briefmarken", „Science Fiction Literatur" oder ein fachliches Problem wie die „Nutzung des Intranets für den Einsatz in Lehrveranstaltungen" ist, wenn Gesprächspartner feststellen, dass sie ein gemeinsames Problem haben und voneinander lernen können, treffen sie sich häufiger zum gemeinsamen Fachsimpeln. Das Wissensmanagement hat diese Tendenz nur registriert und aufgegriffen. Die Gruppen bekamen Namen wie „Communities of practice", „Communities of interest" oder im deutschen Sprachgebrauch „Wissensgemeinschaften".

Wissensgemeinschaften sind Gruppen von Personen mit gemeinsamen Interessen an einem Wissensgebiet, die schwerpunktmäßig dem Wissensaustausch dienen, sich selbst organisieren und auf freiwilligem Entschluss gebildet werden. Wissensgemeinschaften unterscheiden sich von Projektgruppen oder Teams vor allem durch die Freiwilligkeit und Selbstorganisation.[103]

[103] Vgl. Kapitel 3.3.4.3 Gestaltung des Lernens in Unternehmen, Communities of Practice.

Aufgrund des freiwilligen Zusammenschlusses zu Wissensgemeinschaften und ihrer internen Selbstorganisation sind sie besonders geeignet, den Wissenstransfer innerhalb der Gemeinschaft zu fördern. Es entsteht eine offene, vertrauensvolle Atmosphäre, verstärkt durch die intrinsische Motivation zum Austausch und damit die besten Voraussetzungen für einen Wissenstransfer.

Die Existenz von Wissensgemeinschaften, die sich mit für das Unternehmen relevanten Themen beschäftigen, ist für das Unternehmen und für die Mitglieder von Nutzen. Also haben Unternehmen angefangen, Wissensgemeinschaften zu unterstützen oder gar selbst zu initiieren. In Unternehmen können somit Wissensgemeinschaften in verschiedenen Formen auftreten, als

- Verborgene Gemeinschaft: Ist organisatorisch unsichtbar, ohne Zugriff auf Unternehmensressourcen und hat eine große Handlungsbreite.
- Adaptierte Gemeinschaft: Entwickelt sich häufig aus ehemaligen, nicht mehr existenten Strukturen (Projekte, Abteilungen), ist ohne Zugriff auf Unternehmensressourcen, verfügt aber über ein großes Unternehmenswissen.
- Legitimierte Gemeinschaft: Wird von den Unternehmen wahrgenommen und als nützlich anerkannt, es werden ihr Ressourcen bereitgestellt.
- Positionierte Gemeinschaft: Wird von den Unternehmen bewusst initiiert.

Da Unternehmen die Vorteile der Wissensgemeinschaften erkannt haben, sind sie besonders daran interessiert, diese zu fördern und für die Unternehmenszwecke zu nutzen. Sie versuchen legitimierte und positionierte Gemeinschaften zu bilden und an den Unternehmenszielen zu orientieren. Dadurch entstehen leicht Widersprüche zu dem Grundsatz der Freiwilligkeit und Eigenständigkeit bei der internen Organisation und damit Probleme bei der Akzeptanz.

Ein positives Beispiel für die Gestaltung eines Unterstützungssystems für Wissensgemeinschaften in Unternehmen ist die ThyssenKrupp ComWorld.

ThyssenKrupp CommunityWorld

Im Jahr 2001 startete die ThyssenKrupp AG eine Wissensmanagement-Initiative mit dem Ziel einer „Steigerung des Unternehmenswertes durch effizientes Managen des Produktionsfaktors Wissen."[104] Die strategische Mission umfasste folgende Statements:

„Wir wollen bei ThyssenKrupp vorhandenes Wissen allen Mitarbeitern zugänglich machen und unsere Innovationskraft mit Wissens- und Innovationsmanagement-Tools ständig steigern.

Bei ThyssenKrupp wird es in Zukunft keine Wissensbarrieren mehr geben: Wir können

---

[104] Mühlhoff/Vollmar(oJ), S. 3.

eigene Ideen einbringen und in einem Innovationsprozess in Marktvorteile ummünzen.

Ziele dieser Initiative sind die Förderung bereichsübergreifenden Wissenstransfers beispielsweise bei Produktdaten, Wettbewerberdaten, Kooperationen oder Lieferanteninformationen sowie der Austausch von Methodenwissen und erfolgreichen Problemlösungen."[105]

Um diese Ziele zu erreichen hat ThyssenKrupp ein Unterstützungssystem entwickelt, welches die Kommunikation der Mitarbeiter und die Bildung von Wissensgemeinschaften unterstützen soll, die ComWorld. „Eine ThyssenKrupp Community ist eine Personengruppe, die auf Basis eines gemeinsamen Interesses an einem geschäftsrelevanten Themengebiet über die Grenzen von Organisationseinheiten und Standorten hinweg Wissen austauscht und entwickelt sowie sich gegenseitig unterstützt. Durch die zeitlich nicht begrenzte Zusammenarbeit, die virtuellen und face-to-face-Charakter haben kann, verfolgen die Beteiligten sowohl geschäftliche als auch individuelle Ziele."[106]

„Die ThyssenKrupp CommunityWorld ist die Gemeinschaft aller ThyssenKrupp Community-Mitglieder, die den offenen und fairen Informations- und Wissensaustausch im ThyssenKrupp Konzern aktiv unterstützen. Die ThyssenKrupp CommunityWorld-Plattform (kurz: ThyssenKrupp ComWorld) stellt die technologische Basis zur Unterstützung des Informations- und Wissensaustausches der CommunityWorld-Mitglieder dar."[107]

Mit der ComWorld wurde von ThyssenKrupp eine Plattform entwickelt, welche die Idee der Wissensgemeinschaften aufgreift und weiter in ein komplexes hierarchisches System von Gemeinschaften übersetzt. Die gedachte Organisationsstruktur der Gemeinschaften erhält ein Pendant auf der Systemseite.

Im technischen System gibt es Wissensshops, -straßen, -viertel, -städte und ein Wissensland. Diesen sind die Teilnehmer des Systems mit entsprechenden Rollen Shopteilhaber, -besitzer, Bürgermeister usw. zugeordnet. Die Teilnehmer können entsprechende Einheiten einrichten, dazu müssen sie die jeweilige Rolle bei der zentralen Verwaltungsstelle beantragen und bekommen dann die gewünschten Rechte (s. Abbildung).

Die Wissensshops sind Bereiche im System, in die die Shopteilhaber Dokumente mit ihrem Wissen einstellen können. Dieses Wissen kann allen Teilnehmern am System oder nur der Gruppe der Shopteilhaber (Gemeinschaft) zugänglich sein (linkes Bild). Damit auch die diskutierten Themen erfasst werden und neue Interessenten nicht nur die Gruppenstruktur sehen, sondern auch vom Problem her suchen können, gibt es eine parallele Struktur der Themen (rechtes Bild). Die wird mit den Shops und damit auch mit den Personen, den Teilhabern dieser Gemeinschaft, verknüpft.

---

[105] Mühlhoff/Vollmar(oJ), S. 3.

[106] Ebd., S. 13.

[107] Mühlhoff (2003).

Abbildung 2.17 Organisationsstruktur/Experten (links) und Themenstruktur in der ComWorld (rechts)

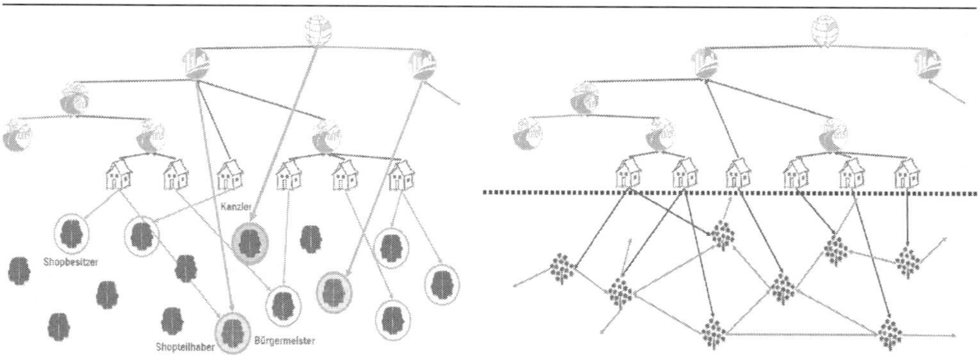

Die Strukturen innerhalb des gesamten Systems sind als semantische Netze repräsentiert und werden zentral verwaltet, um die begriffliche Konsistenz sicher zu stellen. Da ThyssenKrupp ein international arbeitender Konzern ist, sind alle Strukturen in 6 Sprachen abgebildet und ansprechbar. Da auch die Unternehmenshomepage mit der Darstellung aller Standorte, Produkte, Konzerngesellschaften in dem gleichen System als semantisches Netz repräsentiert ist, wurde auch eine Verknüpfung der ComWorld-Elemente mit der Konzernstruktur hergestellt.

Die Gesamtkonzeption der ComWorld kann als ein ideales Instrument angesehen werden, das in einem internationalen Konzern die Möglichkeiten schafft, Wissensstrukturen aufzubauen, die räumliche und zeitliche Grenzen überwinden und für eine weltumspannende Kommunikation sorgen. Der ThyssenKrupp Konzern hat sich damit ein wegweisendes Instrument für die Zukunft geschaffen und kann als Vorbild dienen.

Ein Problem in der Anfangszeit waren die Teilnehmerzahlen an der ComWorld. Gemessen an der Gesamtbeschäftigtenzahl, blieben sie hinter den Erwartungen zurück. Da es sich um eine vom Unternehmen positionierte Struktur von Gemeinschaften handelt, fehlte kurze Zeit nach der Einführung noch die unternehmenskulturelle Verankerung des Systems. Auch waren nicht alle länderspezifischen kulturellen Grenzen überwunden, die Internationalisierung des Systems nicht vollständig umgesetzt.

Dies bestätigte eine Umfrage, die im Juni 2005 bei 3000 zielgruppenspezifisch ausgewählten Mitarbeitern des Unternehmens (Rücklauf: 1032) durchgeführt wurde: Die Mitarbeiter hatten die Bedeutung und den Wert des Systems für das Unternehmen voll erkannt, und schätzten diesen sehr hoch ein. Sie konnten andererseits seine Bedeutung noch nicht auf sich selbst übertragen. Es fehlte ihnen der persönliche Bezug zu ihrer Arbeit und ihrem Umfeld. Die Mitarbeiter waren zwar der Meinung, dass ihr Wissen für andere im Unternehmen von Bedeutung ist, die ComWorld lieferte ihnen aber nicht dass, was sie benötigen, und so stellten sie auch nicht sehr viel in die ComWorld ein, sie nutzten das System zu wenig.

Diese Ergebnisse zeigen noch einmal sehr deutlich, dass Wissensmanagement nur im Zusammenspiel zwischen Technik, Organisation und individuellem Verhalten der Mitarbeiter funktionieren kann. Bis ein System wie die ComWorld sich in einem Unternehmen durchgesetzt hat, bedarf es einer sehr langen Zeit mit viel Überzeugungsarbeit. Es muss eine Kultur entstehen, die diese Technik in den normalen Arbeitsalltag integriert. Da das System umso leistungsfähiger und für die Mitarbeiter umso interessanter wird, je mehr Teilnehmer sich aktiv engagieren, ist vor allem in der Anfangszeit ein hoher Aufwand erforderlich, um die notwendige kritische Masse zu erzeugen.

2.5 Wissensnutzung: Planen, Entscheiden, Handeln

Wissensnutzung erfolgt durch die Umsetzung des wahrgenommenen oder generierten Wissens im Handeln der Handlungseinheit. Handlungen werden geplant (dabei müssen Entscheidungen getroffen werden) und schließlich ausgeführt.

Modelle oder Theorien, die diesen Prozess und das ihn ausführende System in seiner Ganzheit beschreiben, sind selten. Es dominieren Ansätze, die spezielle Aspekte oder Ausschnitte in den Vordergrund stellen.

Im Bereich der Wissensmanagementliteratur fehlt die Betrachtung von Planungs- und Steuerungssystemen als Systeme der Wissensnutzung fast ganz. So diskutieren Probst, Raub und Romhard in ihrem Klassiker "Wissen managen" unter der Überschrift Wissensnutzung mehr das Problem der Akzeptanz von fremdem Wissen und nicht die Gestaltung des Wissenseinsatzes.[108]

Wir werden daher die Darstellung der individuellen, psychologischen Ansätze sehr kurz halten und primär die Anforderungen an die Gestaltung der Planungs- und Steuerungssysteme von Unternehmen vor dem Hintergrund neuer Wissensmanagementtechnologien und -methoden diskutieren.

2.5.1 Psychologische Modelle des individuellen Handelns

In der Psychologie gibt es eine Vielzahl von Modellen zur Erklärung und Beschreibung von menschlichem Handeln. Sie beschreiben jedoch zumeist spezifische Aspekte und benutzen häufig Darstellungskonzepte, wie sie auch in der Betriebswirtschaftslehre üblich sind. Ein klassischer Ansatz ist die Rubikon-Theorie von Heckhausen.

---

[108] Vgl. Probst/Raub/Romhardt (2006), S. 173 ff.

Abbildung 2.18 Rubikon-Modell von Heckhausen

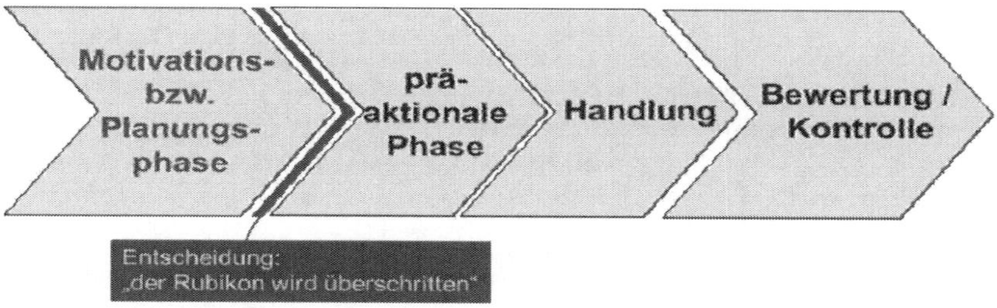

Die Rubikon-Theorie von Heckhausen und Mitarbeitern entstand in den 1980er Jahren. Sie basiert auf einem Vier-Phasen-Modell[109]:

1. Die erste Phase (Motivationsphase) dient der Handlungsvorbereitung. Alternative Handlungsmöglichkeiten werden entwickelt und bewertet. Sie endet mit der Entscheidung für eine bestimmte Handlung (der Rubikon wird überschritten).

2. Die zweite präaktionale Phase dient der Handlungsinitiierung und dem Warten auf die Gelegenheit zur Handlungsdurchführung.

3. Ihr schließt sich die eigentliche Handlungsdurchführung an.

4. In der abschließenden Bewertungs- oder Kontrollphase werden das Ergebnis rückblickend bewertet und eventuell korrigierende oder weiterführende Maßnahmen geplant.

Zur Beschreibung und Erklärung von Einzelhandlungen sind derartige Modelle für unser Denken logisch und gut anwendbar. Betrachtet man die Handlungen einer Handlungseinheit als einen kontinuierlichen Prozess, so löst sich die Sequenz in mehrere parallel arbeitende Prozesse auf. Die aktuellen Modelle der Kognitionswissenschaft betonen daher auch mehr das Zusammenspiel unterschiedlicher Komponenten unseres Denkens, wie das am Modell von Damasio zu sehen ist (vgl. folgende Abbildung).

Handeln entsteht aus der Sicht der Neuropsychologie aus einem Zusammenspiel verschiedener Hirnareale mit unterschiedlichen Funktionen, welches schließlich zu einer Entscheidung und damit der Auslösung von motorischen Aktivitäten führt.

[109] Vgl. die Darstellung bei Detje (1999), S. 45 ff.

Abbildung 2.19 Entscheidungsmodell nach Damasio[110]

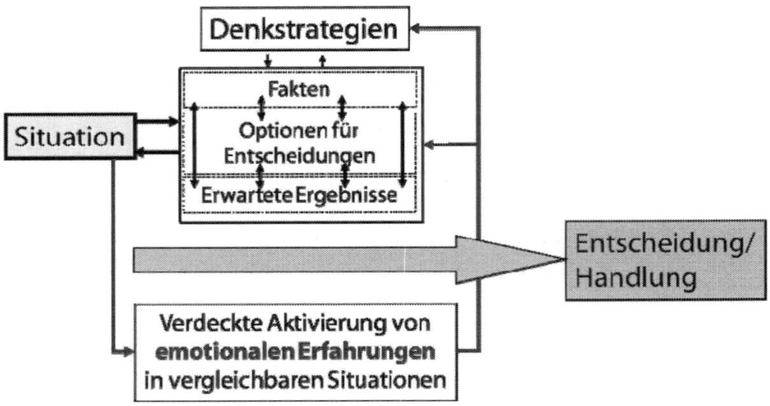

Eine besondere Rolle spielen dabei die Emotionen. Die Wahrnehmung der Situation wird nicht nur beschreibend erfasst und verarbeitet, sondern zugleich auch emotional. Die Emotionen überdecken damit die beschreibende Wahrnehmung und ebenso deren Verarbeitung hin zu Entscheidungen und Handlungen.

Der Prozess des Denkens und Handelns wird in diesem Modell als kontinuierlicher Prozess angesehen.

2.5.2 Planung und Steuerung des Handelns von Unternehmen

Die Planung und Steuerung des Handelns von Unternehmen ist das Ziel aller Maßnahmen des Wissensmanagements. Es geht darum, ein intelligentes Handeln des Unternehmens zu gestalten. Unternehmen sollten agil, innovativ, global integriert und revolutionär sein, hatten wir auf der Grundlage der IBM-CEO-Studie gefordert.[111] Die Planung und Steuerung wird daher auch am meisten durch den Einfluss neuer Technologien und neuer Wissenskonzepte geprägt. Um an die technologischen Möglichkeiten von RFID & Co. bei der Wahrnehmung anschließen zu können, wollen wir zunächst einen kurzen Abstecher in die Welt der Multiagentensysteme unternehmen und anschließend die wichtigsten Tendenzen für eine mögliche Änderung des Handelns von Unternehmen aufzeigen.

110 In Anlehnung an Damasio (2006), S. 175.

111 Siehe Kapitel 1.2.1 Anforderungen an die Unternehmen der Zukunft.

2.5.2.1 Multiagentensysteme als eine Technologie zur automatisierten Informationsverarbeitung[112]

Agenten sind autonome, intelligente, interagierende Programmeinheiten, d.h. Programmeinheiten die

- ihr eigenes Verhalten ohne Intervention von außen bestimmen können (autonom),
- ihr Verhalten an der Verfolgung ihrer gegebenen Ziele orientieren (intelligent),
- bei ihrem Verhalten von anderen Agenten oder Menschen beeinflusst werden und deren Verhalten beeinflussen können (interagierend).

Agenten können wiederum zu Agentensystemen zusammengefasst und gekapselt werden, so dass ein Agentensystem nach außen wie ein Agent auftreten kann.

Die Einsatzbereiche sowie die konzeptionelle und programmiertechnische Ausgestaltung von Multiagentensystemen (MAS) kann sehr unterschiedlich gestaltet werden. In unseren Projekten haben wir ein Multiagentensystem in Zusammenarbeit mit unserem russischen Partner Knowledge Genesis aus Samara entwickelt[113], welches folgende wesentliche Charakteristika aufweist:

- Das System basiert auf einer objektorientierten Ontologie. Die Ontologie beschreibt die Beziehungen, Verhaltensmöglichkeiten und Entscheidungsparameter der in der realen Welt als relevant erachteten Objekte. Die Objekte werden zu Agenten weiterentwickelt.
- Die Koordination der Agenten beruht auf Verhandlungen zwischen Nachfragern und Anbietern von Diensten, die auf einem virtuellen Markt mit vollkommener Information stattfinden.

Grundidee der neuen Managementunterstützungssysteme ist die Isomorphie (strukturelle Gleichheit) der relevanten realen Welt mit der Welt des Wissens.

Auf der Basis der objektorientierten Ontologie wird jedes relevante Objekt der realen Welt durch einen Agenten in der Wissenswelt repräsentiert. Der Abgleich zwischen beiden Welten erfolgt über verschiedene Wege, die von der IKT immer besser unterstützt werden. Sensoren, RFID, jede Art von Funktechnik sind Instrumente dieses Abgleichs. Deswegen sind RFID & Co. in diesem Modell wichtige ergänzende Technologien für den Einsatz des entwickelten Multiagentensystems. Die Verknüpfung in der Welt des Wissens erfolgt über Kommunikation innerhalb eines Rechners oder zwischen unabhängigen MAS über Netz- und Funkverbindungen.

---

[112] Vgl. auch Franken (2009). Für eine ausführlichere Darstellung vgl. z.B. Weiss (1999), Andreev/Ivashchenko/Simonova/Skoblev (2009).

[113] Die Entwicklung fand im Verbundprojekt iC-RFID statt. Vgl. Hinweis auf Seite 65.

Abbildung 2.20 Repräsentation der Welt im Agentensystem

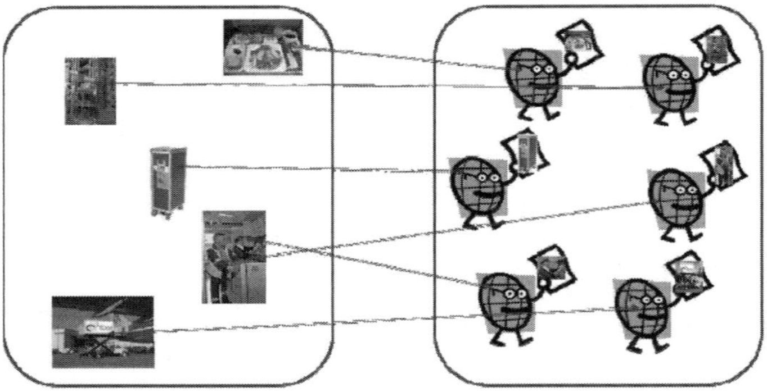

Handlungseinheiten und sonstige Ressourcen werden über ihre Eigenschaften, ihre Kompetenzen (Fähigkeiten und Berechtigungen, Aufgaben zu erfüllen) und ihre Kapazitäten (zeitlich und mengenmäßig) beschrieben. Ihnen ist ein Einsatzplan (Schedule) für ihre Aktivitäten im Rahmen der Leistungserstellung zugeordnet, der z.B. durch ein Gantt-Diagramm dargestellt werden kann.

Produkte, die von einem realen Handlungssystem erstellt werden können, sind hybride Systeme aus Dienstleistungen und Sachgütern. Ihre Erstellung ist beschreibbar durch ihren Produktionsprozess, d.h. eine zeitlich strukturierte Menge von Aufgaben, die zur Erbringung der Produktleistung erforderlich sind. Jede Aufgabe erfordert Kompetenzen und Kapazitäten von Handlungseinheiten und Ressourcen (vgl. folgende Abbildung).

Die festen zeitlichen Strukturen der Aufgabenerfüllung für Produkte aus dem Prozessmodell können variabel durch notwendige Bedingungen (States) für die Durchführung der Aufgaben ersetzt werden. Modelle auf der Grundlage dieser Beschreibungselemente sind sowohl kompatibel zur klassischen aufgabenorientierten Organisationslehre, wie sie von Fritz Nordsieck geprägt wurde, als auch zu prozessorientierten Ansätzen, wie sie ARIS oder BONAPART zugrunde liegen.

Die Aufgabe des Managements von Unternehmen besteht in der Gestaltung der Welt des Unternehmens zur Erstellung seiner Produkte. Diese erfolgt auf der Grundlage der strategischen Planung des Unternehmens.

Die Multiagentensysteme reagieren in Echtzeit auf alle aktuell von außen kommenden Informationen (Abweichungs- oder Störmeldungen) und können kontinuierlich durch die Einführung neuer oder Veränderung bestehender Objekte (neue Aufträge, neue Ressourcen usw.) weiterentwickelt werden. Wenn wir davon ausgehen, dass die Real Time gültigen Pläne in der realen Welt umgesetzt werden, so entspricht dies dem Verhalten eines intelligenten Systems, welches ständig seine Handlungen in Abhängigkeit von seinen Zielen und seiner Situation in der realen Welt neu plant und umsetzt.

Abbildung 2.21 Formale Repräsentation der Leistungserstellung[114]

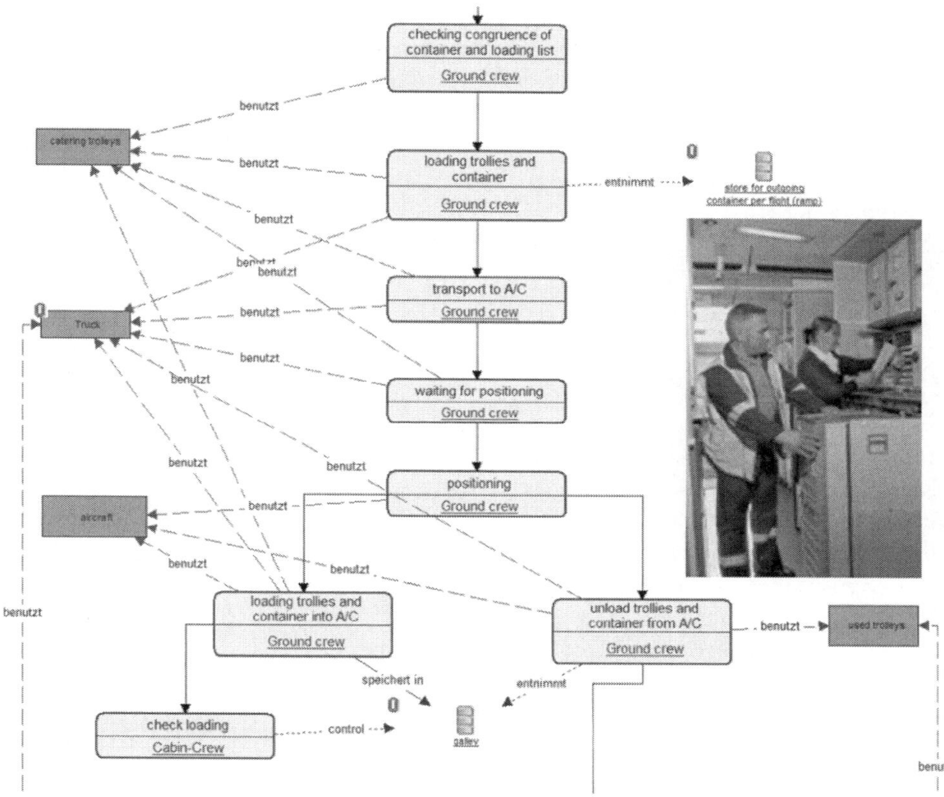

Computermodelle dieser Art können in unterschiedlicher Rollenverteilung von Mensch und Computer in den betrieblichen Planungs- und Steuerungsprozess integriert werden.

Die skizzierte Technologie der MAS ermöglicht die Entwicklung einer neuen Generation von Managementsystemen, die in den nächsten Jahren auf uns zukommen werden.

Um aufzuzeigen, welche Potenziale das Wissensmanagement für die Planung und Steuerung des Handelns von Unternehmen bietet, wollen wir die Tendenzen in den verschiedenen Gestaltungsdimensionen von Planungs- und Steuerungssystemen skizzieren und am Beispiel von Luftverkehrsunternehmen verdeutlichen. Ausgangspunkt dazu ist ein Schichtenmodell des Managements, welches die durch das Wissensmanagement zu unterstützenden Managementaufgaben genauer spezifiziert.

---

114 Die Prozessdarstellung erfolgte durch das Tool BONAPART.

2.5.2.2 Das Schichtenmodell des Managements

Management wird schon seit längerem in einem Schichtenmodell von strategischem Management und operativem Management betrachtet. Häufig werden noch weitere Schichten hinzugefügt, z.B. ein normatives Management als oberste Schicht (etwa beim St. Galler Modell) oder es wird noch ein taktisches Management zwischen dem strategischen und dem operativen eingeführt. Im Umfeld der Produktionsplanung und -steuerung – speziell der dafür eingesetzten Softwaresysteme – wird auf der untersten Ebene eine neue Schicht eingeführt. Die klassischen ERP-Systeme, wie die von SAP oder ORACLE, werden durch „Manufacturing Execution Systems" (MES)[115] ergänzt, um den erhöhten Anforderungen der Produktionssteuerung an die Granularität und dem kontinuierlichen zeitlichen Anfall der Informationen gerecht zu werden.

Wir wollen dieses Schichtenmodell auf zwei Schichten reduzieren: die strategische Planung und Steuerung (PuS) und die operative PuS. Strategische und operative PuS stellen grundsätzlich unterschiedliche Anforderungen an die dabei erforderliche Wissensverarbeitung. Andererseits ist eine weitere Aufteilung der operativen PuS nicht sinnvoll, da die Interdependenzen zwischen den weiteren Schichten zu groß wären. Die Abgrenzung der Schichten soll jedoch – wie schon bei der Darstellung der Multiagentensysteme angedeutet wurde – nicht mehr über die Zeitstruktur der Pläne, sondern über die inhaltlichen Aufgaben erfolgen. Dadurch entsteht ein direkter Bezug zu potenziellen Unterstützungssystemen der jeweiligen Planungs- und Steuerungsaufgaben und zu der bei der Wahrnehmung vorgenommenen Einteilung.

Der Prozess der Planung und Steuerung läuft auf beiden Ebenen parallel ab. Dabei gibt es eine sachlogische Beeinflussungshierarchie: Das strategische Management bestimmt die operative Planung, die in der Praxis zumeist dadurch konkretisiert wird, dass zu bestimmten Zeitpunkten ausformulierte Pläne einer Ebene an die jeweils nachgelagerte Ebene übergeben werden. Wenn umgekehrt die Vorgaben der übergeordneten Planung nicht einhaltbar sind, führt dies zu einer Rückkopplung auf die höhere Ebene. Es soll bewusst von strategischem Management und operativer Planung und Steuerung gesprochen werden, da die inhaltliche Ausgestaltung der Aufgaben sehr unterschiedlich ist.

Das strategische Management

- definiert die Handlungspotenziale durch Grenzziehung des Systems (welche Objekte gehören zu dem System);
- sorgt für die Entwicklung der Fähigkeiten der Objekte;
- strukturiert das Realisationssystem durch Gestaltung der Aufbau- und der Prozessorganisation;
- ermittelt die Eigenschaften und Anforderungen der Umwelt des Unternehmens (Marktpotenziale, Anforderungen der Stakeholder);

[115] Vgl. z.B. Kletti (2006).

- definiert die Produkte, welche das Unternehmen an den Markt bringen will, d.h. legt fest, welche Ergebnisse die Produktionsprozesse erzeugen sollen, welche Handlungseinheiten sie ausführen können und sollen (Fähigkeiten und Berechtigungen) und welche Ressourcen dafür notwendig und (prinzipiell) verfügbar sind;
- und bestimmt das Verhalten des Unternehmens gegenüber seinen Stakeholdern.

Das strategische Management ist also systemgestaltend ausgerichtet und umfasst daher nach der klassischen Gliederung auch die Aufgaben der Organisation. Diese Aufgaben können durch die IKT nur unterstützt werden (Informationsbeschaffung durch das Internet, Wissensdarstellung und -speicherung, Simulation potenzieller Systemvarianten), unterliegen aber prinzipiell der menschlichen Entscheidung, während die folgenden Aufgaben der operativen Planung und der Steuerung weitgehend automatisiert werden können oder aufgrund der zu verarbeitenden Informationsmenge sogar müssen.

Wissensaspekte sind bei der Systemgestaltung – also als Thema des strategischen Managements – von großer Bedeutung, sowohl aus der organisatorisch-personellen Sicht als auch bezüglich der technologischen Anforderungen. Die früher erläuterten Beispiele der heterogenen Entwicklungsteams und Wissensgemeinschaften haben die Bedeutung des interaktiven Austauschs von Wissen für die Innovationsarbeit in Unternehmen demonstriert. Den Einfluss der Technik auf die Gestaltung strategischer Konzepte zeigt z.B. das im Kapitel „Sensornetze: RFID, GPS & Co." dargestellte Beispiel „Meal on demand" aus dem Airline Catering.

Die operative Planung liefert die konkreten Entscheidungen darüber, was wann von wem getan werden soll, d.h.

- sie bestimmt die konkreten Handlungsziele des Systems und
- legt fest, welche Handlungseinheiten des Systems unter Einsatz von welchen Hilfsmitteln welche Handlungen ausführen sollen (dazu gehört auch, die Quantität der konkreten Handlungseinheiten und Hilfsmittel festzulegen).

Die Methodik der operativen Planung basiert darauf, konkrete Einsatzpläne (Schedules) aller durch die strategische Planung definierten Objekte zu bestimmen. Die Einsatzpläne der Objekte (Handlungseinheiten, Hilfsmittel) können anonym (nur mit definierter Anzahl) oder personalisiert erstellt werden.

Zur Verdeutlichung der Aussagen sollen im Folgenden konkrete Beispiele herangezogen werden. Die Darstellung erfolgt anhand des Airline Business und wird auch für die Explikation der weiteren theoretischen Ausführungen fortgesetzt.

Beispiel: Flugplanung bei Airlines

Aus der Sicht des Kunden ist das Produkt einer Airline das, was er für ein Ticket bekommt, nämlich ein Flug auf einer von ihm gewählten Strecke mit einem bestimmten Service und – wenn er es genauer betrachtet – auch einer bestimmten "Sicherheitsgarantie" (technischer Service), der zu einer bestimmten Zeit durchgeführt wird. Aus der Sicht der Produktion einer Linienfluggesellschaft ist das Produkt etwas anderes: Ein Flug einer Linienfluggesellschaft – wie er produziert und angeboten wird – ist ein Versprechen, innerhalb eines Kalenderzeitraumes (Flugplanperiode), an bestimmten Wochentagen (Verkehrstage), zu gegebenen Zeiten (Arraival- und Departure-Zeiten), auf einer definierten Strecke und mit einer zu erwartenden Kapazität (Flugzeugmuster) eine Transportleistung durchzuführen. Jeder Flug wird mit einem bestimmten Servicekonzept durchgeführt, welches festlegt, welche Zusatzleistungen ein Passagier während seines Fluges an Bord erhält.

Die Einhaltung dieses Versprechens ist rechtlich verbindlich und darf nur unter ganz bestimmten Bedingungen höherer Gewalt verletzt werden (z.B. bei technischen Problemen).

Das zentrale Element der operativen Planung einer Airline ist die **Flugplanung**. Ausgangpunkt der Flugplanung ist die Produkt- oder Streckenplanung. Auf der Grundlage von Markt- und Wettbewerbsanalysen werden für die verschiedenen Streckengebiete Konzeptionen für das Angebot an Transportleistungen erarbeitet. Dabei spielen sowohl das erwartete wirtschaftliche Ergebnis wie auch marktstrategische Aspekte eine Rolle. Es werden Produktideen entwickelt, d.h. man überlegt sich, zu welchen Orten würde sich im Planzeitraum eine Transportverbindung mit welcher Kapazität lohnen. Diese werden in einem „Sollprogramm" zusammengefasst. Die Sollprogramme sind zunächst Grundlage für die Kapazitätsbeschaffungsplanung, d.h. die Beschaffung von Flugzeugen und Crews, um eine operationelle Durchführbarkeit des Sollprogramms gewährleisten zu können.

Die Flugplanung hat die Aufgabe, auf der Basis des gegebenen Flottenprogramms die Flugwünsche des Streckenmanagements unter Einhaltung aller internen und externen Restriktionen möglichst optimal in einen Produktionsplan umzusetzen. Die Erstellung des Flugplanes aus einem Sollprogramm gleicht einem Puzzle mit teilweise verformbaren Teilen, die in einen ungleichmäßigen Rahmen von Randbedingungen eingefügt werden müssen. Die einzelnen Sollprogrammelemente müssen zu konsistenten Arbeitsplänen für die einzelnen Flugzeuge zusammengefügt werden (s. Abbildung).

Dabei muss eine große Zahl von Restriktionen eingehalten bzw. schrittweise eingearbeitet werden, auf die hier nicht näher eingegangen werden soll. Grundprinzip der Flugplanung ist die Erstellung eines Arbeitsplanes für die Flugzeuge. Auf der Grundlage des daraus entstehenden Flugplanes werden alle weiteren Anforderungen an die Leistungserstellung der Airline abgeleitet: Creweinsatzplanung, Wartungsplanung der Technik, Catering usw. Für die Erstellung der Cateringpläne werden für alle Flüge, die an einem bestimmten Airport starten, zunächst die Cateringanforderungen ermittelt. Dies geschieht durch die Übersetzung der Servicekonzeptionen und der erwarteten Passagierzahlen in den Cateringbedarf (Stücklistenauflösung). Die Cateringprozesse beschreiben dazu die erforderlichen Arbeitsschritte und die dafür notwendigen Potenzialfaktoren (Personal, Fahrzeuge, Trollies usw.). Verbunden mit dem Flugplan lässt sich somit auch für diese Potenzialfaktoren und Cateringobjekte ein Einsatzplan bestimmen.

Abbildung 2.22 Flug- und Rotationplanung[116]

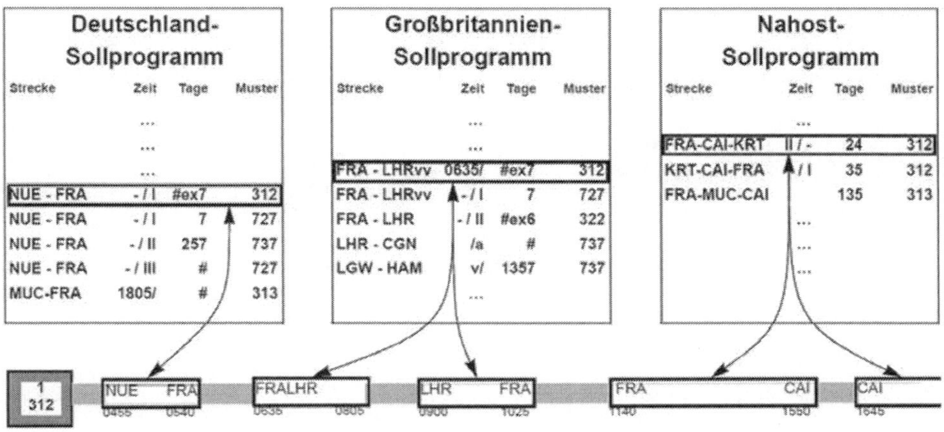

Zur Umsetzung der Pläne werden die Einsatzpläne "personalisiert", die erforderlichen Handlungen ausgelöst und kontrolliert. Für die Airline oder den Caterer bedeutet dies konkret das Ausdrucken von Arbeitsplänen für die Mitarbeiter und die Kontrolle ihrer Ausführung.

Diese Grundstruktur der Planung und Steuerung ist ein weitgehend akzeptiertes Denkmodell. Nicht diskutiert wird normalerweise, dass in der Praxis und in zukünftigen Planungsunterstützungssystemen noch eine weitere parallele Planungsebene existiert.

Pläne werden immer mit Bezug auf Standardbedingungen, -handlungen und -ziele aufgestellt. Die Durchführung einer Tätigkeit dauert einen bestimmten Standardzeitwert, die Handlungseinheiten und Hilfsmittel sind mit einer Standardleistung verfügbar, die Beurteilung der Pläne erfolgt durch Kosten oder Deckungsbeiträge. In der Realität treten aber immer Ereignisse, d.h. wahrgenommene Abweichung von den bisherigen Erwartungen über die Welt (aktuell oder zukünftig) auf. Auslöser von Ereignissen sind Informationen (basierend auf Wahrnehmungen, Nachrichten u.a.). Ereignisse sind nicht prognostizierbar (sonst wären sie schon in die Planung eingearbeitet worden), ihr Auftreten, vor allem die Zeitspanne bis zur erforderlichen Reaktion auf die Ereignisse, ist aber durch ein gutes Informationsmanagement verlängerbar. Die Verbesserung der Wahrnehmungssysteme schafft ein größeres Potenzial für Reaktionen.

Die Reaktionen auf Ereignisse bestehen aus plansichernden (Sonder-)Maßnahmen, die abhängig von der Situation und der noch verfügbaren Zeit bis zur ursprünglichen Realisa-

116 Dank an die ehemaligen Kollegen von der Flug- und Rotationsplanung der Deutschen Lufthansa AG, die diese Abbildung entwickelt haben.

tion durchgeführt werden können. Es werden Überstunden angeordnet, die Mitarbeiter motiviert, etwas schneller zu arbeiten, oder auf Kundenbedingungen Rücksicht genommen, obwohl dies die Kosten erhöht. So kommt es zu einer parallelen plansichernden Ebene, über die ständig neue Maßnahmen geplant werden.

Ereignisse, die eine Plansicherung oder eine Neuplanung erfordern, treten auf beiden Planungsebenen auf. Ihnen wird jeweils mit individuellen Maßnahmen begegnet. Es gibt normalerweise ein Standardrepertoire an Plansicherungsmaßnahmen, verbunden mit Regeln über ihren Einsatz. Dieses Standardrepertoire repräsentiert eine besondere Form der Unternehmensintelligenz, die von Unternehmen gepflegt und erhalten werden muss.

Beispiel: Plansichernde Maßnahmen bei Airlines

Ereignisse und plansichernde Maßnahmen können sowohl strategische als auch operative Planung und Steuerung betreffen.

Strategisches Management

Ereignisse: Ereignisse auf strategischer Ebene können sehr vielfältig sein. Politisch z.B. die Öffnung des ehemaligen sowjetischen Luftraumes für den Flugverkehr westlicher Gesellschaften, Kriege, Umweltauflagen oder politische Spannungen, die Umorientierung des Flugangebotes erforderlich machen. Technologisch z.B. die Entwicklung neuer Flugzeuge (A380) oder RFID, die neue Produktionspotenziale eröffnen. Naturbedingt z.B. Vulkanausbrüche (Island) oder Umweltkatastrophen. Wirtschaftlich z.B. die Änderung der Finanzierungsbedingungen durch Bankenzusammenbrüche.

Maßnahmen: Ebenso vielfältig und individuell sind die Maßnahmen, z.B. Aufbau neuer Märkte, Überlegungen zur Nutzung neuer Produktionstechnologien (RFID) usw. Da die Zeiträume bis zur notwendigen Reaktion (Ausnahme: Naturereignisse) meistens länger sind, ergibt sich hier kein so hoher Planungsdruck und die Reaktionen bestehen hauptsächlich aus einer Anpassung der operativen Pläne.

Operative Planung und Steuerung

Ereignisse: Bei der operativen Planung und der Steuerung sind die Ereignisse wesentlich alltäglicher und häufig in ähnlicher Form wiederkehrend. Für das Airline-Catering sind das z.B. die Verspätung eines Flugzeuges, der Wechsel des Flugzeugtyps, die bei der RFID-basierten Kontrolle am Eingang des Flugzeuges festgestellte Abweichung vom Sollbestand des Cateringbedarfs usw.

Maßnahmen: Auf diese Ereignisse kann wiederum mit unterschiedlichen Maßnahmen reagiert werden: Der Fahrer des Cateringtrucks kann Überstunden machen oder schneller fahren, er kann auf ein virtuelles Lager von Cateringartikeln zurückgreifen (vorbereitete Artikel für andere Flüge, deren Ersatz bis zur erforderlichen Auslieferung möglich ist) usw.

Bei allen Ereignissen lohnt es sich, einmal erdachte und getestete Maßnahmen (Erfahrungswissen) zu speichern. Sie definieren das Handlungspotenzial für zukünftige Ereignisse. Sie können situations- und zeitabhängig wiederverwendet werden und sollten damit Inhalt von Lernprozessen sein. Grundlage für ein effizientes Steuern der Unternehmensaktivitäten ist ein gut ausgebautes Wahrnehmungssystem und die Fähigkeit schnell reagieren zu können. Beides kann durch die neuen Technologien wesentlich verbessert werden. Unternehmen benötigen neue Planungs- und Steuerungssysteme, die den Anforderungen ihrer Umwelt besser gerecht werden und die ihnen einen Wettbewerbsvorteil durch ein flexibleres Handeln aufgrund besser genutzten Wissens ermöglichen. Im Folgenden sollen einige Tendenzen für zukünftige Systeme aufgezeigt werden.

2.5.2.3 Tendenzen für die Entwicklung zukünftiger Planungs- und Steuerungssysteme

Zu den wichtigsten Tendenzen zählen Real Time Planung, High Resolution Management, Dezentralisierung und Mobilität.

Real Time Planung und Steuerung

Die klassischen betriebswirtschaftlichen Planungsmodelle gehen in der Regel von einem zeitlich geschlossenen Problem mit festem Planungshorizont und einer festen internen Periodenstruktur aus. Die gängigste Struktur ist eine rollierende Planung mit periodisch wiederkehrenden Planungsaktivitäten.

Abbildung 2.23 Rollierende Planung

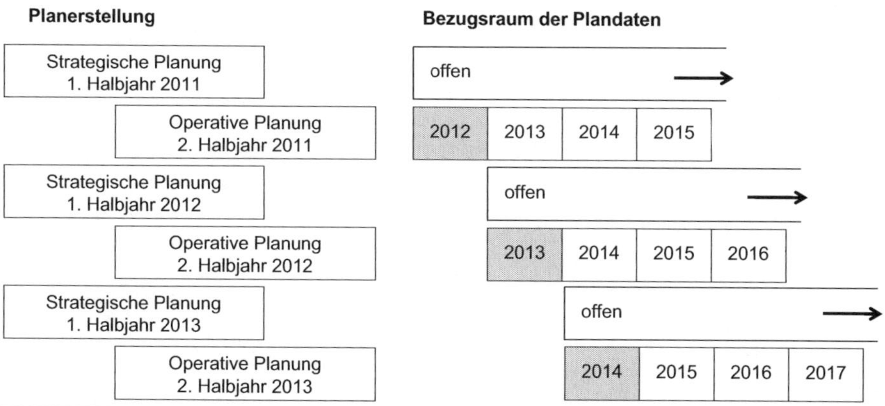

Diese Struktur ist auch in den meisten Programmsystemen zur Planungsunterstützung realisiert. Besondern problematisch ist dabei die Periodisierung der Planerstellung.

Zeitliche Interdependenzen zwischen den geplanten Handlungen und die Dynamik des Planungswissens (Änderungen des Wissensstandes häufig noch vor der Realisation der geplanten Handlungen),[117] erfordern eine permanente Überarbeitung der Pläne und teilweise auch eine Abkehr von der Periodisierung der Planzeiträume. Die Unternehmenspraxis arbeitet daher häufig schon mit einer permanenten Planung. Pläne werden abhängig vom Informationsstand permanent überarbeitet. Die Periodenstruktur entsteht primär durch feste Veröffentlichungstermine für aktuelle Planungsstände.

Beispiel: Permanente Planung bei Airlines

Die Flugplanung einer Airline ist eine permanent durchgeführte Tätigkeit. Ihre Periodisierung ergibt sich vor allem durch die notwendige Veröffentlichung von Planständen zu bestimmten Terminen. **Anlässe** dazu können unterschiedlich sein: die Einarbeitung in die an Geschäftsjahren orientierte Kosten- und Ertragsplanung, die Freigabe der Flugpläne für Buchungen, die Abstimmung der Pläne im internationalen Rahmen (Slotkonferenzen der IATA zur Koordination der Start und Landezeiten auf den Flughäfen), Festlegung einer Grundlage für interne Koordinationstreffen bzw. die Koordination mit Partnerairlines u.a. Die Pläne selbst haben zwar eine periodische Grundstruktur (1 Woche), aber auch diese ist nur bedingt aufrechtzuerhalten, da es teilweise kürzere Sonderzeiträume gibt (z.B. zu Messezeiten) und bei einem Wechsel Anschlussprobleme auftreten, da das Gleichgewicht der eingehenden und abgehenden Flüge je Airport eingehalten werden muss.

Aufgrund der immer stärker werdenden Informationsdichte wird die Zukunft einer permanenten Real Time Planung gehören.

Abbildung 2.24 Real Time Planung und Steuerung

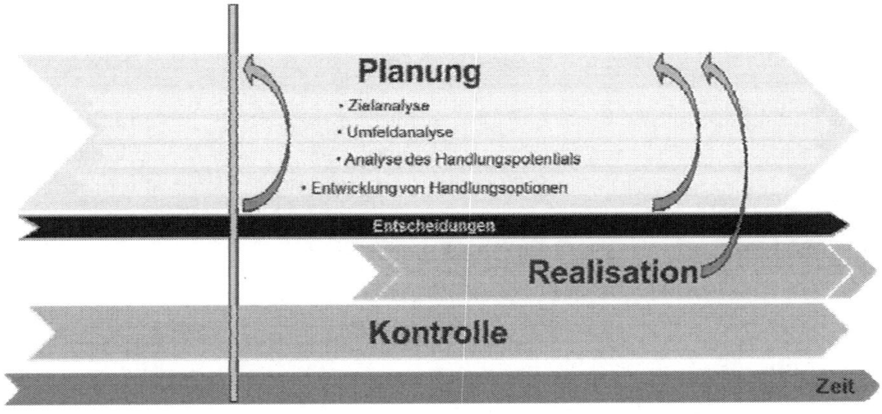

117 Vgl. Scholl/Klein/Häselbarth (2003).

Unter **Real Time Planung** soll dabei eine permanente, im Rahmen der normalen Arbeitszeiten reagierende Planung verstanden werden, die keine künstlichen Planperioden einführt. Die Entwicklung der IKT unterstützt diese Entwicklung. MAS-basierte Planungssysteme sind in der Lage, eine solche Planung zu realisieren.

Planung und Kontrolle werden permanent mit offenem Planungshorizont durchgeführt. Abweichungen zwischen aktuellem Wissensstand und den aktuell gültigen Plänen führen zu einer Überarbeitung der Pläne und/oder einer Planung von Sicherungsmaßnahmen. Die Abweichungen können sich dabei sowohl auf Informationen über die Umwelt oder das eigene Handlungspotenzial als auch auf eine Änderung der Ziele beziehen.

Die Kontrolle erfolgt nicht nur durch einen Vergleich der Pläne mit der schon erfolgten Realisation, sondern bezieht sich auch auf das in die Planung eingegangene Wissen. Dazu gehört das Wissen über die Umwelt genauso wie die in die Planung eingegangenen Ziele. Auch Bewertungen können sich ändern. Deswegen wird Kontrolle ebenfalls zu einer permanent auszuführenden Aufgabe. Die Real Time Planung erfolgt auf allen Ebenen (strategisch und operativ) parallel.

High Resolution Management

Die Technisierung der Wahrnehmungsfunktion durch RFID, Sensoren und GPS ermöglicht eine hochauflösende Wahrnehmung der Umwelt in einem Ausmaß, wie sie bisher für Unternehmen nicht existiert hat. Dies schafft zunächst einmal eine ungeheure Datenfülle, die verarbeitet und genutzt werden muss.

In relativ kurzen Zeitabschnitten immer wieder zu wissen, wo sich die Champagnerflasche eines Cateringunternehmens befindet, ist zunächst einmal kein Fortschritt. Wenn damit jedoch kontrolliert wird, ob in der First Class eines Fluges genügend Flaschen vorhanden sind, wo die nach dem Flug übrig gebliebenen Flaschen gelandet sind und ob neue Flaschen bestellt werden müssen, dann führt diese Information zu einer Verbesserung der Handlungsmöglichkeiten des Caterers bzw. seines Kunden der Airline. High Resolution Management macht also erst dann Sinn, wenn es in das Handeln des Unternehmens integriert ist.[118]

Die Möglichkeit zur adäquaten Verarbeitung dieser Informationen schafft z.B. die MAS-Technologie. Wenn jedes mit einem RFID-Chip versehene Objekt einen Agenten in der virtuellen Welt besitzt, der über seinen geplanten Zustand informiert ist und gegebenenfalls Aktivitäten zur Wiederherstellung eines akzeptablen Zustandes der Welt auslösen kann, so ist die Verarbeitung der Information angemessen möglich und führt zu einem besseren Verhalten des Unternehmens. Unternehmen erlangen ein neues Maß an Flexibilität und Qualität der Leistungserstellung.

[118] Vgl. zu den Möglichkeiten und weiteren Beispielen auch Fleisch/Müller-Stewens (2008).

Dezentralisierung und Netzwerke

Die zeitliche und inhaltliche Detaillierung der Planung und Steuerung führt zu einem Komplexitätsproblem, welches nur durch eine ebenfalls stärkere Dezentralisierung aufgefangen werden kann. Zwischen den unabhängigen Teilbereichen besteht jedoch ein hoher Koordinationsaufwand, wenn man nicht bewusst auf die Vorteile der Koordination verzichten möchte. Ein ähnliches Problem entsteht in Netzwerken, wenn sich Unternehmen zu Kooperationen zusammenschließen. Diese Unternehmen möchten weiter unabhängig agieren, aber in ihren gemeinsamen Aktivitäten eine optimale Abstimmung erzielen.

Die flexibelste Koordinationsform ist die direkte Kommunikation. Regeln und die Koordination durch spezielle (z.B. vorgesetzte) Einheiten sind sehr inflexibel oder erfordern einen höheren Zeitaufwand. Die Übergabe der Entscheidungsbefugnisse an spezielle Einheiten ist dazu meistens nicht gewollt. Partner in einem Unternehmensnetzwerk möchten keine vorgesetzte Einheit und schon gar nicht ihre eigene Situation komplett offen legen. Eine Abstimmung durch direkte Kommunikation kann wiederum nur dann erfolgen, wenn die notwendige Kommunikation schnell realisiert werden kann und wenn die sich abstimmenden Einheiten in der Lage sind, über ihr eigenes Handeln sehr schnell zu entscheiden. Wenn zwei kooperierende Unternehmen gemeinsam einen Auftrag annehmen wollen, dessen Erfüllung zeitlichen Restriktionen unterliegt, so müssen sie sich schnell entscheiden, ob sie in der Lage sind, ihre Teilaufgaben in den sich ergebenden Zeitfenster zu erbringen. Da beide in der Regel auch noch andere Aufträge auszuführen haben, bedeutet dies, den eigenen Arbeitsplan auf Umsetzbarkeit zu überprüfen und eine Entscheidung zu treffen.

So treffen zwei notwendige Anforderungen an die zu koordinierenden Handlungseinheiten zusammen: Kommunikationsfähigkeit und Fähigkeit zur schnellen Planung der eigenen Kapazitäten. Beides kann durch die neue IKT erheblich unterstützt werden. Die neue mobile Kommunikationstechnik und die Fähigkeiten zur flexiblen Real Time Planung mit MAS-Technik schaffen hier die Voraussetzung.

Mobilität

Die zunehmende Leistungsfähigkeit von Mobilfunknetzen, Laptops und Handys mit zeit- und ortsunabhängigem Internetanschluss ermöglichen neue Formen der Arbeitsorganisation. Das formalisierte Wissen der Unternehmensmitglieder und des Unternehmens kann jederzeit jedem anderen Unternehmensmitglied verfügbar gemacht werden. Mobile Lösungen haben einerseits ein breites Einsatzfeld bei der Organisation des Handlungspotenzials von Unternehmen (mobile kontextbezogene Informations- und Assistenzsysteme als Hilfestellung für Arbeitsprozesse, mobile Messsysteme) und schaffen andererseits die Möglichkeit für neue Geschäftsmodelle vor allem im Dienstleistungssektor.[119]

---

[119] Zum technologischen Überblick siehe z.B. Rügge (2006), ein Überblick über die ökonomischen Einsatzgebiete gibt z.B. Reichwald (2002).

2.6 Wissensbilanz

Was bringt es, sich mit Wissen, Innovationen und Lernen im Unternehmen zu beschäftigen und zu investieren? Was ist der Wert des Wissens, das aufgebaut werden soll?

Wir wären keine Betriebswirte, wenn wir uns diese Fragen nicht stellen würden. Aber aus demselben Motiv sollten wir diesen Fragen sehr präzise nachgehen. Die eigentliche Grundfrage lautet: Wer bewertet für wen was zu welchem Zweck? Nur auf der Basis dieser Prämissen lässt sich eine klare Antwort geben.

Das Thema Wissensökonomie ist eines der schillerndsten, welches unter der Überschrift Wissensmanagement diskutiert wird. Unter einer Vielfalt von Begriffen wie Wissenskapital, Wissensbilanz, Wissenscontrolling, intangibles Kapital und noch mehr englischen Begriffen werden Ansätze mit sehr unterschiedlichen Zielen und teilweise sehr zweifelhaftem Aussagewert diskutiert. Zumeist sind dabei die Prämissen und die Zwecksetzung der Ansätze eher (bewusst) unklar. Gehen wir einigen Fragestellungen kurz nach.

Ermittlung eines monetären Marktwertes für das Wissen des Unternehmens durch das Unternehmen selbst oder durch Dritte

Das Wissen eines Unternehmens ökonomisch (in €) zu bewerten ist sicher ein attraktives Ziel. Ein erster verlockender Gedanke zur Lösung des Problems war, Markt- und Buchwert eins Unternehmens miteinander zu vergleichen, z.B. in Form eines Quotienten q = Marktwert/Buchwert (Tobins q). Bei Aktiengesellschaften kann man den Marktwert sehr einfach über den Wert der Aktien an der Börse bestimmen und den Buchwert aus der Bilanz entnehmen. Was sagt q aus?

Bewerter wären dabei primär die Anleger an der Börse, wenn wir die Bewertungsspielräume beim Bilanzwert außeracht lassen. Schon da beginnen die ersten Zweifel: Haben sie sich Gedanken über das Wissen des Unternehmens gemacht? Bestimmt nicht, denn das Auf und Ab des Börsenkurses kann nicht sinnvoll mit dem Wissen des Unternehmens in Verbindung gebracht werden. Auch wenn man einzelne Unternehmen oder Branchen miteinander vergleicht, verstärkt sich der Verdacht noch. Rein pragmatisch wollen wir sagen: Es gibt keinen ökonomischen Wert des Wissens, da es niemanden gibt, der diese Bewertung sinnvoll, d.h. für andere nachvollziehbar, durchführen kann.

Bewertung des Unternehmenswissens durch das Unternehmen für externe (Kapitalgeber, Öffentlichkeit) zum Nachweis der Leistungsfähigkeit des Unternehmens

Diesen Ansatz verfolgen die Unternehmen mit der Veröffentlichung einer Wissensbilanz in Verbindung mit der externen Berichterstattung. Ein solcher Versuch wurde von einer überschaubaren Anzahl von Unternehmen durchgeführt.

Eines der ersten war das international tätige Unternehmen Skandia im Jahre 1995. Alle Ansätze, eine Wissensbilanz zu veröffentlichen, hatten den gleichen Verlauf, es wurden über einige Jahre hinweg sehr unterschiedliche Ergänzungen zum Jahresabschluss publiziert, dann aber alles eingestellt. Skandia brachte den letzten Report über das intellektuelle Kapital 1998 heraus, dann gibt es keine Hinweise mehr.

Dem Deutschen Zentrum für Luft und Raumfahrt ging es nicht anders. Es veröffentlichte 2001 eine sehr ausführliche, inhaltlich hervorragende Wissensbilanz. Schon für 2002/2003 war die Darstellung in der Forschungs- und Unternehmensbilanz wesentlich unstrukturierter und auf allgemeine Darstellungen der Projekte beschränkt, was auch bis zum letzten Bericht 2008/2009 geblieben ist.

Die zentrale Frage, die sich bei diesen Ansätzen stellt, ist: Was ist der Nutzen für den externen Adressaten? Schon bei den Skandia-Wissensbilanzen wurde deutlich, dass innerhalb des Konzerns für verschiedene Sparten kein einheitliches Kennzahlenmodell verwendet wurde. Ein Vergleich von Zahlen und Aussagen zwischen verschiedenen Unternehmen ist so gut wie unmöglich, da sich Betätigungsfeld und Umwelt sehr stark unterscheiden.

Intelligenz (als Wert des Wissens) ist aber handlungsbezogen und daher nur fallspezifisch zu betrachten. Auch ein Zeitreihenvergleich ließe sich nur sinnvoll durchführen, wenn die Bedingungen für das Handeln des Unternehmens gleich geblieben wären. Diese ändern sich jedoch sehr stark durch das Aufkommen neuer Technologien oder neuer gesellschaftlicher Anforderungen. Wissensbilanzen für externe Zwecke haben vermutlich nur den allgemeinen Public-Relations-Zweck, der Umwelt zu dokumentieren, dass das Unternehmen sich Gedanken über das Problem macht, und nicht mehr.

Etwas anders sind die Wissensbilanzen österreichischer Hochschulen zu sehen, die mehr dem Zweck einer Erfolgsmeldung für das Ministerium dienen und daher auch gesetzlich vorgeschrieben sind. Ebenso ist die „Wissensbilanz – Made in Germany“[120] anders zu betrachten, da es in diesem Ansatz primär um das interne Controllingproblem und die Sensibilisierung der Unternehmen für das Thema „Wissen“ geht.

Wissenscontrolling durch das Unternehmen und zum Zwecke der Führung des Unternehmens

Wissen bestimmt zusammen mit den finanziellen und technischen Hilfsmitteln das Handlungspotenzial eines jeden Unternehmens. Aus dieser Perspektive heraus muss das Thema „Wissen“ Inhalt der Unternehmensstrategie und auch des operativen Controllings sein. Dies wird auch in vielen Controllingansätzen schon realisiert, z.B. im Balanced Scorecard Ansatz oder in den speziellen Ansätzen von Sveiby, Edvinsson und vielen anderen.[121] Auf

[120] Vgl. die ausführlichen Darstellungen des BMWi (2008), verbunden mit der sehr hilfreichen Software zur Erstellung einer Wissensbilanz, der Wissensbilanz-Toolbox (download unter http://www.akwissensbilanz.org/Toolbox/toolbox-download.htm), und die Dokumentation der Umsetzung des Ansatzes bei KMU in Mertins/Alwert/Heisig (2005).

[121] Vgl. z.B. die Darstellungen in Jashapara (2011), S. 61 ff. oder bei Lehner (2009), S. 218 ff.

ihre Darstellung wird hier verzichtet, da sie überwiegend Controllingprobleme behandeln. Wissensziele sind zwar auch zu Controllingzwecken nicht einfach messbar zu machen, bei einer internen Verwendung zu Führungszwecken sind diese Probleme durch die menschliche Interpretation und Kommunikation auszugleichen.

Aufgaben eines Wissenscontrollings sind:

- Entwicklung und Koordinierung der Wissensziele des Unternehmens,
- Entwicklung messbarer Kennziffern für die Wissensziele und ihre Einflussfaktoren,
- Entwicklung und Koordinierung der Maßnahmen zur Erreichung der Ziele,
- Kontrolle der Wissensziele und ihrer Bedingungen verbunden mit einer Steuerung der Zielerreichung und Optimierung der Lernprozesse des Unternehmens sowie
- auf der Metaebene die Entwicklung des Wissenscontrollingsystems (Gestaltung, Implementierung, Motivation).

Das Wissenscontrolling sollte Teil des allgemeinen Unternehmenscontrollings sein. Die Wissensziele eines Unternehmens sind Teil seiner allgemeinen Entwicklung und sollten immer in diesem Kontext gesehen werden. Was nicht ausschließt, dass auch Unternehmen Weisheit als eines ihrer obersten Ziele ansehen können.

3 Organisationales Lernen

Die moderne Wirtschaft und Gesellschaft zeichnen sich durch eine hohe Dynamik aus, die von einem explosionsartigen Zuwachs von Wissen und den Möglichkeiten der IKT begleitet wird. Der Erfolg von Unternehmen hängt immer stärker von ihrer Fähigkeit ab, sich an die neuen Bedingungen anzupassen (und diese sogar vorauszusehen), ihr Wissen kontinuierlich zu aktualisieren, neue Geschäftsmodelle, Produkte und Prozesse zu entwickeln. Nur Unternehmen, die in der Lage sind, auf die in der Wirtschaft und Gesellschaft stattfindenden Veränderungen mit Lernprozessen auf allen Ebenen und in allen Bereichen zu reagieren, haben dauerhaft eine Chance, die für eine nachhaltige Wettbewerbsfähigkeit notwendige Innovationskraft zu entfalten.

Auch wenn Lernen primär in den Köpfen einzelner Menschen stattfindet, ist das individuelle Lernen eine notwendige, aber nicht hinreichende Bedingung für das organisationale Lernen. Auch Strukturen, Prozesse, Strategien und Kultur eines Unternehmens werden von Veränderungsprozessen erfasst. Die Nutzung der kollektiven Intelligenz für optimale Entscheidungsfindung und kreative Entwicklung wird zur zentralen Herausforderung für Unternehmen.

Um die Möglichkeiten und Instrumente des organisationalen Lernens als kollektiven Phänomens zu erläutern, werden zunächst theoretische Grundlagen des Lernens, Lernkonzepte im Behaviorismus, Kognitivismus und Konstruktivismus sowie der individuelle und gruppenbezogene Lernprozess beschrieben. Danach wird auf die bekannten Ansätze des organisationalen Lernens und ihre Anwendung eingegangen. Zum Schluss folgen Erläuterungen zur praktischen Gestaltung des Lernens in Unternehmen mit Fallstudien und Best Practices aus der nationalen und internationalen Unternehmenspraxis.

3.1 Theoretische Grundlagen des Lernens

Es gibt verschiedene Definitionen und Theorien des Lernens, die sich grundsätzlich in zwei Gruppen einteilen lassen: behavioristische und kognitivistische Konzepte. Die Grenze zwischen den beiden Gruppen lässt sich im Wesentlichen durch die Ebene der Betrachtung definieren: Die behavioristischen Ansätze halten das menschliche Gehirn für eine Black Box und messen die Lernergebnisse nur an den sichtbaren Veränderungen im Verhalten, wogegen die kognitivistische Schule sich eben mit diesen Gehirnprozessen (mit der Informationsverarbeitung auf der Ebene des Gehirns) befasst.

Als eine Weiterentwicklung des Kognitivismus, die neuartige Schlussfolgerungen für das Lernen hat, kann der Konstruktivismus bezeichnet werden. Im Weiteren werden die Begriffe, Lernprozesse und Lernformen aus der Sicht verschiedener Theorien dargestellt.

3.1.1 Begriff Lernen

Unter **Lernen** versteht man einen erfahrungsbasierten Prozess, der zu einer relativ überdauernden Veränderung des Verhaltens oder des Verhaltenspotenzials führt.[122]

Man kann von offensichtlichen Lernergebnissen sprechen, wenn wir Auto fahren oder Geige spielen gelernt haben. Hier geht es um Veränderungen im beobachtbaren Verhalten. Die Vorgänge im Gehirn oder den Lernprozess an sich kann man nicht einfach sehen, vielmehr zeigt sich das Ergebnis des Lernens in der Leistung. Das Lernen kann auch zur Veränderung der nichtbeobachtbaren Verhaltensdispositionen wie Kenntnisse, Fähigkeiten, Überzeugungen, Einstellungen oder Werthaltungen führen. Um diese Art des Lernens geht es beispielsweise im Studium, da die erworbenen Kenntnisse und Kompetenzen erst im Berufsleben angewendet werden.

Die Verhaltensänderung als Folge des Lernens ist relativ dauerhaft, ist zurückzuführen auf (einmalige oder wiederholte) Interaktionen mit der Umwelt (Beobachtung, Nachahmung, Kommunikation), (ein- oder mehrmalig) gemachte Erfahrungen, Gewinnen und Durchdenken von Informationen (Einsicht) und nicht zurückzuführen auf biologische Entwicklungsprozesse (z.B. Alterung), strukturelle Veränderungen im Gehirn, Krankheiten, Medikamente, Müdigkeit usw.

Die durch das Lernen verursachten Veränderungen beziehen sich auf drei Formen des Wissens: beschreibendes, prozessuales und wertendes (emotionales Wissen).[123] Insofern kann man Lernen als Veränderung aller Formen des Wissens definieren. Erlernt ein Mensch eine komplexe psychomotorische Fertigkeit wie Klavierspiel, so werden alle Formen des Wissens angesprochen: beschreibendes (theoretische Kenntnisse über Aufbau und Klang des Klaviers, über Noten, Tempo, Rhythmus und Dynamik usw.), emotionales (welche Emotionen kommen in der Musik vor) und Prozesswissen (koordinierte Bewegungen beider Hände, des ganzen Körpers usw.). Die Fähigkeiten und Fertigkeiten des Individuums im kognitiven, emotionalen und konativen (psychomotorischen) Bereich werden durch den Lernprozess weiterentwickelt.

3.1.2 Individueller Lernprozess

Die individuellen Lernprozesse setzen bereits vor der Geburt an und dauern unser Leben lang. Entwicklungspsychologen, die sich mit der Entwicklung der Persönlichkeit befassen, haben nachgewiesen, dass die mentale Programmierung des Gehirns schon im Mutterleib beginnt und insbesondere in der frühen Kindheit intensiv vorangeht. Bis zum fünftensechsten Lebensjahr werden im Gehirn viele neue Synapsen (Verbindungen zwischen den Gehirnzellen) gebildet, später lernen wir primär, indem wir einen Teil der Synapsen wie-

[122] Vgl. Zimbardo/Gerrig (2004), S. 243; Müsseler (2008), S. 368.

[123] Vgl. Kapitel 2.1.2 Formen des Wissen.

der entfernen („umlernen") oder anders gewichten.

In der Primärsozialisation eignen sich Kinder kognitive Kenntnisse, psychomotorische Fertigkeiten und die Grundlagen des sozialen Verhaltens an. Somit wird ein Gerüst aus dem beschreibenden, prozessualen und emotionalen Wissen festgelegt, das sich im Laufe des Lebens dauernd weiterentwickelt. Deswegen ist ein lebenslanges Lernen, das in unserer Wissensgesellschaft erfordert wird, durchaus möglich.

Allerdings muss unsere Lernfähigkeit, genauso wie jede Fähigkeit, trainiert werden. Mit dem Alter nehmen Neugier und Lust am Lernen tendenziell ab. Nur eine ständige Beschäftigung mit neuen Informationen kann die Lernfähigkeit bis ins hohe Alter hinaus aufrechterhalten. Gleichzeitig lernen wir im Laufe des Lebens, wie man am besten lernt, entwickeln analytische Fähigkeiten und effiziente Methoden der Informationsverarbeitung. Man kann bei älteren Menschen von einer etwas abnehmenden fluiden Intelligenz (Schnelligkeit beim Erfassen und Wahrnehmen von Informationen) und einer zunehmenden kristallinen Intelligenz (Lebenserfahrungen, methodisches Wissen) sprechen.

Das Erfahrungswissen älterer Mitarbeiter stellt ein besonderes Kapital des Unternehmens dar und sollte mithilfe spezieller Maßnahmen bewahrt werden, wenn ein Mitarbeiter in Rente geht oder das Unternehmen verlässt. Damit kein Wissensabfluss stattfindet, praktizieren viele Unternehmen spezielle Mentoring-Programme, in denen Jüngere von den Älteren direkt im Arbeitsprozess lernen.[124]

Um die Vorgänge beim Lernen zu verstehen, muss man sich genauer mit dem individuellen Lernprozess beschäftigen, an dem das Gedächtnis (sensorisches, Kurz- und Langzeitgedächtnis) beteiligt ist.

Einzelne Schritte dieses Prozesses sind selektive Wahrnehmung, Ausrichten der Aufmerksamkeit, vielfache Vergleiche mit bereits vorhandenem Wissen und schließlich das Einordnen von Gelerntem in das bestehende Wissenssystem (vgl. Abbildung).

Der individuelle Lernprozess beginnt im Langzeitgedächtnis: Unser Interesse, das Neue zu erlernen, basiert auf dem vorhandenen Wissen. Dadurch entsteht ein Zustand der Aufmerksamkeit im Kurzzeitgedächtnis, der unsere sensorischen Organe auf ein Objekt (einen Prozess) hin ausrichtet. So wird selektive Wahrnehmung ermöglicht.

Sensorische Information kommt ins Kurzzeitgedächtnis, das Verknüpfungen zum Langzeitgedächtnis erzeugt und neue Informationen mit den alten aus dem „Archiv" vergleicht. Kann das Individuum neue Information verstehen (Vorwissen ist vorhanden), erscheint sie ihm wichtig und neu (es lohnt sich, das Neue zu lernen), so wird im Kurzzeitgedächtnis eine vorläufige Konstruktion gebildet, die durch sensorische Erfahrungen bezüglich ihrer Richtigkeit nochmals überprüft wird.

[124] Vgl. Kapitel 3.3 Gestaltung des Lernens in Unternehmen.

Falls diese Prüfung positiv ausfällt, kommt der Zustand des sogenannten „bedeutungshaftigen Verstehens" vor und das Erlernte wird in die bestehenden Strukturen des Langzeitgedächtnisses eingeordnet.

Wie dieses Modell zeigt, ist Lernen auf mentaler Ebene äußerst komplex und erfordert die Beteiligung von allen Gedächtnisarten. Der Lernprozess basiert auf vorhandenem Wissen, aktiver Aufmerksamkeit und selektiver Wahrnehmung und läuft in mehreren Schritten ab.

Abbildung 3.1 Individueller Lernprozess[125]

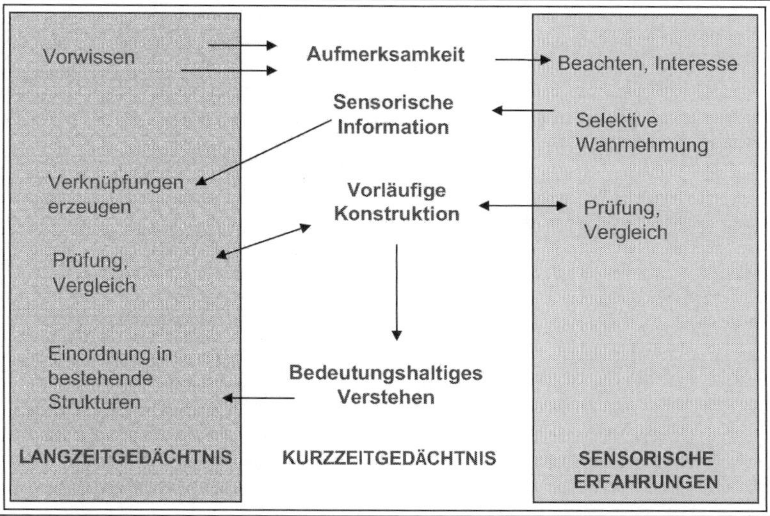

Auf der Makroebene des Individuums werden verschiedene Formen des Lernens definiert, die von Wissenschaftlern unterschiedlich gewichtet werden: Die Vertreter der behavioristischen Schule halten klassisches und operantes Konditionieren für die wichtigsten Lernformen, kognitive Psychologen stellen bedeutungserzeugendes Lernen in den Vordergrund und ziehen andere Formen (Lernen am Modell und durch Einsicht) vor, Anhänger des Konstruktivismus bezeichnen Lernen als Wissenskonstruktion und betonen seinen subjektiven und konstruktiven Charakter im Sinne der Schaffung einer neuen Realität.

3.1.3 Behavioristische Lernformen

Das Konzept des Behaviorismus ist bereits seit der Mitte des 19. Jh. bekannt und beinhaltet verschiedene Verhaltenstheorien, die auf dem S-R-Modell (Stimulus-Response- oder deutsch Reiz-Reaktions-Modell) basieren und allgemein als Konditionieren bezeichnet werden.

125 In Anlehnung an Seel (2000).

Der russische Physiologe I. Pawlow und mehrere amerikanische Psychologen (E. Thorndike, Skinner und J. Watson) haben im 19. Jh. versucht, tierisches und menschliches Verhalten naturwissenschaftlich, objektiv zu untersuchen, und den Begriff des Konditionierens geprägt. Als Grundlage des Behaviorismus dient das objektiv beobachtbare (messbare) Verhalten (Behavior) unter der Annahme, dass das Gehirn auf Reize mit erlernten Verhaltensweisen reagiert. Ein Lernprozess wird dann angenommen, wenn ein Individuum auf einen gleichen oder ähnlichen Anstoß (Stimulus) in einer von früherem Verhalten signifikant abweichenden Weise reagiert (Response). Während sowohl Reiz als auch Verhaltensänderung beobachtbar sind, ist der Lernprozess selbst nicht beobachtbar („Black Box") und wird somit ausgeblendet.

Nach behavioristischem Verständnis wird Verhalten grundsätzlich als reaktiv betrachtet. Verhaltensänderungen lassen sich somit durch gezielte Auswahl und Gestaltung der Reize gezielt steuern. Man kann im Einzelnen zwischen dem klassischen und operanten Konditionieren unterscheiden.

3.1.3.1 Klassisches Konditionieren

Das klassische Konditionieren wurde von dem russischen Physiologen Iwan Pawlow (1849–1936) in Experimenten mit Hunden entdeckt und beschrieben.

Abbildung 3.2 Hundeexperiment von I. Pawlow zum klassischen Konditionieren[126]

Eine natürliche Verhaltensreaktion eines Hundes (unkonditionierte Reaktion UR), in diesem Fall Speichelfluss, die durch den Anblick des Futters (unkonditionierter Reiz US) ausgelöst wird, hat Pawlow mit einem anderen, neutralen Reiz (dem konditionierten Reiz

[126] Bildquelle: Lefrancois (2008), S. 36.

CS), im Experiment ein Glockenzeichen, verknüpft. Nach einigen Wiederholungen dieses Vorgangs kam der Speichelfluss (UR) unmittelbar nach dem Glockenzeichen (CS) ohne Futter (US) zustande.

Beim klassischen Konditionieren wird gelernt, dass ein Ereignis (konditionierter Reiz CS) ein anderes Ereignis (unkonditionierten Reiz US) vorhersagt, sodass bereits das erste Ereignis (CS) eine konditionierte Reaktion (CR) hervorrufen kann, die sich auf das zweite Ereignis bezieht. Das Konditionieren besteht in der Bildung einer direkten S-R-Verbindung (nämlich zwischen CS und UR), die Kontiguität (räumlich-zeitliche Nähe) zwischen CS und US voraussetzt.[127]

Der schematische Ablauf des klassischen Konditionierens lässt sich wie folgt beschreiben:

- vor dem Training: CS → keine spezifische Reaktion; US → UR;
- Training: CS + US → UR;
- Ergebnis nach dem Training: CS → CR.

Pawlow meinte, dass man alles Lernverhalten durch ein solches klassisches Konditionieren erklären kann: Einem natürlichen, meist angeborenen, sogenannten unbedingten Reflex kann durch Lernen ein neuer, bedingter Reflex hinzugefügt werden. In diesem Prozess lernt ein Organismus (ein Tier oder ein Mensch), dass ein Ereignis auf ein anderes folgt. Durch Wiederholung dieses Vorgangs kann ein bestimmtes Verhalten eingeübt werden.

Mithilfe des klassischen Konditionierens kann man beispielsweise erklären, warum Weihnachtslieder und der Duft von Weihnachtsplätzchen bei den meisten Menschen positive Assoziationen erzeugen. Sie rufen die schönen Erinnerungen an die Festtagsstimmung und Freudegefühle wach. Viele Einzelhandelsunternehmen nutzen im Weihnachtsgeschäft diesen Effekt und steigern die Kauflust der Kunden mit Weihnachtsmusik und -duft.

Ein weiteres Beispiel für die Wirksamkeit des klassischen Konditionierens ist der sogenannte Placeboeffekt bei Medikamenten. Repräsentative Untersuchungen haben gezeigt, dass Patienten mit Bluthochdruck, bei denen die Medikation nach einer Weile durch Placebos (unwirksame, fiktive Tabletten) ersetzt wurde, länger einen gesunden Blutdruck aufrechthielten, als die Patienten, bei denen die Medikation einfach abgesetzt wurde.[128] Das Ritual der Medikamenteneinnahme kann unter Umständen auch ohne eine wirksame Substanz als ein konditionierter Reiz dienen, der die vorteilhafte körperliche Reaktion hervorruft.

---

[127] Müsseler (2008), S. 368.

[128] Vgl. Zimbardo/Gerrig (2004), S. 260.

3.1.3.2 Operantes Konditionieren, oder Lernen am Erfolg

Als Begründer des operanten Konditionierens gelten die amerikanischen Psychologen Edward Thorndike (1874–1949) und Burrhus Frederic Skinner (1904–1990), die für das Studium des Lernverhaltens von Hunden, Katzen oder Ratten spezielle Versuchskäfige benutzt haben, wo ein Tier durch zufällige Betätigung eines Hebels sich befreien oder Futter bekommen konnte. Nach einigen Vorgängen konnte das Tier lernen, den Hebel gezielt zu betätigen.

Bei dem operanten Konditionieren wird gelernt, dass eine bestimmte Reaktion Konsequenzen nach sich zieht. Die Verhaltensweise, die zum Erfolg führt, wird konditioniert – das heißt, wird in Zukunft wahrscheinlicher.

Diesen Zusammenhang hat Thorndike in seinen Experimenten mit Katzen, die sich aus einem Käfig befreien mussten, festgestellt und als **Gesetz der Wirkung** (law of effect) postuliert: Erfolgreiches Verhalten tendiert dazu, häufiger aufzutreten.

Besonders konsequent wurde das operante Konditionieren von B. F. Skinner erforscht, der zwischen respondentem und operantem Verhalten unterschieden hat. Respondentes Verhalten wird beim klassischen Konditionieren beobachtet, weil das Verhalten hier eine Reaktion auf einen Reiz ist. Demgegenüber ist operantes Verhalten keine Reaktion auf einen Reiz, sondern ein instrumentelles Verhalten, das eine Konsequenz in der Umwelt herbeiführt, die ohne dieses Verhalten nicht eintreten würde. Beim klassischen Konditionieren tritt der unkonditionierte Reiz US als bedeutsames Ereignis unabhängig von der konditionierten Reaktion CR auf, beim operanten Konditionieren hängen Ereignisse von der Ausführung einer Reaktion ab.[129]

Skinner interessierte sich dafür, wie Verhalten durch die Umwelt kontrolliert werden kann. Zu diesem Zweck hat er eine spezielle Skinner-Box entwickelt (s. folgende Abbildung), die es ermöglicht, Erwerb und Löschung von Verhalten systematisch als Funktion von Verstärkung zu studieren.

In einer Skinner-Box gibt es eine Vorrichtung, mit der eine bestimmte Reaktion ausgeführt werden kann (z.B. ein Hebel), sowie ein Futtermagazin, in dem das Versuchstier Futter in vom Experimentator kontrollierter Weise erhalten kann. Je nach Typ der Untersuchung kann es zusätzlich auch ein Licht, einen elektrifizierbaren Rost oder andere Vorrichtungen geben.[130]

[129] Vgl. Müsseler (2008), S. 352.

[130] Vgl. ebd., S. 353.

Abbildung 3.3 Skinner-Box zur Untersuchung der operanten Konditionierung[131]

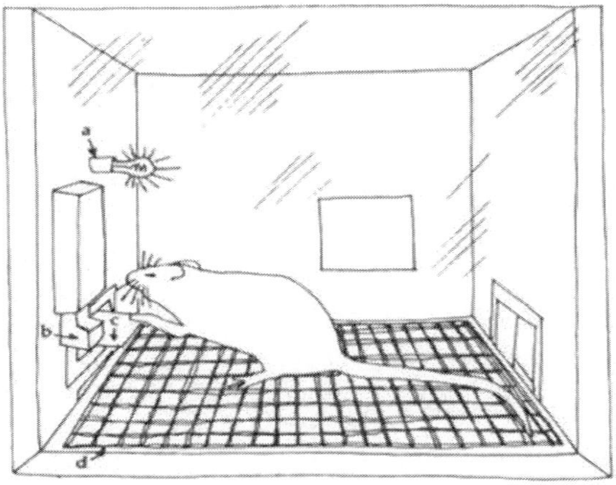

(a) Licht (c) Hebel
(b) Futtermagazin (d) elektr. Rost

Dem Lernprozess des operanten Konditionierens liegt ursprünglich ein spontanes Verhalten zugrunde, dessen Häufigkeit durch seine Konsequenzen nachhaltig verändert wird (deswegen wird dieses Lernen auch als Lernen durch Versuch und Irrtum oder als Lernen am Erfolg bezeichnet). Positive Konsequenzen (Belohnung) machen das Verhalten wahrscheinlicher, negative (Bestrafung) führen zu seiner Vermeidung. Das Drücken des Hebels kann von einer Ratte durch Futtergabe (positive Verstärkung) oder durch Aufhören des unangenehmen, schmerzhaften Stromschlags (negative Verstärkung) erlernt werden, sodass die Hebeldrückrate steigt. Folgt auf das Hebeldrücken ein Stromschlag (Bestrafung), so lernt das Versuchstier, die Reaktion zu unterlassen.

Beim operanten Konditionieren lässt sich durch Verstärkung nahezu jedes beliebige Verhalten erzeugen. Eine Möglichkeit dafür ist die von Skinner entwickelte Methode der stufenweisen Annäherung (shaping), bei der eine neue Verhaltensweise des Versuchstiers (z.B. sich im Kreis drehen) Schritt für Schritt verstärkt wird. Ähnliche Methoden benutzen Tiertrainer für die Dressur.

Allerdings kann das Lernen durch Konditionieren nur unter bestimmten Bedingungen stattfinden. Die von Thorndike definierten Regeln für erfolgreiche Konditionierung sind die so genannten Gesetze der Bereitschaft (law of readiness), der Wirkung (law of effect) und der Übung (law of exercise).

[131] Bildquelle: Müsseler (2008), S. 353.

Für die praktische Gestaltung des Lernens, z.B. in der Schule, werden im Behaviorismus möglichst präzise Lernziele (angestrebte Verhaltensänderung) formuliert, geeignete Reize (Fragen, Materialien, Informationen) ausgewählt und regelmäßige Lernzielkontrollen durchgeführt.

Im Alltag findet man zahlreiche Beispiele für das operante Konditionieren. Wird ein Kind für eine gute Tat (eine gute Note in der Schule, ein nettes Verhalten) wiederholt gelobt, neigt es zur Wiederholung dieses Verhaltens. Hierbei geht es um die sogenannte positive Verstärkung. Negative Verstärkung kommt zustande, wenn auf ein Verhalten die Entfernung eines aversiven Reizes folgt (Vorbeugen negativer Folgen): Wir lernen, im Herbst vorsichtshalber einen Schirm mitzunehmen, um nicht nass zu werden.

Auch die Bestrafung kommt oft zum Einsatz, wobei man zwischen der positiven und negativen Bestrafung unterscheiden kann. Bei der positiven Bestrafung folgt auf ein Verhalten ein aversiver Reiz, der die Wahrscheinlichkeit des Verhaltens senkt. Tadel und körperliche Bestrafung sind Beispiele dafür. Von einer negativen Bestrafung spricht man, wenn auf ein Verhalten der Wegfall eines angenehmen Reizes folgt. Man entzieht einem Kind sein Taschengeld für eine schlechte Zensur.

Die Beschränktheit der behavioristischen Verstärkung und Bestrafung wird anhand einiger Beispiele offensichtlich. Wird ein Kind für schlechte Noten bestraft, so lernt es eventuell seine Schulhefte zu verstecken oder den Eltern den Termin für einen Elternabend zu verschweigen. Das Ergebnis steht im Widerspruch zu der angestrebten Verbesserung der Leistung. Wird in der Familie als Bestrafung körperliche Gewalt angewendet, so ist die Wahrscheinlichkeit groß, dass die Kinder aggressiv werden und in Zukunft Neigung zu Depressionen, Suizid, Alkoholismus oder Kindermisshandlung entwickeln.[132]

Das bedeutet, dass die Lernziele, die allein auf das Konditionieren von beobachtbarem Verhalten ausgerichtet sind, zu kurz greifen. Es ist notwendig, die internen Vorgänge, Ziele, Motive und Schlussfolgerungen im Gehirn zu berücksichtigen.

Nach Meinung moderner Psychologen ist selbst bei dem klassischen Konditionieren, vor allem bezogen auf Menschen, nicht nur die einfache Kopplung von Reizen wichtig, sondern auch das Denken. Das erklärt, warum Behandlungen, die auf der klassischen Konditionierung beruhen und die dabei auftretenden Kognitionen nicht zur Kenntnis nehmen, oft nur begrenzt erfolgreich sind. Beispielsweise erhalten Alkoholiker manchmal in der Therapie Alkohol, der mit einem Übelkeit auslösenden Mittel vermischt ist. Werden sie deshalb Alkohol mit Übelkeit verbinden? Wäre die klassische Konditionierung nur eine Vorgehensweise, den Menschen Reizassoziationen »aufzudrücken«, könnten wir auf eine solche Reaktion hoffen, und – in gewisser Weise – tritt dies auch so ein. Allerdings sind sich diejenigen, die dieses Getränk bekommen, der Tatsache bewusst, dass ihre Übelkeit auf das beigefügte Mittel zurückgeht und nicht auf den Alkohol. Diese

---

[132] Vgl. Zimbardo/Gerrig (2004), S. 270-271.

Wahrnehmung schwächt oft die Kopplung zwischen dem Alkohol und dem Gefühl, krank zu sein.[133]

Die Meinung der Behavioristen, jedes menschliche Verhalten durch ein S-R-Modell konditionieren zu können, die besonders extrem von Skinner vertreten wurde, stößt im wissenschaftlichen, politischen und pädagogischen Diskurs auf Kritik und Misstrauen.[134]

Grundsätzlich fehlt es dem behavioristischen Ansatz des Lernens an dem inneren Faktor des Lernens: Er berücksichtigt nicht die Lernmotive und -bedürfnisse einer Person und ihre Lust am Lernen, die nicht von außen, sondern aus der Persönlichkeit selbst entstehen. Schließlich ist das Konditionieren nichts anderes als Dressur, sie lässt keinen Platz für die persönliche Einmaligkeit und menschlichen freien Willen.

3.1.4 Lernen im Kognitivismus

Der Kognitivismus entwickelte sich in den 1950-60er Jahren aus der Kritik am Behaviorismus. Sein Ausgangspunkt lautete: Der Erwerb komplexer intellektueller Fähigkeiten ist durch behavioristische Prinzipien allein nicht zu erklären, sondern bedarf der Berücksichtigung kognitiver Prozesse. Lernen ist kein reaktiver, sondern ein bewusster Prozess, der auf Denken und Verstehen basiert. **Kognition** ist jede mentale Aktivität, die zur Repräsentation und Verarbeitung von Wissen eingesetzt wird, wie z.B. Denken, Erinnern, Wahrnehmen und die Verwendung der Sprache.[135]

3.1.4.1 Kognitive Fähigkeiten

Bereits die Beobachtung von Ratten im Labyrinth lieferte den Beleg für kognitive Prozesse. Edward Tolman (1886-1959) untersuchte erstmalig kognitive Prozesse beim Lernen und experimentierte mit Versuchstieren in speziellen Umgebungen, in denen ihr beobachtbares Verhalten nicht als einfache Verbindung zwischen spezifischen Stimuli und Reaktionen erklärt werden konnte.

Das Verhalten von Ratten beim Lernen in Labyrinthen hat Tolman auf die Idee gebracht, dass die Ratten (die übrigens zu den intelligentesten Tieren zählen) über eine innere **kognitive Landkarte** – eine Repräsentation des Gesamtaufbaus des Labyrinths – verfügen. Ratten, die ohne offensichtliche Belohnung ein Labyrinth erkunden, verhalten sich wie Menschen, die eine Tour durch eine fremde Stadt machen. Bei ihren Erkundungsgängen scheinen die Ratten **latentes Lernen** zu praktizieren: eine Form des Lernens, die nur dann sichtbar wird, wenn es einen Anreiz dafür gibt. Zum Lernen gehört mehr, als eine Reaktion mit einer Konsequenz (Belohnung oder Bestrafung) zu verbinden. Auch Kognitionen

---

133 Vgl. Myers (2008), S. 357.

134 Vgl. Müsseler (2008), S. 357.

135 Zimbardo/Gerrig (2004), S. 282.

spielen eine wichtige Rolle.[136]

Abbildung 3.4 Können Ratten denken?[137]

»Oh, nicht schlecht. Das Licht geht an, ich drücke den Hebel, sie schreiben mir einen Scheck. Und wie geht es Dir?«

Es wurde experimentell nachgewiesen, dass Vögel, Bienen, Ratten und Menschen eine besondere Fähigkeit für das räumliche Gedächtnis besitzen. Darüber hinaus können Menschen und einige Tiere kognitive Fähigkeiten des Erinnerns und Schlussfolgerns nutzen, um das Verhalten anhand der Erfahrung anderer oder durch interne Denkprozesse zu ändern.

Man geht davon aus, dass ein Organismus (hier kann die Rede nur von Menschen oder hochentwickelten Tieren sein) die Fähigkeit hat, seine Umwelt in Form von mentalen Modellen zu repräsentieren. So ist es möglich, etwas zu lernen, ohne auszuprobieren. Man operiert nicht mit den Gegenständen der Realität, sondern mit Modellen und Vorstellungen. Die kognitiven Lerntheorien versuchen die Lernprozesse aus dem Inneren eines Menschen zu erklären, verbinden das Lernen mit den Zielen und Motiven einer Person.

Das Lernen wird durch spezielle kognitive Fähigkeiten von Menschen ermöglicht. Der Mensch ist fähig

- zum Gebrauch von Symbolen (Erfahrungen können ohne einübendes Verhalten im Gedächtnis verankert werden),
- zum Lernen durch Beobachtung,

[136] Vgl. Myers (2008), S. 362-363.

[137] Ebd., S. 358.

- zu vorausschauendem Denken (Folgen einer Handlung können abgeschätzt werden),
- zur Selbstregulation (Verhalten kann nach eigenen Standards bewertet und entsprechend reguliert werden),
- zur Selbstreflexion (Nachdenken über sich, über Erfahrungen und über eigene Fähigkeiten).[138]

Deswegen sind im Lernprozess die Fokussierung der Aufmerksamkeit auf bestimmte Reize, die Aneignung neuer Verhaltensmuster, die Hemmung bereits bestehender Verhaltensmuster und die Veränderung des emotionalen Erregungsniveaus in bestimmten Situationen möglich.

Das kognitive Lernen kann verbal oder nonverbal stattfinden. Nonverbales Lernen setzt voraus, dass es eine bildhafte und eine handlungsmäßige Repräsentation von Wissen gibt. Beim verbalen Lernen wird Sachwissen durch das sprachliche Lernen erworben.[139] In beiden Fällen geht es um den Aufbau von kognitiven Strukturen: das Wissen über Fertigkeiten (z.B. Schreiben, Rechnen) und das Wissen über Sachverhalte (z.B. Erkennen von Aussagen, Bedeutungen und Inhalten von Wörtern und Sätzen).

Als Formen des kognitiven Lernens werden Lernen am Modell, Lernen durch Einsicht und implizites Lernen beschrieben.

3.1.4.2 Lernen am Modell, oder Beobachtungslernen

Im Vergleich zu Tieren sind Menschen um ein Vielfaches lernfähiger, sodass bei ihnen vergleichbare Lernvorgänge ungleich schneller ablaufen. Vor allem lernen Menschen nicht nur durch das Ausführen eigener Handlungen und dem daraus resultierenden Erfahren positiver oder negativer Konsequenzen, sondern auch durch das Beobachten von Handlungen anderer Personen.

Das Beobachtungslernen, oder Lernen am Modell wurde von Albert Bandura (*1925) beschrieben, der untersuchte, inwieweit Kinder das Verhalten von Erwachsenen nachahmen. Kinder erlernen sowohl prosoziales (Hilfe-) als auch antisoziales (Verletzungs-)Verhalten durch Beobachtung von Modellen (in der Umgebung, Familie, im Fernsehen usw.).

Anhand seiner Experimente schloss Bandura, dass die Kinder das Vorbild-Verhalten gleichermaßen erlernten, aber je nach Folgen unterschiedlich reproduziert haben. Man kann von einem Unterschied zwischen Erwerb (Kompetenz) und Ausführung (Performanz) des beobachteten Verhaltens sprechen. Das beobachtete Verhalten kann gelernt und später bei passender Gelegenheit selbst ausgeführt werden (latentes Lernen). Dieses soziale Lernen scheint eine wichtige Grundlage für das Lernen von Rollenverhalten in unserer Gesellschaft zu sein.

---

[138] Vgl. Goschke (2006).

[139] Vgl. Edelmann (1995).

Bandura und seine Nachfolger haben sich mit der Frage beschäftigt, welche Modelle am wirksamsten sind, und haben festgestellt, dass das Verhalten eines Modells dann besonders einflussreich ist, wenn

- wahrgenommen wird, dass das Verhalten verstärkte Konsequenzen erbringt;
- das Modell als positiv, beliebt und respektiert angesehen wird;
- wahrgenommen wird, dass eine Ähnlichkeit im Hinblick auf Merkmale und Eigenschaften des Modells mit dem Beobachter besteht;
- der Beobachter dafür belohnt wird, seine Aufmerksamkeit auf das Verhalten des Modells zu lenken;
- das Verhalten des Modells gut sichtbar ist – es als klares Bild gegen den Hintergrund konkurrierender Modelle hervorsticht;
- es für den Beobachter im Rahmen seines Möglichen ist, das Verhalten zu imitieren.[140]

Interessant erscheint die Frage, ob beim Lernen am Modell ein spezifisches Verhalten oder vielmehr das Erreichen eines Ziels, d.h. eine instrumentelle Mittel-Zweck-Relation gelernt wird. In diesem Zusammenhang gibt es Befunde, dass bereits 12-21 Tage alte Babys spontan einfache Handlungen des Versuchsleiters imitieren (z.B. Zunge herausstrecken). Offensichtlich, wird in diesem frühen Alter das Verhalten selbst imitiert. Allerdings gibt es Studienergebnisse, die eindeutig dafür sprechen, dass zumindest Kinder im Vorschulalter nicht das beobachtbare Verhalten selbst lernen und imitieren, sondern vielmehr durch Beobachtung lernen, das Erreichen eines vermuteten Verhaltensziels zu imitieren.[141]

Für Lernen am Modell sind keine eigenen Erfahrungen nötig, man lernt dabei durch Beobachten. Die von außen eingehenden Informationen werden mit einer vorgegebenen (veränderbaren) Struktur des denkenden Systems verarbeitet (kognitive/mentale Struktur). Denken wird als Prozess der Informationsverarbeitung betrachtet, Lernen wird als Erwerb/Weiterentwicklung der kognitiven Struktur interpretiert. Mittels der kognitiven Strukturen versucht das Individuum eine Verbindung zwischen Umwelt und eigenen Handlungen herzustellen. Um die von außen eintreffenden Informationen verarbeiten zu können, müssen verschiedene Elemente, mit denen die eingehenden Informationen verglichen werden sollen, bereits im System gespeichert sein.[142]

Lernen am Modell findet statt, wenn ein Individuum als Folge der Beobachtung des Verhaltens anderer Individuen sowie der darauffolgenden Konsequenzen sich neue Verhaltensweisen aneignet oder schon bestehende Verhaltensmuster weitgehend verändert. Bandura bezeichnet den Vorgang des Lernens am Modell als das Auftreten einer Ähnlichkeit zwischen dem Verhalten eines Modells und dem einer anderen Person unter Bedin-

[140] Zimbardo/Gerrig (2004), S. 286.

[141] Vgl. Müsseler (2008), S. 359.

[142] Vgl. Kapitel 3.1.2 Individueller Lernprozess.

gungen, bei denen das Verhalten des Modells als der entscheidende Hinweisreiz für die Nachahmungsreaktionen gewirkt hat. Bei dieser Form des Lernens gewinnt der soziale Aspekt an Bedeutung: Neues Wissen entsteht im Prozess der unmittelbaren Interaktion zwischen einem Lehrer und einem Lernenden, die zwischenmenschliche Beziehung ist dabei von überragender Bedeutung.

Die neuronale Basis für das Beobachtungslernen bilden sogenannte **Spiegelneuronen** (mirror neurons) – Stirnlappenneuronen, die reagieren, wenn bestimmte Tätigkeiten ausgeführt werden oder wenn eine andere Person bei der Ausführung beobachtet wird.[143] Der im Gehirn ablaufende Vorgang des Spiegelns der Tätigkeit eines anderen Menschen trägt zur Nachahmung, zum Erlernen von Sprachen und zur Empathie bei.

3.1.4.3 Lernen durch Einsicht

Lernen durch Einsicht ist ein Prozess, bei dem eine Person ein Problem denkend umstrukturiert und neu organisiert und so Handlungsstrategien zu dessen Lösung herausfindet. Als Ergebnis dieses Prozesses zeigt sich häufig ein geändertes oder neuartiges Verhalten.[144] Diese Aneignung oder Umstrukturierung von Wissen beruht auf der Nutzung der bereits erläuterten kognitiven Fähigkeiten (wahrnehmen, vorstellen, schlussfolgern).

Einsicht bedeutet das Erkennen und Verstehen eines Sachverhaltes, das Erfassen der Ursache-Wirkung Zusammenhänge, des Sinns und der Bedeutung einer Situation. Untersuchungen belegen, dass Menschen in der Regel auf eine Kausalbeziehung zwischen Verhalten und seiner Konsequenz schließen können. Einige Autoren behaupten, dass sogar das operante Konditionieren weit über den Versuch und Irrtum hinaus geht, sondern auf einer Zielantizipation basiert, d.h. in dem Erlernen von Verbindungen zwischen drei Einheiten – Reizen, Reaktionen und ihren Konsequenzen – besteht. Dieser Prozess wird als Kausallernen bezeichnet.[145] Kausallernen ist die Basis für das Lernen durch Einsicht.

Beim Lernen durch Einsicht passiert die Verhaltensänderung – im Gegensatz zu anderen Lernformen – aus der Sicht des Außenstehenden plötzlich. Für diese Form des Lernens braucht man besondere mentale Fähigkeiten zur Entwicklung von Strategien und zur Analyse der Alternativen. Man hat keine Vorbilder, probiert nicht aus, sondern entwickelt im Kopf eine Lösung.

Einsicht ist abhängig von der Anordnung der Problemsituation, und die gewonnene Lösung kann auf andere Situationen angewendet werden. Diese Möglichkeit der Übertragung auf die weiteren Situationen ist für das menschliche Handeln von besonderer Bedeutung. Der Prozess des Lernens durch Einsicht beinhaltet sechs Phasen:[146]

---

[143] Vgl. Müsseler (2008), S. 358.

[144] Vgl. Hobmair (1996), S. 173.

[145] Vgl. Müsseler (2008), S. 360-361.

[146] In Anlehnung an Hobmair (1996).

1. Auftauchen des Problems: Die Diskrepanz zwischen Ist und Soll (Ziel) erzeugt Spannung (Motivation) und somit das Suchen nach einer Lösung.
2. Probierverhalten: Das Ausprobieren bekannter und bewährter Handlungsstrategien. Ein Misserfolg führt meist zu einer Handlungspause.
3. Umstrukturierung: Das Situationsgefüge wird denkend neu erfasst und umstrukturiert. Versuch und Irrtum werden hierbei nicht in der Wirklichkeit durchgeführt, sondern in Überlegungen vollzogen. Der Vorteil im Gegensatz zu Konditionierung ist, dass Risiken bei Irrtum vermieden werden können.
4. Einsicht und Lösung: Nachdenken, bis sich die Elemente (oft plötzlich) zu einem sinnvollen Ganzen zusammenfügen ("Aha-Erlebnis").
5. Anwendung: Meistens setzt umgehend der Handlungsprozess ein. Bei Erfolg wird er beibehalten.
6. Übertragung: Die gefundene Lösung wird eingeübt und kann per Lerntransfer auf Ähnliches übertragen werden.

Jede verbale Wissensvermittlung beruht auf Einsicht. Ein Professor versucht in der Vorlesung das BWL-Wissen kognitiv zu erklären. Auch wenn der Unterricht so anschaulich und praxisnah wie möglich gestaltet wird, entsteht in der Vorlesung kein Lernen durch Versuch und Irrtum. Stattdessen sollen die Studierenden verstehen, wie das Erläuterte funktioniert.

Viel Ähnlichkeit mit dem Lernen durch Einsicht weist eine weitere Form des Lernens auf, die manchmal als eine selbstständige Lernform genannt wird – das Lernen durch Informationsweitergabe. Das Lernen durch Informationsweitergabe ist ein soziales Lernen, da man von Anderen lernt. Die Informationsweitergabe kann mündlich (Vorlesung, Vortrag) oder schriftlich (Bücher, Internet) stattfinden. Das Lernen durch schriftliche Informationsweitergabe ist von Zeit und Ort unabhängig: Seit der Erfindung des Buchdrucks können Menschen von dem geschriebenen Wissen vieler Generationen Gebrauch machen, und die moderne IKT ermöglicht einen blitzschnellen Zugriff auf digitale Informationen weltweit. Wie beim Lernen durch Einsicht, werden auch hier die Informationen wahrgenommen, bewertet, verstanden und in ein bestehendes Wissenssystem eingebaut, um bei Bedarf (sofort oder später) angewandt zu werden.

Bei dem Lernen durch Informationsweitergabe geht es um ein explizites Lernen, da explizites Wissen (ob mündlich oder schriftlich) übertragen wird. Das Lernen durch Einsicht stellt eine kombinierte Form dar, die auf explizitem und implizitem Wissen basiert. Es gibt jedoch spezifische Lernformen, die rein implizit ablaufen.

3.1.4.4 Implizites Lernen

Menschen weisen Fähigkeiten zum Lernen von komplexen Strukturen auf, wobei sie scheinbar mehr intuitiv lernen und sich der dem Lernen zugrunde liegenden Kontingenzen (Zusammenhänge im Auftreten zweier Ereignisse) wenig bewusst sind. Dieses Lernen wird in der Literatur als implizites Lernen bezeichnet, um es vom expliziten Lernen zu unterscheiden, wie es z.B. beim Lernen von Regeln oder eines mathematischen Beweises stattfindet.[147]

Implizites Lernen bezieht sich auf Lernsituationen, in denen die Person Strukturen einer relativ komplexen Reizumgebung lernt, ohne dies zu beabsichtigen und ohne dass das daraus resultierende Wissen verbalisiert ist.

Implizites Lernen zeichnet sich durch drei Merkmale aus:

1. Es findet beiläufig statt, ohne dass die Versuchsperson dazu aufgefordert wird, die Strukturen intentional zu lernen;
2. Es ist weniger von Aufmerksamkeitsfaktoren abhängig, als explizites Lernen;
3. Dieses Lernen kann auch unbewusst bleiben.[148]

Implizites Lernen bedeutet Lernen ohne explizite Erklärungen, z.B. das Sprechen-Lernen eines Neugeborenen oder Kleinkindes. Es läuft unbewusst und ohne Rückgriff auf analytische Strategien wie Hypothesengenerieren oder -testen ab. Mit der Zeit erlangt ein Kleinkind (unbewusst) ein implizites Gedächtnis, welches es bei der Sprache die richtigen Begriffe verwenden lässt, für die es jedoch keinerlei bewusste Regeln zu geben scheint. Ein Kind lernt seine Muttersprache implizit, ohne Regeln erklärt zu bekommen (wie sollte es die Regeln auch verstehen, wenn es die Sprache nicht versteht), sondern durch andauernde Wiederholung, bis sich irgendwann ein Gefühl für die Sprache bildet. Im Gegensatz dazu ist das Lernen einer Fremdsprache ein explizites Lernen.

Das Lernen am Modell (Beobachtungslernen) ist ein überwiegend implizites Lernen. Die Verhaltensweisen des Modells werden nachgeahmt, ohne dass sie explizit erläutert werden. Allerdings wird das Lernen am Modell in der Praxis oft von Informationsweitergabe begleitet (Erklärungen im Unterricht, Kommentare beim Lernen von Klavierspielen oder Autofahren), d.h. durch explizites Lernen ergänzt.

Untersuchungen zum impliziten Lernen

Die aktuellen Untersuchungen zum impliziten Lernen beziehen sich auf Experimente zur Steuerung komplexer Systeme, Lernen versteckter Kovariationen und künstlicher Grammatiken und andere. Stellvertretend für verschiedene Untersuchungen wird hier das Beispiel „Steuerung der Produktionsmenge einer Zuckerfabrik" erläutert.

Im Alltag werden Menschen häufig mit Problemen konfrontiert, die schwierig zu handhaben sind, da die zugrundeliegenden Mechanismen kompliziert und den Entscheidungsträgern nicht oder nur teilweise bekannt sind. Der Umgang von Probanden mit solchen Schwierigkeiten wurde in der Psychologie häufig durch Simulationen unter-

[147] Vgl. Müsseler (2008), S. 362.

[148] Vgl. ebd.

sucht. Ein bekanntes Experiment dafür ist Steuerung der Produktionsmenge einer Zuckerfabrik. Die Versuchspersonen sollen die Produktionsmenge einer fiktiven Zuckerfabrik steuern, indem sie die Anzahl der Fabrikarbeiter festlegen. Der Zusammenhang zwischen einzelnen Kennzahlen wird jedoch nicht bekannt gegeben und hängt von vielen Einflussfaktoren ab. In dieser komplexen Steuerungsaufgabe zeigt sich implizites Lernen darin, dass einige Versuchspersonen das spezifizierte Produktionsniveau zunehmend besser einzuhalten lernen, aber dennoch nicht in der Lage sind, den Zusammenhang zwischen Arbeitermenge und Zuckerproduktion zu verbalisieren.[149]

Die Befunde zum impliziten Lernen zeigen, dass Lernen in bestimmten komplexen Situationen durchaus intuitiv geschehen kann, dabei wird ein unterschwelliges, unbewusstes Wissen erworben.

Zusammenfassend können folgende Schlussfolgerungen über das Lernen aus den Lerntheorien des Kognitivismus gezogen werden:

- Lernen ist auch möglich ohne (sichtbare) Verhaltensänderung: Kognitionen (Meinungen, Werturteile, Präferenzen usw.) können sich ändern, ohne dass sie sich als Verhaltensänderung dokumentieren müssen.
- Im Gegensatz zu behavioristischen Modellen sind Lernergebnisse nicht vorhersehbar, da von außen auf das Individuum wirkende Reize (Informationen) je nach bestehender individueller kognitiver Struktur zu unterschiedlichen Lernergebnissen führen können.
- Das Lernen kann auch implizit, intuitiv stattfinden, wobei unbewusstes Wissen erworben werden kann.

3.1.5 Lernen im Konstruktivismus

Die konstruktivistischen Lernansätze haben sich seit den 1960er Jahren aufbauend auf Annahmen des Kognitivismus entwickelt und zeichnen sich durch eine Vielfalt an Strömungen in der Pädagogik, Didaktik, Psychologie, Philosophie, Soziologie und Neurobiologie aus. Die neusten Erkenntnisse der Neuropsychologie, die auf den Möglichkeiten von Computermagnettomografie (CMT) und anderen Techniken basieren, haben den konstruktivistischen Ansätzen neue Impulse gegeben.[150]

Die Hauptthese der konstruktivistischen Lerntheorie lautet: Es gibt keine objektive Realität, die der Lehrende dem Lernenden vermitteln könnte. In kognitiven Prozessen wird durch Interpretation aufgenommener Reize ein neues Wissen (in Abhängigkeit von bestehendem Vorwissen) konstruiert, bisherige Wissenskonstrukte werden ergänzt und modifiziert. Lernende schaffen im Lernprozess eine individuelle Repräsentation der Welt.

---

[149] Vgl. Müsseler (2008), S. 363.

[150] Vgl. Publikationen von G. Roth, W. Singer u.a.

Was jemand unter bestimmten Bedingungen lernt, hängt stark von dem Lernenden selbst und seinen Fähigkeiten und Motiven ab. Darüber hinaus spielt die sozial-kulturelle Lernumgebung eine bedeutende Rolle. Lernen ist dann am effektivsten, wenn die Lernenden ihren Lernprozess umfassend selbst steuern können, allerdings setzt es eine Methodenkompetenz voraus, die erst in längeren Lernprozessen erworben werden muss.

Der Konstruktivismus versteht unter Lernen eine individuelle Konstruktion des Wissens in jedem einzelnen Kopf und betont den subjektiven Charakter des Wissens. Der Begriff und die Ziele des Lernens werden wesentlich weiter als in anderen Lerntheorien gefasst. Zu den Zielen des Lernens zählen: das Automatisieren von Fähigkeiten zu geistigen und motorischen Fertigkeiten (Können); Lernen zum Problemlösen; Lernen des Lernens, Lernen des kritischen Denkens, Entwicklung einer Wertehaltung oder Einstellung u.a.

Lernen ist eine selbstreferentielle Konstruktion der Wirklichkeit, die erfolgreiches Handeln ermöglicht. Damit sind die älteren Lerntheorien – zum Beispiel des behavioristischen Lernens am Erfolg (durch Verstärkung) und des Beobachtungslernens – nicht widerlegt, sondern relativiert und ergänzt. Menschen imitieren Vorbilder, aber sie entscheiden selber, mit wem sie sich identifizieren. Menschliches Verhalten wird durch Belohnungen und Zuwendungen verstärkt, aber die Individuen bestimmen selbst, welche Verstärkungen für sie relevant sind. Meist ergänzen sich mehrere Motive: Erwachsene lernen am Erfolg und zugleich durch Einsicht.

Wichtig aus konstruktivistischer Sicht ist, dass das Lernen eine komplexe, selbstorganisierte und auf erfolgreiches Handeln bezogene Tätigkeit ist. Durch Lernen konstruieren wir unsere Wirklichkeit. Deswegen werden schwerpunktmäßig die Konsequenzen des Lernens für die Person und ihre Umwelt betrachtet. Diese Folgen des Lernens betreffen sowohl das Individuum, als auch – durch die Kommunikationsprozesse – seine unmittelbare und weitere Umwelt. So ist jeder auch für die Folgen seines Lernens bzw. Nichtlernens verantwortlich. Die konstruktivistischen Ansätze gehen davon aus, dass Lernen ein konstruktiver Prozess ist und behaupten, dass jeder Lernende auf der Grundlage seiner "Experience" (Erfahrungen, Erlebnisse) lernt und dabei eigene Werte, Überzeugungen, Muster und Vorerfahrungen einsetzt.

G. Roth stellt zwei Behauptungen zum Lernen auf, die auf den neusten Erkenntnissen der Kognitionspsychologie und Hirnforschung basieren:

- Wissen kann nicht übertragen werden; es muss im Gehirn eines jeden Lernenden neu geschaffen werden.
- Wissensaneignung beruht auf Rahmenbedingungen und wird durch Faktoren gesteuert, die unbewusst ablaufen und deshalb nur schwer beeinflussbar sind.[151]

[151] Roth (2007), S. 55.

Insofern ist die Vorstellung von dem Lernen als Aussenden von bedeutungshaften Informationen, die in das informationsverarbeitende System des Schülers eindringen, dort entschlüsselt und verarbeitet werden, falsch.

Interaktionen mit anderen sind dafür ausschlaggebend, wie das Lernen angenommen, weitergeführt und entwickelt wird. Dabei ist es entscheidend, inwieweit es dem Lernenden gelingt, eine eigene Perspektive für sein Lernen zu entwickeln, indem er sich motiviert, sein Lernen selbst organisiert, sich seiner Muster und Schematisierungen bewusst wird und diese handlungsorientiert entwickelt.

Nach Meinung von Konstruktivisten sind für das Lernen **metakognitive Fähigkeiten** erforderlich, da es nicht möglich ist, etwas effektiv zu lernen und zu behalten, ohne Wissen zu ordnen und zu organisieren. Als metakognitive Fähigkeiten werden besonders komplizierte Vorgänge im Gehirn verstanden, wie die Ausweitung und Umstrukturierung des Problems in einer neuen Form; das Achten auf Beständigkeit oder Unbeständigkeit von Lösungen; die Überprüfung der Folgen von ursprünglichen Ideen und Veränderungen; das Denken in Analogien zu ähnlichen Situationen usw.

Die Erkenntnisse der konstruktivistischen Lerntheorie führen zu den folgenden Schlussfolgerungen:

- Neue Informationen sollten an bestehende Erfahrungen/bestehendes Vorwissen der Lernenden anknüpfen.
- Verschiedene Lernende können dieselben Lerninhalte unterschiedlich wahrnehmen und interpretieren.
- Informationen, die der Lernende nicht einordnen kann/will, weil sie keinen Bezug zu einem von ihm als wichtig eingestuften Kontext haben, können nicht in die bisherigen Wissenskonstruktionen integriert werden.
- Entwicklung „metakognitiver" Fähigkeiten ist die Voraussetzung für die Entwicklung selbständigen und selbstgesteuerten Lernens.

Die folgende Abbildung schafft einen Systemüberblick über die drei Konzepte des Lernens aus der behavioristischen, kognitiven und konstruktiven Perspektive.

Abbildung 3.5 Lernkonzepte des Behaviorismus, Kognitivismus und Konstruktivismus

Theorie	Charakteristika
Behaviorismus	Passives, rezipierendes Reiz-Reaktions-Lernen. Lehrmethode: anleiten, unterweisen. Lerninhalte werden durch richtig/falsch-Meldungen konditioniert.
Kognitivismus	Informationsorientiertes Lernen, bei dem die Lerninhalte selbständig verarbeitet werden. Lehrmethode: Wissen gehirngerecht vermitteln. Die Auswahl der Lernumgebung richtet sich nach den individuellen Wahrnehmungs- , Verstehens- und Verarbeitungsmustern der Lernenden.
Konstruktivismus	Aktives, selbst gesteuertes Lernen im problemorientierten, situativen Kontext, oft als sozialer Prozess. Lehrmethode: der Lernende konstruiert sein Wissen selbst. Neues Wissen sollte in multiplen Kontexten und unter vielfältigen Perspektiven erworben und angewandt werden.

Die Rolle des Individuums wird in diesen Konzepten unterschiedlich definiert. Für die Behavioristen ist ein Individuum passiv, das Ziel des Lernens ist auf den Lernenden durch Anweisungen und richtig/falsch-Meldungen zu wirken, um bestimmte Verhaltensweisen zu konditionieren. Für die Kognitivisten steht das menschliche Gehirn mit seinen komplexen Informationsverarbeitungsprozessen im Mittelpunkt. Das Lernen wird gehirngerecht, abhängig von der Wahrnehmungs-, Verstehens- und Verarbeitungsmustern der Lernenden gestaltet. Die Konstruktivisten schreiben einem Menschen eine relative Unabhängigkeit im Lernprozess zu, er konstruiert sein Wissen selbst.

Verschiedene Konzepte zeichnen sich durch unterschiedliche Rollenverteilung zwischen dem Lehrer und dem Lernenden und bestimmte Bedingungen aus:

- Behaviorismus: der Lehrer ist ein Übermittler des Faktenwissens; das Ziel – richtige Antworten; die Vorgehensweise – belehren und kontrollieren.
- Kognitivismus: der Lehrer ist ein Tutor; das Ziel – selbstständige Problemlösungen; die Vorgehensweise – beobachten, vorführen, helfen.
- Konstruktivismus: der Lehrer ist ein Coach; das Ziel – Bewältigung von komplexen Situationen; die Vorgehensweise – kooperieren.

Die Rolle des Lernenden ist in dem behavioristischen Ansatz auf ein Minimum reduziert, da er nur ein passiver Empfänger ist. Die Kognitivisten unterstellen dem Lernenden bestimmte kognitive Kompetenzen und berücksichtigen seine individuellen Besonderheiten. Im konstruktivistischen Ansatz ist der Lernende ein gleichberechtigter Partner, der eine aktive Rolle übernimmt und in der Kooperation mit dem Lehrer-Coach eine neue Realität gestaltet. Je nach Lerntheorie werden auch die Bedingungen des Lernprozesses unterschiedlich gestaltet.

3.1.6 Behaltensquoten und Lernbedingungen

Lernen macht nur Sinn, wenn die Inhalte über einen längeren Zeitraum wieder abgerufen werden können. Gruppenuntersuchungen bei Erwachsenen haben allerdings ergeben, dass die Quote des Vergessens beim herkömmlichen Lernen erschreckend hoch ist (vgl. Abbildung). Nach drei Tagen konnten nur noch zehn Prozent des Inhalts von Gelesenem, 20 Prozent des Gehörten und 30 Prozent des Gesehenen wiedergegeben werden. Hören und Sehen in Kombination brachten es auf 50 Prozent. Diese Werte beziehen sich auf Unterrichtsmethoden, wie sie noch heute am überwiegenden Teil der Schulen angewandt werden. Bessere Werte erhielten die Forscher, wenn die Lerninhalte von den Probanden selbst erfahren wurden. Immerhin 70 Prozent der Lerninhalte wurde drei Tage später noch gewusst. Eindeutiger Sieger war das selbst Ausführen durch Experimente oder Ähnliches. 90 Prozent der Inhalte konnten die Probanden nach drei Tagen noch korrekt wiedergeben.[152]

Abbildung 3.6 Behaltensquoten im Lernprozess[153]

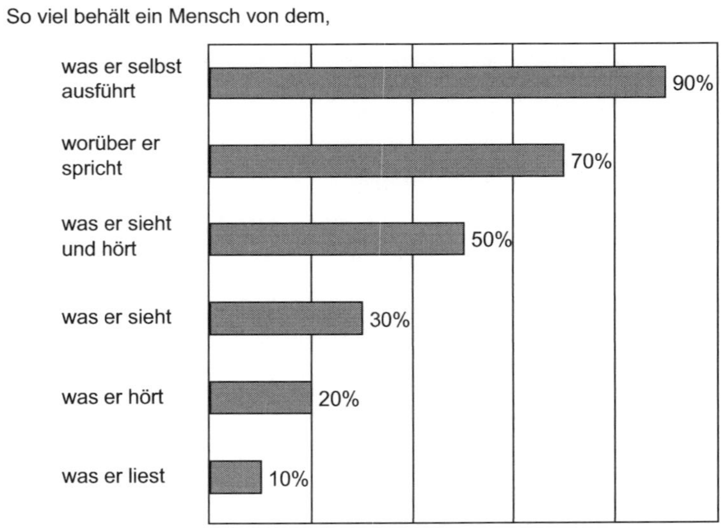

Lernpsychologen verschiedener Richtungen beschäftigen sich mit der wichtigen Frage, was für ein erfolgreiches Lernen wichtig ist und wie individuelle Lernfähigkeit erhöht

[152] Vgl. Vester (2007).

[153] In Anlehnung an Vester (2007).

werden kann. Die Erfolgsfaktoren des Lernens liegen in der Person selbst (Lernfähigkeit, Intelligenz, Lerntyp) und in den günstigen Bedingungen des Lernens.

Je nachdem, zu welchem Lerntyp ein Mensch gehört, nimmt er Informationen beim Lernen überwiegend durch Sehen (visueller), Hören (auditiver) oder Ausprobieren (haptischer Lerntyp) auf. Es ist jedoch grundsätzlich empfehlenswert, möglichst viele verschiedene Informationskanäle zu nutzen. Eine Verknüpfung verschiedener Reize (visueller, auditiver, konativer und emotionaler) macht das Lernen besonders erfolgreich.

Das Lernen geschieht organisch, unter Beteiligung beider Hirnhälften: der logisch-analytischen linken und der emotional-räumlichen rechten Hälfte. Dabei sind verschiedene Informationskanäle und Emotionen wichtig – eine optimale Lernsituation braucht einen sinnesfreudigen Lernraum.

Die Situation einer Vorlesung entspricht der Form „hören und sehen" und ermöglicht es den Studierenden, ungefähr die Hälfte der Information beizubehalten. Eine positive Auswirkung von Gesehenem zusätzlich zu Gehörtem beweist die Wichtigkeit von Bildern für das menschliche Gehirn. Selbst die optische Hervorhebung von Textstellen, beispielsweise mit farbiger Markierung, hilft bereits beim Lernen. Bilder können als Symbole und „Eselsbrücken" zusammen mit Informationen abgespeichert werden und helfen der schnelleren Erinnerung. Noch besser gelernt wird das, worüber wir sprechen. Dies ist ein Phänomen, das die Rolle des formalisierten (expliziten) Wissens hervorhebt: Wenn wir unsere Vorstellungen und Kenntnisse verbalisieren, verdeutlichen wir die Definitionen und Zusammenhänge, die in unserem unbewusstem, implizitem Wissen nicht so klar waren.

Die Rolle der praktischen Erfahrung ist im Lernen außergewöhnlich groß – wir lernen am besten das, was wir selber getestet haben. Neurobiologisch gesehen, bildet das Gehirn während des Lernens mögliche Handlungsstrategien, und nur das Wissen, das im Zusammenhang mit überzeugenden Aktionsmöglichkeiten aufgenommen wird, wird optimal gespeichert. Beim Lernen durch „selbst ausführen" werden beide Gehirnhälften beansprucht. Die Lerninhalte können namentlich benannt werden, was die linke Hemisphäre anregt. Gleichfalls werden viele visuelle Eindrücke geliefert. Dies regt die rechte Hirnhälfte an. Beides passiert gleichzeitig. So wird die Kreativität in optimaler Weise mit der Rationalität verknüpft. Deswegen ist das Lernen durch Handeln (learning by doing) besonders effizient.

Am besten speichert das Gehirn Außergewöhnliches und Überraschendes. Als Beispiel hierfür kann eine „Körperliste" für Einkaufen dienen. Sie ist geeignet, um sich beispielsweise einen papierlosen Einkaufszettel einzuprägen. Wenn Sie beispielsweise Kartoffeln, Brot, Gurken und Bananen kaufen wollen, dann stellen Sie sich ein Wesen vor, das ein Netz mit Kartoffeln als Torso, Gurken als Beine, Bananen als Arme und ein Laib Brot als Kopf hat. Stellen Sie sich in ihrer Fantasie vor, wie sich diese Figur auf der Straße bewegt. Mit Sicherheit werden Sie diesen Anblick nicht so schnell vergessen – und sich damit die Einkaufsliste merken.

Auf diesem Prinzip basieren außergewöhnliche Leistungen von Gedächtniskünstlern, die beispielsweise ein komplettes Kartenspiel mit der exakten Reihenfolge von Spielkarten abspeichern können. Sie denken sich Geschichten aus, in denen jede Karte für eine Person steht. So werden neutrale Informationen in emotional eingefärbte, persönliche verwandelt, und dadurch besser gelernt.

Lernpsychologen haben festgestellt, dass Emotionen einen enormen Einfluss auf den Lernprozess haben. Negative Gefühle wie Angst, Unlust oder Sorge beeinträchtigen das Einprägen des Lernstoffs. Auch Lernen unter Stress mindert den Erfolg. Gefühle entstehen im limbischen System des Gehirns, das die Aufgabe hat, eintreffende Informationen zu bewerten, ihre Relevanz zu prüfen und somit eine adäquate Reaktion des Menschen auf den entsprechenden Reiz sicherzustellen. Mit dieser Bewertung ist eine emotionale Kontextkonditionierung von Informationen verbunden. Eine positive emotionale Besetzung des Lernstoffes ist für das Behalten wichtig.

Für die praktische Gestaltung eines optimalen Lernprozesses sollten die Besonderheiten des individuellen Lernens und die fördernden Rahmenbedingungen berücksichtigt werden. Einen praxisorientierten Leitfaden stellen beispielsweise die **zehn Regeln des Lernens** in Anlehnung an Schachl dar:[154]

1. Überblick geben – wohin muss das neue Wissen kommen?
2. Transparenz der Lehr- und Lernziele schaffen.
3. Roten Faden beachten, d.h. in der richtigen Reihenfolge lernen und den Stoff logisch aufbauen.
4. Wissen aus verschiedenen Bereichen vernetzen, interdisziplinär denken, Theorie mit Praxis kombinieren.
5. Mehrere Sinne ansprechen (multimodale Abspeicherung), um die Behaltensquoten zu erhöhen und verschiedene Lerntypen anzusprechen.
6. Das Wichtigste wiederholen.
7. Regelmäßig Rückmeldung geben (möglichst zeitnah), um die Entwicklungsrichtung zu überprüfen und Lernmotivation zu schaffen.
8. Pausen einlegen, da die menschliche Aufmerksamkeit alle 45 Minuten sinkt und Abwechslung die Lernleistung erhöht.
9. Interesse wecken, neugierig machen (selber denken macht schlau).
10. Auf die Gefühle der Lernenden achten, da neues Wissen immer in einem emotionalen Kontext abgespeichert wird.

Diese Bedingungen begünstigen die Behaltensquote, optimieren den Lernprozess und regen positive Emotionen und Motivation der Lernenden an.

---

[154] Vgl. Schachl (2005).

3.1.7 Neurobiologische Erfolgsfaktoren des Lernens

Die neurowissenschaftliche Forschung hat in den vergangenen Jahren neue Erkenntnisse über Lernprozesse bei Menschen gewonnen, die für die Gestaltung des Lehrens und Lernens von großem Interesse sind. Auf einige relevante Erkenntnisse der Neurobiologie ist bereits in den vorigen Kapiteln eingegangen worden, hier werden die drei für Lernprozesse wichtigen Bereiche mit ihren Konsequenzen systematisch betrachtet: Muster und Mustererkennung; Sinn, Relevanz und Bedeutung; Emotion und Kognition.[155]

3.1.7.1 Muster und Mustererkennung

Wie bereits früher erläutert, spielen unsere Neuronen und ihre Verbindungen die Schlüsselrolle im Lernen. Die 60 bis 100 Milliarden Neuronen in unserem Gehirn, jeder für sich selbst wieder mit bis zu 10000 anderen Neuronen verbunden, bilden neuronale Netze, in denen letztlich alles gespeichert ist, was wir an Verhaltens-, Denk- und Handlungsmustern benötigen. Bei der Geburt sind diese Neuronen weitgehend unspezifisch und nicht strukturdeterminiert. Mit jedem Wahrnehmungs- und Verarbeitungsvorgang entstehen in den neuronalen Strukturen Ladungsprozesse. Wiederholen sich die Inputs, so verstärken sich bestimmte neuronale Netze und es findet Lernen statt. Auf diese Weise werden Neuronen und Netzwerke für bestimmte Signale und Muster zuständig und werden aktiv, wenn diese Muster angesprochen und gebraucht werden.

Durch diese Musterverarbeitung entstehen ganze Cluster von ähnlichen Mustern, die sich zu neuronalen Netzen verbinden, die von einfachen bis zu hochkomplexen Wahrnehmungsmustern alles verarbeiten, was wir zur Bewältigung unserer Lebenswirklichkeit benötigen.

Solche gespeicherten Muster sind feste Bestandteile unseres Lernens. Sie helfen beim Aufbau expliziten, abrufbaren Wissens ebenso wie bei der Entwicklung impliziter Kompetenzen. Wir lernen vieles ganz bewusst, vieles jedoch eher unbewusst im Laufe unserer Entwicklung, z.B. Verhaltensweisen, Gewohnheiten, Einstellungen, die wir durch Imitation, am Modell in der Familie, Schule, Umfeld gelernt haben. Im Laufe des Lebens wird unser neuronales Potenzial zunehmend strukturierter und funktionaler.

Je fester die neuronaler Muster werden, desto schwieriger ist das Umlernen. Es fällt unserem Gehirn schwer, alte bewährte Muster durch neue zu ersetzen, besonders wenn es um Routinen und Gewohnheiten geht.

Daraus ergeben sich Konsequenzen für gehirngerechtes Lernen und eine entsprechende Lerngestaltung:[156]

- Je häufiger bestimmte ähnliche Muster angeboten werden und als Signale vom Gehirn

[155] Vgl. Schirp (2007), S. 102 ff.

[156] Vgl. ebd., S. 102-110.

verarbeitet werden, desto größer und intensiver wird die Repräsentation dieser Muster in unserem Gedächtnis. Man sollte Übungsformen favorisieren, die häufiger aber kürzer sind.

- Je intensiver solche Inputs auch in leichter Varianz angeboten werden, desto größer die Repräsentationsflächen und die musterbezogene Speicherkapazität neuronaler Verbände. Es lohnt sich, in Übungen Variationen einzubauen.
- Man kann Regeln mechanisch auswendig lernen, allerdings können langfristig nur verstandene Regeln sinnvoll angewendet werden.
- Für Verstehens- und Übungsprozesse ist es hilfreich, Lerngegenstände in unterschiedliche Kontexte zu stellen, sodass der Lerngegenstand mit seinen unterschiedlichen Aspekten (fachbezogenen, alltagsnahen, sozialen, emotionalen) an unterschiedlichen Stellen des Gehirns neuronale Repräsentationen bildet.
- Da neuronale Muster häufig aufeinander aufbauen, durchlaufen wir im Prozess des Verstehens unterschiedliche Prozesse der Mustererkennung. Es ist wichtig, diese Abfolgen bewusst zu machen und sie bei der Gestaltung des Lernprozesses zu berücksichtigen.
- Es ist wichtig, zwischen expliziten und impliziten Lernvorgängen zu unterscheiden. Deklaratives Wissen erwerben wir eher bewusst, indem wir ein Sachbuch lesen, einen Fachvortrag hören. Motorische Verhaltensweisen und Fertigkeiten sowie soziale Einstellungen und emotionale Reaktion werden unbewusst erlernt und erfordern andere Mittel. Hier helfen Kontexte, in denen wir uns über längere Zeit bewegen, Vorbilder, die uns als Modelle dienen.

3.1.7.2 Sinn, Relevanz und Bedeutung

Im Gegensatz zu einem Computer speichert das menschliche Gehirn nicht alles, was man ihm eingibt, sondern nur das, was es für sinnvoll hält. Unser Gehirn arbeitet nach Kategorien Sinn, Relevanz und Bedeutsamkeit, verarbeitet aufgenommene Eindrücke und vernetzt neue und bereits verarbeitete Erfahrungen miteinander. Wir lernen und behalten nur das, was Sinn ergibt, was wichtig für uns ist und was für uns Bedeutung hat.

Wenn das Gehirn (speziell Hippocampus) eine Sache als neu, interessant und bedeutsam identifiziert und entsprechend gewichtet hat, bildet es neuronale Repräsentationen aus, d.h. speichert diese Zusammenhänge. Die unvollständigen Informationen werden vervollständigt und stimmig gemacht. Wichtige Ereignisse und Zusammenhänge werden langfristig im Kortex, der Großhirnrinde, gespeichert, was insbesondere in Ruhe- und Schlafphasen passiert. Immer dann, wenn der Hippocampus etwas vorläufig gelernt hat, wird nachfolgend offline das Gelernte zum Kortex übertragen. Unser Gehirn nimmt also nicht einfach alles auf, sondern bewertet und gewichtet die Vielzahl der über unsere Sinne einstürmenden Eindrücke und beteiligt sich bearbeitend, sortierend und vernetzend am Aufbau von Gedächtnissen. Es geht dabei um das Ultrakurzzeit-, Kurzzeit- und Langzeitgedächtnis sowie um deklaratives (explizites Wissen) und prozedurales (implizites Können)

Gedächtnis.[157]

Unser deklaratives Gedächtnis lässt sich in ein semantisches und ein episodisches Gedächtnis unterteilen. Im semantischen Gedächtnis werden Fakten, Kenntnisse, Sachwissen von der Welt, Sprache, Denkkonzepte, Zeit- und Raumbezüge, mathematische Lösungszugänge u.a. gespeichert. In episodischem Gedächtnis werden unsere autobiographischen Erlebnisse, Ereignisse und Erfahrungen sowie situative und zeitliche Einbindungen gespeichert.

Das prozedurale Gedächtnis ist für das Erlernen von motorischen oder kognitiven Routinen (wie Tennis spielen, Treppen steigen oder Erlernen von Sprache), manuelle Fertigkeiten und klassisches Konditionieren zuständig. Auf solche Funktionen und Routinen können wir zugreifen, ohne groß darüber nachzudenken und sie explizit in Erinnerung zu bringen.

Das Spezifische unserer neuronalen Speicher- und Erinnerungsprozesse besteht darin, dass wir das, was wir wahrnehmen, nicht einfach pur abspeichern und genauso wieder erinnern. Bei der Erinnerung greifen wir nicht auf die „eigentlichen" Ereignisse zurück, sondern immer nur auf die von unserem Gehirn gespeicherten Formen ihrer Verarbeitung, die mit kontextuellen Bezügen abgelegt worden sind. Häufig erinnerte und erzählte Geschichten bekommen dadurch manchmal eine Art Eigenrealität: Sie werden real und zunehmend auch vom Erzähler selbst als wirklich empfunden, auch wenn sie von tatsächlichen Geschehnissen abweichen.

Die mit den Ereignissen zusammen abgespeicherten Kontexte können sich auf situative, emotionale, motorische oder soziale Aspekte beziehen und werden im Gehirn an unterschiedlichen Stellen abgelegt. Diese scheinbare Verschwendung erweist sich allerdings als sinnvoll, da wir dadurch an die gespeicherten Inhalte auf unterschiedliche Weise gelangen können.

Aus diesen Erkenntnissen ergeben sich folgende Empfehlungen für die Gestaltung von Lernprozessen:[158]

- Die Lerninhalte sollen eine Verbindung mit individuellen und subjektiven Erfahrungen ermöglichen. So kann der Lerngegenstand in seinem Sinn und seiner Bedeutsamkeit für eigenes Lernen und den Alltag wahrgenommen werden.
- Inhalte des Lernens sollten vielfältige Zugänge aufweisen und mehrkanalige, kognitive und emotionale Verarbeitungsformen kombinieren (neben Sachinformationen auch Geschichten, Beispiele und Erfahrungen vermitteln). Interaktive und Gruppenformen des Unterrichts geben ein großes Spektrum von Aspektuierungen eines Lerngegenstandes.

[157] Vgl. Roth (2003), S. 171 ff.

[158] Vgl. Schirp (2007), S. 110-117.

- Lernangebote sollten gezielt mit hohen Neuigkeitswerten, überraschenden Darstellungen und Rätseln operieren (um Hippocampus anzuregen).
- Beim Aufbau stabiler Repräsentations- und Behaltensmuster helfen spezielle Lernstoffstrukturen wie Skizzen, Mindmaps oder Kernsätze. Darüber hinaus sollten Lernende Ruhephasen haben, in denen Gelerntes sich setzen und vernetzen kann.

3.1.7.3 Emotion und Kognition

Die neurobiologische Forschung hat auch zu einem neuen Verständnis des Zusammenwirkens von kognitiven und emotionalen Prozessen geführt. Die unbewusst ablaufenden Prozesse der Bedeutungs- oder Wissenskonstruktion sind im starken Maß von Affekten, Gefühlen und Motivation abhängig, die als Hauptkontrolleure des Lernerfolgs agieren. Das limbische System des Gehirns bewertet alles, was durch uns und mit uns geschieht, danach, ob es gut/vorteilhaft/lustvoll war und entsprechend wiederholt werden sollte, oder schlecht/nachteilig/schmerzhaft und entsprechend zu meiden ist. [159]

Emotionale Zustände können sich positiv oder negativ auf Lernen, Behaltensleistungen und Erinnern auswirken. In angstbesetzten Situationen, bei Druck oder Überforderung verschlechtern Stresshormone die Leistungsfähigkeit vieler neuronaler Funktionen. Wir können dann zwar Routineaufgaben bewältigen, kommen jedoch mit kreativen und divergenten Aufgaben nicht zurecht.

Die emotionalen Faktoren der Lernsituation, bezogen auf Lehrer, Lernende und Lernumgebung, spielen für den Lernerfolg eine entscheidende Rolle. Dazu zählen vor allem die Motiviertheit und Glaubwürdigkeit des Lehrenden, die individuellen kognitiven und emotionalen Lernvoraussetzungen sowie Motiviertheit und Lernbereitschaft der Lernenden, spezielle Motiviertheit für einen bestimmten Stoff, Vorwissen und der aktuelle emotionale Zustand, der spezifische Lehr- und Lernkontext.[160]

Eine auf Wertschätzung individueller Fähigkeiten und Anstrengungen angelegte Lernatmosphäre und ein gutes soziales Klima sind Schlüsselvariablen für erfolgreiches Lernen.

Abschließend lassen sich die Schlussfolgerungen für die Gestaltung des Lernens ableiten:[161]

- Lernsituationen und methodische Gestaltungsformen sollten so angelegt sein, dass sie individuelle Lernverfahren und selbstständige Lernprozesse unterstützen und individuell bedeutsame Zugänge für jeden Einzelnen aufzeigen.
- Man benötigt variationsreiche Formen von Üben, Leistungsförderung und Leistungs-

[159] Vgl. Roth (2007), S. 58 f.

[160] Vgl. Roth (2007), S. 60.

[161] Vgl. Schirp (2007), S. 121-123; Roth (2007), S. 65-67.

darstellungen, die den jeweiligen Entwicklungsständen und den emotionalen Selbstkonzepten der Lernenden entsprechen.

- Kooperative und soziale Lernsituationen tragen zur Verbesserung des Verstehens bei, da sie emotionale Beteiligung und kommunikative Erfahrungen stärken.
- Die gegenseitige Wertschätzung von Anstrengungen und Ergebnissen muss zu einem Bestandteil des Lernprozesses werden. Ein verdientes, begründetes Lob spielt dabei eine wichtige Rolle.
- Die Motiviertheit und Begeisterung des Lehrenden für das Fach wirkt sich stark auf den Lernerfolg aus. Die Lehrenden sind Modelle für die Entwicklung von Verhaltens- und Einstellungsmuster der Lernenden.
- Die Auseinandersetzung mit Gefühlen und darauf bezogenen Verhaltensweisen ist ein wichtiger Bestandteil des Lernens.
- Am wichtigsten für Lernen ist – im Gegensatz zu Pauken – das selbstständige Durchdringen des Stoffes, wobei bei der Konsolidierung der entsprechenden Gedächtnisinhalte Verbindungen zu anderen Wissensschubladen im Gehirn hergestellt und sogar neue Schubladen angelegt werden, in denen das Wissen abstrahiert, systematisiert und damit viel leichter auf andere Fälle übertragbar gemacht wird.

Die in diesem Kapitel genannten Faktoren wirken im Gehirn des Lernenden nachhaltig auf den Lernerfolg ein. Auch wenn man keinen direkten, willentlichen Einfluss auf den Lernerfolg nehmen kann, ist es durchaus möglich, gehirngerechte Rahmenbedingungen des Lernens zu gestalten, um die Prozesse des Abspeicherns, Behaltens und Abrufens des Wissens zu optimieren.

3.1.8 Lernverhalten von Digital Natives

Als **Digital Natives** (auch Generation Y, digitale Generation, Generation Internet) werden Personen bezeichnet, die zu einer Zeit aufgewachsen sind, in der bereits digitale Technologien wie Computer, das Internet, Handys und MP3s verfügbar waren[162]. Ihr Verhalten hinsichtlich der IT- und Computernutzung weicht von dem der älteren ab, sie weisen andere Fähigkeiten und Denkmuster sowie ein anderes Lernverhalten auf.

Digital Natives gelten bei Personalverantwortlichen in Unternehmen, die Auszubildende und Nachwuchskräfte rekrutieren, als technisch hoch interessiert und ausgebildet, aber insgesamt als weniger gut auf die Arbeitswelt vorbereitet, als ihre Vorgänger. Das bestätigen auch aktuelle Untersuchungen von Carina Paine Schofield und Sue Honoré von der Ashridge Business School.[163]

---

[162] Vgl. Kapitel 1.2.2 Chancen aus der Entwicklung der IKT.

[163] Vgl. Meinert, S. (2010).

Die Generation Y zeichnet sich durch einige Besonderheiten des Lernverhaltens aus, die bei der Gestaltung des Lernens berücksichtigt werden sollten:[164]

- **Technik ist eine Selbstverständlichkeit:** Technisch ist die Generation Y meistens auf einem guten Stand, man sollte sich dennoch nicht hinreißen lassen, jeden Berufseinsteiger pauschal für einen IT-Experten zu halten. Ein intuitiver Umgang mit der Technik bedeutet nicht, dass man sie versteht und beherrscht. In der Konsequenz sind für die technisch begeisterten und kompetenten Digital Natives computerbasierte Lernmethoden (E-Learning, Wikis usw.) besonders geeignet.
- **Multitasking:** Heutige Jugendliche fühlen sich nicht überfordert, wenn es um Multitasking geht. Musikhören, SMS an Freunde texten und nebenbei einen Projektplan schreiben, ist für die Generation Y Normalität. Auch im Lernprozess erwarten sie verschiedene Eindrücke und Multikanäle (z.B. Power Point Präsentation mit Ton- und Videosequenzen).
- **Überwiegend visuelles Lernen:** Beim Lernen nutzen die Jüngeren großenteils visuelle, nicht-lineare und auch virtuelle Möglichkeiten. Hintergrund dafür ist, dass diese Generation mit einer enormen Fülle von visuellen Eindrücken aufgewachsen ist. Seminare oder Weiterbildungen müssen demnach entsprechend angepasst werden.
- **Diskutieren statt Frontalunterricht:** Digital Natives halten nur wenig von isoliertem Lernen. Interagieren, Netzwerken und Verbindungen aufbauen und aktiv an einem Projekt oder einer Lerngruppe teilnehmen, liegt dieser Gruppe viel mehr – quasi "lernen durch diskutieren" anstelle "sitzen und zuhören". Wissensaneignung wird von der digitalen Generation als aktiver Schöpfungsprozess gesehen, der helfen soll, nicht nur die eigene Arbeit voranzubringen, sondern Ideen und Know-how für die Gruppe zu nutzen.
- **Schnelle Entscheidungen und praxisbezogenes Lernen:** Durch die Erfahrungen mit Computerspielen, wo man mit Risikoverhalten schnell zum Ziel kommen oder einfach ein neues Spiel starten muss, zeichnet sich die digitale Generation durch schnelles Handeln, Risikobereitschaft und praxisbezogenes Lernen aus. Deswegen sind für Digital Natives spielbasierte Methoden (serious Games, E-Learning), kurze und praxisbezogene Vorträge und Workshops gut geeignet.
- **Wenige Hemmnisse, persönliche Informationen preiszugeben:** Ein oder mehrere Handys, kontinuierliche Erreichbarkeit, bloggen und twittern gehören für die Generation Y zum Leben dazu. Digital Natives haben wenig Hemmnisse, persönliche Informationen, wie Texte, Bilder oder Videos, im Internet zu veröffentlichen und für Freunde und auch Unbekannte zugänglich zu machen. Diese Einstellung der neuen Generation begünstigt kollektives Lernen und Wissensaustausch und dient als Voraussetzung

[164] In Anlehnung an Meinert, S. (2010).

für erfolgreiches Funktionieren von Wissensgemeinschaften in Unternehmen.[165]

- **Kein Drang zu tiefer gehendem Wissen:** Die Erkenntnisse aus Ashridge belegen, dass die Generation Y keinen Drang hat, mehr und tiefer gehendes Wissen zu erwerben, zu recherchieren und dies weiterzuvermitteln. Expertise erscheint Digital Natives weniger wichtig, da es alle Informationen im Internet gibt. Schwer fällt ihnen auch die arbeitsbezogene Kommunikation mit Kollegen. Nach Meinung der britischen Wissenschaftler brauchen sie deswegen mehr Unterstützung als ältere Kollegen, sich selbst als intelligente Arbeitskraft wahrzunehmen.

Diese Besonderheiten im Lernverhalten von Digital Natives erfordern in Zukunft eine tiefgreifende Anpassung von Aus- und Weiterbildungsmaßnahmen in Unternehmen. Klassische Instrumente wie Vorträge und Seminare sollten kurz und praxisorientiert sein (Workshops mit Ausprobieren und Diskutieren) und durch E-Learning und Serious Games ergänzt werden. Inhaltlich sollten vor allem logisches und kritisches Denken, Risikoabwägung, die Nutzung von gesicherten Datenquellen und die Weiterentwicklung der Selbstkompetenz im Mittelpunkt stehen. Als Lernmethoden eignen sich das Lernen in Gruppen, durch gemeinsames Problemlösen, sowie spezielle Coaching- und Mentoring-Programme, bei denen ein praxisbezogenes Lernen am Modell stattfindet. Neben dem organisierten, formellen Lernen kommen dabei andere Lernformen infrage, die im weiteren Kapitel beschrieben werden.

3.1.9 Lebenslanges Lernen

Die Bedeutung des Wissens und Lernens in der modernen Gesellschaft hat den Begriff und das Konzept des lebenslangen Lernens ins Leben gerufen. Dadurch wird die Notwendigkeit eines kontinuierlichen Lernprozess zur Erneuerung des Wissens impliziert.

Die UNESCO-Kommission hat 1996 einen konzeptionellen Rahmen für Bildung im 21. Jahrhundert entwickelt und Indikatoren für lebenslanges Lernen definiert. Der UNESCO-Bericht „Learning: The Treasure Within" gliedert lebenslanges Lernen in vier Säulen: „Lernen, Wissen zu erwerben", „Lernen zu handeln", „Lernen, zusammen zu leben" sowie „Lernen, das Leben zu gestalten":

Lernen, Wissen zu erwerben umfasst die Entwicklung von Fähigkeiten und Wissen, deren es bedarf, um sich in der Welt zurechtzufinden. Dazu gehören Lesen, Schreiben, kritisches Denkvermögen und Allgemeinbildung. Eine ausreichend breite Allgemeinbildung eröffnet die Möglichkeit, eine kleinere Zahl an Disziplinen vertieft zu studieren. Im Endeffekt bedeutet das Lernen des Lernens (Meta-Lernen).

Lernen zu handeln bezieht sich auf den Erwerb anwendbarer Fähigkeiten und Fertigkeiten. Damit sind professionelle Qualifikationen gemeint, so etwa IT-Training, Management-

---

[165] Vgl. ausführlich Kapitel 3.3.4 Gestaltung des Gruppenlernens in Unternehmen.

Seminare oder berufliche Ausbildung, sowie Kompetenzen, d.h. Fähigkeiten, die auf neue, häufig unvorhersehbare Situationen übertragbar sind.

Lernen, zusammen zu leben umfasst die Entwicklung von Werten wie Respekt und Empathie sowie die Förderung von sozialen und interpersonalen Kompetenzen. Es geht darum, ein interkulturelles und generationenübergreifendes Verständnis für die Mitmenschen, für ihre Geschichte, Traditionen und geistigen Werte zu entwickeln, um Konflikte gemeinsam friedlich zu lösen.

Lernen, das Leben zu gestalten bezieht sich auf Aktivitäten, die zur persönlichen Entwicklung von Körper, Geist und Seele beitragen. Dazu gehört es, das Urteilsvermögen, die Eigenständigkeit und das persönliche Verantwortungsbewusstsein einer Person zu entwickeln. Um dies zu erreichen, darf keines der jedem Individuum innewohnenden Potenziale vernachlässigt werden.[166]

Lebenslanges Lernen im internationalen Vergleich

Anhand der Methodik der UNESCO-Kommission wurde von der Bertelsmann Stiftung ein Index für Lebenslanges Lernen ELLI – „European Lifelong Learning Indicators" – entwickelt. Sein Ziel ist es, lebenslanges Lernen in den Ländern der Europäischen Union systematisch zu bewerten und transparent zu machen. In den Index fließen insgesamt 36 Indikatoren ein. ELLI berücksichtigt dabei erstmals auch Lernprozesse außerhalb der klassischen Bildungsinstitutionen, also beispielsweise das Lernen am Arbeitsplatz und in der Freizeit. Neben dem Hauptindex gibt es daher Unterindizes für die einzelnen vier Lerndimensionen, wie sie die UNESCO definiert hat: Während der Bereich "Lernen, Wissen zu erwerben" das klassische formale Bildungswesen betrachtet, umfasst "Lernen zu handeln" die berufliche Aus- und Weiterbildung. Unter der Kategorie "Lernen, zusammen zu leben" werden die informellen sozialen Lernaktivitäten in der Freizeit zusammengefasst. Der Bereich "Lernen, das Leben zu gestalten" bezieht sich schließlich auf das eigenständige Lernen zur persönlichen Entfaltung und Weiterentwicklung.[167]

In fast allen Kategorien schneiden Dänemark und Schweden am besten ab. Deutschland befindet sich unter insgesamt 27 EU-Ländern nur im Mittelfeld und offenbart wesentliche Schwächen, insbesondere bei der formalen Bildung. Die Anzahl der Hochschulabsolventen ist laut der Studie zu gering, um den künftigen Bedarf der Wissensgesellschaft zu decken. Auch im Bereich betriebliche Weiterbildung hat Deutschland offenkundig im europäischen Vergleich noch Nachholbedarf: Sowohl bei den Teilnahmequoten als auch beim finanziellen Engagement der Unternehmen landet die Bundesrepublik nur im Mittelfeld. Besser sieht es beim nicht formalen und informellen Lernen in der Freizeit aus.

[166] Vgl. Bertelsmann Stiftung (2010b).

[167] Vgl. Bertelsmann Stiftung (2010a).

Hier punktet Deutschland vor allem mit einer guten Lern-Infrastruktur, die für das lebenslange Lernen von zentraler Bedeutung ist. [168]

Lebenslanges Lernen spielt eine wichtige Rolle für jeden Einzelnen, da es seine Berufs- und Beschäftigungschancen sowie seine Lebensqualität und persönliche Entfaltung beeinflusst. Genauso notwendig ist das lebenslange Lernen für Unternehmen und Organisationen, die ebenfalls mit sich rasch verändernden Umweltbedingungen konfrontiert werden.[169]

Eine neue Sicht auf Lernen ermöglicht die Unterscheidung der Europäischen Kommission zwischen dem formalen, nicht formalen und informellen Lernen: [170]

Formales Lernen findet gewöhnlich in einer Bildungsinstitution statt, ist zielgerichtet und strukturiert und führt zur Zertifizierung. Beispiele dafür sind die gängigen Schul-, Ausbildungs- und Hochschulabschlüsse.

Nicht formales Lernen findet hingegen nicht in einer Bildungsinstitution statt und führt nicht zur Zertifizierung, ist jedoch aus der Perspektive des Lernenden zielgerichtet. Es ist ein bewusstes, absichtliches Lernen in der außerschulischen Umwelt, z.B. im Nachhilfeunterricht oder im Selbststudium, wobei es um den Erwerb von bestimmten Kompetenzen ohne Zeugnis geht.

Informelles Lernen ist Lernen, das im Alltag, am Arbeitsplatz, im Familienkreis oder in der Freizeit stattfindet. Es ist (in Bezug auf Lernziele, Lernzeit oder Lernförderung) nicht strukturiert und führt üblicherweise nicht zur Zertifizierung. Informelles Lernen kann zielgerichtet sein, ist jedoch in den meisten Fällen nichtintentional, sondern eher beiläufig.

Jeder Mensch ist in alle diese Lernprozesse involviert, die lebenslang laufen, allerdings ist dieses Lernen stark von der Umgebung und der Gesellschaft abhängig. Auch wenn informelles Lernen unstrukturiert und ungeplant stattfindet, benötigt es Gelegenheiten und Anknüpfungspunkte. Wir lernen von dem sozialen Umfeld, im Freundeskreis, beim Heimwerken, bei den Sport- und Freizeitaktivitäten, in der Familie usw.

Die typischen Formen des informellen Lernens in Unternehmen sind Unterweisung und Anlernen durch Kollegen oder Vorgesetzten am Arbeitsplatz, Besuche von anderen Abteilungen und Niederlassungen, Coaching und Mentoring, E-Learning, Qualitätszirkel, Lesen der Fachliteratur, Besuche von Messen und Konferenzen.

Um informelles Lernen anzuregen, sollten adäquate Rahmenbedingungen geschaffen werden:[171]

---

[168] Vgl. Bertelsmann Stiftung (2010a).

[169] Diese Aspekte werden im Kapitel 3.3 Gestaltung des Lernens in Unternehmen diskutiert.

[170] vgl. Europäische Kommission (2001), S. 9, S. 32 f.

[171] Vgl. Overwien (2005), S. 344.

- Zeit und Raum für Lernen schaffen,
- Umfeld auf (Lern-)Gelegenheit überprüfen,
- Aufmerksamkeit auf Lernprozesse lenken ,
- Reflexionsfähigkeit stärken sowie
- Klima von Zusammenarbeit und Vertrauen schaffen.

Damit ist das informelle Lernen weniger ein individuelles, sondern mehr ein Gruppenlernen.

3.1.10 Lernen in Gruppen

Die Leistung einer Gruppe basiert auf der einen Seite auf der erfolgreichen Kommunikation und dem konstruktiven Umgang mit Konflikten, auf der anderen Seite auf den Lernprozessen innerhalb der Gruppe. Das Gruppenlernen (synonym Teamlernen) spielt in Unternehmen eine zentrale Rolle – es ist die Vorstufe des organisationalen Lernens, die Lernfähigkeit einer Organisation kann nur durch die Erhöhung der Lernfähigkeit von Gruppen gesteigert werden.

Zusammenarbeit in Gruppen wird von ständigen Lernprozessen begleitet und unterstützt. Zu dem permanent laufenden individuellen Lernen kommen spezifische Gruppenlernprozesse hinzu. Besteht in einer Gruppe eine offene vertrauliche Arbeitsatmosphäre, dann kommt es zu einem Wissensaustausch und die Gruppenmitglieder lernen voneinander. Ist dies nicht der Fall, lernt jeder nur für sich und das individuelle Wissen kommt der Gruppe nicht zugute. Deswegen ist es besonders wichtig, Lernprozesse in Gruppen zu fördern.

Um die Lernprozesse beeinflussen zu können, ist es sinnvoll, Lernen in Gruppen aus verschiedenen Perspektiven zu betrachten: aus der kognitiven und der konstruktiven.

Aus der kognitiven Perspektive bedeutet Gruppenlernen eine geteilte Kognition. Durch Gespräche innerhalb einer Gruppe verbessert sich das Wissen sowohl beim Individuum, das den anderen ein Problem erläutert, als auch bei den Zuhörern. Der Verbesserungseffekt beim Individuum hat mit der Verbalisierung des Wissens zu tun, bei der Zusammenhänge und Definitionen verdeutlicht werden. Während wir Zusammenhänge erklären, werden sie uns selbst verständlicher. In einer Diskussion werden wir durch Andere zum Nachdenken angeregt und gegebenenfalls korrigiert, sodass es zu gegenseitiger Wissensbereicherung kommt. Die gemeinsam entwickelten Konzepte werden als Gruppenprodukt betrachtet, wodurch die Zusammengehörigkeit und Identifikation mit den Ergebnissen gestärkt werden.

Aus dieser Hinsicht ist die heterogene Zusammenstellung einer Gruppe wichtig, da verschiedene Sichtweisen, Betrachtungsperspektiven, Kenntnisse und Erfahrungen zu einem regen Meinungsaustausch, Kreativität und Synergieeffekten führen.[172]

Aus der konstruktiven Sicht gelangt ein Individuum vor allem durch Interaktionen mit anderen zu neuen Sichtweisen und Erkenntnissen. Eine bestimmte individuelle Entwicklung von kognitiven, emotionalen und konativen Kompetenzen ermöglicht einer Person die Teilnahme an sozialen Interaktionen, diese führen zu neuen Lernprozessen. So wird ein Kreislauf des lebenslangen sozialen Lernens (meist informellen Lernens) initiiert und aufrechterhalten. Durch Gruppeninteraktionen werden soziale und individuelle Ebenen verbunden. Dieser Austauschprozess führt zur Steigerung der Gesamtleistung im Gruppenlernprozess. Parallel wird das soziale Miteinander gelernt und soziale Kompetenzen der Mitglieder gefördert. Insofern schafft gemeinsames Lernen neue individuelle und Gruppenrealitäten.

Individuelles und Gruppenlernen befinden sich in einer Wechselwirkung. Auf der einen Seite findet Lernen individuell statt, weil das neue Wissen nur in ein im Gehirn existierendes Wissenssystem eingebaut werden kann. Wissen ist somit immer an eine Person gebunden: Es entsteht, entwickelt sich, wird getragen und benutzt von einem Individuum. Auf der anderen Seite wird das neue Wissen überwiegend durch soziale Interaktionen angeregt und geschaffen. Die Lernprozesse von jedem Einzelnen werden durch die Gruppe beeinflusst.

Bei Gruppenlernen können unter günstigen Rahmenbedingungen folgende positive Effekte entstehen:

- jeder Einzelne bekommt durch die Vorbildfunktion anderer einen zusätzlichen Ansporn zu lernen,
- Wissensaustausch fördert gegenseitige Bereicherung: Sowohl das individuelle Wissen (beschreibendes, prozessuales und emotionales) als auch das Gruppenwissen wächst,
- durch emotionale Unterstützung wird das Lernen zusätzlich gefördert,
- das emotionale Wissen und die sozialen Kompetenzen der Mitglieder werden erweitert.

Eine Gruppe kann die Lernmotivation jedes Einzelnen steigern. Die von einer guten Gruppe ausgehende soziale Unterstützung trägt dazu bei, dass man sich anstrengt, auch wenn es schwierig wird. Beim Lernen in Gruppen ist nicht nur die reine Aufgabenbewältigung wichtig, sondern der Prozess des gemeinsamen Problemlösens an sich. Denn die Gruppenarbeit bietet die Möglichkeit, neue Sichtweisen und Perspektiven kennen zu lernen und vom Wissen anderer zu profitieren. Das Lernen in einer Gruppe ist anregender, als das Lernen alleine. Da jedes Gruppenmitglied andere Vorkenntnisse, Ideen oder Ansichten hat, wird jeder auf neue Gedanken gebracht. Man lernt, zu argumentieren, zu diskutieren und sein Wissen verständlich und strukturiert vorzutragen. Das eigene Wissen wird überprüft, ergänzt, verändert oder stabilisiert.

---

172 Mehr dazu im Kapitel 4.8 Interne Ideenfindung.

Gruppen bieten auch die Möglichkeit zum sozialen Lernen. In Gruppendiskussionen lernt man zu erkennen, dass es nicht nur eine richtige, sondern mehrere mögliche Wahrheiten gibt. Dies führt zu einer toleranteren Haltung gegenüber den Standpunkten anderer und zur Klärung von Missverständnissen und Konflikten.

Diese positiven Auswirkungen kommen nur zustande, wenn die Gruppenmitglieder miteinander fair und offen umgehen, einander respektieren und unterstützen sowie die Meinungsverschiedenheit konstruktiv betrachten. Kurz gesagt, ist die soziale Kompetenz der Teilnehmer die bedeutendste Voraussetzung für das Gruppenlernen. Sowohl die Selbstkompetenz, als auch der Umgang mit Anderen (soziale Kompetenz), spielen für das Lernen in Gruppen eine wichtige Rolle. Die persönlichen Eigenschaften wie Selbstkenntnis, persönliche Reife, Selbständigkeit, Initiative, Anpassungsfähigkeit, Lernfähigkeit und Flexibilität schaffen notwendige Voraussetzungen für aktives Lernverhalten, Hilfsbereitschaft und Toleranz. Weitere Eigenschaften, die den Umgang mit anderen beschreiben, wie Offenheit, Aufgeschlossenheit, Kooperationsfähigkeit, Empathie sowie Kommunikationsfähigkeit und -bereitschaft, sind die Bedingungen für Meinungsvielfalt, offenen Wissensaustausch und emotionale Unterstützung der Lernprozesse.

Ohne Offenheit und Aufgeschlossenheit ist eine freie Meinungsäußerung in der Gruppe nicht denkbar, Vorteile der Vielfältigkeit kommen nicht zum Tragen. Unter solchen Bedingungen ist der gruppenspezifische Wissenszuwachs ausgeschlossen. Dasselbe gilt für die Kooperationsbereitschaft der Gruppenmitglieder: Sie ist eine Voraussetzung für das gemeinsame Lernen, das durch freiwilliges Geben und Nehmen funktioniert.

Empathie (Einfühlungsvermögen) unterstützt unsere Fähigkeit, Gefühle und Sichtweisen anderer Menschen zu verstehen und angemessen darauf zu reagieren. Es ist vor allem wichtig, wenn in einem Meinungsaustausch eine abweichende, ungewöhnliche Meinung nicht sofort kritisiert und verpönt wird, sondern aufmerksam aufgenommen und ernsthaft diskutiert. Nur dann wird in der Gruppe eine offene Kommunikations- und Lernatmosphäre entstehen, wo jeder sich wohl fühlt und keine Angst hat, seine Meinung zu äußern. Dadurch steigen die Kreativität und Meinungsvielfalt der Gruppe.

Die Kommunikationsfähigkeit und -bereitschaft der Gruppenmitglieder begünstigt ebenso Lernprozesse in Gruppen. Nur wenn zwischenmenschliche Beziehungen innerhalb der Gruppe sich etabliert haben, entsteht eine vertrauensvolle Atmosphäre, die einen Wissensaustausch ermöglicht und die verbreitete Einstellung „Wissen ist Macht" widerlegt. Langfristig entwickelt sich in der Gruppe das Verständnis, dass Wissen sich vermehrt, wenn man es teilt.

Die Fähigkeit sich klar und verständlich auszudrücken und anderen Menschen aktiv und aufmerksam zuzuhören ist für Wissensaustausch und -erweiterung unentbehrlich. Klare und einfache Formulierungen sind auch bei komplizierten Fragestellungen möglich: Wer klar denkt, kann sich klar ausdrücken. Zusätzlich ist aktives respektvolles Zuhören von Bedeutung. Jedes Gruppenmitglied soll in einer Diskussion genügend Zeit bekommen, um seine Meinung zu erläutern. Keine Meinung darf vernachlässigt und vergessen werden.

Häufig dominieren eine Diskussion nicht die intelligentesten, sondern die besonders aktiven und lauten Personen. Es ist wichtig, auch den leisen und bescheidenen Teilnehmern das Wort zu geben.

Unter negativen Bedingungen wird das Lernen in Gruppen wesentlich erschwert, es können solche Gruppeneffekte wie soziales Faulenzen und Deindividuation vorkommen. Soziales Faulenzen hat bei Lernprozessen die Folge, dass immer die gleichen, besonders fleißigen Gruppenmitglieder die meiste Arbeit übernehmen, während die anderen abwarten. Deindividuation im Gruppenlernen heißt, dass man die dominierende Meinung blind übernimmt, ohne sie infrage zu stellen. Auch eine enge Spezialisierung auf spezifische Aufgabe kann zu der Einengung der Sicht und des Wissens von einzelnen Gruppenmitgliedern führen (sogenannte Betriebsblindheit).

Für das Vorbeugen dieser negativen Auswirkungen und Unterstützung von positiven Effekten des Lernens in Gruppen können spezielle Techniken zur Förderung der Kreativität und Reduzierung der Gruppenuniformität eingesetzt werden. Das sind die bekannten Methoden wie Brainstorming, Moderationstechniken, Meinungskartentechnik, die in weiteren Kapiteln erläutert werden.

Eine gut entwickelte Arbeitsgruppe mit ausgeprägter Gruppenkultur und Identität sowie starker Zusammengehörigkeit und Lernfähigkeit kann außergewöhnliche Leistungen erbringen.

Das Lernen in Gruppen ist eine Zwischenstufe von dem individuellen zu dem organisationalen Lernen und wird im Weiteren hinsichtlich seiner Gestaltungsmöglichkeiten erläutert.[173]

3.2 Theorien des organisationalen Lernens

Das organisationale Lernen basiert auf dem individuellen und dem Gruppenlernen, hat jedoch seine spezifischen Merkmale. Das individuelle Wissen der Mitarbeiter, das in permanent laufenden Lernprozessen aktualisiert und erweitert wird, bildet die Basis des organisationalen Lernens. Durch den Austausch und Harmonisierung von Wissen in Gruppen wird Gruppenlernen ausgelöst. Die Bedingungen dafür sind die unmittelbare Interaktion und die sozialen Kompetenzen der Gruppenmitglieder.

Auf der organisationalen Ebene sollen Lernprozesse gemanagt werden, d.h. der Umgang mit dem Lernen wird institutionalisiert, geregelt und auf die Unternehmensziele ausgerichtet. Darüber hinaus gewinnt in der globalen, vernetzten Welt das Open Learning an Bedeutung – ein Unternehmen kann und muss von den relevanten externen Akteuren wie Kunden, Lieferanten, Wettbewerbern und Forschungsinstitutionen lernen.

---

[173] Vgl. Kapitel 3.3.4 Gestaltung des Gruppenlernens in Unternehmen.

Das organisationale Lernen kann als ein Prozess der Veränderung der Wissensbasis des Unternehmens beschrieben werden, der im Wechselspiel zwischen Individuen und dem Unternehmen in Interaktion mit der Umwelt stattfindet und zu besserer Systemanpassung und Problemlösungsfähigkeit des Unternehmens führt.

Das zentrale Problem bei dem organisationalen Lernen besteht darin, sinnvolle Lernprozesse der Mitarbeiter zu initiieren und zu steuern, damit das ganze Unternehmen langfristig lernfähig und lernbereit ist.

Seit den 1950-60er Jahren hat sich die Wissenschaft mit der Problematik des Lernens in Organisationen beschäftigt. Die ältesten Ansätze gehen auf H. Simon, R. Cyert und J. March zurück, die vor allem das Entscheidungsverhalten einer Organisation analysiert haben. In diesem Prozess wurde einem Unternehmen eine passive Rolle unterstellt – Reaktion und Anpassung an die äußeren Gegebenheiten. Darin besteht die Begrenztheit dieser Ansätze, die nicht näher betrachtet werden. Moderne Forscher gehen davon aus, dass ein Unternehmen in der Lage ist, einen aktiven Einfluss auf seine Beschäftigten, Kunden, Konkurrenten und die Gesellschaft auszuüben und die Unternehmensrealität selbst zu gestalten.

Spätere Theorien des organisationalen Lernens zeichnen sich durch bessere Anwendungsmöglichkeiten und werden im Weiteren erläutert. Der Ansatz von Argyris/Schön (erschienen 1978) beschäftigt sich mit dem Handeln einer Organisation und beschreibt drei Lerntypen, die über das einfache Reagieren auf äußere Umstände hinausgehen. Die Fünf Disziplinen der lernenden Organisation von P. Senge (erschienen 1990, auf Deutsch 1996) weisen einen konstruktivistischen Charakter auf: Eine Organisation soll durch Lernen ihre eigene Realität schaffen. Die japanischen Wissenschaftler Nonaka/Takeuchi haben 1995 den Umgang mit dem Wissen und die Bedingungen für Lernen in Unternehmen beschrieben, für sie steht im Mittelpunkt die Schaffung von neuem Wissen durch die Umwandlung von impliziten Wissen ins explizite und umgekehrt. Diese Ansätze werden in diesem Kapitel analysiert und bezüglich ihrer Anwendbarkeit hinterfragt.

3.2.1 Lerntheorie von Argyris und Schön

Argyris und Schön[174] haben 1978 einen Ansatz des organisationalen Lernens präsentiert, der eine entscheidende Rolle für die Weiterentwicklung der Lerntheorien spielt. Sie betrachten organisatorisches Handeln als individuelles, durch bestimmte organisatorische Rollen geleitetes Handeln. Es wird zwischen zwei grundlegenden Typen von Handlungstheorien differenziert: Den geäußerten Handlungstheorien, die von Akteuren nach außen kommuniziert werden, und den realen Gebrauchstheorien. Diskrepanzen zwischen gewünschtem und tatsächlichem Handeln stimulieren Lernprozesse und bilden die Basis für

[174] Argyris/Schön (1999).

das Lernen eines Unternehmens und seiner Mitarbeiter. Stimmen die Handlungsergebnisse eines Unternehmens nicht mit den Handlungserwartungen überein, so werden die Handlungstheorien infrage gestellt und eventuell korrigiert. Es kommt zu einem organisationalen Lernen.

Argyris und Schön unterscheiden aufbauend auf einem Ansatz von Bateson drei Lerntypen: „single-loop-", „double-loop-" sowie „deutero-learning", die in der folgenden Abbildung erläutert werden.

Abbildung 3.7 Drei Lerntypen nach Argyris und Schön[175]

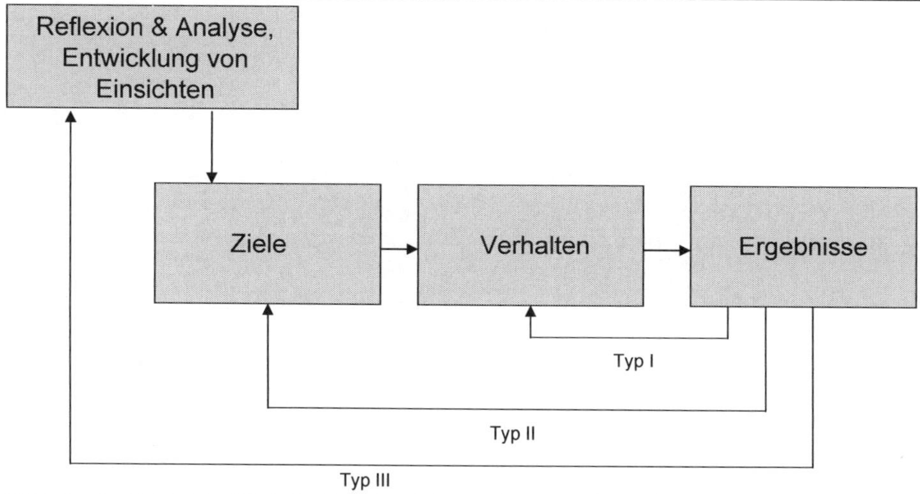

Beim „single-loop-learning", oder anpassendem Lernen (Lernen Typ I) werden von den Betroffenen Zielabweichungen und Anpassungsfehler erkannt und korrigiert. Dabei ändern sie nur die Parameter in vorgegebenen methodischen Schemata. Dies ist das anpassungsorientiertes Lernen (wie im behavioristischen Konzept) und erfordert nur geringe Handlungsmodifikation. Beispiel: sinkender Absatz erfordert mehr Werbung und mehr Verkaufsaktivitäten.

Das „douple-loop-learning", oder innovatives Lernen (Lernen Typ II) bedeutet Lernen durch Bewertung und Entwicklung methodischer Schemata. Es zielt auf eine Modifikation oder Verbesserung der allgemeinen Regeln, Normen und Ziele ab. Dafür ist ein „Verlernen" von alten Handlungsregeln notwendig sowie die Erarbeitung von neuen kognitiven Orientierungen und Denkweisen. Es werden nicht nur Handlungsfehler korrigiert, sondern auch ihre Ursachen analysiert. Beispiel: Sinkender Absatz führt zur Überprüfung, ob dies an zu wenig Werbung oder mangelnder Produktqualität liegt.

175 Vgl. Argyris/Schön (1999), S. 362 ff.

Das „deutero-learning", oder lernendes Lernen (Lernen Typ III) ist das höchste Lernniveau – eine Selbstreflexion der Lernprozesse kommt hinzu. Dabei wird das Wissen über vergangene Lernprozesse (aus dem anpassenden und innovativen Lernen) gesammelt und kommuniziert. Folglich können bisherige Lernkonzepte analysiert werden. Dieses reflektierende Lernen steigert das Problemlösungspotenzial eines Unternehmens und führt zur qualitativen Veränderung seiner Handlungsmuster. Deutero Lernen kann nicht als ein Einzelakt betrachtet werden, sondern erfordert eine systematische Arbeit an Lernen und Lernfähigkeit einer Organisation.

Das single-loop-learning ist auf die Steigerung der Effizienz ausgerichtet und dient vor allem der Vermeidung der Wiederholung von Fehlern. Dieses Lernen kann in wenig dynamischen Unternehmen zum Erfolg führen, die unter relativ stabilen Bedingungen arbeiten. Unternehmen, die in dynamischen Umwelten flexibel sein wollen, brauchen zumindest double-loop-learning, um ihre Effektivität zu erhöhen, und sollen ihre Zielsetzungen, Normen und Standards überprüfen. Bleiben beim single-loop-learning Grundhaltungen und Basiswerte unangetastet, so werden sie unter double-loop-learning radikal infrage gestellt. Das deutero-learning erfordert noch tiefer greifende Veränderungen, bei denen das Lernen selbst auf den Prüfstand gestellt wird. Dieser Typ des Lernens macht Unternehmen innovativ und zukunftsfähig.

Die Gründe, warum Unternehmen nicht zu einem innovativen Lernen (deutero Lernen) kommen, sehen Argyris und Schön in den vorherrschenden Handlungstheorien der Mitarbeiter in den Unternehmen, die zumeist durch ein defensives Verhalten bestimmt sind. Das defensive Verhalten wird durch das Vermeiden von negativen Gefühlen in sozialen Interaktionen hervorgerufen. Die Betroffenen unterdrücken und vertuschen Probleme, um sich und die anderen vor negativen Gefühlen zu schützen. Dadurch kommt es nicht zu klärenden, die Prinzipien infrage stellenden Interaktionen und damit nicht zu einem höheren Lernen.

Notwendige Voraussetzung für bessere Lernprozesse ist nach Argyris/Schön eine Unternehmenskultur, die offene, konstruktive Diskussionen ermöglicht. Änderungen, die eine konstruktive Unternehmenskultur generieren, können den Unternehmen jedoch nicht von außen vorgeschrieben werden, sondern müssen durch eigene Einsicht entwickelt werden.

3.2.2 Theorie der lernenden Organisation von P. Senge

Eine weitere bekannte Lerntheorie stammt von P. Senge. Unternehmen sind nach Senge „ein Ort, an dem Menschen kontinuierlich entdecken, dass sie ihre Realität selbst erschaffen. Und dass sie sie verändern können."[176] Er beschreibt sieben Hindernisse in Organisationen, die das Lernen verhindern können und definiert als Lösung die sogenannten „Fünf Disziplinen" des lernenden Unternehmens.

[176] Senge (1996), S. 22 f.

Die sieben Lernhemmnisse nach Senge sind:

- „Ich bin meine Position": Die meisten Mitarbeiter eines Unternehmens sehen sich als Teil eines Systems, auf das sie wenig Einfluss haben. Sie tun ihre Arbeit (Dienst nach Vorschrift). Folglich fühlen sie sich nicht verantwortlich für die Ergebnisse des gemeinsamen Zusammenwirkens aller Stellen.
- „Der Feind da draußen": Bei Problemen und Schwierigkeiten wird immer nach einem externen Sündenbock gesucht.
- „Angriff ist die beste Verteidigung": Proaktivität ist Mode, aber eine echte Proaktivität erfordert zu erkennen, wie man selbst zum Problem beiträgt.
- Fixierung auf Ereignisse: Wir betrachten das Leben als eine Abfolge von Ereignissen und glauben, dass jedes Ereignis eine Ursache hat (reaktives Handeln). Stattdessen müssen wir kreativ sein und die Welt selbst gestalten.
- „Gleichnis vom gekochten Frosch": Wir sind nicht in der Lage langsame Entwicklungen zu erkennen, dazu müssen wir unser hektisches Tempo drosseln und dem Subtilen genauso viel Aufmerksamkeit widmen wie dem Dramatischen.
- „Illusion, dass wir aus Erfahrung lernen": Wir lernen am meisten aus Erfahrung, aber wir erfahren meistens nicht, wie sich unsere Entscheidungen auswirken (man kann nie die Frage „was wäre, wenn?" beantworten).
- „Mythos vom Managementteam": Teams in der Geschäftswelt verbringen häufig viel Zeit mit Revierkämpfen und bei komplexen Problemen geht der Teamgeist zum Teufel.[177]

Senge geht von einer natürlich gegebenen Lernbereitschaft und -fähigkeit der Menschen aus, die unter den beschriebenen Bedingungen in einem Unternehmen verloren gehen, jedoch wieder gewonnen werden können. Die Bedeutung einer lernenden Organisation besteht darin, dass sie kontinuierlich die Fähigkeit ausweitet, ihre eigene Zukunft zu gestalten. Die Reaktivierung, Förderung und Weiterentwicklung der Lernfähigkeit einer Organisation ist von der Beherrschung folgender fünf Fähigkeiten (Disziplinen) abhängig:

1. Personal Mastery,
2. Mental Models,
3. Building Shared Vision,
4. Team Learning,
5. System Thinking.

Jede Disziplin repräsentiert einen anderen Aspekt der lernenden Organisation, und alle zusammen ermöglichen sie das organisationale Lernen. Dabei kommt dem Systemdenken eine besondere, integrierende Rolle zu (s. folgende Abbildung).

[177] Senge (1996), S. 29 ff.

Abbildung 3.8 Fünf Disziplinen der Lernenden Organisation nach Senge

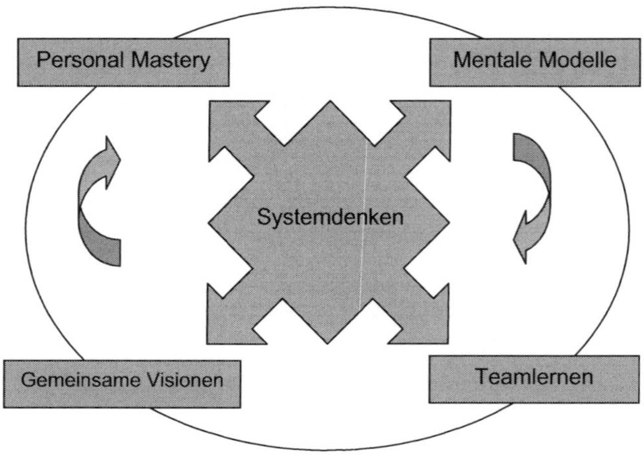

Personal Mastery ist die Bereitschaft von Menschen, sich weiter zu entwickeln und umzudenken. Diese Fähigkeit hängt mit dem Selbstmanagement und der Persönlichkeitsentwicklung zusammen und bedeutet, eigenständig auf Ziele hinzuarbeiten, Situationen realistisch einzuschätzen, Gewohntes infrage stellen zu können. Personal Mastery ist kein Zustand, sondern ein lebenslanger Entwicklungsprozess, getrieben von der eigenen Motivation. Wir wollen Personal Mastery, weil wir sie wollen! Ein Unternehmen ist daran interessiert, seine Mitarbeiter zum Lernen und zur Entwicklung zu motivieren. „Organisationen lernen nur, wenn die einzelnen Menschen etwas lernen. Das individuelle Lernen ist keine Garantie dafür, dass die Organisation etwas lernt, aber ohne individuelles Lernen gibt es keine Lernende Organisation."[178]

Mentale Modelle (Mental Models) sind nach Senge die Bilder, Annahmen und Geschichten, die wir von uns selbst, von unseren Mitmenschen, von Institutionen und von jedem anderen Aspekt der Welt in unseren Köpfen tragen. Menschliches Wissen wird in Form von mentalen Modellen repräsentiert, in ihrer Gesamtheit bilden sie das subjektive Weltbild jedes Menschen oder jedes Unternehmens. Diese im Laufe der Zeit aus Erfahrung entstandene Vorstellungen und Meinungen bilden die Basis für Wahrnehmungen und Entscheidungen und machen die Handlungseinheiten konservativ. Nach Senge muss man sich seiner mentalen Modelle bewusst werden, nur dann kann man neue Ideen hervorbringen. Deswegen ist Selbstreflexion erforderlich. Auch in zwischenmenschlichen Beziehungen ist es wichtig, mit mentalen Modellen richtig umzugehen: Verständnis für andere

[178] Senge (1996), S. 111.

Meinungen haben, die Situation mit den Augen eines Anderen betrachten. Das gleiche gilt auch für Unternehmen, auch sie sind in ihrem Denken durch mentale Modelle geprägt, die sich in ihrer Unternehmenskultur verfestigt haben und zu wenig hinterfragt werden.

Gemeinsame Visionen entwickeln (Building Shared Vision) im Lernen sind wichtig, um neue Zukunftsbilder für die gemeinsame Arbeit zu entwickeln. Visionen sind innere Bilder einer zukünftigen Wirklichkeit, die den Mitarbeitern eine Orientierung geben und Identifikation fördern sollen. Senge betont die Wichtigkeit von Förderung der persönlichen Visionen und beschreibt die Möglichkeiten, Visionen zu verbreiten: Teilnehmerschaft, Engagement und Einwilligung.

Teamlernen (Team Learning) bedeutet die Kompetenz, in Arbeitsgruppen gemeinsam zu arbeiten, zu handeln und dadurch systematisch zu lernen. Das Lernen in Gruppen ermöglicht Synergieeffekte durch Zusammenkommen von verschiedenen Qualifikationen und intensivem Wissensaustausch. Für effizientes Teamlernen sind bestimmte Fähigkeiten der Mitglieder erforderlich, vor allem Kommunikationsfähigkeit und soziale Kompetenzen. Nur wenn die Arbeitsatmosphäre durch gemeinsame Ziele, offene Kommunikation und Vertrauen gekennzeichnet ist, kommt Teamlernen zustande.

Mit **Systemdenken** (System Thinking) meint Senge die Fähigkeit, Abhängigkeiten, Interdependenzen und ganzheitliche Strukturen zu erkennen. Systemisches Denken ist damit ein integrierendes Denken, welches von verschiedenen Zusammenhängen ausgeht und möglichst viele Einflussfaktoren berücksichtigt. Vor allem gilt es Ursache-Wirkungs-Ketten zu untersuchen. Dieses ganzheitliche Denken macht mehrere Denkprozesse notwendig: Erkennen von Strukturen und Zusammenhängen, Denken in Möglichkeiten, Prozessdenken („was passiert, wenn"), Denken in Szenarien („was wird aus uns in zehn Jahren") sowie vernetztes Denken (Zusammenhänge von alternativen Entscheidungen und ihren Konsequenzen).

Alle fünf Disziplinen sind nach Senge miteinander verbunden und aufeinander angewiesen. Zum Beispiel, das erfolgreiche Teamlernen basiert auf der Personal Mastery, gemeinsamen Visionen im Team sowie auf dem richtigen Umgang mit mentalen Modellen (eigenen und denen des Unternehmens) und Systemdenken. Als allgemeine Bedingungen für die Entwicklung der fünf Disziplinen nennt Senge – ähnlich wie Argyris und Schön – offene Kommunikation, Fertigkeiten des Dialogs, konstruktiven Umgang mit Lernhemmnissen und viel Übung.

3.2.3 Wissensgenerierung nach Nonaka/Takeuchi

Eine der modernen Lerntheorien stammt von den japanischen Wissenschaftlern Nonaka und Takeuchi. Zentrales Betrachtungsobjekt ihrer Theorie ist die Schaffung von neuem Wissen im Gegensatz zu bloßer Wissensverarbeitung. Viele Unternehmen messen der Wissensschaffung wenig Bedeutung bei und legen den Schwerpunkt auf die Wissensverarbeitung. Diese Kurzsichtigkeit im Umgang mit Unternehmenswissen haben Nonaka/ Takeuchi als einen Unterschied westlicher Unternehmen im Vergleich zu japanischen beschrieben. Deswegen gehen Nonaka/Takeuchi insbesondere auf Lernhemmnisse in Unternehmen in der westlichen Kultur ein. „Unternehmen stellen sich auf ein unsicheres Umfeld nicht nur durch passive Anpassung ein, sondern auch durch aktives Zusammenwirken. Unternehmen können sich verwandeln. Dennoch werden sie häufig als passiv und statisch betrachtet. Ein Unternehmen, das rasche Veränderungen im Umfeld dynamisch bewältigen will, darf Informationen und Wissen nicht nur effizient verarbeiten, es muss sie selbst hervorbringen. Es muss sich durch die Auflösung des existierenden Wissenssystems und durch die Entwicklung innovativer Denk- und Handlungsmodelle selbst erneuern."[179]

Nonaka/Takeuchi bauen ihre Ausführungen auf dem Unterschied zwischen zwei Formen des Wissens auf: explizitem (bewusstem, kontrolliertem) und implizitem (unbewusstem, automatisiertem) Wissen und untersuchen ihre Dynamik in einem Unternehmen. Die westlichen Unternehmen, so Nonaka/Takeuchi, fassen das Wissen traditionell „als etwas Formales, Systematisches und somit Explizites auf. Explizites Wissen lässt sich in Worten und Zahlen ausdrücken und problemlos mit Hilfe von Daten, wissenschaftlichen Formeln, festgelegten Verfahrensweisen oder universellen Prinzipien mitteilen."[180]

Japanische Unternehmen haben ein anderes Verständnis vom Wissen, für sie sind Daten und Zahlen nur die Spitze des Eisbergs. Wissen ist hauptsächlich implizit. „Implizites Wissen ist sehr persönlich und entzieht sich dem formellen Ausdruck, es lässt sich nur schwer mitteilen. Subjektive Einsichten, Ahnungen und Intuition fallen in diese Wissenskategorie. Darüber hinaus ist das implizite Wissen tief verankert in der Tätigkeit und der Erfahrung des einzelnen sowie in seinen Idealen, Werten und Gefühlen."[181] Das implizite Wissen lässt sich nicht käuflich erwerben, kann nur von Menschen besessen, benutzt und übertragen werden (durch Interaktion oder durch Lernen am Modell). Daraus ergeben sich besondere Handlungsroutinen, subjektive Einsichten sowie Intuition und Fingerspitzengefühl der Mitarbeiter.

Nonaka/Takeuchi kritisieren den Lernansatz der lernenden Organisation von P. Senge, der die Lösung des Problems im „systemischen Denken" sieht, um den Blick von den einzelnen Teilen auf das Ganze zu lenken, und damit den Schwerpunkt des Lernens auf Verstand legt. Für Japaner findet ein Lernprozess nur in der Einheit Kopf-Körper statt, man muss das Wissen fühlen.[182] Damit ist Wissen immer subjektiv und personengebunden.

Lernprozesse finden nach Nonaka/Takeuchi in Form von Wissensumwandlung statt, die innerhalb zweier Dimensionen abläuft, der epistemologischen Dimension – zwischen explizitem und implizitem Wissen, sowie der ontologischen Dimension – zwischen Individuum und Kollektiv.

---

[179] Nonaka/Takeuchi (1997), S. 64.

[180] Ebd., S. 18.

[181] Ebd., S. 19.

[182] Ebd., S. 20.

In Bezug auf die erste, epistemologische Dimension, werden vier grundlegende Wissensumwandlungsprozesse definiert (vgl. folgende Abbildung).

Abbildung 3.9 Formen der Wissensumwandlung in der epistemologischen Dimension nach Nonaka/Takeuchi

Sozialisation	**Externalisierung**
Ausgangspunkt: **implizites Wissen**; Ziel: **implizites Wissen**	Ausgangspunkt: **implizites Wissen**; Ziel: **explizites Wissen**
Erfahrungsaustausch, bei dem implizites Wissen ausgetauscht wird und entstehen kann. Fertigkeiten werden nicht durch Sprache, sondern durch Beobachtung, Nachahmung und Praxis erlernt. Erst diese gemeinsamen Erfahrungen erleichtern es, sich in die Denkweise anderer zu versetzen und so kritisches, verborgenes Wissen aufzudecken und anwendbar zu machen.	Implizites Wissen wird in Form von expliziten Konzepten (wie Aussagen, Modelle, Theorien, Zahlen oder Fakten) kommunizierbar gemacht. Methoden: Hilfsmittel wie Analogien oder Metaphern (Darstellung von in Individuen innewohnenden Bildern oder Visionen), Induktion und Deduktion.
Internalisierung	**Kombination**
Ausgangspunkt: **explizites Wissen**; Ziel: **implizites Wissen**	Ausgangspunkt: **explizites Wissen**; Ziel: **explizites Wissen**
Integration expliziten Wissens in die implizite Wissensbasis des Individuums bzw. der Organisation. Beispiele: Ein Film kann über die Firmenphilosophie als mentales Modell in kognitives Wissen, oder eine Lehrveranstaltung über Marketingtechniken in technisches implizites Wissen übergehen	Verschiedene Bereiche expliziten Wissens werden miteinander verbunden, wobei neues Wissen entstehen kann. Dieses explizite Wissen wird über Medien wie Dokumente, Telefon etc. ausgetauscht und kombiniert.

Während dieser Umwandlungen schafft und erweitert sich die Wissensbasis des Kollektivs (der Organisation) im Zeitablauf. Die vier Prozesse spielen dabei zusammen:

- Die **Sozialisation** bedeutet die Verwandlung des impliziten in implizites Wissen und dient dem Austausch vom impliziten Wissen durch Interaktion (Erfahrungsaustausch, Lernen am Modell).
- Die **Externalisierung** wird von einem Dialog oder kollektiver Reflexion ausgelöst und führt zur Artikulation vom impliziten Wissen (implizit zu explizit). Das implizite Wissen wird verbalisiert (mündlich oder schriftlich) und kommuniziert.
- Die **Kombination** entsteht durch die Verbindung von Wissensinhalten verschiedener Akteure sowie von neu geschaffenem und bestehendem Wissen (explizit zu explizit). Man kombiniert verschiedene Meinungen, Kenntnisse, Erfahrungen.
- Die **Internalisierung** resultiert aus „learning by doing" – einer Integration expliziten Wissens in die (individuelle oder kollektive) implizite Wissensbasis – und bedeutet, dass eine Person oder eine Organisation das neue Wissen verinnerlicht, in den eigenen Wissenskontext einbaut.

Die Gesamtheit aus der Sozialisation, Externalisierung, Kombination und Internalisierung ergibt das Bild des organisationalen Lernens. Diese vier Formen der Wissensumwandlung zeigen die Teilprozesse, die in Wechselbeziehung zueinander stehen und gemeinsam die so genannte Wissensspirale bilden, die die Wissensvermehrung in Unternehmen darstellt (s. Abbildung).

Abbildung 3.10 Wissensspirale nach Nonaka/Takeuchi[183]

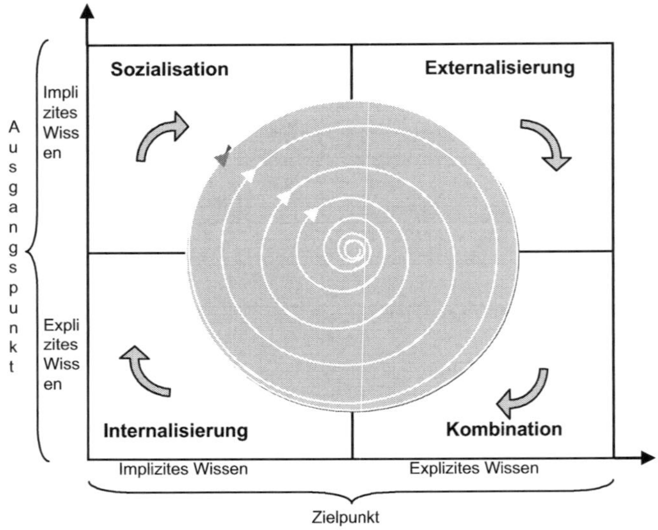

Der Prozess der Wissensgenerierung lässt sich als Innovationsprozess darstellen, der aus folgenden Phasen besteht:[184]

- Wissen austauschen: Schaffung von Kommunikationsmöglichkeiten z.B. in selbstorganisierenden Teams;
- Konzepte schaffen: Entwicklung eines gemeinsamen mentalen Modells in einem kontinuierlichen kooperativen Dialog;
- Konzepte erklären: Unternehmen müssen die Konzepte bewerten und mit den Gesamtintentionen abstimmen;
- Einen Archetyp bilden: Es muss ein Prototyp oder im Falle einer Dienstleistung ein Operationsmodell entwickelt werden sowie
- Wissen übertragen: Um das Wissen im Unternehmen durchzusetzen, muss es horizon-

[183] Nonaka/Takeuchi (1997), S. 84.

[184] Vgl. Kapitel 4.8 Interne Ideenfindung.

tal und vertikal verbreitet und weiterentwickelt werden (dies setzt neue Generierungsvorgänge in Gang).

Durch die Verknüpfung der epistemologischen mit der ontologischen Dimension, der Erweiterung der Menge der Wissensträger ergibt sich folgende zweidimensionale Darstellung der Wissensspirale (s. Abbildung).

Abbildung 3.11 Dreidimensionale Spirale der Wissensschaffung nach Nonaka/Takeuchi[185]

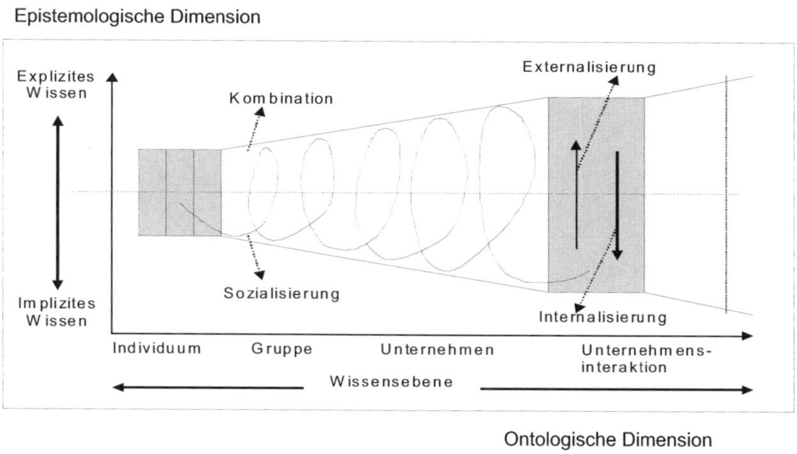

„Streng genommen wird Wissen nur von Einzelpersonen geschaffen. Eine Organisation kann ohne Einzelne kein Wissen erzeugen. Die Organisation unterstützt kreative Personen oder bietet Kontexte, die der Wissensschaffung förderlich sind. Wissensschaffung im Unternehmen muss daher als Prozess verstanden werden, der das von Einzelnen erzeugte Wissen verstärkt und es im Wissensnetz des Unternehmens verankert. Dieser Prozess vollzieht sich in einer expandierenden Interaktionsgemeinschaft, die Grenzen und Ebenen in und zwischen Unternehmen überschreitet."[186] Dieser Prozess wird nun als eine Spirale abgebildet mit zwei Dimensionen – epistemologischer und ontologischer – dargestellt. Die Wissensspirale wird von den Visionen und der Strategie des Unternehmens gesteuert.

Um diese Strategie und den erfolgreichen Lernprozess umzusetzen, müssen nach Nonaka/Takeuchi bestimmte **Voraussetzungen** auf individueller Ebene erfüllt sein, die sie als Intention (Zielsetzung), Autonomie, Fluktuation und kreatives Chaos, Redundanz

---

185 Nonaka/Takeuchi (1997), S. 87.

186 Ebd., S. 71.

sowie notwendige Vielfalt bezeichnen:

- **Intention** (Zielsetzung) ist ein Maßstab zur Beurteilung der Relevanz von Wissen. Diesen Maßstab kann das Unternehmen in Form von Unternehmensintentionen fassen, welche aus den Zielen des Unternehmens bzw. der Unternehmensstrategie resultieren. Diese Unternehmensintentionen sind zwangsläufig wertbezogen und können auch weltanschauliche Grundauffassungen beinhalten;
- **Autonomie**: Die einzelnen Individuen innerhalb eines Teams wie auch die Teams als solche sollten so autonom handeln können, wie es die Umstände erlauben, um den Wissensschaffungsprozess zu optimieren. Autonomie der Untereinheiten verstärkt deren Motivation;
- **Redundanz** ist eine absichtliche Überschneidung von Informationen (z.B. über geschäftliche Tätigkeiten, Managementaufgaben, das Unternehmen als Ganzes). Diese, nicht unmittelbar benötigten Informationen können für den Austausch impliziten Wissens förderlich sein, als Hilfe für den Einzelnen, seinen Platz im Unternehmen besser zu verstehen und besseres Verstehen über das Arbeitsumfeld anderer Abteilungen oder Gruppen zu erlangen;
- **Fluktuation und kreatives Chaos**: Durch kreatives Chaos werden Individuen gezwungen, die Handlungsmuster und Vorstellungen ihres Unternehmensumfeldes neu zu überdenken. Hierdurch kann neues Wissen entstehen und es wird Ordnung aus dem Chaos geschaffen. Entstehung von kreativem Chaos basiert auf Fluktuation im Unternehmen (Zusammenbruch von Routineabläufen), Krisenstimmung im Unternehmen (ggf. künstlich verursacht) sowie mehrdeutigen Anweisungen (‚strategische Vieldeutigkeit‘);
- **Notwendige Vielfalt**: Hohe Komplexität des Arbeitsumfeldes erfordert eine ausreichende Vielfalt der Mitarbeiter einer Organisation. Es bestehen folgende Möglichkeiten zur Steigerung der Vielfalt: effiziente Kombination von Information; gleichberechtigter Zugang aller zu einer breiten Palette von Informationen sowie häufiger Wandel der Organisationsstruktur (z.B. wechselnde Teammitglieder).

Diese Bedingungen für individuelles Handeln der Mitarbeiter zielen darauf ab, Kreativität und Eigeninitiative jedes Einzelnen zu entfalten und dadurch individuelle Wissensschaffung in Gang zu setzen sowie Gruppenaktivitäten zu fördern.

Darüber hinaus nennen Nonaka/Takeuchi zwei weitere Bedingungen für die optimale Wissensschaffung in Unternehmen, die optimale Führungs- und Organisationsstrukturen beschreiben: **Middle-up-down-Management** und **Hypertextorganisation**.[187]

Weder eine hierarchische noch eine partizipative Führungsstruktur sind nach Meinung von Nonaka/Takeuchi für die Wissensschaffung optimal. Eine hierarchische Pyramiden-

---

[187] Vgl. Kapitel 2.4.3.2 Wissenssysteme und Wissensform.

struktur setzt voraus, dass nur Führungskräfte Wissen schaffen können und dürfen. Ihr explizites Wissen wird nach unten weitergegeben, das implizite Wissen wird vernachlässigt. „Das hierarchische Modell erlaubt eine Umwandlung nur als Kombination (explizit zu explizit) und Internalisierung (explizit zu implizit)."[188] Eine partizipative Führungsstruktur, wo die Führungskräfte nur wenige Anweisungen geben und als Förderer unternehmerisch gesinnter Mitarbeiter dienen, ist für den Umgang mit implizitem Wissen günstig, kann aber die Verbreitung des Wissens in Unternehmen verhindern. „Das partizipative Modell lässt eine Umwandlung nur als Sozialisation (implizit zu implizit) und als Externalisierung (implizit zu explizit) zu."[189]

Der optimale Prozess der Wissensschaffung geht nach Nonaka/Takeuchi von der Mitte aus und wirkt sowohl nach oben als auch nach unten. Die zentrale Rolle spielen die Mittelmanager als Schnittpunkte der vertikalen und horizontalen Informationsströme. Sie fungieren als Teamleiter und steuern die Wissensschaffungsprozesse in Gruppen und werden als Wissensingenieure bezeichnet. „Die Geschäftsführung formuliert eine Vision, während das mittlere Management konkrete Konzepte entwickelt, die die Mitarbeiter verstehen und umsetzen können. Mittelmanager bemühen sich also um eine Lösung des Widerspruchs zwischen den idealistischen Zielen der Führung und den realen Gegebenheiten."[190]

Auch die traditionellen Organisationsstrukturen wie Bürokratie und Arbeitsgruppe werden von Nonaka/Takeuchi in Bezug auf Wissensschaffung als mangelhaft bezeichnet. Nur eine Synthese der beiden wirkt sich positiv aus. Eine bürokratische Struktur ist aufgrund ihrer Formalisierung, Spezialisierung, Zentralisierung und Standardisierung hervorragend für Routinesituationen geeignet, taugt aber nichts in den Zeiten des Wandels. Eine Arbeitsgruppe ist umgekehrt flexibel, dynamisch und partizipativ und eignet sich für die kreativen Aufgaben wie Entwicklung von neuen Produkten. Allerdings wird durch die zeitliche Begrenztheit der Gruppe ihr Wissen kaum an andere Gruppen und Abteilungen weitergegeben. Damit ist die Arbeitsgruppe für eine kontinuierliche Ausschöpfung und Übermittlung von Wissen im gesamten Unternehmen ungeeignet.[191]

Nur eine Kombination aus der Bürokratie, die für Ausschöpfung und Sammlung des Wissens steht, und der Arbeitsgruppe, die Wissensaustausch und -schaffung begünstigt, wirkt auf die Wissensprozesse optimal. Die Effizienz auf der Ebene der Zentrale und die lokale Flexibilität sollen sich gegenseitig ergänzen.

Als eine praktische Umsetzungsmöglichkeit solcher Kombination stellen Nonaka/Takeuchi die **Hypertextorganisation** dar. Ein Hypertext als Metapher stammt aus der Computerwissenschaft und bietet dem Anwender Zugriff auf mehrere Schichten, sodass man Einzelheiten und Hintergrundinformationen erfragen kann. Diese Schichten setzen das Wissen des

188 Nonaka/Takeuchi (1997), S. 143.

189 Ebd., S. 143.

190 Ebd., S. 147.

191 Ebd., S. 182-183.

Hypertextes in einen jeweils anderen Zusammenhang bzw. Kontext. Eine Hypertextorganisation besteht aus drei miteinander verbundenen Kontexten: Geschäftssystem, Projektteams und Wissensbasis (vgl. Abbildung).

Abbildung 3.12 Hypertextorganisation für die Wissensschaffung in Unternehmen[192]

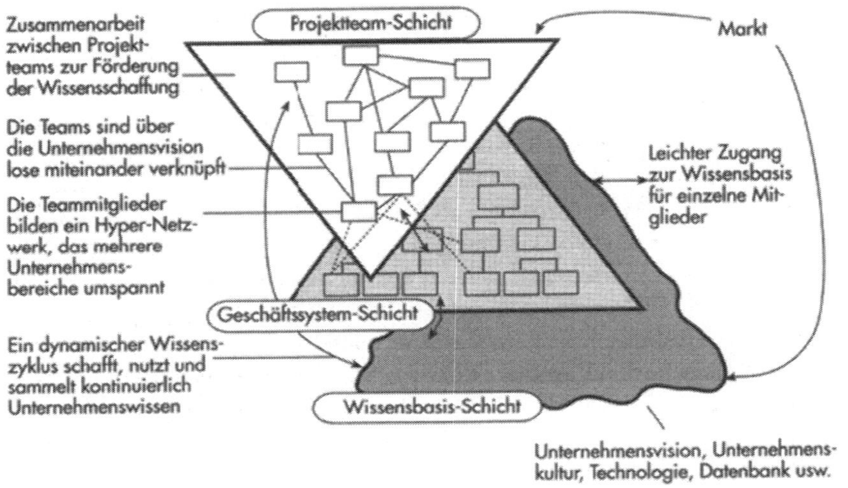

Die zentrale Schicht – die Pyramide des Geschäftssystems – sorgt für die Routinetätigkeiten. Auf der oberen Projektteamschicht sind mehrere Arbeitsgruppen mit wissenschaftlichen Aufgaben, wie Entwicklung von neuen Produkten beschäftigt. Auf der unteren Schicht der Wissensbasis wird in den darüber liegenden Schichten erzeugtes Wissen neu klassifiziert und in neue Kontexte gebunden. Diese Schicht existiert nicht als tatsächliche Organisationseinheit, sondern wird durch die Vision, Kultur und Technologie des Unternehmens verkörpert.[193] Eine solche Hypertextorganisation besitzt die Fähigkeit zur Wissensumwandlung, wobei sowohl das interne Wissen der Belegschaft, als auch das externe Wissen der Kunden und anderer Unternehmen integriert werden kann. Der Vorteil dieser Organisation besteht in ihrer Flexibilität beim Kontextwechsel, wodurch das Wissen des Unternehmens kontinuierlich ausgetauscht und geschaffen werden kann.

[192] Nonaka/Takeuchi (1997), S. 191.

[193] Ebd., S. 188-191.

3.2.4 Ba Konzept nach Nonaka/Toyama/Konno

Lernende Organisationen schafft Raum für Innovation. Dieser Raum wird in dem Konzept von Nonaka, Toyama und Konno als **Ba** bezeichnet und wie folgt definiert: Based on a concept that was originally proposed by the Japanese philosopher Kitaro Nishida and was further developed by Shimizu, ba is here defined as a shared context in which knowledge is shared, created and utilized.[194] Unter Ba wird weniger ein physischer Raum, wie beispielsweise ein Büro oder eine Bibliothek, sondern ein mentaler Raum, in dem Ideen gedeihen können, verstanden. Der wichtigste Bestandteil von Ba ist die Interaktion mit anderen Menschen, der Organisation oder ihrem Umfeld. Neues Wissen kann nur im Zuge dieser Interaktion entwickelt werden (vgl. Wissensspirale von Nonaka/Takeuchi). Bedeutend dafür ist die situationsspezifische Gestaltung des Lernkontextes.

Nonaka/Toyama/Konno unterscheiden in diesem Zusammenhang vier Arten von Ba und bringen diese in direktem Zusammenhang mit der Spirale des Wissens:

- Originating Ba ist der Ort, an dem Menschen gemeinsam ihre Erfahrungen, Emotionen und Gefühle teilen. Es ist das Ba, an dem implizites Wissen geteilt wird (Sozialisation) und an dem der Wissensgenerierungsprozess beginnt.
- Dialoguing Ba trägt dazu bei, dass die mentalen Modelle und Fähigkeiten des Einzelnen in explizites Wissen transformiert werden (Externalisierung). Dies kann durch individuelle Reflexion und gemeinsamen Dialog geschehen.
- Systemising Ba ist eher virtuell als real zu sehen. In diesem Ba werden explizite Wissensbestände miteinander kombiniert und dadurch wird neues explizites Wissen erzeugt (Kombination).
- Exercising Ba ist der Ort, an dem die Umwandlung von explizitem Wissen in implizites Wissen geschieht (Internalisierung). Im Unterschied zum Dialoguing Ba wird hier Wissen durch ein learning by doing internalisiert.[195]

Dieses Konzept ergänzt die Theorie der Wissensgenerierung von Nonaka/Takeuchi durch die Definition von fördernden Bedingungen und wir im Weiteren bei der Beschreibung der Gestaltung des Lernens in Unternehmen verwendet.

3.3 Gestaltung des Lernens in Unternehmen

Die beschriebenen Lerntheorien und -ansätze zeigen die wichtigsten Zusammenhänge, Hindernisse und Konzepte des organisationalen Lernens, können jedoch kaum als Fertigrezepte für die praktische Gestaltung des Lernens in Unternehmen dienen. Das liegt daran,

---

[194] Nonaka/Toyama/Konno (2000), S. 14.

[195] Zitiert nach North/Güldenberg (2008), S. 138.

dass die Theorien sehr abstrakt sind und die Lernprozesse je nach Größe, Branchenzugehörigkeit, Vorgeschichte und Kultur eines Unternehmens individuell zu gestalten sind. Deswegen werden in diesem Kapitel Maßnahmen und Instrumente des organisationalen Lernens exemplarisch beschrieben und mit Beispielen ihrer Anwendung in den besten Unternehmen untermauert. So kann jeder Unternehmensverantwortliche aufgrund dieser Best Practices geeignete Instrumente finden und an die individuellen Besonderheiten des Unternehmens anpassen.

3.3.1 Lernprozesse in Unternehmen: Zielsetzung und Bereiche

Die Lernprozesse in Unternehmen betreffen alle Felder der betrieblichen Tätigkeit: Menschen, Technik und Organisation. Die Rolle von Menschen ist dabei entscheidend, da Wissen nur von Menschen generiert, genutzt, geteilt und weitergegeben werden kann. Allerdings sind auch technische und technologische Lösungen für optimalen Lernprozesse unentbehrlich (Vernetzung von Wissen, Intranet, Foren usw.). Und schließlich sind die Strukturen des Unternehmens von den Lernprozessen betroffen: Neue Ideen und Abläufe sollten in die Organisation integriert und zu einem festen Bestandteil von Strukturen und Prozessen werden (vgl. Abbildung).

Abbildung 3.13 Auslöser und Zielsetzung des Lernens in Unternehmen

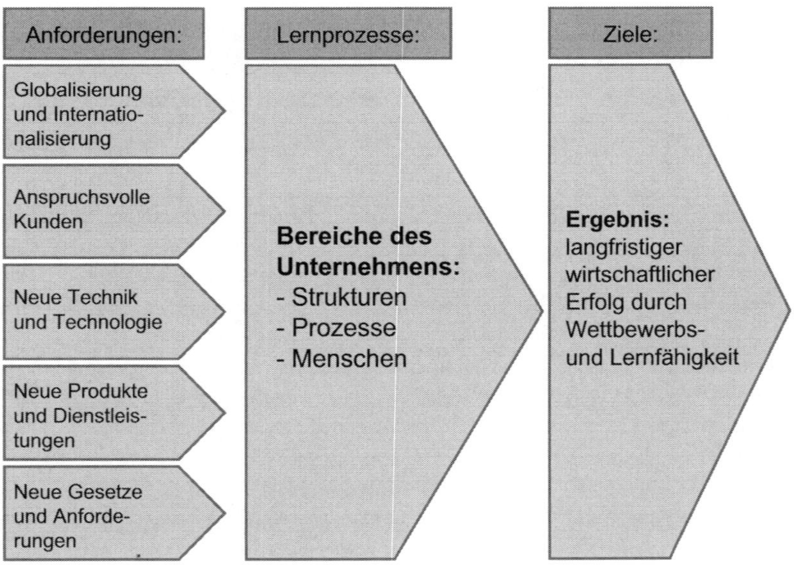

Lernprozesse in Unternehmen sind kein Selbstzweck, sondern eine adäquate Antwort auf die Herausforderungen der Umwelt. Zu den Auslösern des organisationalen Lernens zählen in erster Linie die Veränderungen im Marktumfeld von Unternehmen, die mit der zunehmenden Globalisierung und Internationalisierung der Geschäftstätigkeit und der Käuferdominanz auf den Absatzmärkten zusammenhängen. Ein Unternehmen, das global handelt, muss sich mit der Problematik des internationalen Managements und der interkulturellen Kommunikation auseinandersetzen, neue Strategien und Geschäftsmodelle, passende Instrumente im Absatz- und Personalbereich finden usw.

Die Notwendigkeit des Lernens wird auch durch die hohe Dynamik der Wirtschaft und Gesellschaft verursacht. Der technische Fortschritt ermöglicht (und erzwingt) die Anwendung von neuartigen Technologien und Mitteln, Wettbewerber bringen neue Produkte und Dienstleistungen auf den Markt, es entstehen neue Gesetze und Verordnungen auf der nationalen und europäischen Ebene. Ein erfolgsorientiertes Unternehmen sollte alle diese Veränderungen in seinen Strukturen, Prozessen und Produkten widerspiegeln.

Die Zielsetzung des organisationalen Lernens beschränkt sich nicht auf einen kurzfristigen Gewinn und die Erhaltung der Liquidität, sondern strebt einen nachhaltigen Erfolg und eine permanente Wettbewerbs- und Lernfähigkeit an.

Deswegen sollen sich Lernprozesse auf verschiedene Bereiche des Unternehmens ausdehnen: Menschen, Strukturen und Prozesse. Organisationales Lernen ist mehr als die Summe des privaten Lernens der einzelnen Mitglieder. Das Individuum ist der Träger des Lernvorgangs, und das Unternehmen stellt den Kontext des Lernens dar.

Für die Verankerung des Lernens sind spezielle Unternehmensstrukturen in Form von Organisationseinheiten und Zielsystemen notwendig. Lernprozesse benötigen klare Beschreibungen (inklusive einzelner Schritte) und Steuerung durch Planung und Kontrolle. Darüber hinaus sollte eine optimale Kombination aus interaktiven und digitalen Elementen gefunden werden.

3.3.2 Ebenen und Formen des Lernens in Unternehmen

Die Komplexität der Lernprozesse in einem Unternehmen erfordert eine strukturierte Darstellung und Analyse der Abläufe auf verschiedenen Ebenen. Zusätzlich kann von formellen und informellen Lernen gesprochen werden, die sich in Ihrer Gestaltung unterscheiden.

3.3.2.1 Vier Ebenen des Lernens in Unternehmen

Man kann dabei zwischen vier Ebenen des Lernens unterscheiden: der individuellen, Gruppen-, organisationalen und überorganisationalen Ebene (s. folgende Abbildung).

Auf der **individuellen** Ebene des Lernens sind praktische Maßnahmen denkbar, die traditionell zu dem Bereich der Personalentwicklung in Unternehmen gehören, wie Aus- und Weiterbildung, Schulungen, Qualifizierung der Mitarbeiter, E-Learning und Karriereförderung. Darüber hinaus können spezielle Maßnahmen zur Steigerung der individuellen Kreativität eingesetzt werden, die von speziellen Ideenwettbewerben zur Entwicklung von neuen Produkten, Verbesserung von Prozessen und Arbeitsorganisation und dem klassischen Betrieblichen Vorschlagswesen (BVW) ergänzt werden können.

Abbildung 3.14 Vier Ebenen des Lernens in Unternehmen

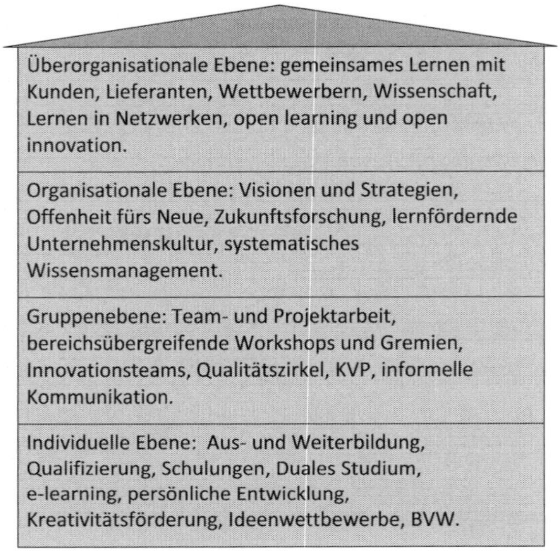

Die **Gruppenebene** kann durch die Bildung von gemeinsamen Lernprozessen und abteilungsübergreifenden Arbeitsteams gefördert. Zu den praktischen Instrumenten zählen Team- und Projektarbeit, bereichsübergreifende Workshops und Gremien, spezielle Innovationsteams, Qualitätszirkel und Kontinuierliche Verbesserungsprozesse (KVP) sowie informelle Kommunikation und spezielle Formen des Wissensaustauschs wie Communities of Practice.

Die Aufgaben des Lernens auf der **organisationalen Ebene** beinhalten in erster Linie bekannte und verbindliche Visionen und Strategien des Lernens, Offenheit fürs Neue, Maßnahmen zur Zukunftsforschung, systematische Wissensarbeit sowie eine lernfördernde Unternehmenskultur.

Die **überorganisationale Ebene** wird als Open Learning und Open Innovation verstanden und soll auf das Lernen in Kooperationen und Netzwerken mit Kunden, Lieferanten, Wettbewerbern, der Wissenschaft, staatlichen und gesellschaftlichen Institutionen usw. ausgerichtet sein.

Die ersten zwei Ebenen zusammen (individuelles und Gruppenlernen) werden traditionell als Gegenstand der **Personalentwicklung** betrachtet, die eine systematische Förderung und Weiterbildung der Mitarbeiter beinhaltet. Im Gegensatz dazu wird im klassischen Personalmanagement von der **Organisationsentwicklung** gesprochen, als organisationstheoretischem Konzept zum Umsetzen geplanten sozialen Wandels in Organisationen. Wir verwenden bewusst den Begriff des organisationalen Lernens, um den ganzheitlichen, systemischen Charakter der Lernprozesse auf allen Ebenen des Unternehmens zu betonen.

Das Ziel der Personalentwicklung ist Vermittlung und Förderung von Kompetenzen. **Kompetenz** besteht in der Fähigkeit, situationsadäquat zu handeln. Eine Kombination aus Wissen, Erfahrungen, Intuition und Selbstorganisation befähigen Menschen, in konkreten Situationen effektiv und effizient zu handeln. Kompetenz wird wirksam im Zusammenspiel von einzelnen Menschen, Gruppen und Organisationen. Es kann zwischen vier Arten der Kompetenz unterschieden werden: Fach-, Methoden-, soziale und persönliche Kompetenz. Unter Fachkompetenz versteht man die Fähigkeit, berufstypische Aufgaben und Sachverhalte selbständig und eigenverantwortlich zu bewältigen. Sie basiert auf theoretischen Kenntnissen und Praxiserfahrungen. Methodenkompetenz ist die Fähigkeit zur Anwendung bestimmter Lern- und Arbeitsmethoden. Soziale Kompetenz (Soft Skills) beschreibt die Gesamtheit der Fertigkeiten, die für die soziale Interaktion nützlich oder notwendig sind. Persönliche Kompetenz (Selbstkompetenz) beschreibt die Fähigkeit, mit sich selbst, eigenen Stärken und Schwächen, Zielen und Motiven, Ressourcen und Zeit optimal umzugehen. Alle vier Kompetenzen stehen in einer Wechselbeziehung zu einander.

Mithilfe verschiedener Instrumente der Personalentwicklung können fachliche, methodische, soziale und persönliche Kompetenzen der Mitarbeiter vermittelt und/oder gefördert werden. Die praktischen Instrumente der Personalentwicklung in Unternehmen werden in der Regel in Personalbildung (Berufsausbildung und Weiterbildung), Personalförderung und Arbeitsstrukturierung gegliedert (s. Abbildung).

Abbildung 3.15 Instrumente der Personalentwicklung im Überblick

Personalbildung	Personalförderung	Arbeitsstrukturierung
Berufsausbildung	Praktikum	Telearbeit
Anlernen	Traineeprogramm	Job Rotation
Einarbeitung	Fachberatung	Fertigungsteam
Training into the Job	Moderation	Job Enlargement
Reaktivierung	Coaching	Job Enrichment
Umschulung	Mentoring	teilautonome Gruppe
berufliche Neuorientierung	Supervision	Fertigungsinsel
Training on the Job	360-Grad-Feedback	Qualitätszirkel
Training off the Job	Assessment Center	Lernstatt
Training near the Job	Förderkreis	Werkstattzirkel
E-Learning	Juniorfirma	Projektgruppe
Web Based Training	Outdoor Training	Stellvertretung
Telelearning	Training out of the Job	Sonderaufgaben
Blended Learning		Versetzung
Fernunterricht		Beförderung
selbstgesteuertes Lernen		Auslandseinsatz
Corporate University		

Diese Tabelle beinhaltet Maßnahmen zum formalen, nicht formalen und informellen Lernen, die auf der individuellen und Gruppenebene des Lernens angesiedelt sind. Sie werden im Weiteren ausführlich diskutiert.

3.3.2.2 Formales und informelles Lernen in Unternehmen

Zu den Instrumenten des formalen Lernens im Rahmen der Personalentwicklung zählen Berufsausbildung, Umschulung und Weiterbildung, Fernunterricht und Studium an einer Corporate University, falls sie mit einem Zertifikat/Diplom abgeschlossen werden. Andere Instrumente sind schwer zu der einen oder anderen Form des Lernens zuzuordnen.[196] Die Instrumente des informellen Lernens gewinnen in unserer Wissensgesellschaft zunehmend an Bedeutung. Menschen lernen nicht allein in organisierter und nach pädagogischen Standards systematisierter Weiterbildung, sondern zunehmend informell, wenn sie entsprechende Lernchancen bekommen (s. Abbildung).

Abbildung 3.16 Beteiligung Erwerbstätiger am informellen beruflichen Lernen nach Lernformen (in %)[197]

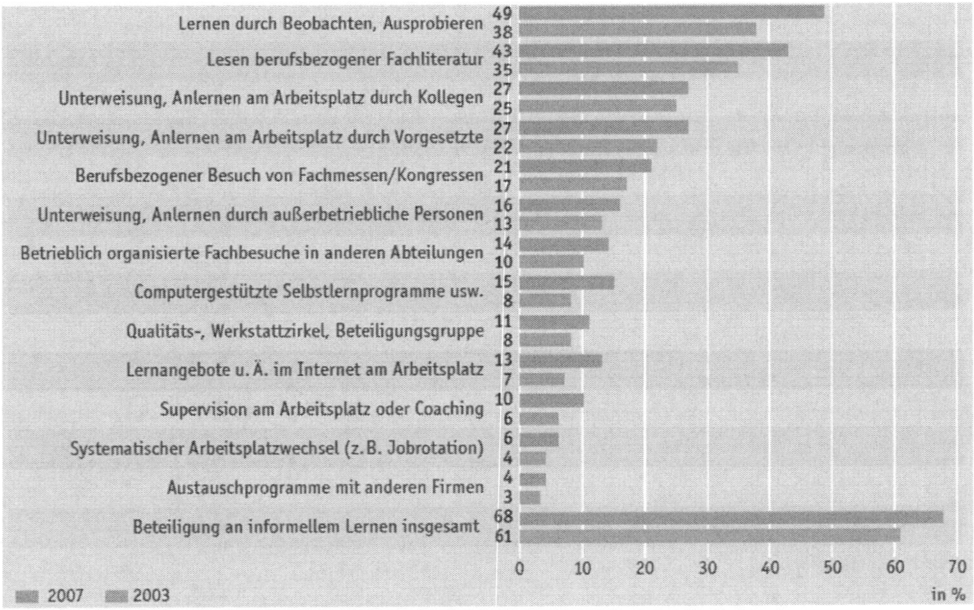

Laut der nationalen Bildungsberichte von 2008 und 2010 werden in den deutschen Unternehmen zunehmend verschiedene Formen des informellen Lernens praktiziert, die konti-

[196] Vgl. Diskussion im Kapitel Lebenslanges Lernen.

[197] Vgl. Bildungsbericht (2008), S. 146.

nuierlich an Bedeutung gewinnen. Die Beteiligungsquote am informellen beruflichen Lernen ist zwischen 2003 und 2007 um sieben Prozentpunkte gestiegen. Besonders signifikant haben sich „Computergestützte Selbstlernprogramme" erhöht. Sie wurden im Vergleich zu 2003 fast doppelt so oft zum Lernen eingesetzt. Trotz dieser Erhöhungen muss man jedoch feststellen, dass viele Lernformen nur wenig praktiziert werden.[198]

Lernen durch Beobachten und Ausprobieren sowie durch Lesen berufsbezogener Fachliteratur sind die besonders verbreiteten Formen des informellen Lernens in Unternehmen. Die Großunternehmen, die 500 und mehr Beschäftigte haben, sind Vorreiter auf dem Gebiet des informellen Lernens (s. folgende Abbildung). Die dominierenden Formen sind dabei Job Rotation, Austauschprogramme und Studienbesuche sowie Lern- und Qualitätszirkel und selbstgesteuertes Lernen der Mitarbeiter.

Abbildung 3.17 Ausgewählte Formen informellen Lernens 2005 nach Unternehmensgröße (in % an allen Unternehmen)[199]

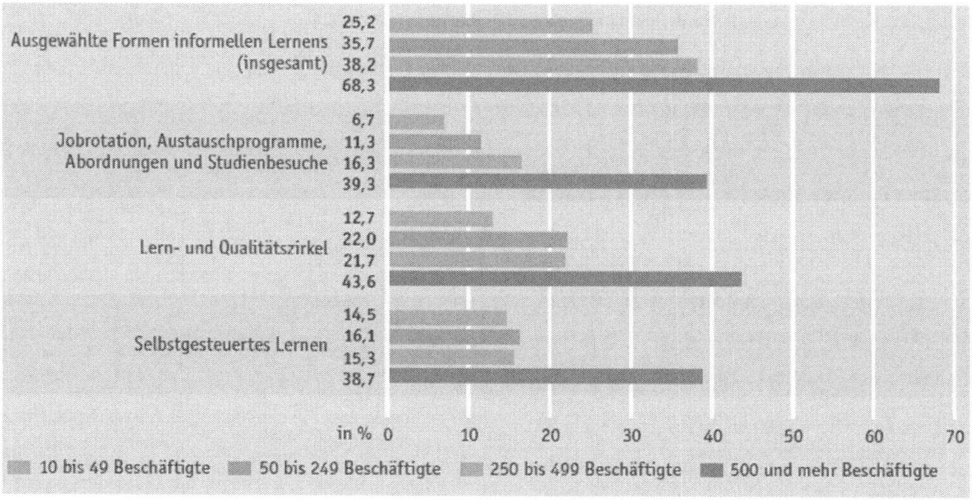

Im Zentrum der beruflichen Weiterbildung stehen aktuell die Themenbereiche „Wirtschaft, Arbeit, Recht" (48,4%) und „Natur, Technik, Computer" (45,5%). Innovative Betriebe sind im Angebot von Weiterbildungsveranstaltungen in allen Betriebsgrößenklassen deutlich aktiver als nichtinnovative Betriebe. Bei den Großunternehmen ist allerdings die Teilnehmerquote unter den eigenen Beschäftigten bei den innovativen Betrieben höher als

[198] Vgl. Bildungsbericht (2008), S. 146.

[199] Vgl. ebd., S. 147.

bei nichtinnovativen.[200]

Diese Auswirkungen des informellen Lernens zeigen seine Bedeutung für Unternehmen, ihren langfristigen Erfolg und ihre Wettbewerbsfähigkeit. Die Gestaltung und systematische Steuerung des organisationalen Lernens auf allen vier Ebenen und in allen Formen ist eine wichtige Aufgabe der Unternehmensführung. In weiteren Kapiteln werden Instrumente und praktische Beispiele zur Gestaltung des organisationalen Lernens ausführlich erläutert.

3.3.3 Gestaltung des individuellen Lernens in Unternehmen

Zu den Maßnahmen auf der individuellen Ebene des Lernens gehören Aus- und Weiterbildung verschiedener Art, Maßnahmen der Personalförderung und Umstrukturierung des Arbeitsprozesses sowie spezielle Instrumente der Ideenarbeit und Kreativitätsförderung. Alle diese Instrumente fördern individuelle Lernprozesse bei jedem Einzelnen.

3.3.3.1 Aus- und Weiterbildung in Unternehmen

Die erstmalige Qualifizierung für eine berufliche Tätigkeit wird als **Berufsausbildung** bezeichnet. Die anschließenden Anlernen und Einarbeitung dienen der Vertiefung von Kenntnissen und Fertigkeiten der Ausgebildeten.

Nachhaltige Berufsausbildung bei Audi

Personalentwicklung bei Audi folgt einem ganzheitlichen und nachhaltigen Verständnis, das im Grundsatz eine langfristige Bindung zwischen Unternehmen und Mitarbeiter anstrebt. Das notwendige Erfahrungswissen und die Kompetenzentwicklung zur Erreichung der Unternehmensziele können nicht kurzfristig erfolgen, man braucht Kontinuität, Spielräume und Reflektion.

Die Personalentwicklung ist an die jeweiligen Phasen des Erwerbslebens geknüpft. Sie beginnt mit der Berufsausbildung, zeigt Perspektiven und vermittelt Kompetenzen während des Berufslebens (sogenannte Entwicklungswege im Tarif) bis zum Ausscheiden, inklusive Personalentwicklung ins und im Management.

Die Berufsausbildung hat in dieser Systematik nicht allein die Aufgabe, die für den Berufseinstieg erforderlichen fachlichen Kompetenzen zu vermitteln. Vielmehr bezieht diese auch die Vermittlung von Kompetenzen zur Selbstorganisation des Lernens, zur Zusammenarbeit, zum Verständnis von Prozessen mit vor- und nachgelagerten Funktionen sowie erforderliche betriebswirtschaftliche Kenntnisse mit ein. Nach dem ersten Ausbildungsjahr wird die Berufsausbildung aus der Ausbildungswerkstatt in den Betrieb verlagert und in reale Wertschöpfungsprozesse integriert. Danach wird ein flexibler Berufseinstieg mithilfe einer sogenannten Drehscheibe vorbereitet: In den ersten 24

[200] Vgl. Bildungsbericht (2010), S. 137, 142.

Monaten werden einzelne Bestandteile von Wertschöpfungsprozessen durch einen systematischen Tätigkeitswechsel (Job Rotation) verbunden. Dies bildet den Einstieg in das berufliche Lernen in jeder Erwerbsphase.

Methodisch folgt die Berufsausbildung einem systematisierten Kompetenzmodell aus vier Kompetenzfeldern – fachliche, soziale, individuelle und unternehmerische Kompetenzen. Alle Tätigkeiten im Unternehmen werden zu Tätigkeitgruppen zusammengefasst, denen entsprechende Soll-Kompetenzprofile zugeordnet werden. Dem gegenüber wird ein Ist-Profil des betroffenen Mitarbeiters gestellt und die notwendigen Personalentwicklungsmaßnahmen abgeleitet.

Die Kompetenzprofile sind in Berufsfamilien verankert, die artverwandte Tätigkeiten zusammenfassen. Durch die Berufsfamilien wird das gesamte Tätigkeitsspektrum des Unternehmens abgebildet und strukturiert. Berufsfamilie bildet den zentralen Bezugspunkt für die Kompetenzentwicklung der Mitarbeiter und des Unternehmen als Ganzes. Audi entwickelt sich in den Berufsfamilien zu einer lernenden Organisation, in der die herausragenden Wissensträger situationsgerecht, flexibel und arbeitsplatznah ihr Wissen an Mitarbeiter weitergeben. Es geht aktuell um ca. 200 unternehmensinterne Experten und 12.500 Mitarbeiter, die in diesen Kompetenzentwicklungsprozess involviert sind.[201]

In der heutigen Wissensgesellschaft ist die permanente Weiterentwicklung des Wissens der Mitarbeiter erforderlich. Diesem Zweck dient im Rahmen der Personalentwicklung die Weiterbildung.

Weiterbildung hat die Aufgabe, die beruflichen Qualifikationen der Belegschaft auf den neuesten Stand wissenschaftlicher, technologischer und arbeitsorganisatorischer Entwicklungen zu halten.[202] Sie richtet sich auf die Menschen aus, die eine erste Bildungsphase abgeschlossen und in der Regel schon gearbeitet haben.

Training on the Job (Fortbildung am angestammten Arbeitsplatz in einem Unternehmen), **off the Job** (Weiterbildung, die außerhalb eines Unternehmens stattfindet) und **near the Job** (Fortbildungsmaßnahmen im Unternehmen, aber nicht am bisherigen Arbeitsplatz) gehören zu den traditionellen Weiterbildungsformen.

Die Methoden der Aus- und Weiterbildung verändern sich mit dem Fortschritt in der Technologie und Kommunikation: Die traditionellen Methoden wie Vorträge, Seminare und Schulungen verlieren allmählich an Bedeutung. Mitarbeiter, die sich überwiegend mit hochqualifizierten und kreativen Tätigkeiten beschäftigen, lernen zunehmend im Prozess der Arbeit und selbstorganisiert sowie situativ und sozial (in Gruppen).[203]

---

[201] Vgl. Widuckel (2009), S. 219-223.

[202] Vgl. Becker (2005), S. 186 f.

[203] Vgl. North/Güldenberg (2008), S. 156 f.

Immer häufiger finden Mitarbeiter ihre Informationen und Lernangebote selbständig über das Internet, lernen weniger auf Vorrat, sondern anlassbezogen und zielorientiert. Das individuelle Lernen findet immer seltener in Seminar- und Veranstaltungsräumen und immer häufiger am Arbeitsplatz und in der Freizeit statt.

Individuelle Weiterbildung bei Itemis AG

Die Itemis AG in Lünen bei Dortmund beschäftigt 140 Mitarbeiter und ist Spezialist und Technologieführer im Bereich der modellbasierten Softwareentwicklung.

Itemis gewährt jedem Mitarbeiter einen Tag in der Woche zur individuellen Weiterbildung. Wie dieser Tag genutzt wird, steht den Mitarbeitern mehr oder minder frei. Man geht davon aus, dass stetige Fortbildung die Kreativität und die Innovationskraft der Mitarbeiter erhöht, die als überlebenswichtige Wettbewerbsvorteile angesehen werden.

Um einem Mitarbeiter einen ganzen Tag der Arbeitswoche zu seiner freien Verfügung zu überlassen, braucht es Vertrauen und ein positives Menschenbild seitens der Geschäftsführung. Das Unternehmen hat erkannt, dass die intrinsische Motivation, insbesondere Arbeitsaufgabe und -umfeld, für die Leistung entscheidend sind. Wirklich gut sind Mitarbeiter in Dingen, die sie gut können und in denen sie sich stets ein wenig verbessern und fördern können.

Die Inhalte der Weiterbildung werden von Mitarbeitern selbst bestimmt. Die Spannweite der Aktivitäten ist groß und beschränkt sich keineswegs auf die Kernkompetenz des Unternehmens. Aber an erster Stelle stehen die Open-Source-Projekte und die sogenannten Study-Groups, in denen es um Erfahrungs- und Wissensaustausch unter den Mitarbeitern geht. Hier werden neue Technologien ausprobiert, auf ihre Praxistauglichkeit getestet und weiterentwickelt. Sobald ein Mitarbeiter ein interessantes Thema entdeckt hat, sucht er gleichgesinnte Kollegen und gründet eine Gruppe. Die drei bis sechs Teilnehmer arbeiten sich selbstständig in die neue Technologie ein. Die Ergebnisse werden in internen Projekten getestet und danach im wöchentlichen Firmen-Podcast oder bei einem der halbjährlichen Treffen an die Belegschaft weitergegeben. Wo sich die Mitarbeiter mit Lernen und Entwicklung beschäftigen, ist ihnen überlassen: in eigener Wohnung, im Zug oder am Arbeitsplatz.

Die Angst vieler Manager, eine solche Regelung ist kostspielig und weniger erfolgversprechend, hat sich als unbegründet erwiesen. Die Erfahrung der Itemis AG belegt, dass kontinuierliche Weiterbildung zu einer erheblichen Steigerung der Produktivität und wirtschaftlichen Vorteilen führt: Gut ausgebildete IT-Berater mit einem breiten und tiefen Know-how über aktuelle Technologien und Methoden arbeiten weitaus effizienter und führen Kundenprojekte schneller zum Erfolg.

Ein konkretes Beispiel für eine auf diesem Wege entstandene Innovation ist ein neuer Geschäftsbereich Mobile. Die Kernkompetenz des Unternehmens – die modellbasierte Entwicklung von Software – hat sich aus dem Bereich der Unternehmensanwendungen und der eingebetteten Systeme hin zu Entwicklung von Applikationen für mobile Endgeräte entwickelt. Diese Idee wurde zunächst von zwei Mitarbeitern in ihrer Weiterbildungszeit angestoßen. Mittlerweile sind daraus erste Projektaufträge entstanden und zusätzliche Mitarbeiter eingestellt worden.[204]

Zunehmend werden computergestützte Methoden des Lernens wie E-Learning, Web Based Training, Blended Learning praktiziert, was im Bildungsbericht 2010 bestätigt wurde. Der IT-Branchenverband Bitkom schätzte 2008 das Volumen des deutschen E-Learning-Marktes auf einen Wert von ca. 200 Millionen Euro bei einer Steigerung von 10-15 Prozent jährlich für die nächsten Jahre.[205]

Unter **E-Learning** (engl. electronic learning) werden alle Formen von Lernen verstanden, bei denen elektronische oder digitale Medien für die Präsentation und Distribution von Lernmaterialien und/oder zur Unterstützung zwischenmenschlicher Kommunikation zum Einsatz kommen. Als Unterformen sind insbesondre CBT, WBT und Blended Learning bekannt.

Computer Based Training (CBT) bezeichnet Lernprogramme, die vom Lernenden zeitlich und räumlich flexibel genutzt werden können und bei dem die Lernenden nicht in direktem Kontakt mit dem Lehrenden und anderen Lernenden stehen.

Web Based Training (WBT) ist eine Weiterentwicklung des CBT, bei der sich Lerneinheiten nicht auf einem Datenträger befinden, sondern von einem Webserver online mittels des Internets oder eines Intranets abgerufen werden. Die Einbettung ins Netz bietet vielfältige weiterführende Möglichkeiten der Kommunikation und Interaktion des Lernenden mit dem Dozenten.

Aus der Praxis sind die Nachteile des rein digitalen Lernens bekannt: ungenügende Motivation, Aufmerksamkeitsverlust, mangelnde Belohnung der Lernenden, Fehlen an sozialen Kontakten und interaktiver Unterstützung durch einen Betreuer. Diese Schwächen werden zum großen Teil im Ansatz des Blended Learning überwunden.

Blended Learning bezeichnet eine Lernform, die eine didaktisch sinnvolle Verknüpfung von traditionellen Präsenzveranstaltungen und modernen Formen von E-Learning anstrebt. Das Konzept verbindet die Effektivität und Flexibilität von elektronischen Lernformen mit den sozialen Aspekten der Face-to-Face-Kommunikation und/oder dem praktischen Erlernen von Tätigkeiten.

Aber auch in diesem Ansatz bleiben einige Problematiken vorhanden, die die Effizienz des E-Learning reduzieren. Selbstständiges Lernen am Computer, auch in Kombination mit regelmäßigen interaktiven Treffen, wird oft als langweilig empfunden und bedarf einer ausgeprägten Selbstmotivation. Einen neuen Weg gehen moderne E-Learning-Ansätze, die unter dem Begriff Serious Games bekannt sind.

---

[204] Vgl. Schneider (2010), S. 24-26.

[205] Vgl. Pesch (2010), S. 48.

Die **Serious Games**, oder Spieltechnologien, sind für die Mitarbeiter unterhaltsamer und abwechslungsreicher, als konventionelle Methoden, und zeichnen sich durch geringere Kosten sowie höherer Effizienz und Lerngeschwindigkeit aus.

Serious Games funktionieren wie richtige Computerspiele mit unterschiedlichen Spielstufen, berücksichtigen mehrere Medien, bieten viel Interaktion in richtigen Spielszenen, teilweise videounterstützt, und beinhalten einen Highscore (Höchstpunktzahl), der in unterschiedlichen Spielstufen erreicht wird. Nach Meinung von Experten ist das durch spielbasiertes Lernen vermittelte Wissen nachweisbar nachhaltiger, als beispielsweise bei Präsenztrainings.[206]

Das auf Spieltechnologien basiertes Lernen ist motivierend, kurzweilig und unterstützt den Ansatz des informellen Lernens: Wissen wird dann abgerufen, wenn es zur Lösung eines aktuellen Problems benötigt wird.

Serious Games bei Edeka

Bei der Edeka Minden-Hannover wurde 2009 der Bereich Personalentwicklung neu strukturiert. Speziell für den Bedarf des Unternehmens wurde vom Hersteller Core Competence das Adventure Game „Edeka Entwicklungsgespräche" produziert, mit dem das optimale Durchführen von Zielvereinbarungs- und Jahresgesprächen geschult werden sollte. In der Testphase, an der sich etliche Test-User beteiligt haben, wurde eine Anpassung des Produktes an reale und differenzierte Gesprächssituationen bei Edeka durchgeführt.

Highscores, farbige Skalen und das Erreichen eines imaginären Pokals, der in jedem Modul je nach erreichter Punktzahl unterschiedlich eingefärbt ist, motivieren die Anwender dazu, ständig ihre Leistungen zu verbessern. Die Probanden waren mit dem Programm und den Lernergebnissen zufrieden, bezeichneten die gespielten Szenen als authentisch. Zurzeit wird das Spiel für die Nachschulung und Trainings zum Entwicklungsgespräch für rund 2000 Führungskräfte der Edeka eingesetzt.[207]

Die Vorteile von Serious Games sind situative, bedarfsorientierte Wissensvermittlung, Unterhaltsamkeit, geringe Kosten, zeitlich flexibler Einsatz. Serious Games werden sich in der Zukunft mit großer Wahrscheinlichkeit als ein beliebtes Instrument betrieblicher Weiterbildung etablieren.

3.3.3.2 Instrumente der Personalförderung

Die Instrumente der Personalförderung gehören ebenfalls zur Praxis der Personalentwicklung und können für die Gestaltung des individuellen Lernens genutzt werden.

---

[206] Vgl. Pesch (2010), S. 49.

[207] Vgl. ebd., S. 50.

Praktika und Traineeprogramme ermöglichen es einem Bewerber, einen Einblick in das Unternehmen und seine Bereiche zu bekommen, und helfen zugleich den Personalverantwortlichen im Unternehmen, die besten Kandidaten für die Besetzung von freien Stellen auszuwählen.

Weitere wirksame Instrumente für individuelles Lernen sind Mentoring und Coaching, die insbesondere zum Transfer des impliziten Wissens und damit zu seiner Erhaltung im Unternehmen beitragen.

Mentoring ist ein Personalentwicklungsinstrument, das insbesondere in Unternehmen, aber auch beim Wissenstransfer in persönlichen Beziehungen eingesetzt wird. Eine erfahrene Person (Mentor/in) gibt dabei ihr fachliches oder Erfahrungswissen an eine unerfahrenere Person (Mentee) weiter mit dem Ziel, den Mentee bei seiner persönlichen oder beruflichen Entwicklung zu unterstützen. Mentoring wird eingesetzt, um den Wissenstransfer zwischen Erfahrenen und weniger Erfahrenen zu fördern.

Coaching ist eine zielorientierte Begleitung von Menschen, überwiegend im beruflichen Kontext, die zur Förderung der Selbstreflexion sowie der selbstgesteuerten Verbesserung der Wahrnehmung und des Verhaltens beiträgt. Der Coach begleitet den Klienten bei der Realisierung eines Anliegens oder der Lösung eines Problems. Im Unterschied zu einem Mentor, der lediglich über einen Erfahrungs- und/oder Wissensvorsprung gegenüber dem Mentee verfügt, ist ein Coach üblicherweise eigens für diese Tätigkeit ausgebildet.

Besonders oft kommt das Coaching von (gehobenen) Führungskräften vor. Es ist auf Zielorientierung, Ressourcenaktivierung sowie die Erweiterung der Wahrnehmung und der Handlungsoptionen des Klienten ausgerichtet. Der Coach gibt gezieltes Feedback, vermeidet aber direktive Interventionen (Ratschläge), wie sie beim Consulting oder Beratung üblich sind. Coaching ist meist zeitlich auf wenige Sitzungen begrenzt, wird aber zum Teil auch berufsbegleitend über eine längere Periode durchgeführt. Grundlage des Prozesses ist ein Coaching-Vertrag, in dem das Ziel und die Dauer des Coaching sowie das Honorar festgelegt werden. Vertraulichkeit von Seiten des Coaches sowie Freiwilligkeit und Selbstverantwortung des Klienten werden als Voraussetzungen für einen erfolgreichen Coachingprozess angesehen.

Die Personalförderung hat viele Überschneidungen mit dem **Talentmanagement**, das die Identifikation von High Potentials, ihre Entwicklung, Förderung und Bindung an das Unternehmen anstrebt. Das Hauptziel des Talentmanagement ist eine langfristige Sicherstellung der Besetzung kritischer Rollen und Funktionen, deswegen richtet es sich in erster Linie auf hochqualifizierte Spezialisten aus, die auf dem Arbeitsmarkt besonders rar sind. Als Kriterien für die Identifikation der Zielgruppe von High Potentials dienen gegenwärtige Kompetenzen und Leistungen sowie Entwicklungspotenziale der Mitarbeiter.

Das Grundprinzip des Talentmanagements ist die Anerkennung der Wertigkeit individueller Stärken und Fähigkeiten: Jeder Mensch ist begabt, man sollte seine Talente entdecken und die Rahmenbedingungen für ihre Entfaltung schaffen. So können die verborgenen

Begabungen und kaum genutzte Wissens- und Kreativitätspotenziale aller Mitarbeiter im Unternehmen aufgedeckt und optimal genutzt werden.[208]

Instrumente des Talentmanagements bei SAP

SAP gehört laut einer aktuellen Studie zu Talentmanagement – neben ABB, Adidas, Lufthansa, RWE und VW – zu den Top-10-Unternehmen in Deutschland, Österreich und der Schweiz. Das Talentmanagement bei SAP ist eine zentrale Säule der Human Ressource Prozesse und leitet sich nachvollziehbar aus der Unternehmensstrategie ab. Entscheidende Instrumente bei der Identifizierung von Talenten sind Führungskräfte-Schulungen, in denen die Teilnehmer lernen, Potenzialträger in ihren Teams zu erkennen, Management Peer Meetings zur Kalibrierung der Talente sowie ein Software-unterstützter Prozess zur Dokumentation der Ergebnisse. Danach setzt die Entwicklung der Talente ein. Kritischer Erfolgsfaktor ist dabei das Bewusstsein der Talente, dass sie durch ihr Engagement größtenteils selbst für ihre Weiterentwicklung verantwortlich sind. Unterstützung erhalten sie dabei in erster Linie von ihren Führungskräften. Die Personalabteilung steht beratend zur Seite und ist verantwortlich für den Gesamtprozess.[209]

3.3.3.3 Umstrukturierung des Arbeitsprozesses

Eine wichtige Rolle für die Kompetenzentwicklung der Mitarbeiter spielt die Durchführung neuer und herausfordernder Aufgaben, die zugleich Motivation und Anlass fürs Lernen bedeutet. In diesem Prozess werden verschiedene Formen der Arbeitsstrukturierung angewendet.

Job Rotation ist ein systematischer Arbeitsplatz- oder Aufgabenwechsel innerhalb eines Arbeitssystems. Andere Formen der Umstrukturierung des Arbeitsprozesses sind **Job Enlargement** (horizontale Erweiterung), bei dem eine Arbeitserweiterung innerhalb eines Anforderungsniveaus stattfindet, und **Job Enrichment** (vertikale Erweiterung), bei dem es sich um Tätigkeiten einer höheren Ebene (wie Selbstorganisation und -kontrolle) und somit um eine Arbeitsbereicherung handelt. Eine kombinierte Form der Arbeitsumstrukturierung ist die Gruppenarbeit.[210]

Bei diesen Instrumenten geht es um informelles Lernen, das von dem Mitarbeiter mitgesteuert und an seinen individuellen Fähigkeiten ausgerichtet wird. Als Motivation für den Mitarbeiter dient der Erwerb neuer Kompetenzen, der zum Aufstieg oder einer gewünschten Versetzung führen kann.

---

[208] Ausführlich s. Ritz/Thom (2010).

[209] Vgl. Graf/Laske (2010), S. 21.

[210] S. ausführlich im Kapitel 3.3.4 Gestaltung des Gruppenlernens in Unternehmen.

Stellvertretung, Sonderaufgaben, Versetzung, Beförderung und Auslandseinsatz sind weitere gängige Formen des individuellen Lernens (learning by doing), die in Unternehmen oft praktiziert werden. Dadurch lernen die Mitarbeiter neue Aufgabengebiete kennen, erweitern ihre Kompetenzen und werden auf neue Tätigkeiten vorbereitet.

Insbesondere der **Auslandseinsatz** von Mitarbeitern kann als eine komplexe Form des individuellen Lernens betrachtet werden. Das Ergebnis der ECA-Studie "Managing Mobility 2010" belegt, dass die Zahl der Auslandsentsendungen in den vergangenen Jahren trotz der globalen Rezession weiter gestiegen ist. Zu den typischen Formen zählen längerfristige Auslandsentsendungen mit einer Dauer zwischen einem und vier Jahren, kurzfristige Aufenthalte oder Pendeln zwischen einer Auslandsniederlassung und dem Mutterunternehmen. Internationale Mobilität wird immer wichtiger: Sind Mitarbeiter früher im Laufe ihrer Karriere nur einmal ins Ausland entsendet worden, so sind über zwei Drittel der von ECA befragten Unternehmen der Meinung, dass Beschäftigte künftig mehrere Einsätze im Ausland haben werden.[211]

Im Rahmen eines Auslandsaufenthalts werden Fachkompetenzen des Entsandten erweitert, soziale und spezifische interkulturelle Kompetenzen aufgebaut. In der Regel sind die Sachaufgaben des Mitarbeiters in einer Auslandsniederlassung weiter gefasst, als die des ursprünglichen Arbeitsplatzes (es findet eine Art Job Enlargement und Job Enrichment statt). Darüber hinaus wird gelernt, mit einer anderen Kultur umzugehen, sich anzupassen, die Beziehungen und den Alltag unter neuen Bedingungen zu meistern. Deswegen gilt diese Maßnahme oft als eine Voraussetzung für die Beförderung in eine Topposition.

3.3.3.4 Ideenarbeit und BVW

Individuelle Lernprozesse einzelner Mitarbeiter können im Rahmen der Ideenarbeit und des Betrieblichen Vorschlagswesen (BVW) angeregt werden.

Das BVW verfolgt neben den ökonomischen Zielen wie Kosteneinsparung, Prozessoptimierung und Qualitätsverbesserung soziale und personalpolitische Ziele, zu denen die Stärkung der Motivation und Entwicklung der Mitarbeiter, Erhöhung ihrer Identifikation mit dem Unternehmen sowie Förderung von Kompetenzen der Mitarbeiter gehören.

Oft werden die Begriffe BVW, Ideenmanagement und Ideenarbeit synonym verwendet. Unter BVW versteht man ein traditionelles Instrument, das von Alfred Krupp bereits im Jahre 1872 definiert und eingeführt wurde. In diesem klassischen Sinne ist BVW ein mitarbeitereinbeziehendes Optimierungssystem mit dem Ziel, das Ideenpotenzial aller Mitarbeiter in einer Organisation zu nutzen, bei dem Mitarbeiter Verbesserungsvorschläge einreichen und einen Teil der dadurch erzielten Einsparungen als Prämie ausgeschüttet bekommen. Im Laufe der Jahre hat sich das BVW-Konzept wesentlich verändert, und man spricht heute von einem Ideenmanagement, das über das BVW hinausgeht, oft Elemente des Kontinuierlichen Verbesserungeprozesses (KVP) einbezieht und mit neuen Methoden

211 Vgl. ECA (2011).

und Instrumenten arbeitet.[212] Mit dem Begriff Ideenarbeit wird sowohl formalisierte als auch nicht formalisierte Arbeit an und mit Ideen bezeichnet.

Im Rahmen der Ideenarbeit werden die Mitarbeiter zum Lernen animiert, da sie sich bewusst mit Prozessen und Situationen im Unternehmen beschäftigen, die sie vorher als vorgegeben und starr wahrgenommen haben. Das Gewöhnliche wird infrage gestellt und überdacht. Das Lernen im Rahmen der Ideenarbeit ist informell und selbstorganisiert.

Der Erfolg der Ideenarbeit kann anhand wirtschaftlicher Kennzahlen und Beteiligungsquoten gemessen werden, spiegelt sich jedoch zugleich in steigender Kompetenz und verbesserter Nutzung von Mitarbeiterpotenzialen wider.[213]

3.3.3.5 Individuelle Kreativitätsförderung

Ein Unternehmen, das seine Innovationsperformance steigern will, sollte die Kreativitätspotenziale seiner Belegschaft nutzen und fördern. Die Bedeutung der Kreativität und Ideengenerierung nimmt in der Wissensgesellschaft zu: Wissensarbeiter beschäftigen sich überwiegend mit komplexen kognitiven Tätigkeiten, die Ideenreichtum erfordern.

Jeder Mensch ist fähig, kreativ zu sein. Es ist wichtig, die individuellen Fähigkeiten, Begabungen und Interessen jedes Mitarbeiters zu erkennen, und Freiräume für ihre Entfaltung zu schaffen. Zu diesem Zweck sind Schulungen in Kreativitätstechniken hilfreich. Ein Workshop, in dem gängige Kreativitätstechniken und Methoden der Ideengenerierung vermittelt werden, sensibilisiert Mitarbeiter und regt sie zum Nachdenken über die Verbesserungen an.[214]

Als ein weiteres Hindernis für die Kreativität gilt die Unfähigkeit, eigene Idee zu artikulieren und zu kommunizieren, deswegen sind spezielle Kommunikationsworkshops ebenfalls förderlich.

Viele Methoden des individuellen Lernens in Unternehmen überschneiden sich mit denen des Gruppenlernens, das im Weiteren betrachtet wird.

3.3.4 Gestaltung des Gruppenlernens in Unternehmen

Wie die früheren Ausführungen gezeigt haben, findet das Lernen nicht im leeren Raum, sondern in einer sozialen Umgebung statt. Die frühkindliche Entwicklung ist nur im Rahmen der Sozialisation möglich, da das Meiste am Modell gelernt wird. Bildung und Ausbildung sind ebenfalls in einen sozialen Kontext eingebettet. Auch im Berufsleben sind die Prozesse des individuellen Lernens von der sozialen Umgebung, ihrer Zielsetzungen, ihren Rahmenbedingungen und Vorbildern abhängig.

---

[212] Zur Genese des Ideenmanagement s. Franken/Brand (2008).

[213] Vgl. Beispiel BVW bei VW im Kapitel 4.8.2.

[214] Kreativitätstechniken werden im Kapitel 4.8.6 ausführlich beschrieben.

Die Methoden des sozialen und situativen Lernens, bei denen in Gruppen und im Prozess des Handelns gelernt wird, gewinnen zunehmend an Bedeutung. Das bedeutet, konkrete Arbeitssituationen gemeinsam zu erleben und darüber zu diskutieren, wie man diese verbessern kann oder Erfahrungen auszutauschen, anstatt Ausbildung und Weiterbildung primär an abstrakten Prozessbeschreibungen zu orientieren. **Das situative bzw. soziale Lernen** versucht, Lehr- und Lernformen möglichst nah an der Erfahrungswelt der Lernenden anzusiedeln und Gruppenkonzepte zu praktizieren.

Eine wichtige Voraussetzung für ein gelungenes Gruppenlernen ist die **Heterogenität** der Gruppenmitglieder. Nonaka/Takeuchi sprechen dabei von der „notwendigen Vielfalt", die durch einen Wandel der Organisationsstruktur oder wechselnde Teammitglieder erreicht werden kann.[215] Der gleiche Gedanke wird unter dem Begriff „Synergieeffekte der Vielfalt" und im Konzept Diversity Management impliziert. Je vielfältiger Kompetenzen und Erfahrungen in einer Arbeitsgruppe, desto höher ist die Wahrscheinlichkeit, dass ein Problem aus verschiedenen Blickwinkeln betrachtet wird und kreative Lösungen zustande kommen. Ältere und Jüngere, Männer und Frauen, Deutsche und Zuwanderer, Vertreter verschiedener Fachgebiete können durch den Austausch vielfältiger Einstellungen, Kenntnisse und Lebenserfahrungen voneinander lernen.

Bei der praktischen Gestaltung des Lernens auf der Gruppenebene können zahlreiche Instrumente eingesetzt werden. Zu den traditionellen Maßnahmen gehören Team- und Projektarbeit, bereichsübergreifende Workshops und Gremien, spezielle Innovationsteams, Qualitätszirkel, Kaizen und Kontinuierliche Verbesserungsprozesse (KVP). Als moderne Instrumente werden Communities of Practice betrachtet. Alle diese Verfahren unterstützen Wissensaustausch und Lernen in Unternehmen.

3.3.4.1 Gruppen- und Projektarbeit

Gruppenarbeit regt den Wissensaustausch, Kommunikation und Lernen an. In einem Fertigungsteam werden Job Rotation, Job Enlargement und Job Enrichment praktiziert, da Teammitglieder sich gegenseitig ergänzen und unterstützen.[216]

Auch Initiativen wie „Kollegen lernen von Kollegen" unterstützen das Lernen voneinander. Das zeitlich aufwändige Beobachten von Themenfeldern über das Abonnement von Newslettern, Inhalten von Fachportalen oder das Auswerten von Fachzeitschriften lässt sich effizienter gestalten, indem Kollegen untereinander Zuständigkeiten für Themen absprechen und periodisch den Wissensstand austauschen, z. B. als fester Bestandteil regelmäßiger Treffen.[217]

---

215 Vgl. Kapitel 3.2 Theorien des organisationalen Lernens.

216 Vgl. Beispiel Teilautonome Fertigungsteams bei Opel im Kapitel 4.1.2.3.

217 Vgl. North/Güldenberg (2008), S. 156 f.

Hierdurch kann auch das Lernen über Grenzen von Berufsgruppen hinweg gefördert werden. Coaching und Supervision unterstützen Wissensarbeiter bei der Reflexion ihrer Lernprozesse und spiegeln Selbst- und Fremdbeurteilung wider. In den individualistisch geprägten Kulturen vieler Berufsgruppen bestehen Hemmschwellen, sich gegenüber Kollegen oder Vorgesetzen zu öffnen. Coaching und Supervision können sowohl persönliche Unterstützung bieten als auch individuelles Lernen in Gruppenlernen überführen.

Eine hervorragende Form des gemeinsamen Lernens bieten Projekte, in denen oft interdisziplinär neue Fragestellungen bewältigt und experimentiert wird. In jedem Projekt werden durch die Teammitglieder Erfahrungen gemacht, welche für die Teilnehmer selbst und für zukünftige Teams mit ähnlichen Fragestellungen von großem Interesse sein könnten. In einem Prozess der Selbstreflexion sollte sich jedes Team nach Abschluss des Projektes die Frage stellen, welche kritischen Erfahrungen gemacht wurden und worauf zukünftige Teams bei ähnlichen Problemstellungen achten sollten. Häufig werden unterschiedliche Einschätzungen erst durch solche Reflexionsrunden sichtbar und können damit auch für die Beteiligten eine wertvolle Quelle zur Beurteilung der eigenen Arbeit darstellen.

Unter dem Stichwort **Lessons learned** versuchen mehr und mehr Organisationen, die Aufarbeitung von Erfahrungen voranzutreiben und sowohl aus Erfolgen als auch aus Fehlern konsequent zu lernen. Lessons Learned repräsentieren die Essenz der Erfahrungen, welche in einem Projekt oder einer Position gemacht wurden. Um aus Lessons Learned den entsprechenden Nutzen zu ziehen, muss vor allem ein geeigneter Kontext zu ihrer Sicherung vorhanden sein.[218]

3.3.4.2 Kaizen und KVP

Kaizen als ursprünglich japanische Philosophie strebt eine stetige Verbesserung an, in die alle Führungskräfte und Mitarbeiter einbezogen werden. Im Japanischen bedeutet „Kai" Veränderung, Wandel und „Zen" zum Besseren. Kaizen impliziert, dass nicht nur die sprunghafte Verbesserung durch Innovation, sondern die schrittweise erfolgende Perfektionierung des bewährten Produkts erfolgversprechend ist. Daraus leitet sich die stetige Suche nach Verbesserung auf allen Ebenen eines Unternehmens als Kernfunktion eines Kaizen-Programms ab. Im Westen wurde Kaizen unter dem Namen Kontinuierlicher Verbesserungsprozess (KVP) in vielen Unternehmen eingeführt.

Praktische Formen des Kaizen-Ansatzes in Unternehmen sind Qualitätszirkel oder teilautonome Arbeitsgruppen, die KVP als eine der Arbeitsaufgaben zugewiesen bekommen.

In Qualitätszirkeln wird das Gruppenlernen praktiziert, in dem spezielle gemeinsame Problemstellungen, wie Steigerung der Qualität oder Suche nach den Fehlerursachen, bewältigt werden. Die Gruppe setzt sich regelmäßig (z.B. einmal pro Monat) während der Arbeitszeit zusammen.

---

[218] Vgl. North/Güldenberg (2008), S. 157.

KVP als laufende Arbeitsaufgabe wird kontinuierlich und langfristig praktiziert: Ein autonomes Fertigungsteam beschäftigt sich unter anderem mit der Verbesserung des Arbeitsprozesses und der Arbeitsbedingungen.

Beide Methoden setzen eine spezielle Ausstattung von Räumen für die Gruppensitzungen mit Pinnwänden, Flipcharts und Moderationskoffern voraus, oft werden diese Sitzungen von einem geschulten Moderator geleitet.

Ein neuer Trend im Ideenmanagement ist unter der Bezeichnung „aktives Abholen von Ideen" bekannt und besteht darin, dass man direkt in Gruppen und Arbeitsteams geht und fragt, welche Probleme im Arbeitsprozess bestehen. Danach werden in Gruppen unter Leitung eines Moderators die Lösungen für identifizierte Probleme gefunden.[219]

Die Vorteile dieser Instrumente des Gruppenlernens sind ihre Regelmäßigkeit, Nähe zur Praxis, situativer Charakter. Vorausgesetzt, die Gruppe hat ein positives Arbeitsklima und ein ausgeprägtes Wir-Gefühl, so finden im Rahmen von Kaizen/KVP ein intensiver Wissensaustausch, eine erfolgreiche Ideengenerierung und ein kontinuierlicher Aufbau von Kompetenzen der Beteiligten statt.

3.3.4.3 Communities of Practice

In Zeiten, in denen Projekte, kurzfristige Teams und Zuordnungen zu Geschäftseinheiten immer schneller wechseln, suchen Mitarbeiter eine längerfristige fachliche Identität, ein Experimentier- und Lernfeld für Ideen und Erfahrungen. Daher gewinnen selbstorganisierte Gemeinschaften (Communities)[220] an Bedeutung, die meist ohne spezifischen Auftrag Initiativen ergreifen, gemeinsam lernen, Erfahrungen austauschen oder neue Produkte und Dienstleistungen entwickeln und so die Grenzen von Hierarchie und Organisationseinheiten überwinden. Das Wertschöpfungspotenzial von Innovationszirkeln, Arbeitsgruppen, Expertenkreisen oder Gruppen wie der Linux-Community, wird zunehmend erkannt.[221]

Communities of Practice (Wissensgemeinschaften) sind unternehmensinterne Gruppen von Personen, die sich mit einem gemeinsamen Thema auseinandersetzen und sich dazu austauschen. Zudem haben die Mitglieder der Community die Möglichkeit, ihre fachlichen Probleme in die Gruppe einzubringen und gemeinsam nach neuen Lösungen zu suchen.[222] Communities bestehen über einen längeren Zeitraum und sind um spezifische Inhalte gruppiert. Die Teilnahme ist freiwillig und persönlich.

In Form von Communities wird die Idee des sozialen und situativen Lernens verwirklicht:

---

[219] Vgl. Thom/Piening (2009), S. 168-169.

[220] S. auch Kapitel 2.4.5.2 Soziale Systeme: Wissensgemeinschaften.

[221] Vgl. North/Güldenberg (2008), S. 183.

[222] Vgl. Weissenberger-Eibl/Ebert (2010), S. 361.

Man lernt voneinander und im direkten Zusammenhang mit der Praxis. In diesem sozialen Kontext kann Wissen weitergegeben werden, das über traditionelle Weiterbildungsmaßnahmen nur schwer transferierbar ist. Communities haben eine Reihe von Funktionen zur Schaffung, Akkumulation und Verteilung von Wissen in Organisation und über Organisationsgrenzen hinweg.

Eine besondere Bedeutung von Communities für das Unternehmen besteht darin, dass sie Querverbindungen zwischen Bereichen und hierarchischen Positionen ermöglichen, die in anderen Formen der Gruppenarbeit nur bedingt zustande kommen.

Communities können besser als Datenbanken Wissen am Leben erhalten, da auch die impliziten Elemente von Wissen erhalten und weitergegeben bzw. den lokalen Nutzungsbedingungen angepasst werden. Von daher sind Wissensgemeinschaften auch ideal, neue Mitarbeiter einzuführen, anzulernen und Erfahrungen weiterzugeben. Communities entwickeln Kompetenzen weiter, tragen neueste Entwicklungen in die Organisation herein. Sie sind oft schneller und weniger schwerfällig als Geschäftseinheiten. Dieses Gefühl, ganz vorne an der Front neuester Entwicklungen mitzumischen, gibt Mitgliedern von Wissensgemeinschaften eine Identität.[223]

North mit Kollegen hat in einer Studie die Eigenschaften einer idealtypischen Wissensgemeinschaft herausgearbeitet. In der Idealvorstellung ist eine Community eine Gemeinschaft von Menschen, die ein Thema durchdringen wollen, sich alle als Lehrer und Schüler verstehen, sich einem Thema ganz öffnen, Überzeugungen und Erfahrungen äußern lassen, offen über Fehler und Misserfolge reden, genügend Raum und Zeit für das Teilen dieser Erfahrung zur Verfügung haben, sich gegenseitig schützen, nicht an bestehenden Konzepten festhalten, sondern bereit sind, alles neu zu überdenken, einander zuhören und versuchen, ein gegenseitiges Verständnis zu erreichen sowie nicht mit ihrem Wissen in wirtschaftlichen Wettbewerb treten wollen.[224]

Es ist notwendig, einen Kontext für lebendige Wissensgemeinschaft zu schaffen, indem man sich gezielt mit den vier Dimensionen einer Community beschäftigt (vgl. Abbildung):

- Wer soll Mitglied der Wissensgemeinschaft sind?
- Wie wollen wir zusammenarbeiten (Interaktion)?
- Welches Ergebnis erwarten wir?
- Welche organisatorische Unterstützung wird benötigt?

[223] Vgl. North/Güldenberg (2008), S. 184.

[224] Vgl. ebd., S. 185.

Abbildung 3.18 Gestaltungsparameter einer Community[225]

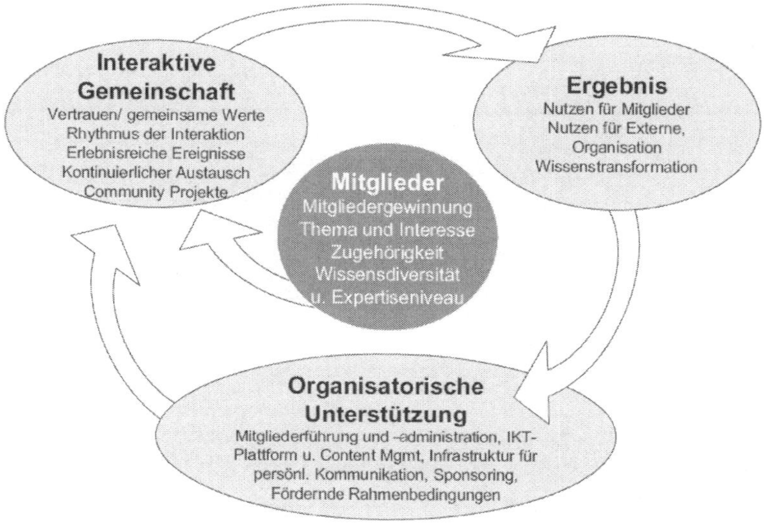

Eine Community braucht eine Person, die mit Engagement und Charisma die Gruppe zusammenhält, neue Mitglieder gewinnt und für Vertrauensbildung sorgt; ein klar beschreibbares und auch abgrenzbares Thema, das für alle Mitglieder attraktiv ist; eine Mailing Liste zur Kommunikation der Mitglieder untereinander und unkompliziertem Infoaustausch sowie regelmäßige Veranstaltungen mit möglichst konstant eingehaltene Termine (z. B. dritter Donnerstag im Monat), Round Tables, Vorträge. Eine unterstützende Funktion können Website, Publikationen, Newsletter sein sowie eine jährliche Großveranstaltung für die Stärkung des Wir-Gefühls.[226]

Communities als Instrument des Lernens sind insbesondere für räumlich verteilte und virtuelle Teams in global agierenden Unternehmen wichtig. In solchen Fällen bilden Wissensteilung und intensive Lernprozesse ein kompliziertes Problem. Um einen effizienten Wissenstransfer zu sichern, werden oft Communities initiiert.

Tiger Teams Community bei Siemens

Die 2009 bei Siemens Enterprise Communications GmbH & Co. KG gegründete Tiger Teams Community verfolgt das Ziel, den Austausch und die Beziehungspflege der weltweit verteilten Account Manager (Tiger) im Großkundensegment zu verbessern und dadurch den Vertrieb effektiver und effizienter zu gestalten.

---

225 North/Güldenberg (2008), S. 186.

226 Vgl. ebd., S. 187.

In einem Einführungsseminar wird jeder neue Vertriebsmitarbeiter über Vision, Ziele, Strategien, Prozesse, Tools und Regeln informiert und in seine lokale Community und in die globale Community eingeführt. Jährlich findet ein zwei-dreitägiges Treffen aller Tigers statt mit dem Ziel, durch persönlichen Kontakt Vertrauen und ein Wir-Gefühl aufzubauen und zu fördern. Inhaltlich geht es bei diesen Treffen um fachlichen Wissens- und Erfahrungsaustausch (Best Practice Sharing). Im Tagesgeschäft wird digitale Kommunikation praktiziert – E-Mail und Telefon sowie spezielle Community-Instrumente, die von einem Community Broker gesteuert werden. Dazu gehören Instant Messaging, regelmäßige Telefon- und Videokonferenzen, Web-Meetings, Community Foren, Multimedia Online-Trainings zu neuen Produkten und Entwicklungen (sogenannte Webinars), ein Wissensnetzwerkportal im Intranet, Newsletter sowie ein globales Datenmanagement-System. Alle Ergebnisse aus virtuellen Treffen legen die Mitarbeiter in einer zentralen Datenbank ab und halten die Informationen mittels kontinuierlicher redaktioneller Überarbeitung stets aktuell. Diskutierte Inhalte werden bewertet, aufbereitet und schließlich publiziert oder auch verworfen.

Die Attraktivität der Community für die Mitglieder besteht darin, Anregungen und Informationen für die Steigerung des persönlichen Erfolgs bei der Aufgabenlösung zu bekommen, z. B. Fachinformationen und Best Practices zum Verkauf, Kundenkontakt u.a. Die Beteiligung an der Community basiert auf der Motivation der Teilnehmer, einen individuellen Nutzen durch bessere Leistungen und höhere Vergütung zu bekommen.[227]

Das Beispiel zeigt, wie wichtig die Motivation der Teilnehmer und die kulturellen Rahmenbedingungen für den Erfolg einer Communty sind. In einer Untersuchung von Weissenberger-Eibl/Ebert wurden folgende Möglichkeiten zur Unterstützung von Communities of Practice abgeleitet:[228]

- Förderung des Sprecherengagements durch die Anerkennung der Rolle in der Organisation, Qualifizierung des Sprechers, Auszeichnung innovativer Ideen;
- Unterstützung der Führungskräfte: Schaffung von Freiräumen zur Beteiligung, aktives Bewerben von Communities, zielgerichteter Einsatz von Promotoren;
- Gruppengröße und -zusammensetzung: klare Beschreibung der Zielgruppe, Werbung geeigneter Mitglieder, Bildung von Subgruppen in größeren Gruppen;
- Atmosphäre in der Gruppe: Einigung auf Spielregeln für den Umgang in der Gruppe, gezielte Förderung der Vertrauensbildung.

Die Schaffung geeigneter Rahmenbedingungen kann den Erfolg des Gruppenlernens in Form von Communities of Practice erheblich beeinflussen. Dieses Lernen ist besonders wertvoll, da es situativ und sozial ist und zu Wissenstransfer und Innovationsfähigkeit von Unternehmen beiträgt.

---

[227] Vgl. Schmalzl/Vanselow (2009), S. 48-50.

[228] Vgl. Weissenberger-Eibl/Ebert (2010), S. 364.

3.3.5 Gestaltung der organisationalen Ebene des Lernens

Um das Lernen auf der Ebene der gesamten Organisation zu gestalten, sind systematische Vorgehensweisen notwendig. Wie schon früher erläutert wurde, findet das Lernen überwiegend in den Köpfen statt und wird durch den Wissensaustausch in Gruppen angeregt. Die Aufgaben der organisationalen Ebene bestehen in erster Linie darin, Lernprozesse organisatorisch zu unterstützen, zu strukturieren, zu koordinieren und optimale Lernbedingungen zu schaffen. Ansprechende und breit kommunizierte Visionen und Strategien des Lernens sowie eine systematische Zukunftsforschung geben dem organisationalen Lernen eine Richtung. Eine kontinuierliche Wissensarbeit ermöglicht optimale Nutzung, Verteilung und Aufbewahrung des vorhandenen Wissens. Eine lernfördernde Unternehmenskultur schafft geeignete Rahmenbedingungen für Lernen auf der individuellen und Gruppenebene.

3.3.5.1 Visionen und Strategien des Lernens

Unternehmensvisionen formulieren ein erwünschtes Bild von der Zukunft des Unternehmens und wirken sich positiv auf die Motivation und den Geschäftserfolg aus. Ein Unternehmen, das sich bewusst mit Lernen beschäftigt und es in Visionen und Strategien thematisiert, verleiht dem organisationalen Lernen eine klare Richtung und demonstriert eine hohe Wertschätzung der Lernprozesse.

Eine Vision entfaltet nur dann ihre Wirkung, wenn sie einzigartig ist, ein vorstellbares und emotional ansprechendes Bild der Zukunft erzeugt und die Mitarbeiter unter einem gemeinsamen Ansinnen vereint. Diesen Anforderungen entsprechen laut einer aktuellen Studie nur wenige Unternehmensvisionen.[229]

Vision von IKEA

„Es ist unsere Vision, den vielen Menschen einen besseren Alltag zu schaffen. Unsere Geschäftsidee unterstützt diese Vision, indem wir ein breites Sortiment formschöner und funktionsgerechter Einrichtungsgegenstände zu Preisen anbieten, die so günstig sind, dass möglichst viele Menschen sie sich leisten können.

Wir sind stets darum bemüht, alles immer ein bisschen besser, ein bisschen einfacher und effizienter zu machen und das immer kostengünstig zu tun."

Unter „Typisch IKEA" wird die Idee der Mitarbeiterentwicklung beschrieben: „Wir bieten offenen und aufrichtigen Menschen die Möglichkeit, sich persönlich und beruflich weiterzuentwickeln, damit wir mit großem Engagement gemeinsam einen besseren Alltag für uns und unsere Kunden schaffen können.[230]

---

[229] Vgl. Menges/Horn/Kabath (2011), S. 34.

[230] Vgl. IKEA (2010).

Eine gute Vision ist positiv, herausfordernd, verständlich und realistisch. Abstrakte, abgehobene oder unglaubwürdige Formulierungen können sogar schädlich sein, insbesondere wenn zwischen der Vision und Realität eine offensichtliche Kluft besteht. Die Vision von IKEA ist positiv zu bewerten: sie ist einfach, ansprechend und emotional. Auch das Streben nach Veränderung und Lernen wird als eine Zielesetzung erwähnt.

Es reicht jedoch nicht aus, Visionen zu formulieren, wenn diese von Führungskräften nicht gelebt und nicht kommuniziert werden. Eine aktive, kontinuierliche Kommunikation des Stellenwerts des Lernens, sei es im Rahmen von Veranstaltungen, Meetings, Feiern oder im Intranet und in der Betriebszeitung, ist eine Voraussetzung für das Gelingen des organisationalen Lernens.

Darüber hinaus braucht man konkrete Strategien und Ziele des Lernens, die im Einklang mit der Gesamtstrategie des Unternehmens und der Zukunftsforschung und -gestaltung entwickelt werden sollte.[231] Diese Zielsetzung kann im Rahmen der Personalentwicklung oder des Kompetenzmanagements vorgenommen werden und liegt in der Verantwortung der Geschäftsführung und Personalabteilung. Je nachdem, welche strategischen Ziele ein Unternehmen aktuell verfolgt (z.B. Entwicklung eines neuen Produktes, Vorstoß in einen neuen Markt, Umstellung auf eine neuartige Technologie usw.), sind die Ziele des Lernens unterschiedlich. Es geht darum, die künftigen Kompetenzen der Unternehmensakteure zu definieren, die für den langfristigen Erfolg notwendig sind, und diese zu fördern.[232]

Die gesetzten Ziele sollen quantifiziert und auf einzelne Bereiche, Arbeitsgruppen und Stellen herunter gebrochen werden. Als Ergebnis entsteht ein System der Personalentwicklung (Weiterbildung und Förderung der Mitarbeiter) für die nächsten Jahre, das unter der Leitung der Personalabteilung umgesetzt wird.

3.3.5.2 Systematische Wissensarbeit zur Unterstützung des Lernens

Zur Förderung des Lernens auf der organisationalen Ebene gehört eine systematisch Wissensarbeit, die der Identifizierung, Teilung, Erhaltung und Nutzung des vorhandenen Wissens dient.

Wissensmanagement und organisationales Lernen stehen in einer Wechselbeziehung zueinander: Der Austausch von Wissen regt individuelle und kollektive Lernprozesse an, und das Lernen verursacht ein Zuwachs an Wissen.[233] Andererseits können sich Probleme in beiden Bereichen gegenseitig verstärken, z.B. wenn kein strukturierter Überblick über das vorhandene Wissen im Unternehmen vorliegt. So können doppelte Kosten bei überflüssigen oder falsch geplanten Qualifizierungen oder einer externen Beschaffung von Wissen

---

[231] Vgl. Kapitel 4.5 Zukunfts- und Trendforschung.

[232] Vgl. Beispiel Berufsausbildung bei Audi, Kapitel 3.3.3 Gestaltung des individuellen Lernens in Unternehmen.

[233] Vgl. Wissensspirale von Nonaka/Takeuchi im Kapitel 3.2 Theorien des organisationalen Lernens.

entstehen. Wissen und Lernen können durch den Einsatz von IKT unterstützt werden, indem man mit Hilfe von Gelben Seiten im Intranet Wissenspotenziale transparent macht oder in Foren, Unternehmens-Wikis und moderierten Blogs Wissen über bestimmte Themen und Erfahrungen austauscht. Die Voraussetzung dafür ist jedoch, dass das Wissen in expliziter Form vorliegt. Für die Weitergabe und den Austausch des impliziten Wissens sind andere Instrumente geeignet, die Interaktion der Akteure erfordern (Mentoring, Coaching, Gruppenarbeit, Community). In diesem Fall wird am Modell gelernt.

Auch die Nutzung des durch Lernen erworbenen Wissens muss sichergestellt werden. Eine Weiterbildung bringt nur dann ihren Nutzen, wenn neues Wissen in marktfähige Produkte, neue Geschäftsmodelle oder effizientere Prozesse umgesetzt wird. Zu diesem Zweck sollte das Richtige gelernt werden (Inhalte der Weiterbildung), Möglichkeiten zum Transfer geschaffen werden (neue Aufgaben, Selbstorganisation und Freiräume bei der Erledigung von Aufgaben) und im Idealfall eine Multiplikation des Wissens gefördert werden (Erfahrungsaustausch unter Kollegen, Mentoring). Auch die Methode **Storytelling** – ein bewusstes Erzählen von Geschichten aus Unternehmen – kann zur Förderung von kollektiven Lernprozessen erfolgreich eingesetzt werden.[234]

3.3.5.3 Webbasiertes Lernen in Unternehmen

Während die Älteren Internet als Informationsquelle nutzen, wird Internet von der Generation Y (Digital Natives) gelebt. Die häutigen Unter-30-jährigen sind mit der IKT aufgewachsen und empfinden sie als ein Bestandteil des Alltags.[235] Die mit dem Internet aufgewachsenen Digital Natives fordern von Arbeitgebern wie selbstverständlich die Möglichkeit zu Informationsaustausch und interner Vernetzung. Deswegen sind die webbasierten Instrumente des Lernens für die Zukunft jedes Unternehmens unverzichtbar.

Einige gängige Methoden des E-Learning wurden bereits auf der Ebene des individuellen Lernens vorgestellt.[236] Und trotzdem ist die Gestaltung des webbasierten Lernens eine Angelegenheit des ganzen Unternehmens, da sie Lernen auf allen vier Ebenen unterstützt.

Die eigentlichen Herausforderungen bei der Etablierung von Wissenssystemen zur kooperativen Wissensnutzung sind nicht die technische Umsetzung, sondern die Content-Aufbereitung und die Motivation der Nutzer. IKT-Systeme, die ihren Schwerpunkt in der Vermittlung von Lerninhalten haben, rücken immer mehr mit den Bereichen Kollaboration und soziale Netzwerke zusammen. Neben den traditionellen Medien zur Information und Kommunikation werden zunehmend **E-Mails** und **Newsletter** versendet und **Business TV** eingesetzt. Das ermöglicht Informations- und Lernangebote, die auf eine Zielgruppe exakt zugeschnitten sind. Mit einer E-Mail an seine Mitarbeiter kann ein Gruppenleiter schnell und mit geringem Aufwand Mitteilungen oder Anregungen verschicken, die einen Wis-

[234] Vgl. Kapitel 2.3.2.5 Storytelling: der Umgang mit der Vergangenheit.

[235] Vgl. Kapitel 3.1.8 Lernverhalten von Digital Natives.

[236] Vgl. Kapitel 3.3.3 Gestaltung des individuellen Lernens in Unternehmen.

sensaustausch initiieren. Ein Newsletter kann einen Hinweis auf relevante Informationen geben und zum individuellen Lernen anregen. Business TV stellt darüber hinaus eine sehr wirkungsvolle Methode dar, um verschiedene Gruppen (intern – Mitarbeiter, extern – Bewerber, Kunden, Lieferanten) zum Lernen anzuregen.

Eine weitere Form von webbasierten Anwendungen sind Blogs, die sich seit einigen Jahren als nicht mehr wegzudenkendes Informations- und Kommunikationsmedium etabliert haben.

Blog (Weblog) ist ein auf einer Website geführtes und damit – meist öffentlich – einsehbares Tagebuch oder Journal, in dem mindestens eine Person (der Blogger) Aufzeichnungen führt, Sachverhalte protokolliert oder Gedanken niederschreibt.

Das Blog bildet ein für Autor und Leser einfach zu handhabendes Medium zur Darstellung von Meinungen zu speziellen Themen. Ein Blog kann dem Ablegen von Notizen in einem Zettelkasten, dem Austausch von Informationen, Gedanken und Erfahrungen als auch der Kommunikation dienen. Insofern ähnelt es einem Internetforum, je nach Inhalt aber auch einer Internet-Zeitung.

Blogs in Unternehmen werden als Corporate Blogs bezeichnet. Weblogs als Kommunikationsinstrumente sind in US-amerikanischen Konzernen gängig, breiten sich jedoch auch in Deutschland immer mehr aus.

Zu den bekannten Formen von Corporate Blogs zählen:[237]

- Knowledge-Blogs, die als Erfahrungsspeicher des Unternehmens im Intranet dienen. Mitarbeiter führen persönliche Journale und können so untereinander auf das Wissen anderer Mitarbeiter zugreifen, es kommentieren und mit dem Autor des Blogs kommunizieren.
- Meeting-Blogs , die den Inhalt von Treffen oder Meetings protokollieren.
- Service-Blogs, mit denen Kunden zusätzliche Informationen zu Produkten und die Möglichkeit, Verbesserungsvorschläge zu machen, gegeben werden.
- Kampagnen-Blogs, die temporär angelegt werden, um eine PR- oder Werbekampagne zu unterstützen.
- Themen-Blogs, mit Unternehmen ihre Kompetenz auf relevanten Bereichen nachweisen, z.B. wenn ein Pharmahersteller ein Blog zu allgemeinen Gesundheitsthemen führt. Insbesondere für kleinere Anbieter und Beratungsfirmen bieten sich Themen-Blogs zur Profilierung an.
- Produkt- und Marken-Blogs, wobei ein Produkt oder eine Marke im Mittelpunkt steht. Damit ähneln sie am ehesten der klassischen Werbung.

[237] Vgl. Zerfaß/Boelter (2005).

- Projekt-Blogs, die speziell zur Zusammenarbeit mit Zulieferern, Partnern, Wissenschaftlern oder intern geschaffen werden, um die Arbeit an einem speziellen Projekt zu begleiten und zu dokumentieren.
- Customer-Relationship-Blogs zur Schaffung einer Community mit Kunden, die an die Marke oder Produkt gebunden werden sollen.
- Krisen-Blogs, die der schnellen Reaktion auf Unternehmenskrisen, die z.B. Störfälle oder Produktmängel auslösen, dienen.
- CEO- oder Executive-Blogs, bei denen Mitglieder des Unternehmensvorstandes ein persönliches, namentlich gekennzeichnetes Blog schreiben (z.B. das Blog von Bob Lutz, Vice-Chairman von General Motors).

Blogs können als zukunftsrelevante Lernmedien betrachtet werden, durch die Menschen sich selbstorganisiert mit einem Thema auseinandersetzen und diese Auseinandersetzung für sich und andere transparent machen. Allerdings sollte ein Blog als Wissensaustauschinstrument moderiert werden, um die Diskussionen in die gewünschte Richtung zu steuern.

Als Marketing- und Kommunikationsinstrument für Beziehungen zu Kunden, Partnern, Lieferanten und Mitarbeitern dienen Blogs außerdem dem Open Learning.

3.3.5.4 Lernfördernde Unternehmenskultur

Wie schon die Pioniere des organisationalen Lernens Argyris/Schön und Senge gezeigt haben, sind bestimmte Rahmenbedingungen für das Lernen in Organisationen unentbehrlich: offene Kommunikation, Interaktion und Dialog, konstruktiver Umgang mit Lernhemmnissen und Fehlern. Nonaka/Takeuchi haben als Voraussetzungen für organisationales Lernen klare Zielsetzung, Autonomie und Vielfalt der Gruppenmitglieder, Überschneidungen von Informationen und kreatives Chaos genannt. Auch Studien und Praxiserfahrungen zeigen, dass die Bereitschaft der Menschen zu lernen und ihr Wissen mit anderen austauschen von den kulturellen Rahmenbedingungen in Unternehmen abhängt.

Deswegen ist die Implementierung einer lernfördernden Kultur eine der wichtigsten Voraussetzungen für das organisationale Lernen. Die Unternehmenskultur als ein System von Werten und Normen, die in einem Unternehmen geteilt und gelebt werden. Sie muss mit der Vision und Strategie des Lernens stimmig sein.

Eine lernfördernde Unternehmenskultur zeichnet sich durch folgende Merkmale aus:

- Hoher Stellenwert des Lernens, der von der Geschäftsführung vorgelebt und kommuniziert und als Selbstverständlichkeit für jeden Mitarbeiter angesehen wird.
- Freiräume für Ideen und Experimente in allen Bereichen und Ebenen – die Aufgaben lassen bestimmte Selbstorganisation und -koordination zu, die Mitarbeiter sind an Entscheidungen und an der Gestaltung der Arbeit beteiligt.
- Fehler- und Misserfolgstoleranz, damit keine Angst vor dem Neuen und negativen

Ergebnissen entsteht. Fehler werden als Erfahrung und Chance angesehen.

- Offene Kommunikation, Transparenz bei Entscheidungen, intensiver Austausch und Zugänglichkeit des Wissens für alle Unternehmensakteure.
- Hohe Identifikation der Mitarbeiter mit dem Unternehmen, Wir-Gefühl, Vertrauen, Arbeitszufriedenheit und Loyalität.

Unter diesen Bedingungen werden die Veränderungs- und Kooperationsbereitschaft sowie Lernorientierung der Beteiligten gesteigert, die einen intensiven Wissensaustausch und einen kontinuierlichen Lernprozess in Unternehmen fördern.

3.3.6 Gestaltung des Open Learning

Die überorganisationale Ebene des Lernens wird als Open Learning und Open Innovation[238] verstanden und ist auf das Lernen in Kooperationen und Netzwerken ausgerichtet. Der Trend zum kollektiven Lernen verstärkt sich durch immer tiefere Spezialisierung und Arbeitsteilung. Die Komplexität der Technik und Technologie erfordert multidisziplinäre Zusammenarbeit im Unternehmen selbst und über die Unternehmensgrenzen hinaus. Je enger ein Fach- und Arbeitsgebiet, desto wichtiger ist es, bei der Lösung von Aufgaben mit anderen zu kooperieren. Ebenfalls legen Unternehmen ihre Kompetenzen zusammen, um gemeinsam neue Produkte zu entwickeln oder neue technologische Standards durchzusetzen. Die externen Akteure, mit und von denen man zusammen lernen kann, sind Kunden, Lieferanten, Universitäten und Forschungseinrichtungen, Berater, Wettbewerber, Investoren und andere.

3.3.6.1 Lernen von und mit Kunden

Die Bedeutung der Kunden für ein Unternehmen lässt sich in einem Satz ausdrücken: Der Gewinn eines Unternehmens wird von seinen Kunden bezahlt. Die Kunden sind jedoch bereits seit langem nicht nur Empfänger, sondern auch Mitgestalter von Produkten. Die traditionellen Methoden wie Kundenbefragungen, Beschwerdemanagement, Kundenveranstaltungen, CRM (Customer-Relationship-Management) streben einen engen Kontakt mit den Konsumenten an, um ihre Wünsche, Bedürfnisse und Vorstellungen besser zu verstehen und zu befriedigen.

So kann ein Unternehmen von seinen Kunden lernen, wie ein Produkt besser und ein Prozess optimaler gestaltet werden kann, indem es in einen Dialog mit dem Kunden tritt und ihn nach seiner Meinung fragt.

Eine weitere Möglichkeit ist, den Kunden bei dem Gebrauch von Produkten zu beobachten, z.B. bei der Nutzung einer Maschine oder bei Verwendung einer Software.

---

[238] Vgl. ausführlich Kapitel 4.6.2 Closed vs. Open Innovation.

Das Web 2.0 hat mit seinen bahnbrechenden Veränderungen hinsichtlich der Rollenvermischung zwischen Produzenten und Konsumenten eine Revolution in der Kommunikation und Wissensteilung ausgelöst. Der Weg zum Kunden ist für Unternehmen leichter und kürzer geworden. Mithilfe von Internetforen und Blogs (insbesondere Produkt- und Marken-Blogs, Kampagnen-, Themen- und Customer-Relationship-Blogs), die in vorigen Kapiteln beschrieben wurden, kann ein Unternehmen von einem unmittelbaren Meinungsaustausch mit Kunden lernen.

3.3.6.2 Lernen in Kooperationen

Das Lernen in Kooperationen mit Lieferanten, Wettbewerbern oder Wissenschaftlern bringt einem Unternehmen wesentliche Vorteile. Als positive Effekte können folgende genannt werden: Zugang zu technologischem Know-how, Verbesserung der Marktkenntnisse, Möglichkeiten des einfachen Benchmarking, Erweiterung des Angebots und der Geschäftsfelder sowie geringere Entwicklungskosten und -zeiten bei neuen Produkten und Prozessen.

Die Bedeutung von Lieferanten im Rahmen der Wertschöpfung nimmt kontinuierlich zu: Nach Schätzung von Experten sind Zulieferer meist für über 50 Prozent, des Wertes eines Produktes verantwortlich.[239] Der Einfluss der Lieferanten auf die Qualität und Innovativität eines Produktes ist wesentlich und es ist wichtig, gemeinsame Lernprozesse zu initiieren und zu praktizieren. Die Bereiche des Lernens von Zulieferern erstrecken sich auf die Erfahrungen über neue Produktkomponenten und Materialien, Wissensaustausch über produktspezifische Optimierung oder Zusatzleistungen sowie strategische Informationen über Märkte, Kunden und Netzwerke.

Lernen von Wettbewerbern ist sehr gängig und wird in Form des Benchmarking (Vergleich eigener Stärken und Schwächen mit denen von erfolgreichen Konkurrenten, Suche nach Best Practice in der Branche) und Reverse Engineering (Analyse von Wettbewerbsprodukten) praktiziert. Auch gemeinsame Entwicklungskooperationen (Strategische Allianzen) sind verbreitet.

Gemeinsames Lernen mit Wettbewerbern ist oft mit Ängsten und Unsicherheiten behaftet, da man Know-how-Verlust befürchtet. Um Risiken zu minimieren, können spezielle Verträge abgeschlossen werden, in denen der Umfang von frei zugänglichen Informationen sowie die Sanktionsmaßnahmen in Missbrauchsfällen festgelegt werden.

Lernen von und mit Wettbewerbern ist insbesondere für KMU wichtig, deren Ressourcen und Methodenkompetenz oft ungenügend sind. Oft werden gemeinsame Markt- und Kundenforschung sowie Weiterbildung von Mitarbeitern in Verbänden, Vereinigungen und Netzwerken praktiziert.

---

[239] Vgl. König/Volker (2002), S. 108.

Kooperationen mit Hochschulen und Forschungsinstituten als eine Form des Open Learning gewinnt zunehmend an Bedeutung. Hierbei findet Transfer von in der Forschung generiertem Know-how in Unternehmen und eine Auseinandersetzung mit der modernen Wissenschaft statt.

Open Learning und Open Innovation bei BMW

Seit vielen Jahren praktiziert BMW spezielle Innovationstage, sogenannte Zündfunken, bei denen Mitarbeiter verschiedener Unternehmensbereiche und Zulieferer zusammen gebracht werden, um über das Potenzial und die Einsatzmöglichkeiten neuer Technologien zu diskutieren.[240]

Die BMW Group unterhält Verbindungen zu international anerkannten wissenschaftlichen Einrichtungen, wie Fraunhofer- und Max-Planck-Gesellschaft sowie zu Hochschulen und Universitäten in der ganzen Welt. Dies ist besonders im Bereich der Grundlagenforschung von Nutzen, da Forschungskooperationen die Möglichkeit bieten, eigenen Ressourcen gezielter einzusetzen sowie technischen und wirtschaftlichen Risiken vorzubeugen. Auch die Automobilhersteller untereinander arbeiten in wichtigen Forschungsfragen zusammen. So fördert die Forschungsvereinigung Automobiltechnik e.V. (FAT) wissenschaftliche Automobilforschung unter Einbindung ausgewählter Forschungsinstitute und Hochschulen.

Die Webseite von BMW lädt alle Interessenten ein, ihre Ideen einzubringen und sich an der Entwicklung zu beteiligen, was mithilfe von zwei speziellen Plattformen „Die Virtuelle Innovations-Agentur" und „Co-Creation Lab" gesteuert wird.

Die Virtuelle Innovations-Agentur (VIA), die 2001 ins Leben gerufen wurde, sieht sich als Schnittstelle zwischen externen Innovationsquellen und den Entwicklern der BMW Group. Über das Internet kann jeder Ideen, Konzepte und Patente zu neuen Technologien und Services einreichen. Pro Jahr werden etwa 800 Ideen eingereicht und immerhin 3 % kommen innerhalb der BMW Group direkt zur Umsetzung. So wird der Aufbau eines branchenübergreifenden, weltweiten Expertennetzwerks gefördert. Die Plattform ist offen für jedermann – von der Privatperson über Universitäten und Forschungseinrichtungen bis hin zu kleinen und großen Unternehmen.

Das Co-Creation Lab wird als eine virtuelle Plattform für innovative Köpfe dargestellt, die an Automobilthemen interessiert sind und gerne Ideen und Meinungen zur automobilen Welt von morgen mit einem der führenden Automobilhersteller teilen möchten. Die BMW Group beschäftigt sich auf diese Weise interaktiv mit kreativen Ideen und holt sich Anregungen von außen. Das Co-Creation Lab wird als Plattform für konkrete bevorstehende Projekte bezeichnet. Die Teilnehmer können ihre Ideen zur automobilen Zukunft mit anderen Usern austauschen und mit einem Team aus entsprechenden Fachabteilungen der BMW Group zusammenarbeiten. Das erste Thema „Tomorrow's Urban Mobility Services" generierte innovative Ideen rund um mobile Dienstleistungen in Ballungszentren von morgen. Insgesamt 497 Mitglieder veröffentlichten während der

[240] Vgl. Bullinger/Engel (2006), S. 44.

letzten Monate ihre 300 Ideen, die von mehreren Tausend Personen bewertet und kommentiert wurden.[241]

Wie das Beispiel zeigt, wird das Lernen in Kooperationen zunehmend virtuell in Netzwerken und Web 2.0 abgewickelt, was wesentliche Zeit- und Kostenvorteile bringt und den Kreis der Beteiligten schlagartig erweitert. Diese Instrumente werden im Weiteren diskutiert.

3.3.6.3 Lernen im Web

Kunden von heute und insbesondere von morgen sind stark vernetzt, und Internet ist zu der wichtigsten Informationsquelle im Alltag geworden. Suchmaschinen, Social Media, Portale und virtuelle Communities sind allgegenwärtig.

Nach Angaben von internerworldstats.com nutzen heute knapp 1,8 Milliarden Menschen (27 Prozent der Weltbevölkerung) das Internet, davon ca. 426 Millionen in Europa und gut 62 Millionen in Deutschland. Insgesamt umfasst das World Wide Web ca. 35 Milliarden Webseiten.[242]

Diese Möglichkeiten bedeuten für Unternehmen eine Chance, große Mengen von Kunden gleichzeitig zeitnah und kostengünstig zu informieren und darüber hinaus nach ihrer Meinung zu fragen. So wird das Lernen von und mit Kunden neu gestaltet, in dem die Rollen neu verteilt sind und der Kunde eine aktive Position annimmt.

In Diskussionsforen und virtuellen Communities tauschen sich Kunden über Erfahrungen mit Produkten und Dienstleistungen aus, die Kundenbewertung ist zu einem unverzichtbaren Bestandteil jedes Webshops geworden, Testportale erfreuen sich zunehmender Beliebtheit. Darüber hinaus setzen viele Unternehmen spezielle Portale und Foren ein, in denen sich die Zielgruppen über neue Ideen und Erfahrungen austauschen können und somit Impulse und Anregungen für neue Produkte liefern.

Eine weitere Form des webbasierten Lernens ist die Überwachung von Konkurrenzaktivitäten, etwa Kampagnen, Akquisitionsplanungen, Innovationen, Werbebotschaften, die mithilfe von Web Monitoring durchgeführt werden kann.

Ein besonders weites und effizientes Feld für das Lernen im Web bilden Informationsrecherchen für die Erkundung neuer Trends in der Wissenschaft und Technologie, z.B. durch gezielte Analyse von Patenten, wissenschaftlichen Veröffentlichungen, Publikationen von Forschungsinstituten, Identifikation von Experten und geographischen Kompetenz-Clustern durch Analyse von Diskussionsstrukturen im Social Web und Pressemitteilun-

[241] Vgl. BMW Group (2011).

[242] Vgl. Finzen/Kasper/Kintz (2010), S. 15.

gen, Erkennung von neuen Ideen in offenen Ideenportalen.[243]

Verbreitung des webbasierten Lernens in Unternehmen

Das Ausmaß des webbasierten Lernens in Unternehmen wird durch die Ergebnisse einer aktuellen repräsentativen Studie des Fraunhofer Instituts aufgezeigt.

58% der Befragten verbringen mit Webrecherchen wöchentlich 1 bis 5 Stunden, 23 Prozent 6 bis 10 und 11 Prozent über 10 Stunden. In 85 Prozent der Unternehmen beschäftigen sich mit Recherchen Mitarbeiter aus F&E, Innovationsmanagement und Geschäftsführung, 30 Prozent der Unternehmen beschäftigen damit spezielle Recherchemitarbeiter.

Zu den verbreiteten Instrumenten für Webrecherchen zählen Suchmaschinen, Online-Enzyklopädien, Online Wirtschafts- und Fachzeitungen, Forschungs- und Technologieportale, Patent- und Wirtschaftsdatenbanken, Onlineverteiler von Pressemitteilungen, Plattformen zur Expertensuche, Open-Innovation-Plattformen und Social Networks.[244]

Suchmaschinen gehören zu den gebräuchlichsten Werkzeugen im Internet, was auf ihre Universalität, hohe Abdeckung der Informationen und leichte Handhabung zurückgeht. Sowohl der deutsche als auch Weltmarkt wird von Google dominiert. Häufig bieten Suchmaschinen ein einfaches Frontend für den normalen Benutzer (Standardsuche) und ein erweitertes Frontend für Experten- oder Profisuche.

Erweiterte Suchfunktionen bei Google

Im Frühjahr 2010 hat Google das Frontend seiner Standard-Suchmaschine stark im Funktionsumfang erweitert. Es ist eine zeitliche Einschränkung der Suchergebnisse und damit eine Fokussierung auf aktuelle Dokumente sowie eine Sortierung der Trefferliste nach Aktualität möglich. Darüber hinaus sind weitere anklickbare Filter zur Eingrenzung der Suchergebnisse auf Bilder, Videos, News, Blogs usw. implementiert.

Bei der Suche nach wissenschaftlichen Publikationen bietet Google eine spezielle Funktion bei Google Scholar an. Ihre Stärke ist die sehr hohe Anzahl an indizierten Dokumenten – teilweise werden auch Informationen zu Dokumenten als Ergebnis zurückgeliefert, welche gar nicht online zu finden sind, sondern lediglich aus anderen Dokumenten heraus referenziert wurden. Neben Journal- und Konferenzbeiträgen und wissenschaftlichen Monographien werden auch Dissertationen, Diplom- und Studienarbeiten und Praktikumsberichte angezeigt. Diese Suche ist kostenlos, der Zugang zum Volltext ist jedoch vom Verlag abhängig.[245]

---

[243] Vgl. Finzen/Kasper/Kintz (2010), S. 10.

[244] Vgl. ebd., S. 19, 22.

[245] Vgl. ebd., S. 30, 40.

3.3.7 Von organisationalem Lernen zur Innovation

Vor dem Hintergrund dynamischer Veränderungen und des Wettbewerbsdrucks hängt der langfristige Erfolg eines Unternehmens von seiner Fähigkeit ab, kontinuierliche Lernprozesse zu gestalten, die in allen Bereichen des Unternehmens und auf der individuellen, Gruppen, organisationalen und überorganisationalen Ebene stattfinden. Dieser Anpassungs- und Veränderungsdruck führt dazu, dass sich jedes Unternehmen mit dem Lernen auseinandersetzt. Organisationales Lernen hat sich zu einem konstitutiven Merkmal von Unternehmen entwickelt und stellt einen permanenten und dynamischen Prozess in der Unternehmenspraxis dar.

Das auf dem behavioristischen Verständnis des Lernens basierende single-loop-learning von Argyris/Schön greift dabei zu kurz, da es nur Abweichungen innerhalb gegebenen Systemstands korrigieren kann und damit rein reaktiv ist. Organisationales Lernen sollte in einer dynamischen Umwelt die Wahrnehmungsmuster und Denkmodelle des Unternehmens hinterfragen (double-loop-learning) und den Soll-Zustand neu definieren. Hierbei werden neue Ideen für Produkte und Prozesse gefunden, die zur effizienten Erreichung von Unternehmenszielen beitragen.

Allerdings geht auch dieses Lernen nicht weit genug, wenn man in einer Wissensgesellschaft langfristig erfolgreich sein möchte. Um diesen Anforderungen zu entsprechen, brauchen Menschen wie Unternehmen ganzheitliches, lebenslanges Lernen. Im Sinne von Argyris/Schön bedeutet das, dass eine dritte Schleife des Lernens notwendig ist – das deutero-learning als Lernen des Lernens. Bei diesem Modell werden nicht nur die Anpassungen vorgenommen (Steigerung der Effizienz), sondern auch die Zielsetzungen überprüft (Prüfung der Effektivität) sowie die Mechanismen des Lernens evaluiert und optimal gestaltet. Die Beherrschung von allen drei Typen des Lernens erlaubt es einem Unternehmen, langfristig lern- und wettbewerbsfähig zu sein. Single-loop-und double-loop-learning befähigen ein Unternehmen, sich an die Gegebenheiten der Umwelt anzupassen und kleine Veränderungen in Produkten, Prozessen und Strukturen durchzuführen (Veränderungsinnovationen). Ein lernendes Unternehmen begnügt sich nicht mit einer bloßen Anpassung an die Umwelt und minimale Veränderungen, sondern gestaltet seine Realität und die der Belegschaft, Kunden, Lieferanten, Gesellschaft und anderen Stakeholder mit. Das passiert durch Innovationen bei Geschäftsmodellen und echte Produkt- und Dienstleistungsinnovationen.

Das ganzheitliche organisationale Lernen führt zu Innovationen, begünstigt das Erkennen von Chancen und Risiken, erschließt neue Optionen und ermöglicht einen nachhaltigen Erfolg. Sowohl das Lernen als auch Innovation lassen sich nicht erzwingen, finden nicht unter Druck oder auf Knopfdruck statt. Es ist entscheidend, eine kreative, offene Atmosphäre, Freiräume für Ideen und Ausprobieren, Vertrauen und Wertschätzung der Vielfalt sowie die (interaktiven und digitalen) Voraussetzungen für einen aktiven Wissensaustausch zu schaffen. Nur dann wird das Lernen in Unternehmen zu einer Selbstverständlichkeit und zu einer Quelle für Ideen und Innovationen.

4 Innovationsmanagement

Innovationen sind von entscheidender Bedeutung für die Entwicklung, den Fortschritt und langfristigen Erfolg eines Unternehmens. Durch erfolgreiche Innovationen erhalten Wissensarbeit und Lernprozesse in Unternehmen ihre Vollendung und Bestätigung: Aus Wissen und Ideen entstehen Produkte, die zu positiven Kennzahlen und der Wettbewerbsfähigkeit des Unternehmens beitragen.

Globalisierung, technischer Fortschritt und hart umkämpfte Käufermärkte führen zu immer kürzeren Produktlebenszyklen, zu einer erheblichen Angebotsausweitung und einen enormen Innovationsdruck auf Unternehmen. Die Innovationsarbeit kann nicht dem Zufall überlassen werden, sondern bedarf eines systematischen Managements. Die neuen Trends in der Unternehmenspraxis, die mit einem steigenden Anteil der Wissensarbeit an der Wertschöpfung sowie einer zunehmenden Ausbreitung der IKT und Web 2.0-Anwendungen zusammenhängen, wirken sich auf die Innovationsarbeit aus und erfordern eine neue Sichtweise auf Innovationen und ihre Gestaltung.

Wie entsteht eine Idee und wie wird sie zu einem erfolgreichen Produkt? Welche Prozesse sollen dafür in Gang gesetzt werden? Wie kann ein Unternehmen seine Innovationskompetenz fördern, um langfristig innovativ zu sein? Welche Rolle spielen dabei interne und externe Akteure? Diese Fragen werden in diesem Kapitel beantwortet.

4.1 Begriff und Typologie von Innovationen

Die Vielfalt der Definitionen von Innovation im wissenschaftlichen Diskurs macht es notwendig, zunächst den Innovationsbegriff zu klären und verschiedene Typen von Innovationen voneinander abzugrenzen.

4.1.1 Innovationsbegriff

Alle Definitionen der Innovation gehen auf den lateinischen Wortstamm „innovare" zurück und stellen die Neuartigkeit in den Vordergrund. Allerdings setzen einige Autoren Innovation mit einer Idee gleich, andere heben den wirtschaftlichen Aspekt einer Innovation – ihre praktische Umsetzung – hervor.

„An innovation is an idea, practice, or object that I perceived as new by an individual or other unit of adoption"– definiert Rogers.[246] Ähnlich versteht Barnett jeden neuen Gedanken, jedes neue Verhalten und jede neue Sache, die sich qualitativ vom Bestehenden unter-

[246] Rogers (2003), S. 12.

scheidet, als Innovation.[247]

Der Begründer der Innovationstheorie Joseph Schumpeter (1883–1950) verstand dagegen unter einer Innovation die Umsetzung einer Idee, nicht allein ihre Erfindung.[248] Nach Hauschild sind Innovationen im Ergebnis qualitativ neuartige Produkte oder Verfahren, die sich gegenüber dem vorangehenden Zustand merklich – wie immer das zu bestimmen ist – unterscheiden.[249]

Es erscheint uns sinnvoll, zwischen einer Idee und einer Innovation als ihrer Umsetzung zu unterscheiden, da nur marktfertige Produkte (Sachgüter oder Dienstleistungen) zu dem wirtschaftlichen Erfolg eines Unternehmens beitragen können. Deswegen sind kennzeichnende Kriterien einer Innovation Neuartigkeit, wirtschaftlicher Erfolg und Nutzen. Von einer Innovation ist nur dann zu sprechen, wenn die Neuerung in eine ökonomische Nutzungsanwendung oder Verwertung überführt wird.[250]

Zur Verdeutlichung dieser Unterscheidung werden die Begriffe „Invention" und „Innovation" verwendet. Die Invention (Erfindung) ist eine Vorstufe der Innovation und bezieht sich auf die Wissensgenerierung und Ideenfindung, kann geplant oder auch zufällig erfolgen. Eine Innovation ist eine erstmalige wirtschaftliche Anwendung einer neuen Problemlösung. Sie bedeutet eine ökonomische Verwertung des Wissens und hat die Markteinführung und -bewährung der Invention in Form eines neuen Produktes oder Verfahrens zum Ziel.[251]

Innovationen können nach verschiedenen Kriterien klassifiziert werden, vor allem nach Gegenstand, Auslöser und Grad der Neuheit.

4.1.2 Innovationstypen nach Gegenstandsbereich

Traditionell unterscheidet man je nach Gegenstandsbereich zwischen Produktinnovationen, Prozessinnovationen und sozialen/organisatorischen Innovationen. Allerdings führen neue Entwicklungen zu einer zunehmenden Verschmelzung dieser klassischen Innovationstypen und rufen einen neuartigen Typ der Innovation ins Leben – eine Geschäftsmodellinnovation.

Das primäre Ziel eines Unternehmens ist es, im Wettbewerb zu bestehen und den Unternehmenswert sowie Wettbewerbsfähigkeit zu steigern. Um dieses Ziel zu erreichen, setzen die meisten Unternehmen auf Marktführerschaft und neuartige Produkte. Jedoch wäre es

---

[247] Vgl. Barnett (1953), S. 7.

[248] Vgl. Schumpeter (1993), S. 137f.

[249] Vgl. Hauschild (2004), S. 7.

[250] Vgl. Macharzina/Wolf (2005), S. 727.

[251] Vgl. Vahs/Burmester (2005), S. 44.

kurzsichtig, sich ausschließlich mit Produktinnovationen zu beschäftigen. Auch die Innovationen in Verfahren und Organisation tragen zum langfristigen Erfolg und zur Erhöhung des Unternehmenswertes bei. Außerdem müssen Unternehmen in stark umkämpften Käufermärkten besonders flexibel und innovativ sein, um sich von der Konkurrenz abzuheben. Das führt zu einer verstärkten Suche nach neuen Geschäftsmodellen, die über die traditionellen Produktinnovationen hinaus gehen.

4.1.2.1 Produktinnovationen

Produkte sind die von Unternehmen im Markt angebotenen materiellen und immateriellen Leistungen (Sachgüter und Dienstleistungen).

Von **Produktinnovationen** ist zu sprechen, wenn das Leistungsprogramm des Unternehmens zum Gegenstand der Innovation wird. Ziel einer Produktinnovation ist die Verteidigung oder Verbesserung der Marktposition des Unternehmens durch eine bessere Befriedigung der Kundenbedürfnisse als bei den Wettbewerbern.

Durch Produktinnovationen verändert sich das Sachziel eines Unternehmens in Bezug auf Art, Menge und Zeitpunkt der am Markt angebotenen Leistungen. Die Produktinnovationen sorgen für eine ständige Erneuerung des Leistungsprogramms. Aus der Sicht des Benutzers bedeutet eine Produktinnovation die Steigerung der Effektivität: Er kann durch die neue Leistung neue Zwecke erfüllen oder vorhandene Zwecke in einer neuartigen Weise erfüllen.

Mit Produktinnovationen können Unternehmen verschiedene Ziele verfolgen:

- Wettbewerbsfähigkeit und Vorteile gegenüber Konkurrenz sichern,
- Umsätze und Gewinne steigern und damit finanzielle Unabhängigkeit erhalten,
- Marktanteile vergrößern (Neukunden in alten und neuen Marktsegmenten gewinnen),
- vorhandene Kunden erhalten und langfristig binden,
- Image des Unternehmens verbessern,
- Wachstum des Unternehmens fördern und neue Arbeitsplätze schaffen.

Die Produktinnovationen basieren oft auf technologischen Neuerungen, die sich aus dem wissenschaftlichen Fortschritt und der Grundlagenforschung ergeben. Gleichzeitig muss ein Produkt in erster Linie bestimmte Kundenbedürfnisse befriedigen, wofür seine spezifischen Eigenschaften und Grundfunktionen (Produktkern) notwendig sind. Zusätzlich werden von den Kunden das Produktäußere und die Zusatzleistungen wahrgenommen, bei denen vielfältige Variationsmöglichkeiten vorhanden sind.

Bezogen auf das Produkt „Auto" besteht der Produktkern aus den Komponenten Motor, Getriebe und Fahrwerk. Das Produktäußere differenziert sich über die verschiedenen Karosserievarianten (Limousine, Kombi, Coupé, Cabrio usw.) und die unterschiedlichen Fahrzeugausstattungen (elegant, sportlich usw.). Als Zusatzleistungen kommen beispielsweise die angebotenen Finanzierungs- und Leasingvarianten sowie die Garantie- und Serviceleistungen des Herstellers in Frage. Durch die Kombination dieser Merkmale entstehen für den Kunden eindeutig unterscheidbare Produktangebote, z.B. das Cabrio mit Dreiliter-Einspritzmotor, Sportgetriebe und -fahrwerk, sportlicher Innenausstattung und besonderen Serviceleistungen.[252]

Produktinnovationen als Markt- oder Unternehmensneuheiten (echte Innovationen) sind für den langfristigen Erfolg eines Unternehmens entscheidend. Produktdifferenzierungen und -variationen (Nachfolgeprodukte) helfen dabei, die Produktlebenszyklen und damit die Ertragsphasen zu verlängern und möglichst viele Kunden mit verschiedenen Bedürfnissen und Einkommen anzusprechen.

Unter Produkt**differenzierung** wird eine Variation von einzelnen oder mehreren Produktmerkmalen bereits im Markt vorhandener Produkte verstanden. Das in seinen Grundfunktionen veränderte Produkt wird zusätzlich angeboten und erweitert das Absatzprogramm mit dem Ziel, parallel möglichst viele Marktsegmente und Konsumentenschichten anzusprechen.[253] Als ein Beispiel für die Produktdifferenzierung sind neue Ausstattungselemente des Produktes Auto zu nennen, die die Leistungsfähigkeit, Vielseitigkeit, Sicherheit oder den Benutzungskomfort erhöhen, wie ABS, Schiebedach, heizbare Sitze oder Automatikgetriebe.[254] Aus diesem Grund werden gängige Automodelle mit verschiedenen Funktionen (Otto- oder Dieselmotor, PS, 5-Gang- oder Automatikgetriebe usw.) und Ausstattungen (Limousine, Kombi, Cabrio) angeboten, um möglichst viele verschiedene Kundenbedürfnisse und Wünsche in verschiedenen Preissegmenten befriedigen zu können.

Bei einer Produkt**variation** (Modifikation) werden nur geringfügige, unwesentliche Veränderungen der ästhetischen, physikalischen, funktionalen oder symbolischen Nutzenkomponenten eines am Markt eingeführten Produktes vorgenommen, wobei die Grundfunktionen des Produktes erhalten bleiben. Eine Produktvariation dient dazu, das Produkt gegenüber der Konkurrenz neu zu positionieren und den Produktlebenszyklus zu verlängern (Relaunch). Aus diesem Grund werden neue Automodelle derselben Marke in kurzen Abständen eingeführt, die auf dem gleichen Produktkern basieren und sich nur durch Produktäußeres (Design, Innenausstattung, Klima- und Musikanlage usw.) unterscheiden. Auch bei Lebensmitteln und Haushaltsartikeln bieten die Hersteller neue Farben und Formen an, ändern das Styling der Verpackung und stellen dies als Weiterentwicklung des Produktes heraus.

Unter Produktinnovationen werden sowohl materielle Produkte (Sachgüter) als auch Dienstleistungen verstanden. Im Gegensatz zu den Sachgütern, die greifbar sind, sind **Dienstleistungen** (Services) immateriell und intangibel, d.h. das Ergebnis eines Dienstleistungsprozesses im Gegensatz zu einem Produktionsprozess meist nicht materiell und nicht

---

[252] Vgl. Vahs/Burmester (2005), S. 73.

[253] Vgl. Meffert (1998), S. 425 f.

[254] Vgl. Kotler/Keller/Bliemel (2007), S. 1023.

anfassbar ist. Dienstleistungen entstehen durch Kombination von greifbaren Objekten (z.B. Ausrüstung, Anlagen), Personen (z.B. Berater, Kunde), intangiblen Elementen (z.B. Ziele, Nutzungsmuster) und Aktivitäten (z.B. Prozesse, Veranstaltungen).[255] Diese Zusammensetzung macht die Arbeit an und die Analyse von Dienstleistungsinnovationen besonders kompliziert und erfordert spezielle Methoden und Vorgehensweisen (z.B. TRIZ-Methode – Theorie des erfinderischen Problemlösens nach G. Altschuller).

Die Erbringung einer Dienstleistung ist ein Prozess, deswegen ist eine Dienstleistungsinnovation eine Produkt- und Prozessinnovation zugleich.

4.1.2.2 Prozessinnovationen

Reichwald/Piller definieren eine Innovation als „eine neuartige **Zweck-Mittel-Kombination** und das Ergebnis eines Problemlösungsprozesses. Diese hat sich unter dem Zielaspekt der Effizienzsteigerung innerbetrieblich (Prozessinnovation) oder/und unter dem Zielaspekt der Effektivität im Markt (Produktinnovation) zu bewähren. Der Innovationsgrad ist umso höher, je stärker die Umsetzung einer Innovation innerbetriebliche und marktliche Veränderungsprozesse bedingt."[256] Diese Definition deutet an, dass die Grenze zwischen Produkt- und Prozessinnovationen fließend ist.

Mit Prozessinnovationen wird in der Regel versucht, entweder die Abläufe zu rationalisieren und dadurch die Kosten zu senken, oder die Produktqualität zu verbessern.

Prozessinnovationen (Verfahrensinnovationen) stellen Veränderungen im Prozess der Faktorenkombination des Unternehmens dar. Sie verfolgen als Ziel die Verbesserung oder die Neugestaltung der Unternehmensprozesse mit dem Zweck der Arbeitsproduktivitätssteigerung.

Es kann um materielle und informationelle Prozesse gehen. Das Ziel ist, qualitativ hochwertige Produkte durch effiziente Prozesse mit kürzeren Durchlaufzeiten bei niedrigeren Kosten zu produzieren. Zusätzlich können die Erhöhung der Arbeitssicherheit, die Einsparung von Rohstoffen und Energie sowie die umweltfreundlichere Gestaltung der Produktion angestrebt werden.[257]

Eine Prozessinnovation bedeutet immer eine Steigerung der Effizienz, da eine neuartige Faktorenkombination die Produktion eines bestimmten Gutes kostengünstiger, qualitativ hochwertiger, sicherer und schneller erfolgen lässt. Jedoch können die Ziele von Prozessinnovationen variieren (s. Abbildung). Der wirtschaftliche Aspekt der Kostenreduzierung ist meistens am wichtigsten, gefolgt von der Optimierung und Flexibilisierung von Prozessen in Unternehmen.

---

[255] Vgl. Mauth (2010), S. 3-4.

[256] Reichwald/Piller (2006), S. 102.

[257] Vgl. Thom (1997), S. 8.

Abbildung 4.1 Ziele von Prozessinnovationen[258]

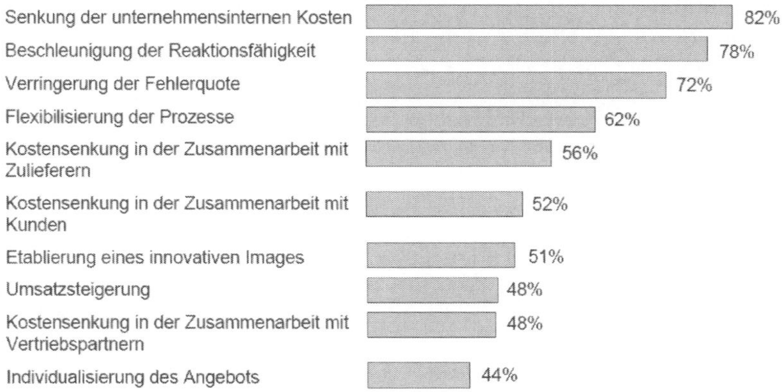

Das Spektrum von Prozessinnovationen ist weit und reicht von der Einführung neuer Arbeitsplatzbewertungs- und Personalbeurteilungsmethoden, der Installation eines computergestützten Berichtssystems bis hin zum erstmaligen Rückgriff auf neue Qualitätsmessverfahren in der Fertigung.[259]

Erfolgreiche Unternehmen praktizieren eine Kombination aus Produkt- und Prozessinnovationen und steigern dadurch ihre Wettbewerbsfähigkeit. Auch wenn sich die Kunden bei ihren Kaufentscheidungen vor allem an den Produkteigenschaften orientieren und kein direktes Interesse an technologischen Verfahren bei der Produktion haben, können sich Prozessinnovationen auf die Qualität, den Nutzen und den Preis des Produktes auswirken und sind somit für den Kunden nicht gleichgültig.

Eine hohe Produktqualität lässt sich ohne die Qualität von Prozessen nicht erreichen, damit sind Verfahrensinnovationen ein wichtiges Instrument zur Steigerung des Produktwertes und der Kundenzufriedenheit. Insbesondere in japanischen Unternehmen werden sprunghafte Innovationen mit den schrittweisen Prozessveränderungen nach der Kaizen-Methode kombiniert. **Kaizen** (jap. „Veränderung zum Besseren") ist eine Art des prozessorientierten Denkens, eine Verbesserung in kleinen Schritten. Darauf basiert der Ansatz des Kontinuierlichen Verbesserungsprozesses (KVP). Das KVP setzt praktisch genau dort an, wo Innovation aufhört, und versucht den erreichten Standard aufrecht zu erhalten und kontinuierlich zu verbessern. KVP und Innovation sollten als sich ergänzendes Paar gesehen werden.[260] Während Produktinnovation einen punktuellen Erfolg darstellt, der sich durch starke Konkurrenz und einen sich verschlechternden Standard verringert, handelt es

[258] Reichwald/Piller (2006), S. 99.

[259] Vgl. Macharzina/Wolf (2005), S. 727-728.

[260] Vgl. Japan Human Relations Association (1994), S. 39 ff.

sich beim KVP um ein stetiges, mit Synergieeffekten einhergehendes Bestreben, das im Laufe der Zeit zum Erfolg führt.[261] So kann ein Produkt nach einem Produkttest oder der ersten Markteinführung durch eine Prozessinnovation nachgebessert werden. Ebenfalls ist eine Prozessinnovation hilfreich, um durch die Ausschöpfung von Kostensenkungsreserven oder durch die Qualitätssteigerung mithilfe moderner Technologie das Preis-Leistungs-Verhältnis eines Produktes zu verbessern.

Bei immateriellen Produktinnovationen (Dienstleistungen) ist es schwierig, zwischen der Produkt- und Prozessinnovation zu unterscheiden. Es ist beispielsweise unklar, ob die wesentliche Innovation der bargeldlosen Zahlung in der Kreditkarte (Produktinnovation) oder im Abrechnungsverfahren (Prozessinnovation) liegt. Das Gleiche gilt für den Container-Transport, wobei der Container an sich und das Verfahren, das Zeit und Kosten im Güterverkehr spart, innovativ sind. Auch das mobile Telefonieren verbindet eine Produkt- (Handy) und eine Prozessinnovation (Netz, Vertrags- und Abrechnungssystem).

Produkt- und Prozessinnovationen sind auch auf eine andere Art und Weise miteinander verknüpft: Eine Produktinnovation eines Herstellers führt zu einer Prozessinnovation beim Anwender. Entwickelt ein Werkzeugmaschinenhersteller ein flexibles Fertigungssystem, das die Komplettbearbeitung eines Werkstücks ermöglicht, so ist es aus der Sicht des Herstellers eine Produktinnovation. Kommt das neuartige System bei einem Kunden zum Einsatz, so bewirkt es dort eine Veränderung im Produktionsablauf in Bezug auf die Transport-, Liege-, Rüst- und Bearbeitungszeiten. Es kommt bei dem Anwender zu einer Verfahrensinnovation.[262]

4.1.2.3 Soziale und organisatorische Innovationen

Neben neuen Produkten und Prozessen können auch Veränderungen im sozialen und organisatorischen Bereich der Gegenstand von Innovationen sein.

Die **sozialen Innovationen** betreffen den Menschen und sein Verhalten im Unternehmen. Sie dienen dem Erreichen sozialer Ziele, wie der Erhöhung der Arbeitszufriedenheit, dem Unfallschutz, der Arbeitsplatzsicherheit oder der Selbstverwirklichung. Als typische Beispiele können neuartige Arbeitszeitmodelle, altersgerechte Weiterbildungsprogramme, betriebliches Gesundheitsmanagement u.a. genannt werden.

Die **organisatorischen Innovationen** (Strukturinnovationen) bezwecken eine Verbesserung der Aufbau- und Ablauforganisation in Unternehmen. Dazu gehören Verflachung von Hierarchien, Gruppenarbeit u.a.

Die Abgrenzung zwischen den sozialen und den organisatorischen Innovationen ist in der Praxis schwierig. Die organisatorischen Innovationen überschneiden sich auch mit den Prozessinnovationen, da sie ebenfalls die Arbeitsabläufe in Unternehmen betreffen. Die

---

[261] Vgl. Imai (1993), S. 51.

[262] Vgl. Vahs/Burmester (2005), S. 77.

Einführung von Gruppenarbeit ist beispielsweise eine Prozess-, soziale und organisatorische Neuerung zugleich.

Teilautonome Gruppen bei Opel

Bei der Opel AG wurde in den 1990-er Jahren das Konzept der teilautonomen Arbeitsteams in der Fertigung eingeführt. Das Konzept strebt als Ziele Wirtschaftlichkeit und Humanisierung der Arbeit an und ist damit eine Prozess- und soziale/organisatorische Innovation. In der Betriebsvereinbarung von Opel Kaiserslautern wird Gruppenarbeit definiert als "eine Organisation und ein Prozess, in dem die Mitarbeiter zusammenarbeiten, um die Ziele des Unternehmens gemeinsam zu erfüllen. Sie hilft, sich im Unternehmen auf gemeinsame Ziele zu konzentrieren, stärkt die Verantwortlichkeit aller in Bezug auf den Erfolg des Unternehmens und trägt zur Sicherung der Arbeitsplätze bei. Sie schafft einen flexibel einsetzbaren und vielseitig interessierten Mitarbeiterstab, steigert die Mitverantwortung eines jeden Mitarbeiters und fördert somit die Arbeitszufriedenheit." Die Beschäftigten bekommen mehr Spielräume, da sie neben ihren Produktionsaufgaben auch die Verantwortung für die Qualität, Arbeitssicherheit und kontinuierliche Verbesserungsprozesse erhalten.[263]

Zwischen Produkt-, Prozess- und organisatorischen/sozialen Innovationen besteht ein komplexes Wirkungsgeflecht: Prozessinnovationen sind meist die Folgen von Produktinnovationen, können jedoch auch Initiator, Katalysator oder Voraussetzung von diesen sein. Organisatorische und soziale Innovationen sind ebenfalls entweder Folgen oder Voraussetzungen und Katalysatoren für die Produkt- und Prozessinnovationen. Die Innovationsarbeit erfordert eine ganzheitliche Betrachtung aller drei Innovationstypen: Das Unternehmen versucht über neue, bessere Produkte und entsprechende Verfahren sowie betriebliche Maßnahmen zu deren Umsetzung das bestehende Kerngeschäft zu verbessern und den Unternehmenswert zu steigern. Der neue Typ der Innovation – die Geschäftsmodellinnovation – geht noch radikaler vor und strebt Veränderungen im Geschäft des Unternehmens an.

4.1.2.4 Geschäftsmodellinnovationen

Eine **Geschäftsmodellinnovation** ist eine bewusste Veränderung eines bestehenden oder Schaffung eines neuen Geschäftsmodells, das Kundenbedürfnisse auf eine neuartige und bessere Art und Weise befriedigt. Dabei geht es um die Schaffung eines Wettbewerbsvorteils durch Differenzierung gegenüber Konkurrenten.

Geschäftsmodellinnovationen sind tiefgreifende, strategische Innovationen, da sie die grundlegende Struktur eines Geschäftes verändern. Das Konzept und der Begriff der Geschäftsmodellinnovation sind relativ jung, werden allerdings vermehrt verwendet. In der IBM-Studie „Unternehmen der Zukunft" aus dem Jahr 2008 wurden Geschäftsmodellinnovationen von den meisten Top-Managern (CEOs) erfolgreicher Unternehmen als die

[263] Vgl. Opel Kaiserslautern (1997).

wichtigste Innovationsart bezeichnet: Praktisch alle CEOs passen ihr Geschäftsmodell an, zwei Drittel verwirklichen sogar umfangreiche Innovationen in diesem Bereich. Typisch sind dabei eine globale Ausrichtung und Zusammenarbeit mit Partnern.[264]

Bekannte Beispiele für Geschäftsmodellinnovationen sind IKEA, Dell oder Tschibo, die Grundstrukturen und Wettbewerbsregeln ihrer Branche verändert haben.

Geschäftsmodellinnovation IKEA

Das 1943 von Ingvar Kamprad in Schweden gegründete Einrichtungsunternehmen IKEA basiert auf einem – zu jener Zeit ganz neuen – Geschäftsmodell, das einen Teil der Wertschöpfung (Transport und Zusammenbau der Möbelstücke) zum Kunden auslagert. Diese geniale Idee hat IKEA zu einem multinationalen Konzern mit aktuell 280 Häusern in 26 Ländern, 127 Tsd. Mitarbeitern und einem Jahresumsatz von 23 Mrd. Euro gemacht.[265]

Geschäftsmodellinnovationen setzen im Gegensatz zu Produkt- oder Prozessinnovationen direkt am Geschäftsmodell eines Unternehmens an, sie können die Wettbewerbsregeln innerhalb einer Branche wesentlich verändern oder sogar ganz neue Branchen schaffen. Über das Internet können Unternehmen heute Nischenmärkte für seltene, überschüssige oder hoch spezialisierte Waren finden – und einen „virtuellen Garagenverkauf" durchführen, wie dies häufig bezeichnet wird. Geschäftsprozesse und bestimmte Produkte und Services werden virtueller. Neue Vertriebskanäle und elektronische Absatzmethoden revolutionieren traditionelle Branchenkonventionen und verändern die Art und Weise der Unternehmenstätigkeit.

Unter Geschäftsmodellinnovationen werden Unternehmensmodell-, Umsatzmodell- oder Branchenmodellinnovationen verstanden:[266]

- Eine Unternehmensmodellinnovation richtet sich auf die Spezialisierung und Umstrukturierung des Unternehmens aus, um neu festzulegen, welche Aufgaben im eigenen Unternehmen und welche in Zusammenarbeit mit externen Partnern erledigt werden (Beispiel: Cisco, das sich auf die Bereiche Brand und Design konzentriert, während Fertigung, Vertrieb und andere Aufgaben an Partner übertragen wurden).
- Eine Umsatzmodellinnovation bezieht sich auf die Veränderung der Art und Weise der Umsatzgenerierung durch neue Wertbeiträge und neue Preismodelle (Beispiel: Gillette, das den primären Umsatzstrom von Rasierern zu Rasierklingen verlagert hat).
- Bei der Branchenmodellinnovation geht es um die Neudefinition einer bestehenden Branche, Einstieg in eine neue Branche oder Schaffung einer völlig neuen Branche (Beispiel: Musikindustrie, Stichwort: Apple iPod und iTunes).

---

[264] Vgl. IBM (2008), S. 48.

[265] Vgl. IKEA (2010).

[266] Vgl. IBM (2008), S. 49.

Die Geschäftsmodellinnovationen zeichnen sich durch hohe Komplexität und Veränderungstiefe aus und sind mit besonderen Risiken und Umwälzungen in Unternehmen verbunden. Diese Komplexität hat zu Folge, dass Unternehmen bei Innovationen vermehrt mit anderen kooperieren, um Kosten und Risiken der Innovationsarbeit auf mehrere Schultern zu verteilen, was im Weiteren unter dem Begriff Open Innovation erläutert wird.

4.1.3 Innovationsarten nach Auslöser

Neuerungen können in der Praxis verschiedene Ursachen haben. Je nach Auslöser kann zwischen Market-Pull- und Technology-Push-Innovationen differenziert werden.

Zweckinduzierte Innovationen kommen vom Markt her und werden deswegen als **Market-Pull-Innovationen** bezeichnet. Typisch für diese Neuerungen ist, dass dabei ein neuer Zweck entsteht, der oft mit alten Mitteln erreicht werden kann. Market-Pull-Innovationen werden durch die Bedürfnisse oder die konkrete Nachfrage der Kunden initiiert.

Die mittelinduzierten Innovationen resultieren aus den neuen technologischen Möglichkeiten und werden **Technology-Push-Innovationen** genannt. Für die mittelinduzierte Innovation ist es typisch, dass der Zweck unverändert bleibt, aber neue Mittel zur Erfüllung dieses Zwecks angeboten werden. Technology-Push-Innovationen werden durch die Forschung und neue technologische Möglichkeiten ausgelöst.

Für die Abgrenzung zwischen den Market-Pull- und Technology-Push-Innovationen ist das Technologielebenszyklus-Konzept (**S-Kurven-Modell**) hilfreich, das ursprünglich von Foster beschrieben und später von McKinsey bekannt gemacht wurde (vgl. Abbildung).

Abbildung 4.2 Technologielebenszyklen (S-Kurven-Modell)

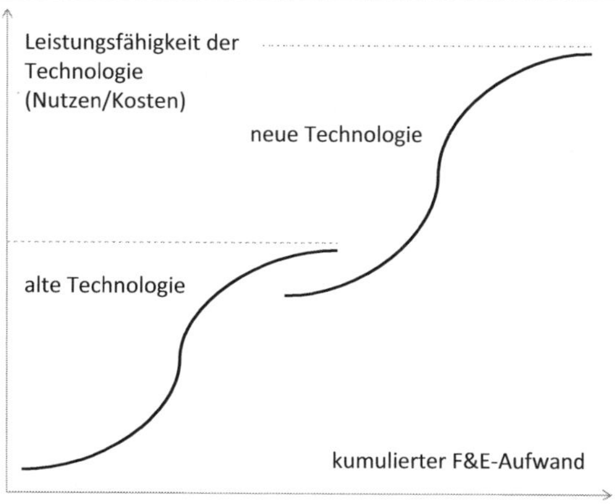

Die alte Technologie stößt mit der Zeit an ihre Grenze und wird von der neuen Technologie abgelöst, die ein höheres Leistungspotenzial (Nutzen-Kosten-Verhältnis) hat. Ähnlich wie der Produktlebenszyklus, wird auch der Lebenszyklus einer Technologie in die Phasen Einführung/Entstehung, Wachstum, Reife und Verfall unterteilt, was einen S-formigen Verlauf der Kurve erklärt. In der Einführungsphase des Technologielebenszyklus sind die Wettbewerbspotenziale der Technologie nicht ausgeschöpft, da sie noch keinerlei wirtschaftliche Anwendung gefunden hat. Verfügt eine solche Technologie über ein hohes Entwicklungspotenzial, so wird sie einen höheren Verbreitungsgrad erreichen. Der sich daran anschließende steilere Anstieg der Kurve leitet den Übergang in die Wachstumsphase ein. Die Technologie befindet sich nun in ihrer Schrittmacherphase. Die Vorhersage der weiteren Entwicklung ist in dieser Phase mit großer Unsicherheit verbunden. Manchmal löst eine neue Technologie eine echte Euphorie aus, was als **Hype** bezeichnet wird. Allerdings kann nach einem steilen Wachstum eine Ernüchterung folgen, wenn die Erwartungen zu hoch gesetzt waren. Mit abnehmendem, jedoch immer noch positivem Anstieg der Technologielebenszykluskurve erfolgt der Übergang zur Reifephase, in der die Technologie eine weite Verbreitung erfährt und von den meisten Konkurrenten beherrscht wird. In dieser Phase wird die Technologie zur Schlüsseltechnologie. Die Stagnation ihres Potenzials führt langsam zum Verfall. Hier ist die Technologie in Produkten und Verfahren allgemein verbreitet und wird von allen Konkurrenten einer Branche beherrscht (Basistechnologie). Sie verliert ihre Bedeutung für die Zukunft, da von nun an nur noch inkrementelle Modifikationen und Verbesserungen zu erwarten sind. Schließlich wird sie durch neue Technologien ersetzt und wird somit zu verdrängter Technologie.

Die weiter folgende Abbildung zeigt die Positionierung von Market-Pull- und Technology-Push-Innovationen im Kontinuum des S-Kurven-Konzeptes.

Abbildung 4.3 Market-Pull- und Technology-Push-Innovationen im Kontinuum des S-Kurven-Konzeptes

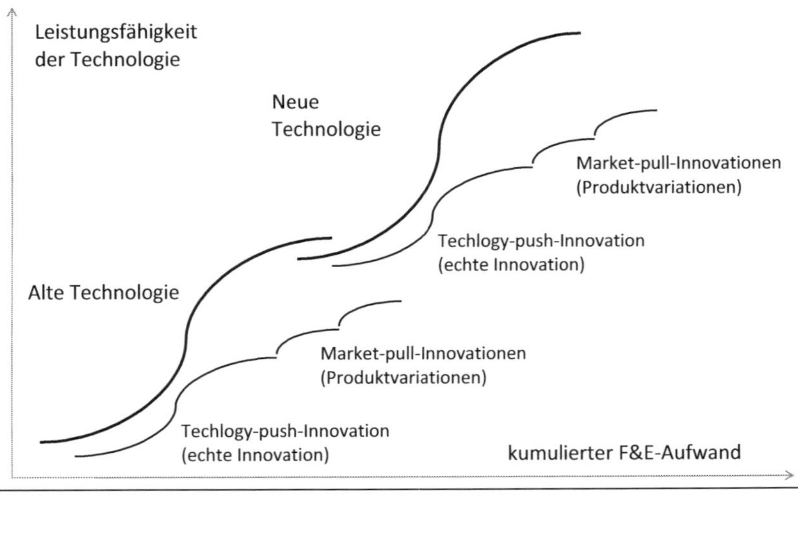

Die Market-Pull-Innovationen werden meistens im Rahmen einer bestehenden Technologie entwickelt und zeichnen sich durch kleinere Veränderungen bei Produkteigenschaften aus; die Technology-Push-Innovationen entstehen überwiegend im Laufe eines Technologiewechsels und haben einen sprunghaften, radikalen Charakter.

Die von den Kundenbedürfnissen initiierten Innovationen zeichnen sich in der Regel durch größere Erfolgschancen und geringere Risiken auf dem Markt aus, als die durch neue Technologien zustande gekommenen Neuerungen, für die erst noch entsprechende Anwendungsgebiete gefunden werden sollen. Die Technology-Push-Innovationen stoßen nicht von Anfang an auf einen aufnahmebereiten Markt, können allerdings langfristig zu Erfolgsschlagern werden.

Ein klassisches Beispiel für eine Market-Pull-Innovation ist der Walkman von Sony. Er setzte das Kundenbedürfnis, an jedem Ort die gewünschte Musik hören zu können, in ein marktfähiges Produkt um, zunächst gegen den Widerstand der eigenen Techniker.[267]

Der Computertomograph, das Glasfaserkabel, der Videorekorder oder das Mobiltelefon sind dagegen Beispiele für Technology-Push-Innovationen. Ihre Entstehungsgeschichten weisen viele Probleme und Widerstände auf. Allerdings, nachdem der Markt die Vorteile dieser Innovationen erkannt hat, haben sie sich zu revolutionierenden Neuerungen in verschiedenen Bereichen entwickelt.[268]

Ebenfalls besitzen Market-Pull- und Technology-Push-Innovationen in Verbindung mit Technologie-Kurven unterschiedliche Neuheitsgrade.

4.1.4 Innovationen nach dem Neuheitsgrad

Der Neuheitsgrad einer Innovation ist ein Faktor, der den wirtschaftlichen Erfolg und das Risiko der Innovation ausschlaggebend beeinflusst.

Zur näheren Bestimmung des Neuheitsgrades von Innovationen können folgende Dimensionen herangezogen werden:

- Subjektdimension (Für wen neu?),
- Intensitätsdimension (Wie neu?),
- Zeitdimension (Wie lange neu?),
- Raumdimension (Wo neu?).

Bezüglich der Subjektdimension kann eine Neuerung als objektiv neu bezeichnet werden, wenn sie zumindest für eine Volkswirtschaft (ein Land) völlig neu ist. Andererseits gibt es subjektive Innovationen, die nur für bestimmte Personen und Institutionen auf Anbieter-

[267] Vgl. Vahs/Burmester (2005), S. 80.

[268] Vgl. Lynn/Morone/Paulson (1996), S. 80-82.

oder Nachfrageseite neu und bereits auf Märkten existent sind (z.B. eine Betriebsneuheit).[269] Bei der zweiten Frage (Wie neu?) kann man inkrementale Neuheiten, bei denen nur einige Bestandteile neu sind, von umfassenden (radikalen) Neuheiten, die in Gänze oder zumindest in den meisten Bestandteilen neu sind, abgrenzen.[270] Ebenfalls können sich Innovationen nach dem Alter des Produktes und nach der Raumdimension (Welt-, Regional- oder Landesneuheit) voneinander unterscheiden.

Anhand genannter Fragestellungen ergeben sich die relevanten Klassifikationen der Innovation in inkrementale und radikale sowie in Basis-, Verbesserungs-, Scheininnovationen und Imitationen. Diese Arten der Innovation werden im Weiteren exemplarisch erläutert.

4.1.4.1 Radikale vs. inkrementale Innovationen

Bei radikalen Innovationen werden die Zwecke neu gesetzt und zugleich neue Mittel zur Erfüllung dieser Zwecke angeboten. Bei inkrementalen Innovationen können die Zwecke und/oder die Mittel unverändert bleiben, das innovative Element liegt dann entweder in der Neuartigkeit der Faktorenkombination oder in einem wesentlich verbesserten Zweck-Mittel-Verhältnis.

Radikale Innovationen weisen einen hohen Neuheitsgrad (Schrittmachertechnologie, neue Märkte) auf und bewirken einschneidende und komplex-interdependente Veränderungen im Unternehmen. Das mit ihnen verbundene wirtschaftliche Risiko ist hoch.

Inkrementale Innovationen erfolgen in bereits bestehenden oder verwandten Märkten und auf bekannten Anwendungsgebieten (Basistechnologie). Sie sind relativ risikolos und zielen auf eine Verbesserung des Zweck-Mittel-Verhältnisses ab.

Auch wenn die radikalen Innovationen risikoreicher sind, haben sie gegenüber den inkrementalen Innovationen große Vorteile, da sie für Unternehmen besondere Chancen bedeuten. Ein aus einer radikalen Innovation entstandenes Produkt, das zu einem Markterfolg wird, garantiert dem Unternehmen eine gewisse Zeit lang eine Monopolstellung sowie einen Wissensvorsprung gegenüber der Konkurrenz. Die Marktchancen einer radikalen Innovation sind umso größer, je stärker sie sowohl bedürfnis- als auch technologieorientiert ist. Im Falle eines Markterfolgs gelingt es einem Unternehmen, den Markt abzuschöpfen und neben hohen Umsätzen und Gewinnen auch einen Imagezuwachs zu erreichen.

4.1.4.2 Basisinnovationen

Der Begriff der Basisinnovation (echte Innovation) findet Anwendung, wenn Neuerungen geschaffen und umgesetzt werden, die das Wirtschaftsleben und/oder andere Sphären des Lebens grundlegend beeinflussen. So hat beispielsweise das Handy die Kommunikations-

[269] Vgl. Corsten/Gössinger/Schneider (2006), S. 17.

[270] Vgl. Trommsdorff/Steinhoff (2007), S. 33.

und Lebensgewohnheiten von Menschen revolutioniert. Eine Basisinnovation bedeutet einen Durchbruch in Bezug auf neue Technologien und zieht meist eine Vielzahl von neuen Produkten und Anwendungen nach sich.

Der russische Wirtschaftswissenschaftler Nikolai Kondratieff (1892–1938) hat die Theorie von langen Technologiezyklen (Konjunkturwellen) entwickelt, in der die Basisinnovationen eine Schlüsselrolle spielen. Die so genannten Kondratieff-Zyklen beschreiben die epochalen Innovationen, die jeweils eine über 50 Jahre andauernde und durch weitere Zusatzinnovationen bedingte wirtschaftliche Entwicklung hervorgerufen haben (s. Abbildung).

Abbildung 4.4 Die fünf langen Konjunkturwellen (Kondratieff-Zyklen)[271]

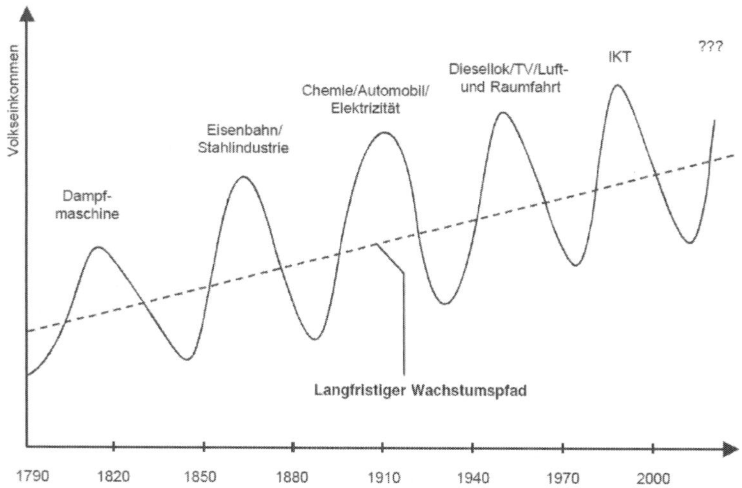

Als die fünf epochalen Basisinnovationen der vergangenen 200 Jahre bezeichnet Kondratieff:

- Die Dampfmaschine, deren Funktionsprinzip im Jahre 1769 von dem Engländer James Watt erfunden wurde. Als Folge wurden Energiegewinnung an jedem beliebigen Ort ermöglicht sowie Fertigungsmaschinen geschaffen, was den Übergang von der handwerklichen zur industriellen Produktion einleitete;
- Die Entwicklung des Stahlproduktionsverfahrens von Krupp und Hösch und die darauf basierende Etablierung des Eisenbahnverkehrs nach der Erfindung des Dampfwagens durch George Stephenson Mitte des 19. Jahrhunderts. Die dadurch erreichte Mobilität von Personen und Gütern war die Voraussetzung für die Schwerindustrie und die Urbanisierung;

271 Vahs/Burmester (2005), S. 6.

- Der Einsatz von Elektrizität als Energiequelle im industriellen Bereich ab ca. 1880 führte zu einer schnellen Entwicklung energieintensiver Industriesektoren, wie z.B. der Chemiesektor oder der Automobilbau, in denen zunehmend innoviert wurde;
- Erfolge der Luft- und Raumfahrttechnik und des Fernsehens haben neue unvergleichbare Möglichkeiten der Distanzüberwindung geschaffen. Die Innovationen in diesen Bereichen haben den Grundstein moderner Globalisierung gelegt;
- Die Erfindungen der Informations- und Kommunikationstechnologie (IKT), die nicht nur zur Entstehung völlig neuer Wirtschaftszweige, Beschaffungs- und Fertigungsmethoden geführt, sondern auch bedeutende Veränderungen in den gesellschaftlichen Bereichen der Arbeits-, Freizeit- und Konsumwelt verursacht haben. Als Folge wandeln sich westliche Gesellschaften von Industrie- zu Informationsgesellschaften.[272]

Als die sechste Kondratieff-Welle wird oft die zukünftige Entwicklung in Richtung **Human Life Sciences** bezeichnet, wobei neue gesellschaftliche Werte und Prioritäten in Verbindung mit langem Leben, ganzheitlicher Medizin und einer Synthese von Mensch und Maschine genannt werden.

Ein Kennzeichen der Basisinnovationen der Kondratieff-Zyklen ist, dass bereits vorhandene, aber bisher ungenutzte Ressourcen plötzlich ins allgemeine Bewusstsein treten und große Bedeutung erlangen, was die Wirtschaftsstruktur der Gesellschaft nachhaltig verändert. Während der ersten vier Zyklen bestanden die Ressourcen überwiegend aus materieller Energie. Seit dem fünften Zyklus handelt es sich um immaterielle Informationen. Dadurch wurde der Übergang in das Informations- und Wissenszeitalter ausgelöst.

Die Entwicklung der Informations- und Kommunikationstechnologie (IKT) erschließt immer mehr Bereiche der Wirtschaft, Gesellschaft und des Lebens und ruft weitere innovative Produkte, Dienste und Geschäftsmodelle hervor. Die Entwicklungstrends der heutigen IKT sind Internet der Dinge (z.B. ein kluger Kühlschrank, der selbst Bestellungen tätigt) und Internet der Menschen, wie Social Media-Netzwerke, Web 2.0-Technologien und Second Life.

IKT als Auslöser für neue Geschäftsmodelle am Beispiel Google

In der breiten Palette der Innovationen um das Internet herum ist Google eins der erfolgreichsten Unternehmen, das laufend neue Wertschöpfung generiert. Hier kommen neue Technologie, neues Geschäftsmodell und neue Geschäftsprozesse zusammen. Die Grundlage für das Kerngeschäft des im Jahr 1998 gegründeten Unternehmens Google war Technologie für Informationssuche im Internet. Zum Umsatz tragen meistens andere Bereiche bei – vor allem Werbung mittels Textanzeigen mit den Programmen AdWords und AdSence. Abhängig von einer Abfrage und deren Schlüsselwörtern wird Werbung (AdWords-Textanzeigen) eingeblendet. AdSense heißt die Aufnahme von Werbung auf der eigenen Website: Die eingeblendeten Anzeigen passen zum Inhalt der

[272] Vgl. Vahs/Burmester (2005), S. 7.

Seite; klicken Besucher auf die Anzeigen, so erhält die Website Anteile an den Anzeigepreisen in dynamischer Art und Weise. Google strebt an, der globale Marktführer für die Suche und Analyse von Informationen zu Dokumenten und Websites, aber auch für Information zu realen Dingen wie zu den Lokationen der Erde, zu sein. Dazu kommt ein Strom weiterer Innovationen: Von Suchfunktionen (wie Desktop, Maps) über Werbeprodukte (wie AdSense, Ad Words und DoubleClick) und Kommunikationswerkzeuge (wie Google Kalender, Gmail, orkut und YouTube) hin zu weiterer Software (wie Earth oder Mobile Gmail), Digitalisierung von Bibliotheken (Google-books), Straßenansichtsfunktion Street View oder zu sozialer Innovation wie der Frühanalyse von Grippewellen. Viele der Google Innovationen sind jedoch umstritten, sei es wegen Computerviren oder Datenschutzproblematik.[273]

Die Theorie von Kondratieff und das Beispiel der IKT zeigen, dass Basisinnovationen durch das Zusammenspiel eines ganzen Netzes von Innovationen in der Gesellschaft zustande kommen: Technologische Innovationen werden von gesellschaftlichen, organisatorischen und sozialen Erneuerungen begleitet, erstmalige Basisinnovationen werden von zahlreichen Verbesserungsinnovationen verfeinert und nutzbar gemacht.

4.1.4.3 Verbesserungsinnovationen

Bei Verbesserungsinnovationen (Produktvariationen, quasi-neue Produkte) werden Produkte oder Dienstleistungen in ihrer Funktionalität verbessert, allerdings ist der Neuheitsgrad der Verbesserungsinnovation wesentlich geringer, als der einer Basisinnovation.

Bei Verbesserungsinnovationen werden einzelne oder mehrere Nutzenparameter verbessert, wobei die grundlegenden Funktionen und Eigenschaften erhalten bleiben.

Die meisten gängigen Innovationen in der Praxis sind Verbesserungsinnovationen. Als praktische Beispiele von Verbesserungsinnovationen dienen:

- die Leistungssteigerung von Computern durch die ständige Weiterentwicklung der Prozessoren und anderer Komponenten,
- neue Pkw-Modelle mit immer geringerem Treibstoffverbrauch und Schadstoffausstoß,
- eine kontinuierliche Erweiterung des Spektrums von Handyfunktionen usw.

4.1.4.4 Imitation

Es gibt kaum eine große Erfindung, „die nicht nachgeahmt wurde, kaum aber auch eine Erfindung, von der nicht behauptet wurde, sie sei nur eine Nachahmung."[274] In der Regel ist der Begriff der Imitation negativ belegt, weil dieser Innovation keine eigene kreative Idee zugrunde liegt.

---

[273] Vgl. Willmanns/Hehl (2009), S. 70-71.

[274] Vgl. Hauschild (2004), S. 69.

Als Imitation (oder Me-too-Produkte) bezeichnet man das Nachahmen von Lösungen, die in anderen Unternehmen bereits vorhanden sind und erfolgreich eingesetzt werden.

Ein Beispiel für eine Nachahmung im Konsumgüterbereich ist das Produkt „Schoko-Wunderkugel" von Nestle aus dem Jahr 1996 als Reaktion auf das bereits 1974 eingeführte/entwickelte Konkurrenzprodukt „Überraschungsei" des Wettbewerbers Ferrero.

4.1.4.5 Scheininnovationen

Wird an dem bestehenden Produkt etwas geändert, was zu keinem Zusatznutzen für den Kunden führt, so geht es in der Regel um eine Scheininnovation.

Bei Scheininnovationen geht es um eine Pseudoverbesserung ohne einen neuen oder zusätzlichen Nutzen für den Kunden.

Allerdings ist auch dieser Begriff ungenau. Eine Verbesserung des Designs kann beispielsweise als ein Zusatznutzen (ästhetischer Nutzen) aufgefasst werden. Wird eine Handbohrmaschine mit einem neuen Design versehen, der keine bessere Handhabung oder Leistung verspricht, so kann diese Neuerung als Scheininnovation bezeichnet werden. Eine Veränderung der Form oder der Farbe eines Wasserkochers ohne Veränderung der Funktionen wäre auch nur eine Scheininnovation.

4.1.4.6 Subjektiver Charakter der Innovativität

Die Ausführungen dieses Kapitels haben bereits angedeutet, dass die Neuartigkeit einer Innovation in großem Maße subjektiv ist. Neben den objektiv messbaren Größen, wie Alter, Bekanntheit oder Verbreitung eines neuen Produktes, ist seine subjektive Wahrnehmung durch Kunden für die Bewertung der Innovativität ausschlaggebend.

Vor dem Hintergrund solcher Annahmen ist es sinnvoll, neben den objektiven Vorstellungen von der Neuheit den Begriff der „gefühlten Innovativität" einzuführen.[275] Diese Sichtweise kann marketingstrategisch sehr gewinnbringend sein.

Im Extremfall geht es um Produkte, die „keiner wirklich braucht, aber jeder haben will", wie iPad oder Porsche. Gelingt es einem Unternehmen, sein Wissen über emotionale Kundenbedürfnisse in neue Produkte zu verwandeln, so kann es erfolgreich sein. Schließlich geht es bei einem Auto nicht bloß um die Mobilität (von A nach B zu kommen), sondern um viel mehr. Der Wunsch nach Status, Prestige, Image kann auch durch ein Auto befriedigt werden. Das Unternehmen Apple versteht es sehr gut, seinen Produkten einen Kultstatus zu verleihen, und gewinnt dadurch eine zahlungskräftige Kundschaft in der ganzen Welt.

---

[275] Vgl. Carell/Euteneuer (2007), S. 20.

Allgemeiner kann es dabei um jedes Produkt gehen: Rationale Überlegungen werden bei jeder Kaufentscheidung mit Emotionen kombiniert. Bei den so genannten kulturell aufgeladenen Konsumprodukten, die zur Verwirklichung eines Lifestyles dienen, ist die gefühlte Innovativität zentral. Hier sind Attraktivität und emotionale Begehrlichkeit für den Erfolg einer Innovation entscheidend. Bei den technischen Produkten spielt die Rationalität, basierend auf einer objektiven Bewertung, eine wichtige Rolle, aber die Emotionen sind auch hier wichtig.

Daraus lässt sich schlussfolgern, dass ein Unternehmen bei der Entwicklung einer Innovation nicht nur die technischen Daten und Funktionen, sondern ebenfalls die Emotionen von Kunden ernst nehmen und gezielt ansprechen sollte.

4.2 Merkmale von Innovationen

Innovationen sind unternehmerische Herausforderungen ersten Ranges und stellen wesentlich höhere Anforderungen an das Management, als alltägliche Routineentscheidungen. Die Misserfolgsraten von Innovationen sind sehr hoch. Für die Erhöhung der Erfolgswahrscheinlichkeit sind die Wahl geeigneter Innovationsstrategien und methodischer Vorgehensweisen bei der Bewertung von Ideen sowie die Berücksichtigung von Merkmalen der Innovation von besonderer Bedeutung. Neben dem bereits erläuterten konstitutiven Merkmal Neuheitsgrad werden in der Literatur vor allem die Merkmale Komplexität, Unsicherheit und Konfliktgehalt erläutert. Diese Merkmale spielen im Innovationsprozess eine wichtige Rolle und sollen bereits in frühen Phasen berücksichtig werden, um den Erfolg des künftigen Produktes abzusichern.

4.2.1 Neuheitsgrad als Hauptmerkmal

Die Neuigkeit einer Innovation ist ihr charakteristisches Merkmal, das sie von Routineaufgaben unterscheidet. Wie es bereits beschrieben wurde, kann sich der Grad der Neuheit von einer geringfügigen Veränderung bereits bekannter Objekte und Prozesse bis hin zu bahnbrechenden Neuerungen variieren. Eine Neuerung kann für ein Individuum oder ein Unternehmen subjektiv neu sein, obwohl sie für andere bereits bekannt ist. In dem Fall spricht man von einer Betriebsneuheit. Eine objektive Neuheit liegt vor, wenn bisher noch keine Anwendung erfolgt ist. Das ist eine Markt- oder Weltneuheit. Sowohl eine subjektive, als auch eine objektive Neuheit ist aus der Perspektive eines Unternehmens eine Innovation, da sie bestimmte Veränderungen im Unternehmen verursacht.

Der Neuheitsgrad einer Innovation spielt neben anderen Faktoren, wie Anwendungsbreite, Marktrisiko oder branchenindividuelle Gewinnspanne, eine bedeutende Rolle für den wirtschaftlichen Erfolg. Jedoch gibt es keinen Beleg für einen direkten Zusammenhang zwischen dem Neuheitsgrad und den Erfolgskennzahlen.

Ein hoher Neuheitsgrad eines neuen Produktes oder Verfahrens (eine Weltneuheit) stellt einen Vorsprung gegenüber der Konkurrenz dar, bringt dem Unternehmen einen Wettbewerbsvorteil und sichert – zumindest kurzfristig – eine Monopolstellung im Markt und eine damit verbundene überdurchschnittliche Gewinnrendite. Dadurch ist es möglich, den Markt abzuschöpfen und hohe Gewinne zu erzielen.

Aber auch mit einer regionalen Neuheit, die auf einer fortschrittlichen Technologie basiert und Kundenbedürfnisse genau trifft, kann ein Unternehmen überdurchschnittlich erfolgreich sein. Das Verständnis von Kundenwünschen und -bedürfnissen ist dabei ausschlaggebend.

Das Produktportfolio von Großkonzernen beinhaltet in der Regel eine ganze Palette von Produkten/Dienstleitungen mit verschiedenen Neuheitsgraden von Weltneuheiten über Betriebsneuheiten bis zu kleinen Produktveränderungen (vgl. Abbildung).

Abbildung 4.5 Produkte mit verschiedenen Neuheitsgraden am Beispiel Daimler[276]

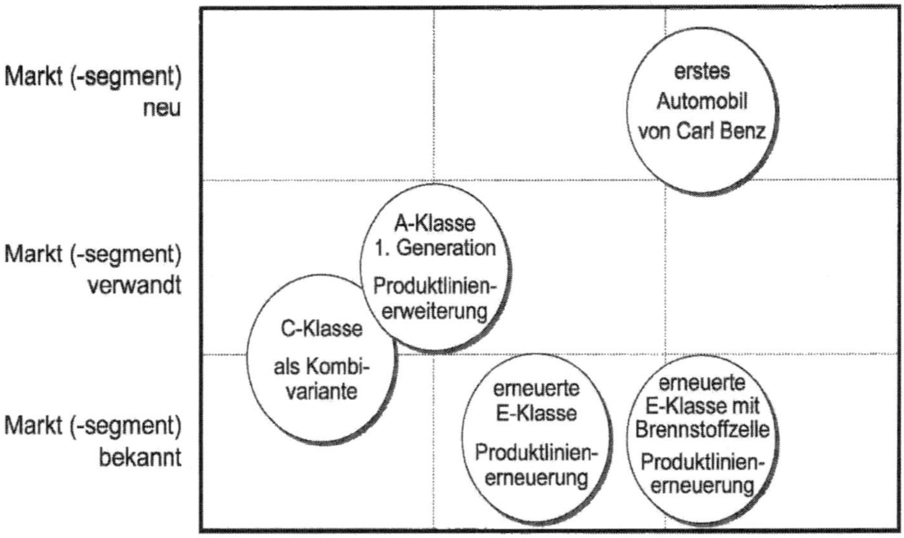

Die Beispiele in der Abbildung machen deutlich, dass die Produktpalette eines Großunternehmens im Kontext einer konkreten Situation entsteht, die durch eine existierende Marktsegmentierung und aktuelles technologisches Know-how gekennzeichnet ist. Die in der Regel besonders risikobehafteten Produkte, die neue Technologie in einem unbekannten Marktsegment anbieten (radikale Innovationen) werden mit risikoarmen Produktveränderungen (bekannte Technologie für bestehende Marktsegmente) kombiniert.

[276] König/Völker (2002), S. 11.

4.2.2 Komplexität

Die Komplexität ist ein weiteres Merkmal einer Innovation. In der Regel weisen Innovationen eine unklare Problemstruktur, einen nichtlinearen zeitlichen Verlauf einzelner Innovationsphasen sowie einen interdisziplinären Charakter in Bezug auf die Beteiligten und Entscheidungsträger auf. Das macht jede Innovation zu einem komplexen Prozess.

Vahs/Burmester unterscheiden zwischen folgenden Komplexitätsdimensionen:[277]

- **Quantitative** und **qualitative** Komplexität (Kompliziertheit) aufgrund der Vielfalt, Vielzahl und Vernetzung der relevanten Sachverhalte (Anzahl der Komponenten, Variantenvielfalt, Interdependenzen von Entscheidungen und Maßnahmen usw.);
- **Zeitliche** Komplexität (Dynamik), die sich aus der Veränderlichkeit der relevanten Sachverhalte ergibt (z.B. Gesetzgebung, Technologiesprünge, Marktsituation usw.);
- Komplexität aufgrund der **Querschnittfunktion** der Innovation im Unternehmen: Innovation betrifft sowohl die Funktions- als auch die Produktionsbereiche, ist mit dem Umfeld wie Kunden, Lieferanten, Behörden, Forschungsinstitute, Gesetzgeber verbunden, erfordert eine Zusammenarbeit verschiedener Unternehmensbereiche (Strategisches Management, F&E, Produktion, Marketing, Beschaffung, Rechnungswesen usw.)

Komplexität am Beispiel A 380

Das Großraumflugzeug Airbus A380 besteht aus über einer Million Komponenten. Darüber hinaus wird die Komplexität dieses Produktes durch die hohe Anzahl verschiedener Werkstoffe und Bestandteile im Produkt (verschiedene Metalle, Kunststoffe, Sandwichkonstruktionen, kilometerlange Leitungen, komplexe Elektronik u.a.) und zahlreicher Technologien im Produktionsprozess verstärkt. Lange Entwicklungszeiten (Mitte der 1990er Jahre bis 2005) haben die zeitliche Komplexität gesteigert, neue Anpassungen an die aktuellen Anforderungen und Standards notwendig gemacht. Eine zusätzliche Komplexität der Produktinnovation Airbus A380 kommt durch die internationale Logistik bei seiner Produktion zustande, an der mehrere Länder der Europäischen Union beteiligt sind (Deutschland und Frankreich als Hauptakteure, Großbritannien, Spanien und weitere).

Die relevanten Einflussgrößen auf Komplexität sind neben dem Neuheitsgrad des Produktes die Neuheit der Technologie und des Marktes. Wird für das neue Produkt eine radikal neue Technologie verwendet, so steigt die Komplexität des Innovationsprozesses schlagartig. Versucht man, mit dem neuen Produkt auf neuen, unbekannten Märkten zu agieren, führt es zu weiteren Komplikationen.[278]

---

[277] Vgl. Vahs/Burmester (2005), S. 53.

[278] Vgl. Goffin/Herstatt/Mitchell (2009), S. 44-45.

4.2.3 Unsicherheit und Risiko

Das Merkmal Unsicherheit ist eng mit dem Neuheitsgrad und der Komplexität verknüpft: je höher die Neuartigkeit und Komplexität, desto risikoreicher ist die Innovation. Unter Unsicherheit versteht man eine Situation, in der für den Eintritt der relevanten Ereignisse weder subjektive noch objektive Wahrscheinlichkeiten vorliegen.

Jede Innovation zeichnet sich durch eine gewisse Unsicherheit aus. Insbesondere in den Anfangsphasen des Innovationsprozesses ist die Unklarheit in Bezug auf das Ergebnis sehr hoch, da praktisch keine zuverlässigen Informationen über die Kosten, Entwicklungszeiten und insbesondere über die wirtschaftliche Konjunktur und die Marktsituation zum Zeitpunkt der Markteinführung des Produktes zur Verfügung stehen. Im Laufe der Entwicklung können darüber hinaus unerwartete Problemsituationen und Hindernisse entstehen.

Man kann zwischen Unsicherheiten außerhalb und innerhalb des Unternehmens unterscheiden.

Die Unsicherheiten außerhalb des Unternehmens sind vor allem auf die allgemeine Wirtschaftssituation, gesellschaftliche Regelungen und Handlungen der Konkurrenten zurückzuführen. Wirtschaftliche und gesellschaftliche Veränderungen können oft zu einem Unsicherheitsfaktor für Innovationen werden. So wirken sich rasch steigende Energiepreise auf die Kaufentscheidungen für Pkw aus, wobei die Autos mit geringerem Verbrauch bevorzugt werden. Dies bedeutet ein höheres Risiko für größere Modelle mit überdurchschnittlichem Benzinverbrauch. Auch neue Gesetze und Verordnungen von regionalen, nationalen oder europäischen Institutionen können massive Probleme hervorrufen und wesentliche Zusatzkosten verursachen. Als konkretes Beispiel dienen strengere Grenzen für den CO_2-Ausstoß für die Pkw europäischer Autoproduzenten. Ebenfalls kann eine überraschende Einführung von Konkurrenzprodukten im Markt die erwarteten Wettbewerbsvorteile des Unternehmens infrage stellen oder sogar zunichtemachen.

Die Unsicherheit kann auch aus internen Problemen im Unternehmen resultieren. Bei Verwendung von neuen Materialien, dem Einsatz neuer Maschinen oder dem Erlernen von neuen Tätigkeiten kann es zu unerwarteten Verzögerungen, Fehlern oder zu den notwendigen Folgeinnovationen kommen. Das trifft insbesondere für komplexe Produkte und Verfahren zu.

Je höher der Neuheitsgrad einer Innovation, desto weniger Erfahrungswerte sind vorhanden und desto schwieriger ist es, die zukünftige Situation zu prognostizieren. Folglich ist die Planung der entstehenden Kosten, der notwendigen Entwicklungs- und Erprobungszeit sowie des zu erwarteten Ertrags mit einer großen Unsicherheit verbunden.

Eine direkte Folge der Unsicherheit ist das Risiko. Eine Idee kann sich als technisch nicht realisierbar erweisen, auf Ablehnung der Kunden im Markt stoßen oder sich wirtschaftlich nicht rentieren. Man kann zwischen drei typischen Risiken einer Produktinnovation unterscheiden:

- Machbarkeitsrisiko (technisches Risiko);
- Marktrisiko (negative Reaktion der Kunden, Konkurrenzprodukte, schlechte Konjunktur usw.) und
- wirtschaftliches Risiko (geringe Rentabilität, geringer Umsatz usw.).

Empirische Forschung belegt, dass die Erfolgsquote von Innovationen sehr gering ist: Im Schnitt werden knapp 4 von 100 Produktideen zu Markterfolgen. In einer weiteren Untersuchung wurde festgestellt, dass von 100 begonnenen F&E-Projekten 88 letztendlich am technischen, marktlichen oder wirtschaftlichen Risiko scheitern.[279] (s. Abbildung).

Abbildung 4.6 Erfolg von F&E-Projekten[280]

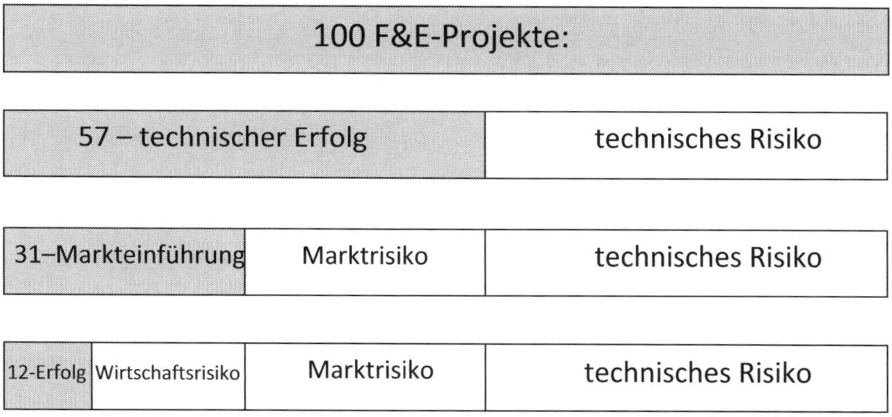

In zahlreichen Studien wurden die Erfolgsfaktoren von Innovationen untersucht. Zusammenfassend lassen sich nach Hauschild folgende Befunde zusammenstellen: Innovationen sind dann erfolgreich, wenn sie

- ein technologisch neuartiges Produkt hervorbringen, das
- den Kunden einen neuartigen Nutzen stiftet, und wenn
- dieses Produkt nach professioneller Marktforschung sowie
- nach strategischer Planung in den Markt eingeführt wird.
- Zudem verlangt dieser Innovationsprozess einen engagierten Einsatz von Schlüsselpersonen und professionelles Projektmanagement.[281]

[279] Vgl. Vahs/Burmester (2005), S. 74.

[280] In Anlehnung an Vahs/Burmester (2005), S. 74.

[281] Vgl. Hauschild (2004), S. 34.

4.2.4 Konfliktgehalt von Innovationen

Aus der Komplexität, vor allem aus der Vielzahl und Vielfalt der beteiligten Aufgabenträger, die unterschiedliche Qualifikationen, Werte und Interessen besitzen, und aus der Notwendigkeit mit Unsicherheit umzugehen, resultiert der Konfliktgehalt der Innovation. Ein Konflikt entsteht, wenn verschiedene unvereinbare Zustände von Objekten oder Meinungen und Handlungen bei Personen vorliegen. Eine Erneuerung kann nicht konfliktfrei stattfinden, da sie grundsätzlich zu Zielkonflikten, Differenzen bezüglich der Wahrnehmung, den Erwartungen, Meinungen und Vorgehensweisen hinsichtlich einer Innovation führt.

Bei Innovationen kann es einerseits um sachliche Auffassungsunterschiede gehen, die Problemlösungen beeinflussen: Vertreter verschiedener Abteilungen haben meistens abweichende Vorstellungen in Bezug auf Erfolg und Risiken von Innovationen, Ressourcenverteilung usw. Diese Konflikte können sich auf die Problemlösung sogar positiv auswirken, da die Perspektivenvielfalt zu einem regen Meinungsaustausch und Synergieeffekten führen kann.

Andererseits verursachen Innovationen soziale Konflikte verschiedener Art, die eher hinderlich sind und negative Auswirkungen haben. Sie entstehen unter Anderem aus Angst vor Entwertung des eigenen Wissens, der jeweiligen beruflichen Position, aus Rivalität oder unterschiedlich verstandener Ideeneigentümerschaft.

Eine Auflistung zeigt einige typische Beispiele für verschiedene Konflikte auf, die durch Innovationen verursacht werden können:[282]

- Intrapersoneller Konflikt: ein Mitarbeiter soll ein neue Technik anwenden und hat Angst, nicht zurecht zu kommen, oder eine Lernbarriere, sich eine neue Fertigkeit anzueignen;
- Interpersoneller Konflikt: wird die Idee von Person A umgesetzt, kann sich Person B übergangen fühlen und Rivalität und Widerstand entwickeln;
- Konflikte zwischen Abteilungen innerhalb des Unternehmens: die technikorientierte F&E-Abteilung hat eine andere Meinung bezüglich Innovation, als die Abteilung für Rechnungswesen;
- Konflikt zwischen dem Innovationsobjekt und den Unternehmensstandards: ein neues Produkt hat andere Maße und kann nicht mehr wie früher gelagert oder transportiert werden;
- Konflikt zwischen dem neuen und vorhandenen Produkt: ein neues, verbessertes Modell macht dem alten Modell Konkurrenz;
- Konflikt zwischen dem Innovationsobjekt und der Unternehmensphilosophie oder -image: ein Discounter wie ALDI bietet teure Reisen an;

[282] Vgl. Vahs/Burmester (2005), S. 54-55.

- Konflikt zwischen der Innovation und der öffentlichen Meinung: mit Hilfe der Gentechnologie könnte man neue Produkte entwickeln, allerdings finden gentechnisch veränderte Lebensmittel keine Akzeptanz bei Konsumenten;
- Konflikt zwischen der Innovation und der Rechtslage: Stammzellenforschung könnte vielleicht zur Entwicklung neuer Heilmethoden führen, ist aber in Deutschland gesetzlich verboten.

Eine bewusste Auseinandersetzung mit den möglichen Konflikten im Innovationsprozess ist von großer Bedeutung, um den Konflikten vorzubeugen und ein effizientes Konfliktmanagement zu praktizieren.

Als allgemeine Empfehlung gilt, die Innovationen im Voraus vorzubereiten und alle Beteiligten rechtzeitig zu informieren. Wird eine Innovation von oben verordnet und plötzlich angekündigt, so sind Widerstände und Konflikte vorprogrammiert. Eine langfristige Planung und Miteinbeziehung von möglichst vielen Akteuren kann eine Zustimmung und Unterstützung des Vorhabens vorbereiten und potenzielle Konflikte verhindern.

Allerdings sollte man Konflikte in der Innovationsarbeit nicht nur negativ, sondern als Quelle jeglicher Entwicklung und als Chance betrachten. Ohne Meinungsverschiedenheit können keine Ideen entstehen. Die internen Konflikte, z.B. verschiedene Meinungen und Ideen in Bezug auf die Innovationsstrategie im Unternehmen, führen zu einem positiven Ideenwettbewerb und ermöglichen eine vielfältige und gründliche Analyse von Innovationsvorschlägen. Diese positive Wirkung von Konflikten ist insbesondere in den frühen Phasen des Innovationsprozesses bei der Definition von Suchfeldern und Entwicklung von Ideen vorteilhaft.

Betrachtet ein Unternehmen die äußeren Faktoren der Konflikte (öffentliche Meinung, Gesetzeslage) als Chance, so können besonders erfolgreiche, von der Gesellschaft erwünschte und von den Institutionen geförderte Innovationen erbracht werden. Als Beispiele können sparsame, umweltfreundliche Autos oder das Null-Energie-Haus genannt werden.

4.2.5 Zusammenspiel der Innovationsmerkmale

Die erläuterten Merkmale der Innovationen existieren nicht isoliert, sondern stehen in einem Wechselspiel zueinander, was in einer empirischen Untersuchung von Thom nachgewiesen wurde.[283] Neuheitsgrad und Komplexität können als primäre Merkmale bezeichnet werden, wogegen Unsicherheit und Konfliktgehalt von ihnen abgeleitet werden (sekundäre Merkmale).

---

[283] Zitiert nach Vahs/Burmester (2005), S. 56.

Abbildung 4.7 Zusammenhänge zwischen Innovationsmerkmalen

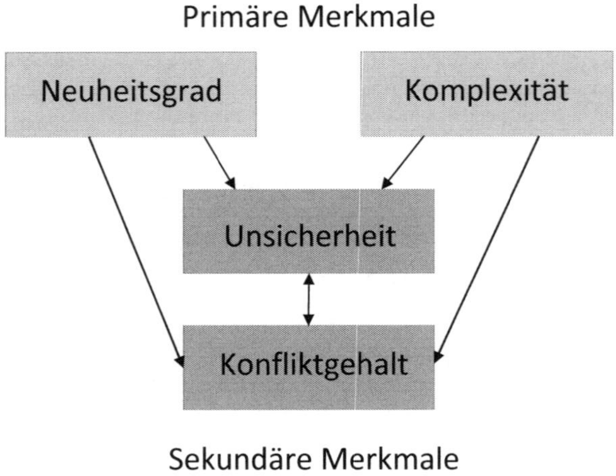

Je höher der Neuheitsgrad einer Innovation ist, desto mehr sind die sich vollziehenden Aktivitäten von Unsicherheit geprägt. Insbesondere für prinzipiell neue Lösungen gibt es keine Erfahrungswerte in Bezug auf Erfolgswahrscheinlichkeit, Konsequenzen, Marktreaktion usw. Das Risiko des Scheiterns ist dabei besonders hoch.

Auch die Komplexität verstärkt den Faktor Unsicherheit. Verständlicherweise ist die Unsicherheit komplexer technischer Produkte wie die eines neuen Flugzeugs oder Schiffs größer, als bei einfachen Produkten. Allein die längere Entwicklungs- und Erprobungszeit komplexer Produkte steigert die Unsicherheit, da der Prognosehorizont größer ist.

Hauschild beschreibt den Zusammenhang der Innovationsmerkmale wie folgt: Je höher der Grad der Neuartigkeit,

- desto unklarer die Kontur und die Struktur des Innovationsproblems, desto schwieriger demnach die Problemdefinition und -zerlegung;
- desto höher die Unsicherheit und desto schwieriger demnach die Einschätzung des technischen Entwicklungserfolges, der Marktgegebenheiten, der Reaktion der Umwelt;
- desto schwieriger die Informationsbeschaffung und die Wissensgenerierung, desto problematischer mithin der eigentliche Entwicklungsprozess;
- desto höher die Zahl und die Intensität der zu erwartenden Konflikte, desto höher der Aufwand zur Überwindung der Widerstände.[284]

[284] Vgl. Hauschild (2004), S. 47.

4.3 Ziele von Innovationen

Innovationsarbeit in Unternehmen ist kein Selbstzweck, sondern dient der Erreichung der Unternehmensziele, deswegen sollen die Ziele von Innovationen mit der Gesamtstrategie des Unternehmens abgestimmt sein. Ziele sind normative Aussagen über erwünschte Zustände der Realität, die je nach Zielobjekt, -inhalt, -maßstab, -ausmaß und zeitlichem Bezug spezifiziert werden können. Da in der Realität mehrere Ziele gleichzeitig verfolgt werden, spricht man von Mehrfachzielen und bestimmten Zielbeziehungen.

4.3.1 Zielsystem der Innovationsarbeit

Innovationen orientieren sich an den problemspezifischen wirtschaftlichen, technischen, sozialen und ökologischen Zielen, die sich von den übergeordneten Unternehmenszielen ableiten.

Das Hauptziel der Innovationstätigkeit ist es, gegenüber der Konkurrenz Wettbewerbsvorteile zu erzielen, die sich in messbaren Wirtschaftsgrößen wie Umsatz, Deckungsbeitrag, Gewinn und Rentabilität widerspiegeln. Diese Zielsetzung wird unter Beachtung von Nebenzielen verfolgt, zu denen neben wirtschaftlichen auch ökologische, soziale und andere Ziele gehören. So entsteht für die Innovationstätigkeit in Unternehmen ein System aus mehreren Zielen.

Zu diesem System können folgende Zielgruppen gehören:

- allgemeine unternehmerische Ziele: langfristige Gewinnmaximierung, hohe Rentabilität und Produktivität, große Marktanteile, Know-how und fortschrittliche Technologie;
- Marktziele: Gewinnen von neuen Kunden, Erreichen eines Marktvorsprungs, Decken des neuen Bedarfs, Wecken eines potentiell vorhandenen Bedarfs, Eintritt in neue Märkte;
- Ziele der Qualitätssteigerung: Erhöhung des Kundennutzens, Verbesserung der Qualität der Produkte und Prozesse;
- Zeitziele: möglichst kurze Entwicklungszeiten, rechtzeitige Einführung von Innovationen (gegenüber Wettbewerbern), längere Produktlebenszyklen (Zeit für Gewinnerzielung);
- soziale Ziele: Humanisierung der Arbeit in Unternehmen, Sicherung und Schaffung von Arbeitsplätzen, Erhöhung der Zufriedenheit und Motivation der Mitarbeiter;
- langfristige Erhöhung der Flexibilität und Innovationskompetenz des Unternehmens.

Die Vielfalt möglicher Innovationsziele macht es notwendig, Prioritäten zu setzen, die in Form einer Innovationsstrategie abgebildet und kommuniziert werden.[285]

Auch für jede einzelne Innovation kann ein Zielsystem entwickelt und analysiert werden.

4.3.2 Zieldreieck der Innovation

Die Ziele einer Produktinnovation lassen sich mit Hilfe des so genannten „magischen Zieldreiecks" darstellen, dessen Hauptgrößen Aufwand, Ergebnis und Zeit sind.

Die Hauptzeile der Produktinnovation Ergebnis, Aufwand und Zeit stehen in einem Zusammenspiel zueinander (s. Abbildung).

Abbildung 4.8 Zieldreieck der Innovation[286]

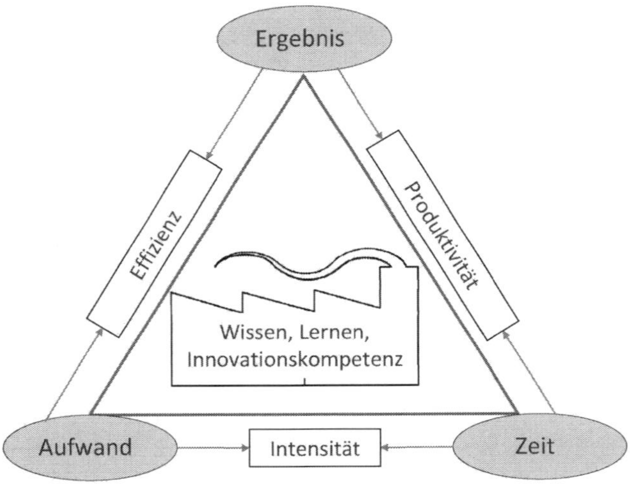

Die Hauptgrößen des Zieldreiecks können aus zwei verschiedenen Perspektiven betrachtet werden: aus der Sicht des Unternehmens und des Kunden. Dementsprechend werden jeweils drei Zielgrößen analysiert.

Aus der **Unternehmen**sperspektive lautet das Ziel, ein qualitatives Produkt mit einem möglichst geringen Aufwand innerhalb kürzester Zeit zu entwickeln. Die Größen des Zieldreiecks sind Qualität, Kosten und Lieferbereitschaft des Produktes.

[285] Vgl. Kapitel 4.6 Innovationsstrategie.

[286] In Anlehnung an Pleschak/Sabisch (1996), S. 9.

Der **Kunde** will ein Produkt mit dem höchsten Nutzen, möglichst günstig und überall sofort verfügbar haben. Ziele aus Kundenperspektive sind Kundennutzen, Preis und Verfügbarkeit. Beide Zielsetzungen sind widersprüchlich: je höher die Qualität (der Kundennutzen), desto höher sind in der Regel die Kosten (der Preis) und desto länger die Entwicklungszeit (geringer die Verfügbarkeit). Die Grenzen für die Erreichung der Ziele werden durch die Produktivität, Effizienz und Intensität der Innovationsarbeit bestimmt.

Im Innovationsprozess sind Qualitäts-, Kosten- und Zeitaspekte gleichzeitig zu berücksichtigen. Die einzelnen Größen dürfen nicht isoliert voneinander betrachtet werden, da sie sich gegenseitig beeinflussen. Die Verhältnisse dieser Größen zueinander (Effizienz, Produktivität und Intensität) können für die Analyse der Wirtschaftlichkeit der Innovation benutzt werden.

Das Verhältnis zwischen dem Aufwand und der Qualität beschreibt die **Effizienz** des Innovationsprozesses, d.h. inwieweit die Dinge richtig getan wurden. Durch einen Vergleich des realisierten mit dem angestrebten Beitrag zur Zielerreichung und durch die Betrachtung der dahinter stehenden Wirkungszusammenhänge können Effizienzpotenziale aufgedeckt werden. Gegebenenfalls können bestimmte Maßnahmen zur Verbesserung des Ergebnisses und zur Verringerung des Aufwands eingeleitet werden. Das Verhältnis zwischen dem Ergebnis und der Zeit wird im magischen Zieldreieck mit dem Begriff **Produktivität** beschrieben. Das bedeutet, dass Innovationen dazu beitragen müssen, die Produktivität als mengenmäßige Wirtschaftlichkeit zu steigern. Die Relation zwischen dem erforderlichen Aufwand und der benötigten Zeit (die **Intensität** des Innovationsprozesses) spielt ebenfalls eine wichtige Rolle.

Die Widersprüchlichkeit der Hauptziele Ergebnis, Aufwand und Zeit kann nur durch Kompromisse aufgehoben worden: man definiert bestimmte minimale Anforderungen an die Qualität, deckelt im Voraus die Entwicklungs- und Produktionskosten (Target Costing) und begrenzt den Zeitaufwand (Parallelisierung von Prozessen).

Die Voraussetzungen für die Zielerreichung werden in der Abbildung in der Mitte als Anforderungen an Unternehmen dargestellt. **Wissen, Lernen und Innovationskompetenz** des Unternehmens stellen Voraussetzungen für Innovation und zugleich Ziele der Innovationsarbeit dar. Wie es in den vorigen Kapiteln erläutert wurde, spielen Wissen und Lernen in Unternehmen eine herausragende Rolle und müssen kontinuierlich gemanagt werden. Nur so können sie den Veränderungen von Technologien, Märkten und Kundenanforderungen gerecht werden, die sich zunehmend schneller vollziehen. Darüber hinaus ist eine spezielle Innovationskompetenz notwendig, um die Ideen in marktfertige Produkte umsetzen zu können. Sie beinhaltet Fach- und Methodenwissen über Innovation und Innovationsprozesse, ihre Gestaltung und Optimierung.[287]

Im Weiteren werden die einzelnen Ziele der Innovation – Ergebnis, Aufwand und Zeit – ausführlich erläutert.

---

[287] Vgl. Kapitel 4.14 Innovationsperformance und ihre Steigerung.

4.3.3 Kundennutzen und Qualität als Innovationsziel

Der Kundennutzen und die Qualität sind zentrale Zielsetzungen einer Innovation, die grundsätzlich zur Verbesserung von Produkten oder Prozessen führen soll. Nur unter dieser Voraussetzung ist die Umsetzung einer Idee sinnvoll.

Der Kundennutzen stellt die Sicht eines Kunden dar, der mit einem Produkt seine Bedürfnisse befriedigen möchte. Die Qualität ist sein Äquivalent aus der Sicht des Unternehmens.

Bei dem Kundennutzen kann man zwischen Haupt- und Zusatznutzen sowie zwischen rationalem und emotionalem Nutzen unterscheiden. Der Hauptnutzen bezieht sich auf die Hauptfunktion des Produktes, der Zusatznutzen entsteht durch die ergänzend angebotenen Funktionen.

Ähnlich kann man zwischen drei Ebenen der Kundenwünschen unterscheiden: Basis-, Leistungs- und Begeisterungsanforderungen.[288] Das Nichterfüllen von Hauptnutzen (Basisanforderungen) führt schnell zur Unzufriedenheit. Leistungsanforderungen sind diejenigen Faktoren, anhand derer der Kunde die Leistung unterschiedlicher Angebote vergleicht. Das über die Erwartungen hinausgehende Erfüllen latenter (unausgesprochener und unerwarteter) Kundenwünsche kann zur Begeisterung des Kunden führen und der Firma, die das Produkt vermarktet, einen Wettbewerbsvorteil verschaffen. Die Grenze zwischen diesen drei Gruppen von Kundenanforderungen ist allerdings fließend: Ein Begeisterungsmerkmal kann sich beispielsweise am Markt durchsetzen und sich zu einem Marktstandard und damit zu einem Leistungsmerkmal entwickeln.

Ist der Hauptnutzen eher messbar und objektiv, so bewegt sich der Zusatznutzen meistens im emotionalen Bereich. Die rationalen Aspekte des Kundennutzens ergeben sich durch quantitativ nachrechenbare Effekte, wie Einsparung von Energie, schnellere Erledigung von Aufgaben, geringerer Materialverbrauch. Bei einer Maschine kann der erzielbare Nutzen im Vergleich zur bisherigen Lösung oder im Vergleich mit anderen Maschinen verhältnismäßig genau ermittelt werden. Bei einem neuen Auto kann der Benzinverbrauch im Vergleich zum alten Wagen berechnet werden.

Die emotionalen Aspekte des Kundennutzens lassen sich viel schwieriger quantifizieren. Hierzu zählen das Image eines Produktes oder einer Marke, die Freude an der Anwendung, Einzigartigkeit und die Anerkennung durch Dritte. Sportschuhe von Nike oder Puma kosten das Doppelte von Nicht-Marken-Schuhen, halten jedoch nicht unbedingt länger. iPad und iPod zählen zu den Produkten, die aufgrund ihres Kultimage trotz hoher Preise sehr beliebt sind.

In den meisten Fällen hat der Kundennutzen sowohl rationale als auch emotionale Aspekte. Das Automobil ist ein gutes Beispiel dafür: Sicherheit, Ladekapazität, Beschleunigung, Benzinverbrauch, Versicherungsklasse und Wiederverkaufswert sind rationale Aspekte.

---

[288] Wördenweber/Wickord (2004), S. 37.

Sportlichkeit, Höchstgeschwindigkeit, Farbe, Marke und Statuscharakter gehören zu emotionalen Faktoren.

Was von dem Kunden als Nutzen verstanden wird, ist aus der Perspektive des Unternehmens die Qualität, als die Fähigkeit eines Produktes, festgelegte und vorausgesetzte Erfordernisse zu erfüllen. Vahs/Burmester unterscheiden zwischen einem externen, auf den Kunden gerichteten, und einem unternehmensinternen Aspekt der Qualität.[289]

Die externe Qualität umfasst folgende Faktoren:

- die Erfüllung von Kundenwünschen (auch der nicht explizit ausgesprochenen),
- die Einhaltung von Zusagen in Bezug auf Liefertermin und Preis,
- die Durchführung von Installation, Wartung und Entsorgung,
- die Gestaltung der Gebiete After-Sales, Kundendienst, Reklamationsbearbeitung, Ersatzversorgung usw.

Die unternehmensinterne Qualität ist eine Bedingung für die Gewährleistung der auf den Kunden ausgerichteten Qualität. Sie beinhaltet Arbeits-, Prozess- und Unternehmensqualität. Die Unternehmensqualität ist dabei am umfangreichsten und beinhaltet die qualitätsorientierte Ausrichtung sämtlicher Funktionen, Bereiche, Tätigkeiten und Mitarbeiter im Unternehmen im Rahmen eines umfassenden Total-Quality-Managements (TQM).

Die Arbeit an der Qualität hat sich im Laufe der Zeit ständig erweitert: Von einer ursprünglichen Qualitätskontrolle, die sich nur mit der Endkontrolle befasste, entwickelte sich das Qualitätsmanagement zu einer umfassenden Kontrolle im Entwicklungs- und Herstellungsprozess. Diese Ausweitung wurde nicht zuletzt von japanischen Qualitätszirkeln vorangetrieben, deren Aufgabe eine laufende Qualitätsverbesserung war. In den 1980er Jahren entstanden Qualitätsnormen für Managementsysteme, vor allem die heute verbreiteten internationalen ISO-Normen der Reihe 9000. Diese Entwicklung hat zu einem integrierten Qualitätsmanagement in Form des TQM geführt.

Das systematische Qualitätsmanagement ist nicht nur ein Innovationsziel, sondern auch ein strategisches Unternehmensziel. Die Bereiche des Qualitäts- und Innovationsmanagements stehen in einer Wechselbeziehung zueinander, deswegen sollten Innovationsprozesse und kontinuierliche Verbesserungsprozesse (KVP) in Unternehmen ganzheitlich betrachtet werden. Der KVP steht dabei für Veränderungen in kleinen Schritten, wobei das Innovationsmanagement große Sprünge vorbereiten soll. In diesem Prozess spielen alle Innovationsarten eine wichtige Rolle: Produkt-, Prozess- und soziale Innovationen.[290]

---

[289] Vgl. Vahs/Burmester (2005), S. 65.

[290] Vgl. ausführlich Franken/Brand (2008).

4.3.4 Zielgrößen Kosten und Preis

Aus betriebswirtschaftlicher Sicht sind Kosten eine weitere wichtige Zielgröße im Innovationsprozess. Die Innovationen sollten dazu dienen, Kosten zu reduzieren und so die Wirtschaftlichkeit der Produktionsprozesse zu steigern. Unter Bedingungen zunehmender globaler Konkurrenz und dominierender Käufermärkte ist die Bedeutung von Kostenreduzierung besonders groß.

Die tatsächlichen Verkaufspreise werden weniger von Kosten, als vermehrt von Preisen der Wettbewerber auf der Basis des Nachfrage-Angebot-Verhältnisses bestimmt. Der Kostendruck auf Unternehmen nimmt im Spannungsfeld zwischen der Individualisierung der Kundenbedürfnisse und dem steigenden globalen Wettbewerb zu.

Für die Erzielung von höheren Gewinnen haben die meisten Unternehmen nur eine Möglichkeit – Produktionskosten zu reduzieren. Das aus Japan stammende Konzept **Target Costing** (Zielkostenmanagement) gewinnt unter diesen Bedingungen an Bedeutung. Es kommt in den frühen Phasen der Produktentwicklung zum Einsatz und verfolgt das Ziel, die Kostenstrukturen des künftigen Produktes hinsichtlich der Kundenanforderungen zu optimieren. Im Gegensatz zu den traditionellen Kostenrechnungsverfahren, beginnt Target Costing mit der Frage, wie viel ein neues Produkt auf einem konkreten Markt aus Sicht des Kunden kosten darf. Abhängig von dem angestrebten Gewinn werden dann zulässige Kosten (Zielkosten) ermittelt. Mit dieser Vorgehensweise werden zu Beginn des Entwicklungsprozesses kostenspezifische Obergrenzen festgelegt, die eine Ausuferung der Kosten verhindern sollen.

Target Costing beinhaltet folgende Schritte:[291]

1. Ermittlung und Bewertung der Kundenanforderungen,
2. Grobkonzept des neuen Produktes,
3. Festlegung der Zielpreise und Ableitung der Zielkosten,
4. Gewichtung der Produktkomponenten und Zuordnung der Zielkosten,
5. Maßnahmen zur Zielkostenerreichung.

Zu Beginn werden Kundenanforderungen mittels Marktforschung ermittelt und mithilfe multivarianter Analyseverfahren die Nutzenanteile von Produkteigenschaften quantifiziert. Die Beiträge einzelner Eigenschaften zur Erfüllung der Kundenwünsche werden dabei definiert und gewichtet.

Auf der Basis der gewünschten Produkteigenschaften wird dann ein Rohentwurf des Produktes angefertigt, der die Produktkomponenten definiert, durch welche die Eigenschaften realisiert werden können. Zielkosten werden in Abhängigkeit von Kundenanforderun-

---

[291] In Anlehnung an Gaubinger/Werani/Rabl (2009), S. 147- 153.

gen und Wettbewerbsbedingungen abgeleitet, indem man vom am Markt zu erzielenden Preis (Target Price) die gewünschte Gewinnmarge (Target Margin) subtrahiert.

Ein besonders wichtiger Schritt im Target Costing ist die Gewichtung der Produktkomponenten und Zuordnung der Zielkosten. Die ermittelten Gesamtkosten werden dabei von einem interdisziplinären Expertenteam auf die Produktkomponenten aufgeteilt. Als Ergebnis entsteht eine Matrix mit Zielkosten für jede Produktkomponente, die nicht überschritten werden dürfen. Die Zielkosten werden mit den Standardkosten verglichen, die unternehmensintern auf Basis des vorhandenen Know-how und Erfahrungen geschätzt werden. Falls die üblichen Kosten zu hoch sind, werden spezielle Maßnahmen zur Kostenreduzierung ergriffen, z.B. Überprüfung von Produktfunktionen, Konstruktionsänderungen, Parallelisierung von Prozessen usw.

Da Target Costing in den frühen Entwicklungsphasen eingesetzt wird, sind die Änderungen bei der Konstruktion oder dem Material viel leichter vorzunehmen, als in den späteren Entwicklungsphasen oder am fertigen Produkt. Mit Hilfe moderner Verfahren, wie CAD (Computer-Aided-Design) lassen sich Konstruktionszeichnungen mühelos ändern, wogegen die Änderungskosten bei einem Prototypen oder einem bereits fertigen Produkt sehr hoch sein können.

Das Konzept kann im Innovationsprozess erfolgreich angewendet werden, wodurch die Marktorientierung erhöht, die Entstehung überflüssiger Kosten verhindert und im Endeffekt die Rentabilität und Wettbewerbsfähigkeit des Unternehmens gesteigert werden.

4.3.5 Zeit als Innovationsziel

Die Zeit ist ein wesentlicher Erfolgsfaktor der Innovation. Die aktuellen wirtschaftlichen Rahmenbedingungen tragen dazu bei, dass der Faktor Zeit an Bedeutung gewinnt: die Produktlebenszyklen werden immer kürzer, was zur Verengung des Zeitfensters zur Erzielung von Gewinnen führt und die Verkürzung der Entwicklungszeit neuer Produkte erfordert (s. weiter folgende Abbildung).

Insbesondere in der Konsumgüterindustrie besteht aufgrund des hohen Innovationsdrucks und kurzer Produktentwicklungszyklen ein großer Bedarf, das hohe Innovationstempo effizient zu managen. Ebenfalls stellen die in der Praxis verbreiteten Just-in-time-Lieferungen besondere Anforderungen an das Zeitmanagement. So kommt es zu einem intensiven Zeitwettbewerb zwischen konkurrierenden Unternehmen.

Die Zeit als Zielgröße im Innovationsprozess hat verschiedene Facetten:

- die Dauer des Innovationsprozesses von der Produktidee bis zur Markteinführung (time-to-market);
- der günstigste Zeitpunkt des Markteintritts;
- optimale Lieferbereitschaft des Unternehmens und Verfügbarkeit des Produktes für Kunden.

Abbildung 4.9 Zeitfenster zur Erzielung von Innovationsgewinnen[292]

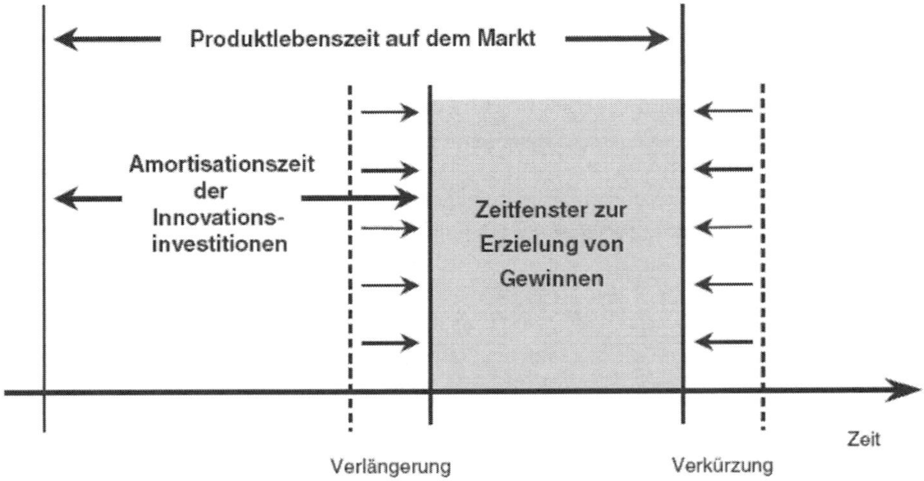

In hart umkämpften Käufermärkten mit starker Konkurrenz spielt der Faktor Zeit für den Markterfolg eines Produktes eine besondere Rolle, da der Zeitraum von der Entwicklung der Produktidee bis zur Markteinführung (time-to-market) und die Verfügbarkeit des Produktes wichtige Erfolgsgrößen im Kampf um den Kunden darstellen. Eine hervorragende Qualität eines neuen Produktes nutzt wenig, wenn ein Konkurrent ein vergleichbares Produkt früher auf den Markt bringt oder das Produkt aufgrund von Kapazitätsengpässen nicht zu dem Zeitpunkt verfügbar ist, zu dem es der Kunde benötigt. Der Wert eines Produktes reagiert sehr empfindlich auf Verschiebungen, insbesondere auf eine verspätete Markteinführung.

Verzögerung der Auslieferung am Beispiel Airbus A380

Der Riesenjet Airbus A380 ist das weltweit größte Passagierflugzeug mit zwei durchgängigen Passagierdecks und zeichnet sich durch eine sehr hohe Komplexität aus. Wegen Verkabelungsprobleme ist es Ende 2006 zu einer beträchtlichen Verzögerung in der Produktion gekommen. Dadurch mussten die geplanten Auslieferungen um 22 Monate verschoben werden, was den Airbus-Konzern mehrere Milliarden Euro gekostet und zu Image-Verlust geführt hat. Nach Angaben von Airbus sind trotz der mehrfachen Verzögerungen keine Kunden der Passagierversion abgesprungen. Allerdings hat die Entwicklung der Frachtvariante A380F darunter gelitten, so dass der Logistikkonzern FedEx seine Bestellung von zehn Maschinen der Frachtversion wegen der Lieferverzögerungen gekündigt und stattdessen ein Konkurrenzmodell von Boeing gekauft hat. UPS

292 Vahs/Burmester (2005), S. 69.

stornierte ebenfalls die Bestellung über zehn A380F. Daraufhin wurde die Entwicklung und Markteinführung der A380F um mehrere Jahre verschoben, um die frei werdenden Kapazitäten für die Problemlösung der Passagierversion nutzen zu können.[293]

Zugleich kann ein verfrühter Zeitpunkt der Markteinführung eines neuen Produktes negative Konsequenzen haben, da es den Vorläufer kannibalisiert. Insbesondere Großkonzerne mit breiten Produktpaletten und internationalen Märkten sollten ihr Innovationstiming optimieren. Dafür werden oft Roadmaps zur Planung und Visualisierung der zeitlichen Abfolge von Produkten und Technologien genutzt.[294] Z.B. die Einführung von einem neuen Golf-Modell kann zunächst in Deutschland, später in anderen EU-Ländern und danach in Osteuropa durchgeführt werden.

Roadmaps beschreiben zeitliche Abläufe auf der Makroebene für Märkte und Ressourcen. Auf der Ebene von einzelnen Produkt- oder Prozessinnovationen lassen sich ebenso zeitliche Abfolgen definieren. Durch eine Synchronisation von Entwicklungsschritten und Parallelisierung des Innovationsprozesses kann seine Gesamtdauer verkürzt werden.[295]

4.4 Management von Innovationen

Sowohl die Bedeutung der Innovationen für den Unternehmenserfolg als auch die Komplexität des Innovationsprozesses machen eine systematische Arbeit an und mit Innovationen notwendig. Innovationen dürfen nicht dem Zufall überlassen werden, sie sollten vorbereitet, geplant und gesteuert werden. Mit diesen Aufgaben beschäftigt sich das Innovationsmanagement.

4.4.1 Aufgaben des Innovationsmanagements

Innovationsmanagement übernimmt alle strategischen und operativen Aufgaben zur Planung, Organisation und Kontrolle von Innovationsprozessen und zur Schaffung von dazu erforderlichen Rahmenbedingungen in Unternehmen. Damit hat es weiter gehende Funktionen, als traditionelles F&E- und Technologiemanagement.

Die Abteilungen für Forschung und Entwicklung, die in vielen Unternehmen historisch entstanden sind, verfolgen als Hauptaufgabe theoretische oder empirische Gewinnung von grundlegend neuen wissenschaftlichen Erkenntnissen (Grundlagenforschung), darauf basierende angewandte Forschung sowie ihre systematische Anwendung mit dem Zweck, neue oder verbesserte Materialien, Geräte, Produkte, Verfahren oder Systeme zu entwickeln. Insbesondere im Industriebereich findet Innovation vor allem durch die F&E-Tätigkeit statt, die ebenfalls den größten Anteil an Innovationskosten ausmacht.

---

[293] Vgl. EADS (2010).

[294] Vgl. Wördenweber/Wickord (2004), S. 25.

[295] Vgl. Kapitel 4.11 Durchführung von Innovationsprojekten.

Das Ziel des **F&E-Managements** ist eine effektive (auf die richtigen Handlungsfelder bezogene) und effiziente (mit den richtigen Mittel durchgeführte) Abwicklung der Forschungs- und Entwicklungsaktivitäten im Unternehmen. Die Inhalte des **Technologiemanagements** sind noch enger gefasst, es verfolgt das Ziel, Technologiepotenziale des Unternehmens auszubauen, neue Technologieentwicklungen zu beobachten und umzusetzen.

Das Innovationsmanagement geht über die Bereiche des Technologie- und F&E-Managements hinaus und hat die Aufgabe, die Innovationstätigkeit in Unternehmen optimal zu steuern, um langfristige Wettbewerbsvorteile zu erzielen. Das Innovationsmanagement schließt alle Aktivitäten des Wertschöpfungsprozesses mit ein: Es beginnt mit der Zukunfts- und Trendforschung und endet mit der Markteinführung eines neuen Produktes.

Innovationsmanagement kann als eine bereichsübergreifende Querschnittfunktion im Unternehmen beschrieben werden. Alle Bereiche des Unternehmens – Strategieentwicklung, Beschaffung, Organisation, Rechnungswesen, Finanzierung, Personal, Controlling, Marketing – sind von dem Innovationsmanagement betroffen.

Innovationsprozesse besitzen im Vergleich zu Routineprozessen in Unternehmen eine besondere Komplexität und Unsicherheit und stellen hohe Anforderungen an Unternehmen und ihre Belegschaften. Dabei befindet sich Innovationsmanagement in einem Spannungsfeld zwischen Markt und Technologie, Dynamik und Stabilität, Chancen und Risiken, internen und externen Ideenquellen, einzelnen Erfinder und Umsetzungsteams.

Die **Aufgaben** des Innovationsmanagement können wie folgt spezifiziert werden:

- Zukunfts- und Trendforschung, Beobachtung von schwachen Signalen, Definition von Suchfeldern für Innovationen,
- Festlegung von Innovationszielen und -strategien,
- Gewinnung von Ideen (intern und extern),
- Planung, Steuerung und Kontrolle von Innovationsprozessen,
- Optimale organisatorische Eingliederung der Innovationsarbeit,
- Schaffung einer innovationsfördernden Unternehmenskultur, Beseitigung von Innovationsbarrieren,
- kontinuierliche Arbeit an der Innovationskompetenz des Unternehmens.

Diese Aufgaben haben einen komplexen systematischen Charakter, sind interdisziplinär und langfristig angelegt. Dadurch besitzt das Innovationsmanagement in Unternehmen eine besondere Komplexität.

Neben den „harten" Faktoren des Innovationsmanagements, die sich auf die Strategie, Planung, Kontrolle und Organisation der Innovationsarbeit beziehen, sind die weichen

Faktoren von großer Bedeutung, die auf die Gestaltung von innovationsfördernden Rahmenbedingungen (Unternehmenskultur, Personalführung, Motivation) ausgerichtet sind.

4.4.2 Dimensionen des Innovationsmanagements

Man kann von vier Dimensionen des Innovationsmanagements in Unternehmen sprechen, die miteinander verknüpft sind und ganzheitlich betrachtet werden sollen.

Abbildung 4.10 Dimensionen des Innovationsmanagements

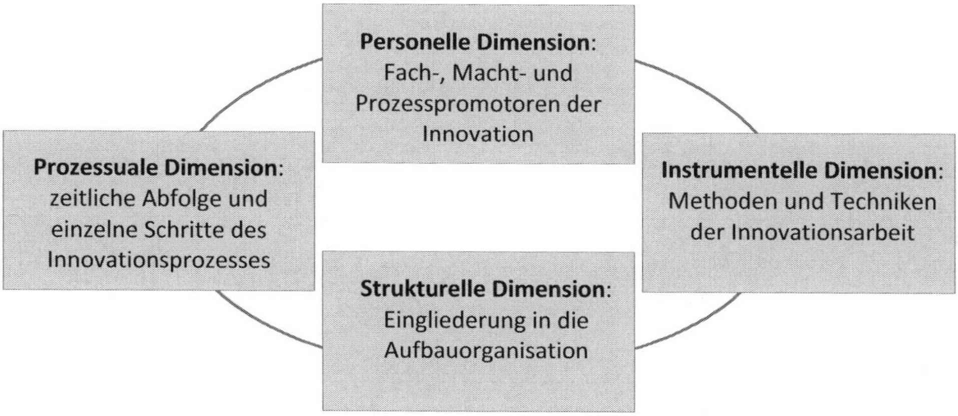

Die instrumentelle Dimension bezieht sich auf die Methoden, Techniken und Instrumente des Innovationsmanagements und kann als Innovationskompetenz den Akteuren des Innovationsprozesses vermittelt werden. Die Abläufe und Maßnahmen der Ideenfindung, -bewertung und -umsetzung sollen zu Routinen werden, die allen Akteuren in Unternehmen bekannt sind. Es lohnt sich, diese Methoden und Techniken zu beschreiben, zu standardisieren und kontinuierlich zu optimieren. Eine wichtige Rolle für ein erfolgreiches Innovationsmanagement spielen Kreativitätstechniken, die im Rahmen von Workshops allen Beteiligten beigebracht werden sollen.[296]

Die strukturelle Dimension beschreibt organisatorische Eingliederung des Innovationsmanagements in die Aufbauorganisation des Unternehmens, wobei die Aspekte der geschlossenen oder offenen Innovationsarbeit sowie zentralen und dezentralen Organisation des Innovationsmanagements berücksichtigt werden sollen.[297]

---

[296] Vgl. Kapitel 4.8 Interne Ideenfindung.

[297] Vgl. Kapitel 4.7 Organisation der Innovationsarbeit.

Unter der prozessualen Dimension wird die Gestaltung des Innovationsprozesses gemeint: Jeder Schritt von der Zukunfts- und Trendforschung über Ideenfindung und -bewertung bis zu Produktion und Markteinführung ist zu optimieren, um die Erfolgswahrscheinlichkeit der Innovation zu erhöhen und die Durchlaufzeiten und Kosten zu minimieren.

Die personelle Dimension hat mit Menschen im Innovationsprozess zu tun, die ihr Wissens- und Kreativitätspotenzial in den Dienst des Unternehmens stellen sollen. Menschen sind Träger von Innovationsaufgaben, die neue Ideen entwickeln und umsetzen. Die Aufgabe der Führungskräfte besteht darin, ein kreativitätsförderndes Klima zu schaffen, Potenziale der Mitarbeiter zu identifizieren und zu fördern.[298]

Diese vier Dimensionen werden in weiteren Ausführungen systematisch berücksichtigt.

4.5 Zukunfts- und Trendforschung

Ohne eine systematische Beschäftigung mit der Zukunft kommt keine erfolgreiche Innovation zustande. Innovation ist Zukunft und Zukunft ist Innovation. Nur eine gezielte Auseinandersetzung mit den Fragen, **wie** „Mit welchen Produkten werden wir in X Jahren unsere Umsätze machen?", „**Wer** werden unsere Kunden sein und welche Bedürfnisse werden sie haben?", „**Welche** Strategien werden uns zum Erfolg führen?" ermöglicht es einem Unternehmen, richtige Entwicklungstrends zu erkennen, zu nutzen und selbst mitzubestimmen.

Noch mehr als in industriellen, auf Rohstoff- und Wertschöpfungsketten basierenden Wirtschaftssystemen der Vergangenheit, ist es in unserer globalen Wissensgesellschaft erforderlich, sich mit der Zukunft intensiv zu beschäftigen: Unternehmen müssen ihre Anpassungsfähigkeit erhöhen und darüber hinaus vorausschauender und flexibler ihre strategische Planung betreiben. Es geht dabei um eine Anpassung an die allgemeinen Entwicklungen in der Umwelt des Unternehmens und darüber hinaus um eine aktive Gestaltung und Formung eigener Zukunft. In diesem Sinne kann von einem Zukunftsmanagement gesprochen werden, das sich neben der Zukunftsforschung mit Visionen, Geschäftsmodellen und zukunftsfähigen Strategien befasst.

4.5.1 Beschäftigung mit der Zukunft als Unternehmensaufgabe

Unabhängig von der Größe und Branche stellt die Zukunft für jedes Unternehmen eine Herausforderung dar. Für einen nachhaltigen Erfolg müssen Unternehmen systematisch nach schwachen Signalen suchen und ihre Umwelten, Märkte und Stakeholder beobachten. Diese bewusste Beschäftigung mit den Chancen und Risiken einer ungewissen Zukunft ist die Voraussetzung der Überlebensfähigkeit eines Unternehmens.

[298] Vgl. Kapitel 4.13 Rahmenbedingungen für Innovation.

Während man früher glaubte, allein durch eine optimale Anpassung an die Umweltbedingungen seine Zukunft sichern zu können, so ist es heute nicht mehr ausreichend. Dafür ändern sich die Umweltbedingungen zu rasant. Es kommt darauf an, eine gewisse Einmaligkeitsstellung im Markt zu sichern, durch eine systematische Zukunftsforschung relevante Entwicklungen vorweg zu nehmen und Märkte damit zu gestalten.[299]

Je nach Intensität der Beschäftigung mit der Zukunft kann man zwischen drei Gruppen von Unternehmen unterscheiden:

- Informationssammelnde Unternehmen ohne eigene Forschung (die meisten KMU);
- Beobachtende Firmen mit eigener Analyse und strategischen Abteilungen und F&E für firmenspezifische Zwecke (die meisten Großunternehmen);
- Unternehmen mit Zukunftsforschung auch jenseits von unternehmensinternen Fragen oder mit Zukunftsanalyse als Kerngeschäft (z.B. Allianz, BMW, Daimler, Deutsche Bank, Siemens u.a.).[300]

Eine selbstständige Zukunftsforschung ist für die meisten KMU, denen es an Ressourcen und methodischen Kompetenzen mangelt, praktisch nicht realisierbar. Oft lösen sie diese Aufgabe im Rahmen von Kooperationen und Netzwerken: Unternehmensvereinigungen und Arbeitskreise übernehmen die Beobachtung von Entwicklungstrends und eine zeitnahe Informationsversorgung von Teilnehmern.

Die wichtigsten Kernfragen des Zukunftsmanagements, mit denen sich jedes Unternehmen beschäftigen muss, lauten:[301]

1. Welche Veränderungen des wirtschaftlichen, technologischen, politischen und soziokulturellen Umfelds kommen in den nächsten Jahren auf unser Unternehmen zu?
2. Welche Chancen stecken für uns in diesen Veränderungen?
3. Welche Bedrohungen bringen diese Veränderungen?
4. Wie kann und soll unser Unternehmen in fünf oder zehn Jahren aussehen?
5. Was müssen wir jetzt konkret dafür tun?

Bei dieser Fragestellung geht es um das Erkennen und Schaffen der Zukunft, d.h. ein Unternehmen sollte aktiv werden und seine Zukunft selbst gestalten, und nicht bloß reagieren. Die Zukunftsbeobachtung beginnt mit der Identifikation der Megatrends in der Gesellschaft und Wirtschaft, die für das Unternehmen relevant sind, die kontinuierlich zu

---

[299] Vgl. Zech (2010), S. 70.

[300] Vgl. Willmanns/Hehl (2009), S. 123.

[301] Vgl. Micic (2000), S. 16.

beobachten sind. Auf dieser Basis werden die Zukunftsstrategien des Unternehmens entwickelt. Je nach Größe des Unternehmens kommen verschiedene Zeithorizonte in Frage:[302]

- Zukunftshorizonte zwischen 1 und 3 Jahren für regional orientierte Einzelhändler, Freiberufler, Finanzberatungsunternehmen;
- 3 bis 5 Jahre für mittlere Unternehmensberatungen, Bauunternehmen usw.;
- 5 bis10 Jahre für Automobilzulieferer, größere Möbelhandelskonzerne, mittlere Maschinenbauer, Computerhersteller;
- über 10 Jahre für Großkonzerne, Forschungsorganisationen, Pharmaunternehmen.

Die weiteren Ausführungen und Beispiele zur Zukunftsforschung beziehen sich überwiegend auf die Großkonzerne, die als Vorreiter für andere Unternehmen dienen können.

4.5.2 Ebenen der Zukunftsforschung in Unternehmen

Die Arbeit mit und an der Zukunft ist für alle Ebenen eines Unternehmens relevant – strategische, taktische und operative Ebene (vgl. Abbildung).

Abbildung 4.11 Prozesse im Rahmen des Zukunftsmanagements[303]

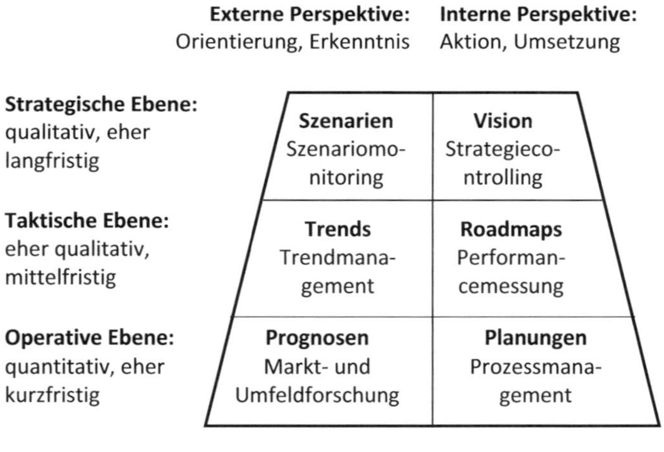

[302] Vgl. Micic (2000), S. 78-79.

[303] In Anlehnung an Fink/Siebe (2006), S. 12.

Die Aufgaben werden für alle drei Ebenen aus interner und interner Perspektive definiert:[304]

- Auf der **strategischen** Ebene geht es darum, Visionen zu entwickeln, die in Form von normativen Zielen und Leitbildern verankert werden. Dadurch werden strategische Positionierung und künftige Kernkompetenzen bestimmt. Hier müssen mehrere, alternative Zukunftsbilder betrachtet und die Zusammenhänge zwischen verschiedenen Faktoren und Trends berücksichtigt werden. Als Instrument dafür sind Szenarien geeignet.
- Auf der **taktischen** Ebene erfolgt die Umsetzung der Vision in ein Geschäftsmodell und konkrete Roadmaps. Dabei werden Ziele konkretisiert, Strategie-, Produkt- und Technologie-Roadmaps entworfen. Hier müssen künftige oder bereits erkennbare Veränderungen in Form von Trends identifiziert und berücksichtigt werden.
- Auf der **operativen** Ebene erfolgt eine weitere Konkretisierung in Form von Geschäftsplänen, Investitionsentscheidungen und Risikoanalysen. Hier kommen quantitative und auf Extrapolationen beruhende Prognosen zum Einsatz.

Die externe Betrachtungsperspektive ist umweltbezogen und befasst sich mit der Szenario- und Trendanalyse und Prognosen verschiedener Entwicklungen im Umfeld des Unternehmens. Die interne Perspektive steht für eine unternehmensbezogene Sichtweise und erarbeitet Visionen, Roadmaps und konkrete Planungen.[305]

Es ist wichtig, die Beobachtung von schwachen Signalen, Entwicklungen und Trends in der Umwelt unmittelbar mit den internen Visionen und Zielsetzungen zu verbinden. Die Analyse verschiedener Szenarien ermöglicht es, eine Landkarte der Zukunft zu gestalten und sie in Einklang mit der Vision des Unternehmens zu bringen. Hierbei geht es nicht nur um eine bloße Anpassung der Vision und Strategie an die Entwicklungen in der Außenwelt, sondern um ein Zusammenspiel von externen Bedingungen und internen Handlungen.

> Am Beispiel von Apple, das mit seinen innovativen Produkten iPod, iPhon und iPad neue Bedürfnisse und neue Lebensgewohnheiten geschaffen hat, kann man das Ausmaß des Einflusses eines Konzerns auf die Entwicklungstrends in der Gesellschaft verfolgen. Die Innovationsstrategie von Apple ist keine Anpassung an die Entwicklungen, sondern eine aktive Einmischung und Mitgestaltung von Trends.

4.5.3 Techniken und Instrumente der Zukunftsforschung

In der wissenschaftlichen Literatur und Unternehmenspraxis werden zahlreiche Techniken und Instrumente der Zukunftsforschung diskutiert. Einige Methoden sind seit Jahrzehnten

[304] Vgl. Fink/Siebe (2006), S. 9.

[305] Vgl. Fink/Siebe (2006), S. 11-12.

bekannt, andere neu und weniger verbreitet. Im angloamerikanischen Raum sind seit 30-40 Jahren Szenariotechniken im Einsatz, z.B. Szenario Planning bei Royal Dutch Shell.

Auch in Deutschland werden diese Techniken vermehrt als Instrument der Zukunftsforschung angewendet (bei einigen Handelsunternehmen, Sparkassen, Autoherstellern). Ein weiteres bekanntes Verfahren der Zukunftsforschung sind Delphi-Studien, die ursprünglich aus der japanischen Technologiepolitik stammen und seit den 1990er Jahren in Deutschland eingesetzt werden. Eine weitere bekannte Methode ist das Technologieradar (Scouting). Sehr verbreitet ist auch Trendforschung (Trendanalyse), die von vielen Unternehmen und Institutionen praktiziert wird. Diese vier Gruppen von Techniken werden hier – ohne Anspruch auf Vollständigkeit – näher erläutert.

Unter der **Szenariotechnik** wird das Entwickeln und strategische Spiegeln möglicher Zukunftsverläufe verstanden.

Zu Beginn werden die Schlüsselfaktoren identifiziert, die für das Unternehmen besonders relevant sind. Danach werden für jeden Faktor mögliche zukünftige Zustände ermittelt und beschrieben.

Diese Zukunftsprojektionen werden zu Szenarien verknüpft. Der Prozess der Szenarioentwicklung endet mit einer Analyse der Szenarien und ihres Zusammenwirkens. Die Arbeit wird in der Regel als Projekt organisiert und von einem speziellen Szenarioteam durchgeführt.[306]

Die Ergebnisse können in Form von Zukunfts-Maps oder Landkarten für die Zukunft abgebildet werden (s. folgende Abbildung).

Diese Abbildung illustriert die praktische Anwendung der Szenariotechnik am Beispiel der Zukunft des Tourismus in Europa. Als Ergebnis einer Szenarioanalyse sind eine Zukunftsraum-Map und eine anschauliche Landkarte der Zukunft entstanden.

Für eine effiziente Umsetzung der Szenariotechnik sind die Vorüberlegungen bezüglich

- der Zielsetzung (Wer und zu welchem Zweck wird die Szenarien nutzen?),
- des Zeithorizonts (Für wie lange wird geplant?) und
- der Zusammensetzung des Szenarioteams (nach Möglichkeit heterogene Gruppe aus verschiedenen Fachgebieten, Altersgruppen, Geschlechter, Hierarchieebenen) ausschlaggebend.[307]

---

[306] Vgl. Fink/Siebe (2006), S. 34-49.

[307] Zur Nutzung von Szenarien für die Entwicklung des Handlungspotenzials eines Unternehmens siehe auch das Kapitel 2.1.2.3 Zeitbezug von Wissen.

Abbildung 4.12 Zukunftsraum-Map für Tourismus in Europa[308]

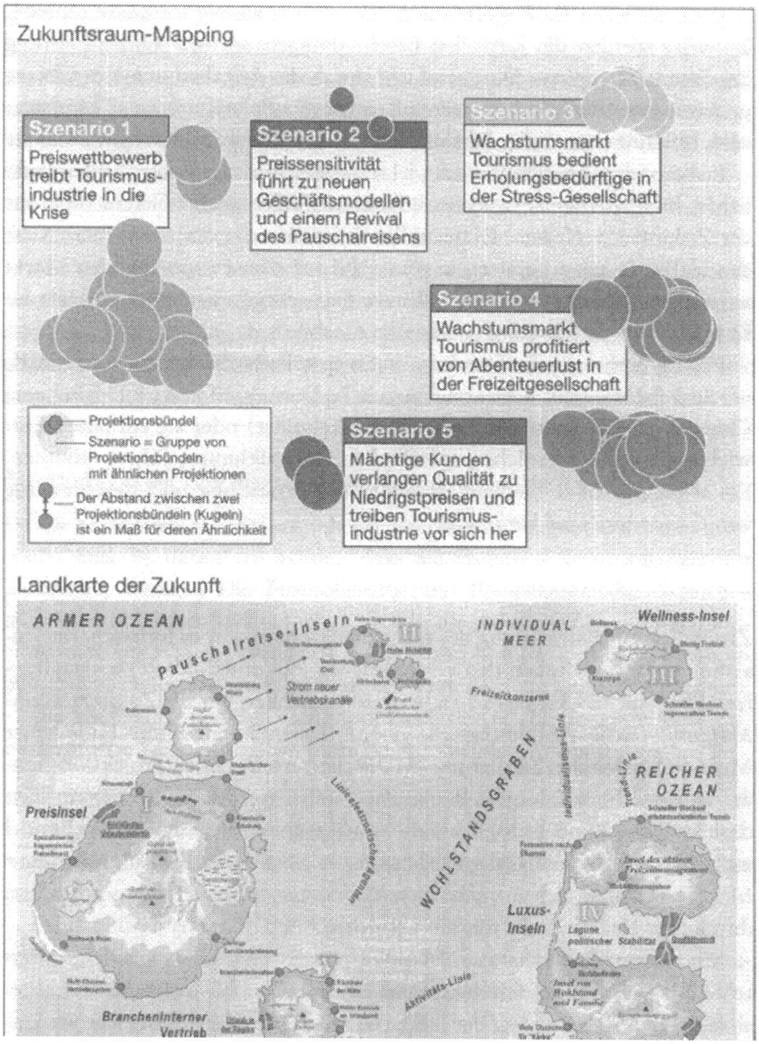

Die **Delphi-Methode** ist ein systematisches mehrstufiges Befragungsverfahren mit dem Ziel, zukünftige Ereignisse, Trends oder technische Entwicklungen einzuschätzen. Ausgewählte Experten werden einzeln, unabhängig voneinander, über wahrscheinliche Entwicklungen befragt. Dadurch soll verhindert werden, dass die Experten sich gegenseitig beein-

308 Fink/Siebe (2006), S. 48.

flussen, damit das Ergebnis möglichst objektiv ist. Die gesammelten Antworten werden ausgewertet und zusammengefasst, und die Zusammenfassung erneut in einer Expertenrunde zur Diskussion gestellt. So kommt es schrittweise zu einer Meinungsbildung.

Ein typischer Bereich der Anwendung der Delphi-Methode ist die Bestimmung von Entwicklungsprognosen im Technologiebereich für die nächsten zehn oder mehr Jahre. In den 1990er Jahren hat das damalige Bundesministerium für Forschung und Technologie die ersten Delphi-Studien zur Entwicklung von Wissenschaft und Technik in Deutschland in Auftrag gegeben. Von dem Fraunhofer-Institut für System- und Innovationsforschung (ISI) wurde damals die Studie „Technologie am Beginn des 21. Jahrhunderts" durchgeführt. Die Delphi-Methode wird auch als Verfahren für die Schätzung künftiger Nachfrage im Marketing sowie als eine Kreativitätstechnik (schriftliche Abfrage von Expertenmeinungen) eingesetzt.

Im Rahmen des **Technologiescouting** wird externes technologisches Wissen (z.B. von Universitäten, Forschungsinstituten, Mitbewerbern) gesammelt und in Form eines Technologieradars abgebildet.

Die Änderungsgeschwindigkeit der Technologien ist so hoch und die notwendige Reaktionszeit auf dem Markt so kurz, dass sich insbesondere technologieintensive Unternehmen mit technologischen Entwicklungen permanent beschäftigen und zu diesem Zweck in Netzwerke integrieren. Die Funktion des Technologiescouting wird von speziellen Personen (Technologiescouts) oder von der F&E übernommen, einige Unternehmen (z.B. IBM) betrachten grundsätzlich jeden Mitarbeiter als potentiellen Scout.[309]

Ein wirksames Verfahren zum Technologiescouting stellt die **Patentanalyse** dar, da Patente solide und leichtzugängliche Informationen sind. Die meisten Großunternehmen haben dafür eigene Patentabteilungen oder -verantwortliche, KMU verlassen sich auf spezialisierte Dienstleiter auf diesem Gebiet. Darüber hinaus helfen Kontakte zu Wissenschaftlern, Besuche von Messen, Ausstellungen und Kongressen, Analyse von Print- und digitalen Publikationen, zukünftige Technologielandschaften vorherzusagen.

Eine übersichtliche, anschauliche Darstellung von gesammelten Informationen spielt im Technologiescouting eine wichtige Rolle. Die gängige Darstellungsform ist ein Technologieradar (s. folgende Abbildung).

Viele Unternehmen erstellen selbst solche Technologieradare mit relevanten unternehmensspezifischen Technologien und mehreren Zeithorizonten (bis 2, 2 bis 5, 5 bis 10 und mehr als 10 Jahre). Auch Beratungsfirmen und angewandte Forschungsorganisationen (z.B. Fraunhofer Institut) bieten diese Dienstleistung an.

[309] Vgl. Willmanns/Hehl (2009), S. 124.

Abbildung 4.13 Beispiel eines Technologieradars: Karte der neuen IT-Technologien von Gartner Research[310]

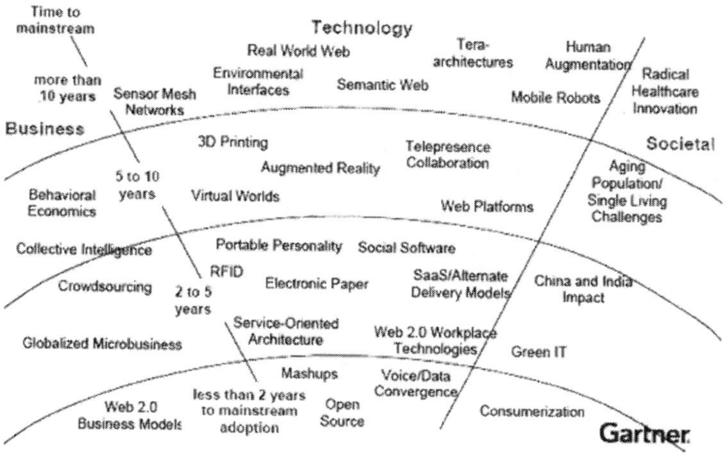

Ähnlich wie Technologiescouting wird oft Trendscouting (Trendanalyse) betrieben. Unter **Trendanalyse** wird das Diagnostizieren, Definieren und Dokumentieren von Veränderungen in Gesellschaft, Märkten und Marketing verstanden. In diesem Prozess können verschiedene Quellen genutzt werden: Messen, Konferenzen, Blogs, Netzwerke mit Kunden und Zulieferern, Patentanmeldungen, Kontakte zu Hochschulen und Forschungsinstituten usw.

Die Informationen über Trends müssen im Unternehmen verarbeitet und in Strategien und Pläne umgesetzt werden. Als praktisches Instrument dafür werden spezielle Trendberichte erstellt, die in Unternehmen breit kommuniziert werden. Beispielsweise das Unternehmen IBM produziert für diesen Zweck jährlich zwei Berichte: einen Trendreport „IBM Research Global Technology Outlook" und einen Bericht über allgemeine Trends „IBM Global Innovations Report". An der Vorbereitung dieser Berichte sind Mitarbeiter aller Geschäftsbereiche, von der Chiptechnologie bis zu Unternehmensberatung, von Topmanagern über Ingenieure zu Beratern sowie akademische Institute, politische und wirtschaftliche Institutionen beteiligt. Als ein weiteres Beispiel kann der Zukunftsreport von Nokia „Nokia WorldMap" dienen, der jedes Jahr von einem speziellen Zukunfts- und Strategieteam erstellt wird.[311] Internationale Vergleiche von Technologieprognosen erstellt das VDI Technologiezentrum im Auftrag des Bundesministeriums für Bildung und Forschung.[312]

[310] Willmanns/Hehl (2009), S. 126.

[311] Vgl. Willmanns/Hehl (2009), S. 127- 129.

[312] Vgl. Holtmannspötter/Rijkers-Defrasne/Ploetz/Thaller-Honold/Zweck (2010).

4.6 Innovationsstrategie

Eine Strategie dient dazu, den Erfolg eines Unternehmens in der Zukunft zu sichern, und bezieht sich auf die erwartete zukünftige Umwelt und deren Anforderungen. Es geht um die Weiterentwicklung von internen Kompetenzen, um veränderten und erwartbar verändernden Umweltanforderungen besser gerecht werden zu können.[313]

Aus den Ergebnissen der Zukunftsforschung werden unternehmerische Vision und eine konkrete Innovationsstrategie abgeleitet, die weiterhin in eine detaillierte Planung umgesetzt wird.

Eine **Vision** drückt ein grundsätzliches Ziel im Sinne der Erschließung eines erkannten Erfolgspotentials aus, und die **Strategie** beschreibt den Weg zu diesem Ziel. Als ultimative Zielvorstellung für das Unternehmen, z.B. Weltmarktführer in einem bestimmten Geschäftsbereich zu werden, dient die Vision als leitender Gedanke für die langfristigen Gestaltungsprozesse.

Die **Innovationsstrategie** umfasst alle strategischen Aussagen für die Entwicklung und Vermarktung neuer Produkte und Verfahren, für die Erschließung neuer Märkte, für die Einführung neuer Organisationsstrukturen und sozialer Beziehungen im Unternehmen. Nicht nur Produktinnovationen, sondern auch Prozess-, Struktur- und Sozialinnovationen in Unternehmen gehören zu den Gestaltungsobjekten der Innovationsstrategie. Jedoch spielen dabei Produktinnovationen eine ausschlaggebende Rolle, da sie das Überleben und die Wirtschaftlichkeit eines Unternehmens sichern.

Ein Unternehmen kann sich zwischen Technology-Push- und Market-Pull-Strategie, zwischen Closed oder Open Innovation-Strategie entscheiden und verschiedene Markteintrittsstrategien wählen. Auf diese Strategien wird ausführlicher eingegangen.

4.6.1 Technology-Push- und Market-Pull-Strategie

Technology-Push-Strategie beschreibt die überwiegende Ausrichtung auf neue technologische Möglichkeiten, eine Inside-Out-Orientierung und ist im Wesentlichen kompetenzgetrieben.

Market-Pull-Strategie wird durch die Bedürfnisse der Kunden initiiert, es handelt sich um einen Outside-In-Zugang, bei dem Innovationen mit dem Ziel der Befriedigung spezifischer, gegebenenfalls auch nur latent vorhandener Kundenbedürfnisse entwickelt werden.

Beide Strategien stoßen für sich an ihre Grenzen. Eine neue technologische Möglichkeit muss der Bedürfnisbefriedigung dienen, sonst wird sie von dem Markt abgelehnt. Ein neuer Kundenwunsch wird oft erst durch den Fortschritt der Technik realisierbar.

[313] Vgl. Zech (2010), S. 69.

Gerade etablierte Technologieunternehmen definieren sich über ihr spezifisches Know-how und tendieren zu Technology-Push-Strategien. Ohne den Problemlösungscharakter der von ihnen angebotenen Produkte und damit das Wesen des Bedarfs ihrer Kunden genauer zu betrachten, unterliegen solche Unternehmen häufig dem Trugschluss, es gebe auch künftig keine echten Alternativen zu ihren Produkten. Aus diesem Grund haben einige klassische Anbieter von konventionellen Kameras zu spät die Mikroelektronik als funktional-äquivalente Alternative zu ihren Technologien wahrgenommen und wurden von branchenfremden Newcomern aus den Märkten verdrängt oder in Nischenpositionen zurückgedrängt.

Einige Autoren sprechen dabei von der sogenannten „Erfolgsfalle" – die Erfolge eines Unternehmens werden zur Quelle seiner Inflexibilität. Häufig spiegeln selbst die Unternehmensstrukturen die Strukturen des Produktes oder der Dienstleistung wider, und eine radikale Umstellung würde mehr oder weniger die Selbstzerstörung der Organisation bedeuten. Deswegen wird versucht, die Innovationen in die bestehenden Sparten und Strukturen hineinzupressen oder ganz zu ignorieren.[314]

Aber auch eine einseitige Orientierung an den Marktbedürfnissen (Market-Pull-Strategie) könnte gefährlich sein, da sich die Kunden nur das Mögliche vorstellen und wünschen und keine echten Innovationen initiieren können.[315]

Optimal ist eine Kombination aus beiden Strategien. Ein **integrierter Ansatz** von Technology-Push- und Market-Pull-Strategie verspricht Synergieeffekte: Neue Technologien ergeben neue Marktchancen, neue Chancen erfordern zusätzliche technologische Lösungen. Auf diesem Prinzip basiert die Koppelung von Market-Pull- und Technology-Push-Strategie über technische Plattformen oder Kernprodukte des Unternehmens. In Kernprodukten/Plattformen manifestiert sich das technische Know-how des Unternehmens, das die Grundlage vieler Produkte während längerer Zeit bildet.[316]

Als Ausgangspunkt für die Definition von Kernprodukten dienen die **Kernkompetenzen** eines Unternehmens als Bündel aus Technologien und Erfahrungswissen. Kernkompetenzen machen ein Unternehmen einzigartig und bestimmen seine langfristige Wettbewerbsfähigkeit. Auf der Basis der Kernkompetenz können neue Kernprodukte generiert oder neue Technologien entwickelt werden.

Die Entwicklung der Kernkompetenzen und die Definition von Kernprodukten bauen auf einer intensiven Wissensarbeit in Unternehmen auf und benötigen kontinuierliche Lernprozesse. Sowohl die Technology-Push- als auch Market-Pull-Strategie basieren auf dem Wissen des Unternehmens (Wissen über Technologien und ihre Trends, Wissen über Kunden und ihre Bedürfnisse). Die Pflege der Kernkompetenzen kann nur unter Bedingungen eines systematischen Wissensmanagements und Lernens gelingen.

---

[314] Vgl. Goffin/Herstatt/Mitchell (2009), S. 226-227.

[315] Vgl. ausführlicher Kapitel 4.9.2 Kunde als Produktentwickler.

[316] Vgl. Völker/Sauer/Simon (2007), S. 31-32.

Manchmal wird von einer dritten Form, der **umweltorientierten Strategie** gesprochen, die durch die Aspekte der Umweltschonung und Nachhaltigkeit initiiert wird. Es ist offensichtlich, dass eine Kombination aller drei Auslöser die besten Erfolgschancen besitzt.

Ein Beispiel für eine gelungene Kombination aus Technology-Push-, Market-Pull- und Umweltstrategie sind Solarzellen. Die Kundenbedürfnisse entstehen aufgrund steigender Energiekosten und der Verknappung von fossilen Energien. Die neuen technischen Möglichkeiten (sinkende Preise und immer höhere Energieeffezienz von Solaranlagen) machen die Nutzung der Sonnenenergie nicht nur möglich, sondern auch bezahlbar. Zusätzlich wird die Entwicklung der Innovation durch eine ausgeprägte Umweltorientierung unterstützt, die sich in einer positiven Wahrnehmung und finanzieller Förderung in der Gesellschaft (Subventionen) widerspiegelt.

Darüber hinaus gehört zur Festlegung der Strategie die Entscheidung bezüglich der Öffnung des Innovationsprozesses: Closed oder Open Innovation.

4.6.2 Closed vs. Open Innovation

„Alle wissen mehr als Einer" – diese Formel der kollektiven Intelligenz kommt in unserer Gesellschaft und Wirtschaft zunehmend zum Tragen. Auch im Bereich der Innovation, wo Firmengeheimnisse und Know-how besonders gehütet werden, kommt es immer mehr zur Öffnung. Innovationen finden nicht mehr nur in unternehmensinternen F&E-Abteilungen, sondern zunehmend in interdisziplinären, gemischten Teams, unter Beteiligung von Kunden, Lieferanten und Wettbewerbern, in Kooperationen, Netzwerken und ganz offen wie open Source statt.[317]

In einer IBM-Befragung von Führungskräften wurden die Quellen der Innovation untersucht und die Bedeutung der Ideen externer Akteure bestätigt. Besonders oft profitieren Unternehmen von den Ideen der Geschäftspartner (Lieferanten) und Kunden, gefolgt von externen Beratern und Wettbewerbern (s. folgende Abbildung).

Verschiedene Prozesse im Rahmen der offenen Innovationsarbeit werden unter dem Begriff Open Innovation zusammengefasst. **Open Innovation** ist die Öffnung des Innovationsprozesses in Unternehmen, die auf aktive strategische Nutzung von Wissen, Kreativität und Innovationspotenzialen außerhalb des Unternehmens abzielt.

Die maßgeblichen treibenden Faktoren der Öffnung des Innovationsprozesses sind der steigende Wettbewerbsdruck durch die Globalisierung, kürzere Entwicklungs- und Produktlebenszyklen und der immer höhere Innovationsdruck auf Unternehmen. Um Kosten und Risiken einer Innovation zu reduzieren sowie die Entwicklungszeiten zu verkürzen,

---

[317] Beispiele und praktische Anwendungen werden im Kapitel 4.9 Externe Ideenfindung erläutert.

tun sich Unternehmen immer öfter bei der Arbeit an neuen Produkten und Prozessen zusammen.

Abbildung 4.14 Die wichtigsten Quellen der Innovation aus Sicht der Führungskräfte (IBM CEO Study 2006)[318]

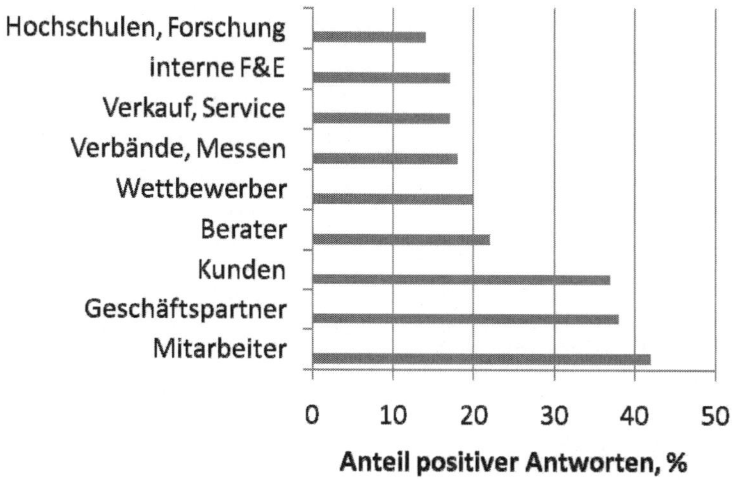

Im Gegensatz zu traditioneller Closed Innovation (In-House-Innovation), die abgeschlossen in Unternehmen stattfindet, bedeutet das Konzept Open Innovation einen Austausch von Ideen in beide Richtungen: Die Ideen von außen werden im Unternehmen umgesetzt, eigene Ideen werden außerhalb des Unternehmens aktiv vermarktet (s. folgende Abbildung).

Es wird grundsätzlich zwischen drei Prozessen der Open Innovation unterschieden:[319]

- Der **Outside-In-Prozess** ist die Integration externen Wissens in den Innovationsprozess. Das Know-how der Lieferanten, Kunden, externer Partner (wie Hochschulen, Berater) oder Wettbewerber wird genutzt. Der Outside-In-Prozess verdeutlicht, dass der Ort, an dem neues Wissen kreiert wird, nicht grundsätzlich mit dem Ort übereinstimmen muss, an dem Innovationen entstehen.
- Der **Inside-Out-Prozess** ist die Externalisierung von internem Wissen. Unternehmen nutzen diesen Prozess zum Beispiel, um Lizenzgebühren für Patente und Innovationen einzunehmen, die sie nicht für die operative Geschäftstätigkeit nutzen. Der Inside-Out Prozess verdeutlicht, dass der Ort, an dem Wissen und Innovation entsteht, nicht mit

318 Willmanns/Hehl (2009), S. 90.

319 Vgl. Gassmann/Enkel (2006), S. 133 f.

dem Ort übereinstimmen muss, an dem die Innovation in neue Produkte umgesetzt wird.

- Der **Coupled-Prozess** ist eine Mischform aus dem Outside-In- und Inside-Out-Prozess: Die Internalisierung von externem Wissen in Verbindung mit der Externalisierung von internem Wissen. Das Schaffen von Standards und der Aufbau von Märkten stehen beim Coupled-Prozess im Fokus. Die Umwelten sollen aktiv bei der Entwicklung von Innovationen integriert werden, und durch die gleichzeitige Externalisierung dieser Innovation soll sich ein Markt um die Innovation herum aufbauen.

Abbildung 4.15 Closed vs. Open Innovation[320]

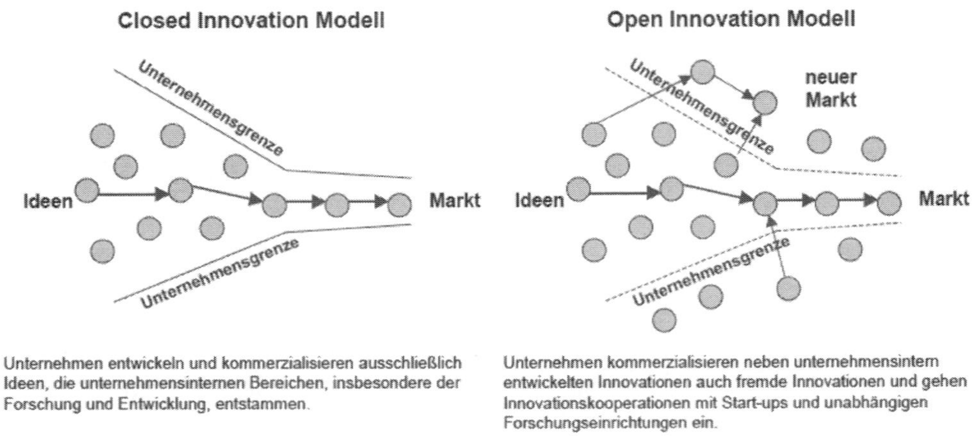

Die Integration von externen Wissens- und Ideenquellen stellt eine Abkehr von traditionellen Vorgehensweisen dar. Zu Open Innovation gehört vor allem ein offener Umgang mit Wissen: für das Wissen anderer offen sein, Wissen gemeinsam erzeugen und mit anderen teilen. Diese Öffnung ist mit bestimmten Risiken (Know-how-Verlust, Schwächung der Marktposition) verbunden und stößt oft auf Widerstände. Man braucht Vertrauen und allgemeiner Kooperationskompetenz, um die Prozesse der Open Innovation optimal zu gestalten. Aus diesem Grund ist das Bekenntnis zur Open Innovation eine strategische Entscheidung im Unternehmen, die im Rahmen der Festlegung der Innovationsstrategie getroffen werden sollte.

Die Ausrichtung auf eigene Potenziale und die Kommerzialisierung ausschließlich eigener Ideen reichen in der modernen Unternehmenswelt mit kurzen Produktlebenszyklen und globaler Konkurrenz nicht mehr aus, um kontinuierlich innovativ zu sein. Deswegen ent-

[320] Reichwald/Piller (2006), S. 119.

scheiden sich immer mehr Unternehmen bewusst für die Beteiligung von Kunden an der Entwicklung neuer Produkte, Zusammenarbeit mit Lieferanten und Wettbewerbern an neuen Modellen oder Produktbestandteilen, Kooperationen mit akademischen Einrichtungen. So werden Entwicklungszeiten und -kosten reduziert und die Risiken auf mehrere Schulter verteilt.

Zu den relevanten externen Akteuren, die in den Innovationsprozess integriert werden können, zählen vor allem Kunden, Zwischenhändler, Lieferanten, Wettbewerber, Forschungsinstitute und Hochschulen, Berater (s. Abbildung).

Abbildung 4.16 Äußere Quellen der Innovation

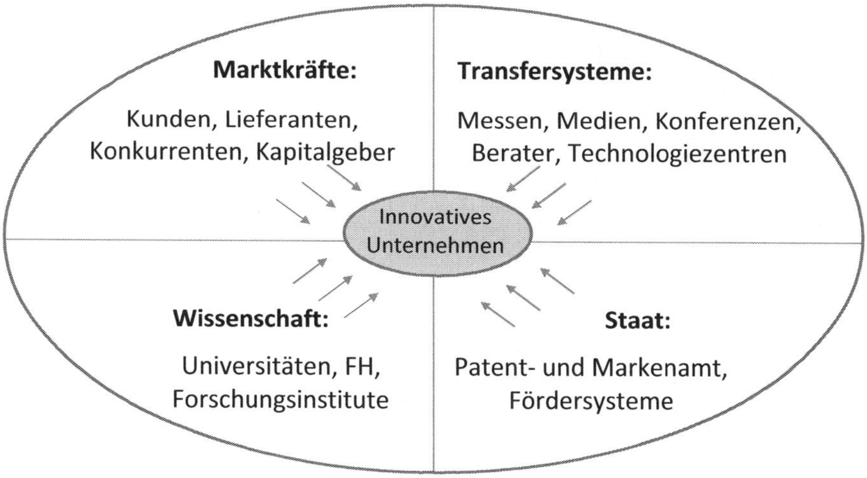

Durch die strategische Entscheidung zu Open Innovation bekommen Unternehmen mehrere Vorteile – erschließen neue Wissens- und Kreativitätspotenziale, stärken ihre Innovationskompetenz, erweitern ihre Wissensbasis und setzen Lernprozesse in Gang.

4.6.3 Markteintrittsstrategie

Bei der Strategieformulierung werden zusätzliche Fragen bezüglich des Markteintritts beantwortet. Zu den Markteintrittsstrategien zählen:

- Pionierstrategie – das Unternehmen übernimmt die Rolle des Innovationsführers im Markt und bekommt einen Wettbewerbsvorteil durch seine zumindest vorübergehende Monopollage sowie einen Imagegewinn;
- Imitationsstrategie – das Unternehmen übernimmt die Rolle des **frühen** oder **späten Folgers** und tritt kurze oder längere Zeit nach dem Pionier mit einer vergleichbaren Leistung in den Markt ein, wodurch das Risiko und der Aufwand minimiert werden.

Auch wenn die Folger keine Pioniergewinne erzielen können, profitieren sie von Erfahrungen des Pioniers und reduzieren ihre Risiken. Sie können auch den Status des Produktivitäts- und Effizienzführers erzielen. Alle Markteintrittsstrategien sind mit Risiken verbunden: Ein falsches Produkt des Pioniers hat gravierende Folgen, ein verspäteter Markteintritt des Folgers kann zu hohen Opportunitätskosten führen und Verluste bedeuten.

Die Entscheidung über Pionier- oder Imitationsstrategie ist in erster Linie von der technologischen Kompetenz und dem Know-how eines Unternehmens abhängig. Im Allgemeinen verfolgen die meisten Unternehmen mit mehreren Produkten im Portfolio einen Strategiemix, um die Risiken beider Ansätze zu minimieren.[321]

4.6.4 Realisierung der Innovationsstrategie

Eine Innovationsstrategie kann in folgenden Schritten realisiert werden:[322]

- Analyse der Ausgangssituation,
- SWOT-Analyse,
- Festlegung der Strategie,
- Umsetzung der Strategie,
- Strategiekontrolle.

Eine umfassende Situationsanalyse ist für die Festlegung der Strategie entscheidend. Die Ergebnisse der systematischen Zukunfts- und Trendforschung bilden die Basis für diesen Prozess. Allerdings geht es bei der Analyse der Ausgangssituation nicht nur um die Zukunftstrends, sondern auch um die aktuelle Situation im Unternehmen und seinen relevanten Umfeld (Märkte und Akteure entlang der Wertschöpfungskette wie Kunden, Lieferanten und Konkurrenten).

Die interne Ist-Situation kann mithilfe der Potenzialanalyse oder Analyse von Kernkompetenzen durchgeführt werden. Im Rahmen der Potenzialanalyse werden die gegenwärtig vorhandenen und künftig erforderlichen (finanziellen, technologischen, personellen) Ressourcen des Unternehmens hinsichtlich ihrer Verfügbarkeit für Innovationsarbeit untersucht. Bei dem auf den Kernkompetenzen basierenden Ansatz werden vor allem die besonderen Stärken des Unternehmens und ihr weiterer Ausbau analysiert.

Die unternehmensexternen Bedingungen werden im Zuge von Konkurrenzanalyse oder Marktanalyse oder einer umfassenden Chancen-Risiken-Analyse untersucht. Es wird angestrebt, rechtzeitig neue Marketingchancen und Innovationschancen zu identifizieren und Bedrohungen durch die globale Konkurrenz zu erkennen. Die Ergebnisse der vorangegangenen Zukunftsforschung werden für diese Analyse herangezogen.

---

[321] Vgl. Gaubinger/Werani/Rabl (2009), S. 38-40.

[322] In Anlehnung an Gaubinger/Werani/Rabl (2009), S. 35–43.

In den hart umkämpften Märkten kommt es darauf an, die Stärken und Schwächen des Unternehmens in Vergleich zu den Konkurrenten und die daraus resultierenden Potenziale der Innovation zu erkennen.

Ein **Benchmarking** der Produkte oder der konkurrierenden Unternehmen hilft dabei, eigene Stärken und Schwächen zu reflektieren. Zunächst werden die Vergleichskriterien definiert, z.B. technologische, finanzielle, organisatorischen, wissens- und kundenbezogene Potenziale. Diese Kriterien werden für das eigene Unternehmen und für die Wettbewerber bewertet und in Form eines Profils dargestellt.

So werden relative Stärken und Schwächen sichtbar gemacht und Potenziale zur Entwicklung von Produktinnovationen abgeleitet. Abschließend werden die Ergebnisse der internen und externen Situationsanalyse in einer Matrix der SWOT-Analyse zusammengestellt.

Abbildung 4.17 SWOT-Analyse[323]

	SWOT-Analyse	Interne Analyse	
		Stärken (Strengths)	**Schwächen** (Weaknesses)
Externe Analyse	**Gelegenheiten** (Opportunities)	Verfolgen von neuen Chancen, die gut zu den Stärken des Unternehmens passen.	Überwindung eigener Schwächen, um neue Möglichkeiten zu nutzen.
	Bedrohungen (Threats)	Eigene Stärken nutzen, um Bedrohungen abzuwenden.	Einschränkung eigener Schwächen, um Bedrohungen zu vermeiden.

Im Rahmen der SWOT-Analyse werden sowohl innerbetriebliche Stärken und Schwächen (Strength-Weakness) als auch externe Chancen und Gefahren (Opportunities-Threats) betrachtet, welche die Handlungsfelder des Unternehmens betreffen. Aus der Kombination der Stärken-Schwächen-Analyse und der Chancen-Gefahren-Analyse kann eine ganzheitliche Strategie für die weitere Entwicklung des Unternehmens abgeleitet werden. Die Stärken und Schwächen sind dabei relative Größen und können erst im Vergleich mit den Konkurrenten beurteilt werden.

[323] Vgl. Macharzina/Wolf (2005), S. 342.

Viele Großunternehmen verwenden die SWOT-Analyse für die Formulierung der Innovationsstrategie. Die Methode ermöglicht die Definition strategischer Zielfelder, die zur Initiierung von neuen Produkten dienen.

SWOT-Analyse zur Definition strategischer Zielfelder am Beispiel BMW

In den Jahren 2003-04 hat der BMW Konzern aufgrund einer SWOT-Analyse einige Stoßrichtungen für strategische Innovation definiert (s. folgende Abbildung).

Der Konzern sieht seine Kernkompetenz im Bereich des Motorenbaus. Die überwiegende Konzentration auf sportliche Limousinen trägt zur Fokussierung der Marke bei, kann jedoch als Schwäche in Form einer schmalen Produktpalette ausgelegt werden. Das gestiegene Interesse der Kunden an automobiler Sportlichkeit kann als eine Chance interpretiert werden, wogegen immer strengere Anforderungen an CO_2-Emissionen eine Bedrohung für die leistungsstarken BMW-Autos darstellen.

Als Ergebnis der Analyse von Stärken/Schwächen und Chancen/Risiken sind die in der Abbildung gezeigten strategischen Stoßrichtungen entstanden, die nun umgesetzt wurden.

BMW nutzte seine technische Kompetenz, um in die Formel 1 mit einem neuen V10-Motor wieder einzusteigen. Außerdem wurde in diesem Trend das Sportcoupe M6 mit 507 PS und einem Preis von über 100.000 Euro eingeführt. In einem anderen Bereich der Sportlichkeit hat BMW eine lange Zeit keine Angebote für die sportlichen Kunden gemacht, diese Tatsache wurde mit den Modellen X5 und X3 bereinigt, und die BMW-Kunden können nun ihre Mountainbike an die engsten Orte der Alpen transportieren.

Um mit den Bedrohungen durch strengere Emissionsvorschriften zu umgehen, präsentierte BMW mit dem 750hL als erster ein Serienfahrzeug mit Wasserstoff-Verbrennungsmotor. Dem gleichen Ziel dient die Valvetronic-Technologie, die mit deutlich geringerem Treibstoffverbrauch den CO2-Ausstoß reduziert.

Durch den Trend zu kleineren und sparsameren Fahrzeugen sah sich BMW gezwungen, seine Produktpalette durch einen Kleinwagen zu erweitern, und hat 2004 das 1. Modell des neuen Mini eingeführt.[324] Im Jahr 2004 wurde die BMW Group mit dem Titel „Best Innovator" und zusätzlich in der Kategorie „Beste Innovationsstrategie" ausgezeichnet. Der Wettbewerb „Best Innovator" steht unter der Schirmherrschaft des Bundesministeriums für Wirtschaft und Technologie BMWi und der Unternehmensberatung „A.T. Kearney" dient der Identifikation von besonders innovativen Unternehmen weltweit. Vor kurzem erhielt BMW den Preis „Best Innovator" 2010, wobei insbesondere das nachhaltige Innovationsmanagement ausgezeichnet wurde. Geehrt wurden die bisherigen Erfolge der BMW Group in der Verbrauchsreduzierung ihrer Automobile, die durch Innovationen bei Motoren und Getrieben, durch Bremsenergierückgewinnung, die Auto

[324] Vgl. Macharzina/Wolf (2005), S. 343-344. Der BMW Mini ist eine unter Leitung von BMW entstandene Neuauflage des gleichnamigen englischen Kleinwagens.

Start Stop Funktion und die erfolgreiche Versuchsflotte des Elektroautos Mini E geschafft wurden.[325]

Abbildung 4.18 Anwendung der SWOT-Analyse für die Innovationsstrategie bei BMW[326]

	BMW SWOT- Analyse	Interne Analyse	
		Stärken: Motorenbau	**Schwächen:** schmale Produktpalette
Externe Analyse	**Gelegenheiten:** Kundeninteresse an Sportlichkeit	Formel 1 M6	X3 X5
	Bedrohungen: CO2-Emissions-vorschriften	Wasserstoffantrieb Valvetronic	Mini

Eine gute Innovationsstrategie orientiert sich an den gemeinsamen Unternehmenszielen, den Markt- und Wettbewerbsbedingungen sowie am Leistungspotenzial des Unternehmens.

Nach der Festlesung der grundsätzlichen Innovationsorientierung sind Teilstrategien zur Erweiterung des Leistungsangebotes abzuleiten. Die Ziele der Neuproduktentwicklung werden festgelegt, Ressourcen verteilt und konkrete Maßnahmen geplant. Neben den neuen Produkten werden die Erneuerungen in Prozessen und sozialen Bereichen geplant.

Der letzte Schritt der Strategierealisierung ist die Strategiekontrolle. Die Erreichung gesetzter Ziele soll überprüft werden, z.B. mithilfe einer Balanced Scorecard (BSC), die für die Realisierung der Innovationsstrategie angepasst werden sollte. Folgende Kriterien können zur Messung des Zielerreichungsgrades von Innovationsprojekten herangezogen werden:[327]

- Time-to-Market-Ziele: Projektdauer von der Forschung bis zu Markteinführung, Time-to-Profit im Soll-Ist-Vergleich, Zeitvorsprung vor Wettbewerbern;
- Finanzziele: Umsatz der Innovationen im Soll-Ist-Vergleich, Umsatz durch neue Produkte, EBITDA der Innovation im Soll-Ist-Vergleich, Anteil neuer Produkte am Gewinn;

325 Vgl. BMW (2010).

326 Vgl. Macharzina/Wolf (2005), S. 343.

327 Vgl. Gaubinger/Werani/Rabl (2009), S. 42.

- Marktziele: Grad der Marktdurchdringung, erzielter Marktanteil in Soll-Ist-Vergleich, Steigerung der Kundenzufriedenheit im Soll-Ist-Vergleich;
- Qualitätsziele: Erfolgs- und Misserfolgsraten der Innovationsprojekte, Ausfallzeiten, Reklamationen.

In der Unternehmenspraxis kommt Innovationscontrolling nur selten vor. Die meisten KMU wenden in der Innovationstätigkeit grundsätzlich kaum methodische Instrumente an. Aber auch in Großunternehmen erweist sich die Quantifizierung der Innovationsziele als ein schwerwiegendes Problem.[328]

4.7 Organisation der Innovationsarbeit

Die organisatorische Gestaltung der Innovationsfunktion hat zwei Aspekte: Eingliederung in die Organisationsstruktur (Aufbauorganisation) und Gestaltung des Innovationsprozesses (Ablauforganisation). Die hochgradige Komplexität der Sachverhalte, enormer Ressourcenaufwand und die Vielzahl der relevanten Schnittstellen und Interdependenzen machen die Gestaltung der Innovationsarbeit besonders kompliziert.

4.7.1 Eingliederung in die Organisationsstruktur

Die Aufgabe des Innovationsmanagements kann in der betrieblichen Praxis von verschiedenen Organisationseinheiten übernommen werden. Ausschlaggebend für die Eingliederung des Innovationsmanagements in die Aufbauorganisation sind folgende Aspekte:

- Markt- oder Technologiebezug der Innovationsarbeit und als Folge Eingliederung in die Abteilung für Marketing oder für F&E;
- Closed oder Open Innovation Strategie und als Folge In-House-Innovation oder Innovationskooperationen;
- Innovation als Daueraufgabe oder als Projektarbeit sowie
- zentrale und dezentrale Organisation der Innovationsarbeit.

In Abhängigkeit von dem jeweiligen Innovationsauslöser und der gewählten Innovationsstrategie erfolgt die organisatorische Eingliederung des Innovationsmanagements auf der Marktseite (Market-Pull-Innovation) oder auf der Technologieseite (Technology-Push-Innovation). Das bedeutet, dass Innovationsmanagement als Institution sowohl im **Marketing** als auch in der **Forschung und Entwicklung** eingegliedert werden kann.[329] Die Ein-

---

[328] Weitere Erläuterungen folgen im Kapitel 4.14 Innovationsperformance und ihre Steigerung.

[329] Vgl. Vahs/Burmester (2005), S. 304.

gliederung in das Marketing bedeutet mehr Kundennähe und Ausrichtung der Innovation auf Kundenbedürfnisse. Die Ansiedelung in der F&E setzt den Schwerpunkt auf technologieintensive Innovation.

Die organisatorische Eingliederung der Innovationsarbeit wird auch durch die bei der Strategieentwicklung getroffene Entscheidung bezüglich Closed oder Open Innovation beeinflusst. Im Falle der Open Innovation als strategischer Entscheidung kann Innovationsarbeit in Kooperation mit anderen Unternehmen, Forschungsinstitutionen, Hochschulen, im Rahmen von Vereinen und Netzwerken stattfinden. Alternativ kommen Patent-, Lizenzkauf, Fusionen mit innovativen Unternehmen oder Auftragsforschung in Betracht. Instrumente und Gestaltungsformen bei Closed und Open Innovation werden in der Praxis kombiniert angewendet, um interne und externe Innovationspotenziale auszuschöpfen.

Im Falle der Closed Innovation (In-House-Innovation) kann die Eingliederung der Innovationsfunktion grundsätzlich in zwei Formen stattfinden: Innovationstätigkeit als Daueraufgabe, die von einer Organisationseinheit übernommen wird und Innovationsarbeit in Form von Projekten.

Bei der **dauerhaften** Aufgabe kommen Linien- oder Stabstellen und Gremien in Betracht. Die Stabstellen, die direkt der Unternehmensführung oder der Bereichsleitung unterstehen, können mit Innovationsfunktion beauftragt werden. Diese Form kommt in Unternehmen häufig vor. Ebenfalls sind in der Praxis Ausschüsse oder Problemlösegruppen anzutreffen, die sich mit den Fragen des Innovationsmanagements befassen. Viele Unternehmen richten eigene Forschungs- und Entwicklungsabteilungen ein, die sich hauptamtlich und vollzeitig mit der Planung und Umsetzung von Innovationen beschäftigen. Hat sich ein Unternehmen für ein eigenständiges Produktmanagement entschieden, so gehört die Funktion der Entwicklung und Umsetzung neuer Produktkonzepte zu seiner Kompetenz.

Die zweite Alternative bedeutet die Organisation der Innovationsarbeit in **Projektform**. Als zeitlich befristete, zielorientierte Vorhaben, erfordern Innovationsprojekte eine interdisziplinäre Zusammenarbeit. Größere Innovationsvorhaben werden meistens in Form der Projektarbeit abgewickelt. Oft laufen parallel mehrere Projekte, wodurch ein erheblicher Koordinationsbedarf entsteht. Um die Schnittstellen und Interdependenzen unter einander und mit weiteren Organisationseinheiten abzustimmen, können Multiprojektmanagement betrieben oder Matrixstrukturen eingeführt werden.

Innovationsarbeit als Daueraufgabe kann in Form eines zentralen oder eines dezentralen Innovationsmanagements in die Unternehmensorganisation eingegliedert werden.

Bei der **zentralen** Organisation wird eine darauf spezialisierte Einheit für Innovationsmanagement eingeführt. Dabei kann Innovationsmanagement als Linienfunktion neben anderen Funktionen wie F&E, Produktion, Beschaffung, Vertrieb verankert sein. Oder man schafft eine zentrale Stabstelle, die der Unternehmensführung unterstellt ist. Darüber hinaus kommt eine Bildung zentraler Gremien in Frage, die ressortneutral sind und als Lenkungsausschuss oder Beratungsgremium fungieren. Die Problematik einer zentralen Organisation des Innovationsmanagements besteht darin, dass die spezifischen interdisziplinären Wissenspotenziale der Beschäftigten an den äußeren Schnittstellen des Unternehmen kaum genutzt werden, was als Folge eine geringere Flexibilität und Marktorientierung hervorrufen kann.

Bei einer **dezentralen** Organisation des Innovationsmanagements werden den einzelnen Funktionsbereichen (F&E, Produktion, Vertrieb) oder Produktionsbereichen (regionale oder Kundengruppendivision) eigene Stellen organisatorisch zugeordnet, die mit Innovationsarbeit beauftragt sind. Die Innovationsaufgaben werden in diesem Fall auf mehrere Organisationseinheiten verteilt. So wird der Marktbezug gesichert und die Reaktionsgeschwindigkeit bei Veränderungen erhöht. Zugleich kann es bei ungenügender Koordination zu doppelter Arbeit und erhöhtem Ressourcenverbrauch kommen.

Je größer ein Unternehmen, desto stärker die Tendenz zur Dezentralisierung, was bei dem steigenden Arbeitsumfang verständlich ist. In einem KMU mit einer übersichtlichen Anzahl der Mitarbeiter kann eine Person als Innovationsverantwortlicher die Innovationsarbeit koordinieren. In einem Großunternehmen mit Tausenden von Beschäftigten, mehreren Sparten und Niederlassungen ist die Dezentralisierung der Innovation notwendig.

Besonders erfolgversprechend ist eine Kombination aus zentralem und dezentralem Innovationsmanagement. Ein **zentral-dezentrales** Innovationsmanagement ist sowohl in einer funktionalen als auch in einer divisionalen Unternehmensorganisation möglich.

Die zentrale Innovationseinheit (Stabstelle) übernimmt die grundlegenden Querschnittsaufgaben und Koordination. Die Bereichs- oder Produktinnovationsmanager beschäftigen sich mit produkt- und marktnahen Entwicklungsaufgaben, für die sie spezifische Kompetenzen (Fach- und Erfahrungswissen) besitzen. In Großkonzernen werden neben einer zentralen Stabstelle („Zentraler Innovationsmanager") dezentrale Verantwortliche für einzelne Sparten (Bereiche) eingesetzt, um die Kompetenzen aus verschiedenen Bereichen zu bündeln. Regelmäßige Workshops unter Leitung des Zentralen Innovationsmanagers dienen dem Wissensaustausch und regen Innovationen an. Diese Praxis ist insbesondere für international agierende Konzerne (Global Player) typisch, die von Innovationsstandorten in verschiedenen Ländern profitieren.

Neben der organisatorischen Eingliederung in die Aufbauorganisation des Unternehmens ist die optimale Gestaltung des Innovationsprozesses (Ablauforganisation) von Bedeutung.

4.7.2 Gestaltung des Innovationsprozesses

Am Anfang eines Innovationsprozesses stehen viele neue Ideen, deren Anzahl im Laufe der Entwicklung Schritt für Schritt reduziert wird. Stufenweise werden einige wenige Projekte mit guten Erfolgsaussichten selektiert und danach die besten Produkte zur Marktreife gebracht.

Dabei laufen die Phasen nicht zwangsläufig linear durch: Wiederholungen einiger Schritte sind immer denkbar, wenn Verbesserungen oder Änderungen vorgenommen werden sollen. Der Innovationsprozess ähnelt in seinem Verlauf einem Trichter (s. Abbildung).

Abbildung 4.19 Innovationstrichter

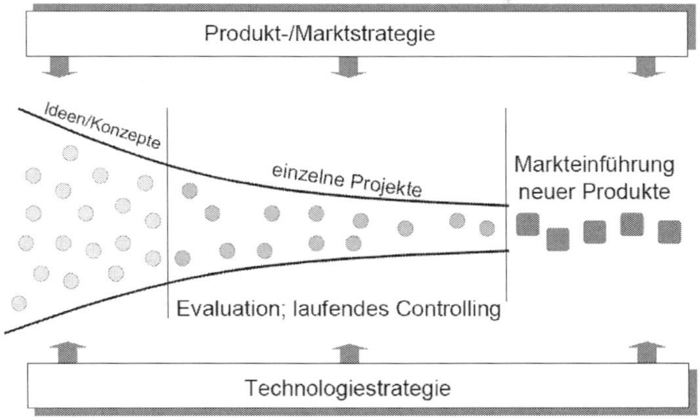

Das Ziel in der Anfangsphase des Trichters ist es, so viele Ideen wie nur möglich zu generieren bzw. zu sammeln. Danach geht es darum, die besten Ideen zu identifizieren, wobei als Vergleichskriterien technische Machbarkeit, Wirtschaftlichkeit, Marktakzeptanz und andere fungieren können. Die besten Ideen werden in Form einzelner Projekte weiter geführt und immer detaillierter ausgearbeitet. Die besonders erfolgversprechenden Projekte werden schließlich in fertige Produkte umgesetzt.

Zu Innovation gehören Risiko, Fehlschläge und Verluste dazu. Gemäß der bereits erläuterten Erfolgsquote braucht man im Schnitt 25 Projekte, um ein erfolgreiches Produkt zu kreieren. Eine regelmäßige Evaluation von Ideen und Projekten dient der Ausfilterung von weniger guten Lösungen und wird – im Idealfall – von einem interdisziplinären Arbeitsteam durchgeführt, um eine Perspektivenvielfalt und Objektivität zu gewährleisten. Ein laufendes Innovationscontrolling soll verhindern, dass die Entwicklungskosten ausufern.

Für den Erfolg des Innovationsprozesses ist seine primäre Ausrichtung auf den Kundennutzen und nicht nur auf das machbare Produkt ausschlaggebend. Erst wenn das Konzept genügend Kundeninteresse zu wecken verspricht, werden Ressourcen für die Produktentwicklung in Gang gesetzt. Bei einer rein technologieinduzierten Innovation besteht dann die Gefahr eines Misserfolgs auf dem Markt, wenn die Akzeptanz von Seiten der Kunden nicht rechtzeitig überprüft wird. Diese Tatsache wird im Modell des Trichters (s. vorige Abbildung) durch das Spannungsfeld zwischen der Produkt- und Marktstrategie oben und der Technologiestrategie unten abgebildet.

In der Literatur zum Innovationsmanagement gibt es zahlreiche Modelle des Innovationsprozesses, die sich in einzelnen Schritten und Zusammenhängen unterscheiden, jedoch grundsätzlich die drei Phasen des Trichters widerspiegeln: Ideen, Projekte, Produkte (s. folgende Abbildung).

Abbildung 4.20 Innovationsprozess nach Thom[330]

Phasen von Innovationsprozessen		
Hauptphasen		
1 Ideen-generierung	2 Ideen-akzeptierung	3 Ideen-realisierung
Spezifizierung der Hauptphasen		
1.1 Suchfeldbestimmung	2.1 Prüfung der Ideen	3.1 Konkrete Verwirklichung der neuen Idee
1.2 Ideenfindung	2.2 Erstellen von Realisierungsplänen	3.2 Absatz der neuen Idee an Adressat
1.3 Ideenvorschlag	2.3 Entscheidung für einen zu realisierenden Plan	3.3 Akzeptanzkontrolle

Der Innovationsprozess beginnt mit der Suchfeldbestimmung (basierend auf der Zukunfts- und Trendforschung), die der Innovation – im Einklang mit der Unternehmensstrategie – eine Richtung gibt. Innerhalb des Suchfeldes werden Ideen generiert und bewertet. Die 1. Phase endet mit einem Ideenvorschlag. Die 2. Phase beginnt mit der Prüfung von Ideen, befasst sich mit dem Erstellen von Realisierungsplänen und schließt mit einer Entscheidung für einen zu realisierenden Plan ab. Die letzte Phase beinhaltet die konkrete Verwirklichung der neuen Idee, Absatz des Produktes (der Lösung) an den Adressaten und die Akzeptanzkontrolle.

In der einschlägigen Literatur zu Innovationsmanagement gibt es zahlreiche Darstellungen des Innovationsprozesses, die grundsätzlich die gleichen Phasen beinhalten, sich jedoch in den Einzelheiten unterscheiden. Beispielhaft wird hier die Darstellung des Innovationsprozesses nach Pleschak/Sabisch aufgeführt (vgl. folgende Abbildung).

Das Modell von Pleschak/Sabisch stellt nicht nur die einzelnen Schritte des Innovationsprozesses, sondern auch die Verknüpfung der Markt- und Technologieorientierung, die Möglichkeiten der Closed und Open Innovation für die Ideengewinnung sowie die Zeitpunkte der Ausscheidung von ungeeigneten Ideen, Projekten und Produkten aufgrund verschiedener Risiken dar. Die Problemanalyse findet hier parallel zur Bildung einer Innovationsstrategie statt. Positiv zu bewerten ist in diesem Ansatz die Verbindung von Technologie- und Marktausrichtung sowie von der Unternehmens- und Innovationsstrategie.

[330] Vgl. Thom (1992), S. 9.

Diese ganzheitliche Vorgehensweise bringt langfristige Vorteile, da dadurch die Kernkompetenzen eines Unternehmens konsequent weiterentwickelt werden. In dem Modell sind die drei Phasen des Innovationstrichters Idee, Projekt und Produkt wiedererkennbar. Jeder Schritt wird von einer Erfolgsbewertung begleitet, die zur Selektion von besten Lösungen und Minimierung von Risiken beiträgt.

Abbildung 4.21 Innovationsprozess nach Pleschak/Sabisch[331]

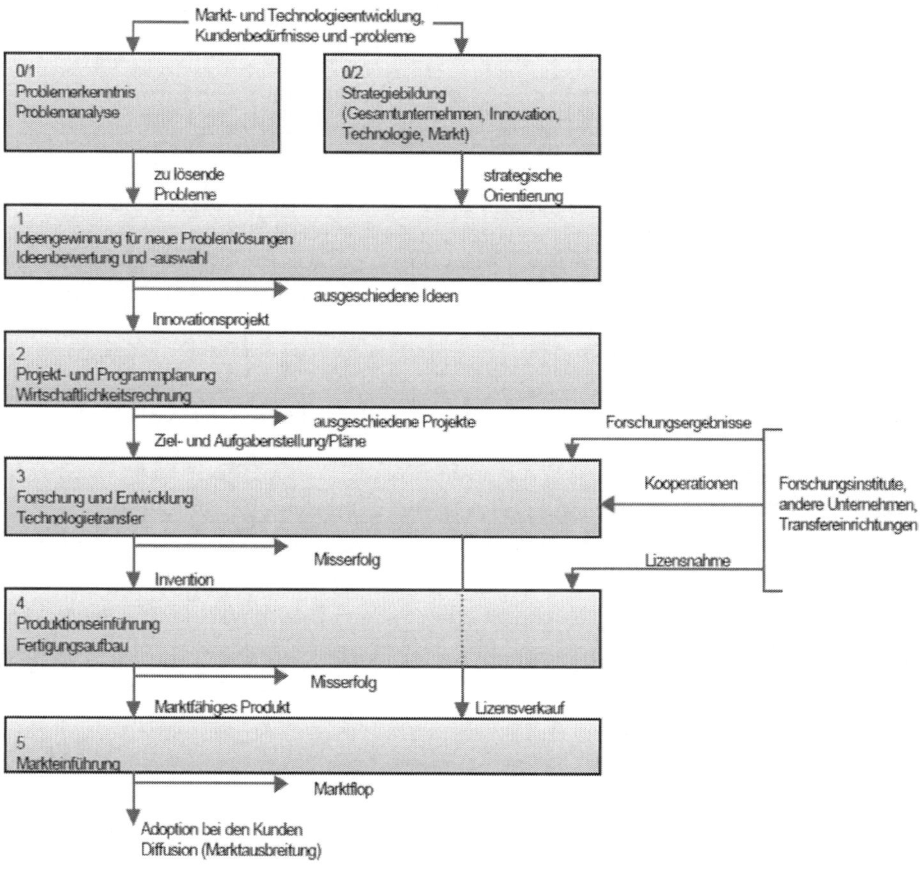

Ebenfalls verbreitet ist das **Stage-Gate-Modell** von 3M, das in einer ähnlichen Form bei Hewlett-Packard, Procter&Gamble und anderen Großkonzernen praktiziert wird (s. Abbildung).

331 Pleschak/Sabisch (1996), S. 24.

Abbildung 4.22 Stage-Gate-Modell von 3M[332]

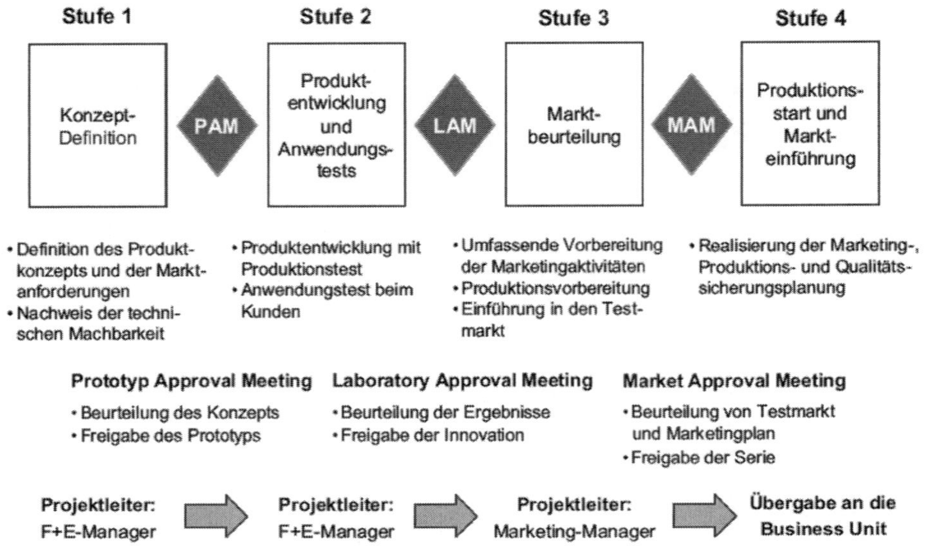

In der ersten Stufe (Stage 1) werden die Suchfelder und das Produktkonzept definiert. Es folgen die Stufen Produktentwicklung, Marktbeurteilung und Produktion und Markteinführung. Nach jeder Phase wird an einem gate in Form von interdisziplinären Meetings über die Fortführung des Projektes entschieden. Die ersten Phasen werden von einem F&E-Manager geleitet, danach von einem Marketing-Manager und der zuständigen Business Unit des Unternehmens.[333]

Verschiedene Modelle des Innovationsprozesses werden in jedem Unternehmen an eigene Besonderheiten angepasst und konkretisiert, was das Beispiel des BMW-Konzerns demonstriert.

Gestaltung des Innovationsprozesses am Beispiel BMW

Der Innovationsprozess bei BMW (vgl. folgende Abbildung) wird von der Unternehmensstrategie abgeleitet und beinhaltet mehrere Überprüfungen und Abstimmungen mit der Strategie im Verlauf einzelner Phasen (Innovationsimpulse, -steuerung, -transfer). Die Ideengenerierung findet unter Beteiligung interner und externer Akteure (Partner und Lieferanten) statt. Eine Phasenübergreifende Planung und Innovations-

332 Vgl. Vahs/Burmester (2005), S. 91.

333 Vgl. ebd.

kommunikation begleiten den ganzen Innovationsprozess. Die Inhalte einzelner Phasen entsprechen grundsätzlich denen im Innovationstrichter-Modell: Auf Innovationsimpulse, die aufgrund der Trend- und Technologierecherche formuliert werden, folgen Innovationsumsetzung und -steuerung sowie Innovationstransfer. Als zusätzliche Elemente dieses Ansatzes sind eine explizite Integration der Innovationskultur zur Förderung von Innovationsimpulsen und das Risikomanagement in der Phase des Innovationstransfers zu erwähnen.[334]

Abbildung 4.23 Die Kernprozesse des Innovationsmanagements der BMW Group[335]

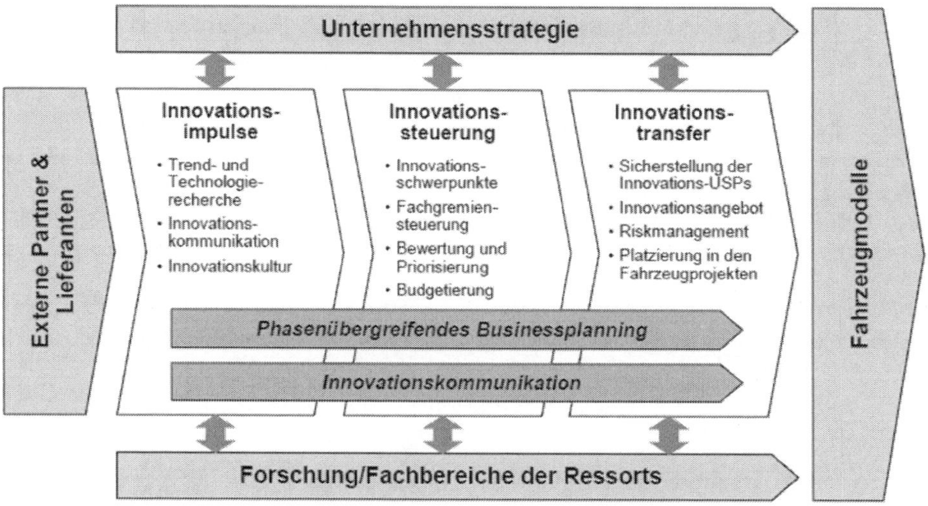

In weiteren Kapiteln werden die wichtigsten Phasen eines idealtypischen Innovationsprozesses mit den Möglichkeiten ihrer Gestaltung in Unternehmen exemplarisch dargestellt.

4.8 Interne Ideenfindung

Die frühen Phasen des Innovationsprozesses sind für den Erfolg von Innovationen von entscheidender Bedeutung, da hier die Spielräume für Entscheidungen und Analyse bezüglich der Kundenbedürfnisse, neuer Technologien, künftiger Eigenschaften und Kosten des Produktes besonders groß sind. Mit jedem weiteren Schritt im Entwicklungsprozess werden die Komponenten des Produktes konkreter und die Spielräume für Veränderungen kleiner.

[334] In Anlehnung an Engel/Nippa (2007), S. 65 f.

[335] Engel/Nippa (2007), S. 66.

Zu Beginn des Innovationsprozesses werden basierend auf der Zukunfts- und Trendforschung und im Einklang mit der Innovationsstrategie die Suchfelder für neue Ideen definiert. Sind die Suchfelder festgelegt, so kann man mit der Sammlung und Generierung von Ideen in diesem vorgegebenen Rahmen beginnen.

In Unternehmen werden die Suchfelder für neue Ideen meistens aufgrund der Ergebnisse von Situations-, Konkurrenz- und SWOT-Analyse bestimmt und gelten dann als Problemstellung für die Mitarbeiter der Forschung und Entwicklung. Andererseits ist es möglich, dass die Mitarbeiter aus anderen Bereichen aufgrund ihrer Involviertheit in Unternehmens- oder Kundenprozesse ein Problem identifizieren und im Rahmen des Vorschlagswesens eine Lösung finden. So kann ein Innovationsprozess ohne Situationsanalyse, Früherkennung oder Suchfeldbestimmung direkt initiiert werden. Als Beleg für diese These kann eine Studie des Wuppertaler Kreises für Innovationsmanagement angeführt werden: Unter 323 Beauftragten für das Ideenmanagement gab die Mehrheit an, dass Innovationen durch Verbesserungsvorschläge angeregt werden. So wurden 99,5 Prozent der Prozessinnovationen, 85,4 Prozent der Produktinnovationen und 88,8 Prozent der Sozialinnovationen durch Verbesserungsvorschläge der Mitarbeiter auf den Weg gebracht.[336] Darüber hinaus können brauchbare Ideen als Ergebnisse früherer Projekte bereits vorliegen oder in Form von Patenten und Lizenzen zugekauft werden.

Neue Ideen können auf unterschiedlichen Wegen und von verschiedenen Akteuren gefunden werden.

4.8.1 Methoden der Ideenfindung

Jede Innovation beginnt mit einer Idee. Unter Ideen werden Gedanken und Vorstellungen verstanden, die zur Lösung eines Problems dienen.

Ideen basieren auf Wissen und kombinieren es neu. In diesem Sinn ist die Ideenfindung ein Lernprozess, in dem es um neue Lösungen von Problemen geht. Da Lernen grundsätzlich in jedem einzelnen Kopf stattfindet, werden Ideen von Individuen entwickelt. Jedoch kann eine organisierte Gruppenarbeit die Entstehung neuer Ideen fördern, wenn verschiedene Sichtweisen, Kenntnisse und Erfahrungen aufeinander treffen.

Ideen tauchen bei Individuen auf, die mit tiefem Wissen in eine geeignete Umgebung eingebettet sind und sich mit Neuem beschäftigen. Das Wichtigste für Erfindungen ist, sich bei neuen Fragestellungen zu engagieren – identifiziert man erst ein Problem, so ist es häufig möglich, eine Lösung zu finden.[337] Kreative und engagierte Persönlichkeiten – Champions der Ideenarbeit – sollen wertgeschätzt und gefördert werden.

[336] Vgl. Wuppertaler Kreis, S. 17.

[337] Willmanns/Hehl (2009), S. 107.

Ein Austausch von Meinungen in Gruppen kann die Ideenfindung anregen und Kreativität fördern. Besonders fruchtbar sind gemischte Projekt- und Problemlösungsgruppen, die in Bezug auf Geschlecht, Alter, Fachgebiet, kulturelle Herkunft, Erfahrungen und andere Faktoren heterogen sind. Nach diesen Kriterien werden in Unternehmen spezielle Innovationsteams zusammengestellt, die eine allgemeine Problemstellung als Zielsetzung erhalten und unter Einsatz von Kreativitätstechniken Ideen entwickeln.

Bei der Ideenfindung kann zwischen Ideensammlung und Ideengenerierung unterschieden werden.

Ideensammlung bedeutet Suche und Sichtung von vorhandenen Ideen. Oft sind Lösungsansätze oder Anregungen in verschiedenen Quellen bereits vorhanden, sollen jedoch gefunden, analysiert und problemorientiert aufbereitet werden. Diese Ansätze können aus anderen Unternehmen, Fachpublikationen, anderen Abteilungen, früheren Projekten, dem Kundendienst, der Produktion, Beschaffung oder anderen Quellen kommen.

Ideengenerierung findet dann statt, wenn völlig neue Ideen gefunden werden sollen, die bis jetzt nicht vorliegen. Sie bedarf eines kreativen Prozesses, in dem es um eine Erfindung oder Weiterentwicklung geht. Aber auch hier basiert der Findungsprozess auf dem vorhandenem Wissen und seiner Kombination. Deswegen ist die Trennlinie zwischen Ideensammlung und -generierung unscharf, beide Vorgehensweisen überschneiden und ergänzen sich gegenseitig.

Für eine hohe Quantität und Qualität von Ideen ist die Nutzung der gesamten Wissensbasis des Unternehmens nötig. Oft werden Wissens- und Kreativitätspotenziale der Belegschaft nicht vollständig ausgeschöpft, weil sie nicht wirklich als solche wahrgenommen und wertgeschätzt und folglich kaum gefragt und gefördert werden. Nicht nur die eigene F&E, sondern die ganze Belegschaft des Unternehmens sind wichtige Quellen für neue Ideen. Durch unmittelbare Einbindung in die Unternehmensprozesse und Kundennähe sind die Mitarbeiter in der Lage, Problembereiche zu identifizieren und Verbesserungsvorschläge zu entwickeln sowie die Kundenwünsche und -bedürfnisse zu verstehen und Anforderungen an neue Produkte zu formulieren.

4.8.2 BVW und KVP für Ideenfindung

Zu den traditionellen Verfahren, die eigenen Mitarbeiter zur Innovation anzuregen, zählen Betriebliches Vorschlagswesen und Kontinuierliche Verbesserungsprozesse bzw. Kaizen.

Betriebliches Vorschlagswesen (BVW) dient einer systematischen Erschließung des vorhandenen Erfahrungswissens und der Kreativität der eigenen Belegschaft. Der Schwerpunkt liegt dabei auf der Verbesserung oder Neugestaltung von Produkten und der Optimierung von Organisationsstrukturen und Arbeitsbedingungen. Im Rahmen des verbreiteten Vorgesetzten-Modells werden die Verbesserungsvorschläge von den unmittelbaren Vorgesetzten der Ideeneinreicher gesammelt und anfänglich bewertet. Damit ist die Entscheidung über Prämierung, Weiterleitung und Umsetzung eines Vorschlags zumindest teilweise in der Hand des Vorgesetzten. Im Fall komplizierter Vorschläge trifft die Entscheidungen ein Expertengremium bzw. ein Ideenmanager.

BVW am Beispiel Volkswagen AG

Der Volkswagen Konzern ist einer der Vorreiter auf dem Gebiet des BVW und Ideenmanagements. Die Ideenarbeit wird nicht nur als eine Maßnahme für die Nutzung kreativer Potenziale der Belegschaft und Steigerung der Wirtschaftlichkeit, sondern auch als ein Instrument der Personalführung und Motivation betrachtet. Die Verbesserungsvorschläge können bei dem direkten Vorgesetzten eingereicht werden, es gibt jedoch eine zentrale Abteilung für Ideenmanagement, die Unterstützung bei komplizierten Vorschlägen und Angelegenheiten leistet. Der Prozess des Einreichens ist digitalisiert und transparent, sodass jeder Mitarbeiter mithilfe einfacher digitaler Formulare seine Idee einreichen und ihren Weg permanent verfolgen kann. Diese Organisation der Ideenarbeit zahlt sich aus. Die Mitarbeiter der Volkswagen AG reichten im Jahr 2009 16.827 Ideen ein und engagierten sich dabei für Verbesserungen und Kosteneinsparungen im Unternehmen. Die Vorschläge der Mitarbeiter brachten Einsparungen von 95 Millionen Euro, als Anerkennung erhielten die Ideengeber Prämien in Höhe von 5,6 Millionen Euro. Die Vorschläge spiegelten die Vielfalt der Arbeitsbereiche bei Volkswagen wider, innovative Ideen wirkten nicht nur im Schwerpunktbereich der Fertigung, sondern auch bei administrativen Tätigkeiten.[338]

Ein weiteres traditionelles Instrument interner Ideenfindung ist ein **Kontinuierlicher Verbesserungsprozess** (KVP), das ursprünglich auf das japanische Konzept **Kaizen** zurückgeht. Kaizen (jap. „Veränderung zum Besseren“) ist eine japanische Lebens- und Arbeitsphilosophie, die das Streben nach ständiger Verbesserung impliziert. In der Industrie wurde dieses Konzept zu einem KVP-Managementsystem weiter entwickelt.

Gemäß der Kaizen-Philosophie weist nicht nur die sprunghafte Verbesserung durch Innovation, sondern die schrittweise erfolgende Optimierung des bewährten Produkts den Weg zum Erfolg. Das Ziel der höchsten Kundenzufriedenheit wird dabei durch eine ausgezeichnete Qualität erreicht. Folglich ist eine ständige Suche nach Verbesserungen auf allen Ebenen des Unternehmens notwendig. In der Praxis werden mit Kaizen Qualitätssteigerung, Kostenreduzierung und kürzere Durchlaufzeiten angestrebt.

In westlichen Unternehmen sind die von dem Kaizen abgeleiteten Konzepte KVP und TQM (Total Quality Management) bekannt. KVP wird insbesondere als eine integrierte Aufgabe der teilautonomen Arbeitsteams in der Produktion praktiziert, die neben ihren Produktionszahlen und Arbeitssicherheit auch die kontinuierliche Verbesserung von Arbeitsprozessen zu verantworten haben. Das TQM setzt eine ständige Qualitätsplanung und -steuerung sämtlicher Produkte und Prozesse im Unternehmen voraus.

Aktuell wird oft ein kombinierter Ansatz aus BVW und KVP unter der Bezeichnung **Ideenmanagement** praktiziert. Ideenmanagement verfolgt das Ziel, alle Kreativitätspoten-

[338] Vgl. Volkswagen (2010).

ziale in Bezug auf Produkt-, Prozess- und soziale Innovationen in Unternehmen optimal zu nutzen. Für eine einfache Einreichung von Ideen werden meistens automatisierte Eingabesysteme mit der Möglichkeit einer permanenten Verfolgung von Ideen praktiziert und durch Communities und Foren erweitert.[339] Moderne IKT ergänzt die breite Palette von Ideen- und Innovationsinstrumenten. Sie ersetzt nicht die Kreativität, dient jedoch einer leichteren Einreichung und Bearbeitung von Ideen und regt einen intensiven Informationsaustausch mit Hilfe von Web 2.-Anwendungen wie Blogs und Foren an.

Allerdings findet die kollektive Ideenfindung nur unter bestimmten Voraussetzungen statt: Offene Kommunikation, intensiver Wissensaustausch über die Bereichsgrenzen hinweg, fördernde Unternehmenskultur, partnerschaftliche Führung, flache Hierarchien und Vertrauen schaffen eine positive ideenfördernde Atmosphäre.

Zu den gängigen Instrumenten der Ideengenerierung in Unternehmen gehören Ideenwettbewerb, Ideenwerkstatt und Communities of Practice. Die Communities wurden bereits ausführlich diskutiert[340], deswegen beschränken wir uns hier auf eine ausführliche Darstellung beider anderen Instrumente.

4.8.3 Ideenwettbewerb

Insbesondere in großen Unternehmen ist Ideenwettbewerb eine erfolgversprechende Möglichkeit der Ideengenerierung. Mit einem Ideenwettbewerb wird nicht nur die Generierung möglichst vieler Ideen angestrebt, sondern auch die Pflege einer innovationsfördernden Unternehmenskultur. Mitarbeiter werden für die Ideenarbeit sensibilisiert, um eine aktive Teilnahme möglichst vieler Akteure anzuregen.

Das Top Management muss am Anfang eines Ideenwettbewerbs ein Suchfeld für die Ideensuche definieren sowie ein Gremium und Kriterien zur Bewertung der Ideen bestimmen. Darüber hinaus sollte ein Zeitplan vereinbart und festgehalten werden. Dann werden die Mitarbeiter unternehmensweit über die Ziele und die Vorgehensweise des Ideenwettbewerbs informiert, um den Bekanntheitsgrad und somit eine hohe Beteiligung zu erreichen. Den Mitarbeitern sollten Vorlagen und Hilfestellungen angeboten werden, die sie beim Formulieren und Einbringen ihrer Ideen unterstützen.

Häufig findet die Auswahl der eingereichten Ideen in einem mehrstufigen Prozess statt, wobei die Ideen in einer ersten Stufe grob gefiltert und die verbleibenden Ideen, im Austausch mit den jeweiligen Einreichern, weiter konkretisiert werden. Ähnliche Ideen oder sich ergänzende Vorschläge werden zusammengeführt. Auf dieser Basis erfolgt die Bewertung im zweiten Filter. Danach müssen die noch übrig gebliebenen Ideen von den Einreichern zu Konzepten ausgearbeitet werden, die bezüglich ihrer wirtschaftlichen und tech-

---

[339] Vgl. ausführlicher Franken/Brand (2008), S. 82-89.

[340] Vgl. Kapitel 2.4.5.2 Soziale Systeme: Wissensgemeinschaften und Kapitel 3.3.4.3 Communities of Practice.

nischen Machbarkeit überprüft werden. Der Wettbewerb endet zumeist mit der Vergabe von Preisen für die Ideen, die den größten Erfolg versprechen.

Für einen erfolgreichen Ideenwettbewerb sind folgende Bedingungen ausschlaggebend:

- Der Ideenwettbewerb sollte sich immer auf ein klar definiertes Suchfeld, klare Zielsetzung und Verbindung mit der Unternehmensstrategie beziehen.
- Um eine Skepsis seitens der Mitarbeiter gegenüber solchen Initiativen zu vermeiden und ihre Innovationsbereitschaft zu steigern, ist es wichtig, über alle Phasen aktive Hilfestellungen und Unterstützung zu gewährleisten.
- Die Preisvergabe soll transparent und motivierend sein. Es kann förderlich sein, den Siegern Budget und Zeit für die weitere Umsetzung ihrer Idee zu bieten. Anhand der möglichen Preise erkennen die Mitarbeiter, wie ernst es dem Management mit dieser Art von Innovationsförderung wirklich ist.[341]

Ideenwettbewerb bei BMW Group Financial Services

Im Jahr 2008 hat die BMW Group Financial Services Deutschland (BMW FS) ein Ideenwettbewerb zur Unterstützung von Change Management durchgeführt, wobei es einerseits um das Generieren von Mitarbeiterideen, andererseits um die Kommunikation des organisatorischen Wandels und die Einbindung der Mitarbeiter in die Veränderungsprozesse ging. Der Ideenwettbewerb mit dem Aufruf an alle Mitarbeiter, das Unternehmen hinsichtlich des notwendigen Wandels zu unterstützen, hatte eine Laufzeit von drei Monaten. Von ca. 150 Mitarbeitern (das entspricht einer Teilnahmequote von 12%) wurden 330 Vorschläge eingestellt. Die Ideen wurden über die existierende Wissensmanagementplattform von BMW FS eingestellt und automatisch dem zuständigen Ideenbearbeiter aus dem Change Management Team zugestellt. Dort wurden die Ideen anonymisiert bewertet. Die erste Bewertungsrunde basierte auf den Kriterien Ertrag, Kosten und Risiko von Ideen. In der zweiten Runde wurde das finanzielle Potenzial von Ideen aufgrund ihres voraussichtlichen Gewinns verglichen. Die besten Ideen (insgesamt 60) wurden anhand eines Rankings mit verschiedenen Sachprämien ausgezeichnet.[342]

4.8.4 Ideenwerkstatt

Für die Entwicklung von Strategien und eine aktive Gestaltung der Zukunft wird eine weitere Form der Nutzung der kollektiven Intelligenz immer beliebter – eine Ideenwerkstatt, die meistens in Großgruppen durchgeführt wird. Die Teilnehmer produzieren und verfeinern neue Ideen und setzen sich mit ihren Erfolgs- und Durchsetzungsfaktoren auseinander. Sehr hilfreich sind dafür verschiedene Kreativitätstechniken (s. Kapitel 1.8.6), die unterstützend eingesetzt werden.

---

341 Vgl. Sommerlatte/Beyer/Seidel (2006), S. 392.

342 Vgl. Klein (2010), S. 27.

Besonders fruchtbar sind dabei gemischte Gruppen, die aus Vertretern verschiedener Abteilungen und Hierarchieebenen, unterschiedlicher Altersgruppen und Geschlechter sowie interner und externer Akteuren bestehen. Man kann dabei von Synergieeffekten der Diversität sprechen.[343]

Eine Werkstatt zu Zukunftsfragen kann mehrere Tage dauern. Für den Erfolg sind eine rechtzeitige gezielte Vorbereitung der Teilnehmer, eine gute Moderation und eine positive, offene Atmosphäre wichtig.

Ideenwerkstatt für die Zukunftsgestaltung am Beispiel Generali Deutschland

Die Generali Deutschland Gruppe ist mit über 14,8 Mrd. € Beitragseinnahmen und mehr als 13,5 Millionen Kunden der zweitgrößte Erstversicherungskonzern auf dem deutschen Markt. Zur Generali Deutschland Gruppe gehören unter anderem Generali Versicherungen, AachenMünchener, CosmosDirekt, Central Krankenversicherung, Advocard Rechtsschutzversicherung, Deutsche Bausparkasse Badenia u.a.

2008 führte Generali einen Großgruppen-Workshop zum Thema Zukunftstrends durch, an dem Führungskräfte aus den Personal- und Fachbereichen teilnahmen. In dieser Auseinandersetzung mit den Megatrends und ihren Auswirkungen auf Mitarbeiter und Unternehmen wurden im Einzelnen demografische und technologische Entwicklung, Wissensgesellschaft und Bildung, Globalisierung, Frauen und gesellschaftlicher Wertewandel thematisiert. Anschließend wurde ein konzernübergreifender interdisziplinärer Arbeitskreis gegründet, der die Lösungsansätze zu den Megatrends unter dem Motto „Heute für morgen: Ich unternehme Zukunft" erarbeitet hat. Mitarbeiter auf allen hierarchischen Ebenen wurden dabei unterstützt, im Sinne einer Mit-Unternehmerschaft Innovationen und stetige Erneuerungsprozesse im Unternehmen anzustoßen. Die Initiative wurde 2009 an allen Standorten mithilfe von Newslettern, Intranet-Artikeln, Flyern, Postern und einem besonderen Essen in Betriebsrestaurants breit kommuniziert.

Anschließend wurde eine dreitägige Ideenwerkstatt organisiert, in der sich 30 Mitarbeiter aus unterschiedlichen Konzernunternehmen und Fachbereichen mit den Megatrends und deren Auswirkungen auf die Generali Deutschland Gruppe auseinandersetzten. Als Ergebnis wurden Handlungsfelder und konkrete Maßnahmen abgeleitet. Die Umsetzung dieser Maßnahmen wurde durch regelmäßige Mitarbeiterversammlungen und Führungskräftetagungen unterstützt.[344]

Unabhängig von der Form der Ideenarbeit kann der Ideenfindungsprozess durch spezielle Kreativitätstechniken unterstützt werden.[345]

---

[343] Vgl. Kapitel 3.3.4 Gestaltung des Gruppenlernens in Unternehmen.

[344] Vgl. Faust/Schlosser (2010), S. 34-35.

[345] Vgl. ausführlich Franken/Brand (2008), S. 102-111.

4.8.5 Kreativitätstechniken

Die Kreativitätstechniken lassen sich in zwei Bereiche teilen: intuitive und systematische Methoden (s. Abbildung).

Abbildung 4.24 Kreativitätstechniken im Überblick

Intuitive Methoden		Systematische Methoden	
Ziele	Neue Lösungen für Produkte, Technologien, Märkte finden	Ziele	Prinzipiell bekannte Lösungen kombinieren oder verbessern
Merkmale	Spontan, offen, intuitiv, ohne spezielles Wissen möglich	Merkmale	Strukturiert, organisiert, aufbauend auf Wissen
Formen	Brainstorming, Brainwriting/ Kartenumlauftechnik, Mind-Mapping	Formen	Morphologische Matrix, Ishikawa-Diagramm

Intuitive Kreativitätsmethoden funktionieren auf dem Prinzip des Wissensaustausches und erfordern entsprechende Bedingungen: Offenheit, Engagement, gemeinsame Ziele, Kommunikationsfähigkeit. Sie werden für ganz neue Problemstellungen eingesetzt, basieren auf freien Assoziationen, sind spontan und intuitiv, benötigen kein spezielles Wissen. Typische Beispiele und die in der Praxis verbreiteten Methoden sind Brainstorming und Brainwriting/Kartenumlauftechnik.

Beim **Brainstorming** werden Problemlösungen in einer kleinen, moderierten Gruppe durch freies Assoziieren erarbeitet. In der ersten Phase werden so viele Ideen wie möglich gesammelt, die nicht kritisiert werden dürfen. Quantität geht vor Qualität. Man lässt sich von Ideen anderer Teilnehmer inspirieren. Anschließend werden die Ideen sortiert und bezüglich ihrer Realisierbarkeit und Wirtschaftlichkeit bewertet. Beim **Brainwriting** findet ein ähnlicher Prozess schriftlich statt. Die Ideen werden auf einem Blatt Papier, in einem Formular (z.B. 6-3-5-Methode) oder auf Kärtchen (dann ist es eine Kartenumlauftechnik) aufgeschrieben. Zum Schluss werden die gesammelten Ideen von der Gruppe bewertet.

Systematische Kreativitätstechniken basieren auf einer Kombination vorhandener Lösungen oder Methoden, sind strukturiert und standardisiert, erfordern spezielle Kenntnisse. Am häufigsten kommen die morphologische Matrix und das Ishikawa-Diagramm zum Einsatz.

Eine **morphologische Matrix** versucht ein Problem zu systematisieren, indem sie es in seine charakteristischen Bestandteile zerlegt (s. Abbildung). Man bildet eine Matrix mit den Parametern eines Objektes und ihren möglichen Ausprägungen. Danach werden alle Ausprägungen miteinander kombiniert, wodurch zahlreiche Lösungsvarianten erzeugt werden, unter denen auch brauchbare sein können. Diese Methode ist insbesondere dann zu empfehlen, wenn nach neuen Produktvarianten oder neuen Anwendungen für bestehende Produkte gesucht wird.

Abbildung 4.25 Morphologische Matrix für eine neue Kaffeemaschine[346]

Parameter	Ausprägung 1	2	3	4	5
Wasser-speicher	Behälter integriert	Behälter fremd			
Energie-quelle	Netz	Akku	Mikrowelle	Induktion	Gas
Heißwasser-transport	Steigrohr	Schwerkraft	Pumpe	von Hand	kein
Extraktion	Filter	Patrone	Beutel	offenes Gemisch	
Trennung	keine	Absetzen	Filter	zentrifugal	elektro-magnetisch

Das **Ishikawa-Diagramm** (auch Fischgräten-Diagramm) ist eine bildhafte Darstellung von Ursache und Wirkung für ein bestimmtes Problem und wird am häufigsten bei der Suche nach Problemursachen verwendet. Die klassische Anwendung dient der Identifikation von Ursachen für Produktionsfehler und ist in die möglichen 6M-Ursachenbereiche Mensch, Material, Maschine, Methode, Milieu und Messung gegliedert (s. Abbildung).

Abbildung 4.26 Grundform eines Ishikawa-Diagramms

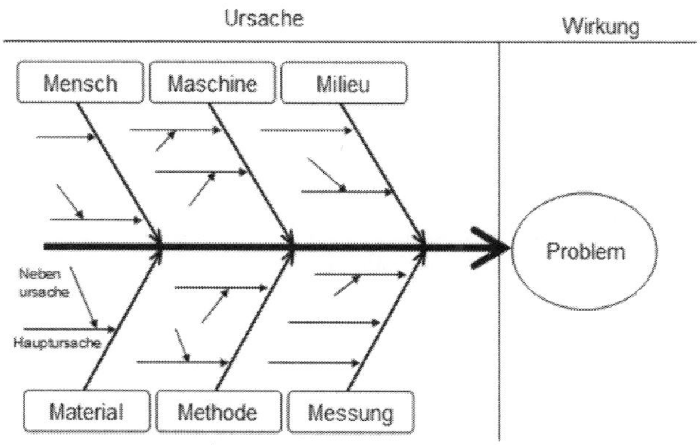

346 König/Völker (2002), S. 80.

Diese Bereiche können jedoch je nach Bedarf ergänzt oder durch spezifische Fragestellungen ersetzt werden. Nach einer Definition von Hauptbereichen wird systematisch an jedem Einzelbereich gearbeitet.

In der Praxis werden Kreativitätstechniken meistens in den Bereichen Marketing, Werbung, Forschung und Entwicklung eingesetzt. Es wäre jedoch empfehlenswert, die Kreativitätspotenziale aller Mitarbeiter zu aktivieren, insbesondere im Rahmen von Qualitätszirkel, KVP und Ideenwerkstätten.[347]

Neben den traditionellen, interaktiven Kreativitätsrunden, bei denen physikalische Hilfsmittel wie Kärtchen, Pinnwände oder Flipchart zur Verfügung stehen, werden in international agierenden Großunternehmen zunehmend virtuelle Kreativitätssitzungen veranstaltet. Diese werden als Online-Version eines Brainstormings unter Beteiligung von Spezialisten in der ganzen Welt durchgeführt. Spezielle elektronische Gruppensysteme mit Software für Meetings und Brainstorming haben viele neue Funktionen, wie elektronische Eingabe, Kategorisierung, Kommentierung und Bewertung.

Beispiel: Jam-Verfahren bei IBM

Ein **Innovation Jam** ist ein von IBM entwickelte Gesamtkonzept, das die Kommunikation zwischen einer Vielzahl von Teilnehmern erlaubt, ähnlich einem Blog, aber wesentlich strukturierter. So können innovative Ideen in sehr kurzer Zeit identifiziert und in Diskussionsforen validiert werden. Im Jahr 2006 hat das Unternehmen IBM einen Innovations-Jam zum Thema „In welche Richtung soll das Unternehmen gehen?" veranstaltet. Sachlich und geografisch offen, außerhalb der festen Denkmuster im Unternehmen, haben sich 140 Tausend Menschen mit der Frage beschäftigt. In den 72 Stunden der Sitzung waren zum Teil bis zu 31 Tausend Teilnehmer gleichzeitig im System, es wurden 37 Tausend Ideen gesammelt und anschließend von Experten mit Textanalysewerkzeugen ausgewertet und für das Top Management aufbereitet.[348]

4.9 Externe Ideenfindung

Open Innovation als Innovationsstrategie und ihre Vorteile wurden bereits in früheren Kapiteln beschrieben. Die Kombination aus Wissen und Erfahrungen interner und externer Akteure bereichert den Innovationsprozess und erhöht die Kreativität und Erfolgschancen von neuen Lösungen. Darüber hinaus löst Open Innovation gemeinsame Lernprozesse zwischen den Beteiligten aus. Insbesondere in einem interaktiven Innovationsprozess zwischen Unternehmen und Kunden treffen oft unterschiedliche Arten von Herangehensweisen, verschiedene Ausgangsdaten, unterschiedliche Tools und vor allem diverse Erfahrungshintergründe in Bezug auf ein gemeinsames Innovationsproblem aufeinander.

[347] Vgl. Kapitel 3.3.4 Gestaltung des Gruppenlernens in Unternehmen.

[348] Vgl. Willmanns/Hehl (2009), Kap. 4.4.2.

4.9.1 Externe Akteure

Betrachtet man Innovationsarbeit als eine direkte Aufgabe der F&E-Abteilung, dann gehören zu den externen Akteuren eigene Mitarbeiter und Experten aus anderen Abteilungen innerhalb sowie zahlreiche Wissens- und Ideenträger außerhalb des Unternehmens. Als typische Ideenquellen für Unternehmen werden meistens genannt:

- Experten aus allen Abteilungen und Niederlassungen des Unternehmens,
- Experten und Wissenschaftler außerhalb des Unternehmens,
- Kunden, Zwischenhändler, Mittler,
- Lieferanten,
- Wettbewerber,
- Kapitalgeber,
- Politische und gesellschaftliche Organisationen,
- Bestimmte Gruppen wie Jugendliche, Senioren, kulturelle Communities,
- Praktikanten, Diplomanden, Studenten, Auszubildende.

Jede dieser Personengruppen zeichnet sich durch bestimmte Kompetenzen, Erfahrungen, Sichtweisen aus, deswegen verspricht ihre Beteiligung an dem Innovationsprozess besondere Vorteile wie Perspektivenvielfalt und Kreativitätssteigerung. Von besonderer Bedeutung ist jedoch der Kunde, für den die Innovationen in erster Linie entwickelt werden.

4.9.2 Kunde als Produktentwickler

Kunden in die Produktentwicklung einzubeziehen, bringt Unternehmen mindestens drei Vorteile:

1. Die Forschung und Entwicklung bekommt einen tieferen Einblick in Kundenverhalten und -vorlieben und kann Produkte entwickeln, die mit höherer Wahrscheinlichkeit zum Markterfolg werden können.
2. Die Kosten für das Aushecken von Ideen für neue und verbesserte Produkte sinken, da die Ideen kostenlos geliefert werden.
3. Die Loyalität steigt, da sich Kunden emotional stärker an jene Produkte, an denen sie mitarbeiten, und an das Unternehmen binden.

Immer öfter werden Kunden zu **Ideenworkshops** eingeladen, testen gemeinsam mit dem Hersteller neue Produkte, machen Verbesserungsvorschläge zu bestehenden Produkten und sammeln Ideen für Innovationen. Auch wenn diese Workshops von den Unternehmen in der Regel nicht bezahlt werden, sind sie bei Kunden beliebt. Die Neugierde und das Gefühl, mitbestimmen zu können, dienen als Motivation.

Dieses Vorgehen lohnt sich für Unternehmen. Wer weiß besser, welche Eigenschaften einem neuen Computerspiel fehlen, als ein engagierter Spieler? Wer kann besser erklären, welche Eigenschaften einer Creme bei der Kaufentscheidung ausschlaggebend sind, als eine Kundin? Wenn ein Produkt von der Hauptzielgruppe entwickelt wird, dann entspricht es am ehesten ihren Vorstellungen. Deswegen haben mittlerweile praktisch jeder Großkonzern und viele Mittelständler Blogs und Foren im Internet eingerichtet, wo sie nach der Meinung, Kritik und Verbesserungsvorschlägen der Kunden fragen.

Der Innovationsprozess im Dienstleistungsbereich ist deshalb insbesondere als ein mit Kunden gemeinsamer Lern- und Wissensgenerierungsprozess zu verstehen[349].

In Anlehnung an die Wissensspirale zur Generierung des neuen Wissens von Nonaka/ Takeuchi ist eine Innovation das Resultat eines komplexen Prozesses der Wissensumwandlung.[350] Die Beteiligung des Kunden bedeutet, dass seine Meinung im Prozess der Externalisierung explizit gemacht und in der Wissenskombination aktiv berücksichtig wird. Auf dieser Basis kann eine Idee für ein neues Produkt (neue Dienstleistung) entstehen.

Der Wissensgenerierungsprozess sollte insbesondere in frühen Innovationsphasen eng an die Kunden gekoppelt sein – sei es durch spezifische Kundenprobleme, die diese explizit äußern, oder durch latent vorhandene Kundenbedürfnisse, die erst durch einen intensiven Kundenkontakt identifiziert werden können. Entsprechend werden Beschäftigte, die an der Schnittstelle zwischen Dienstleister- und Kundenorganisation arbeiten, zu Trägern kontextbezogenen Wissens und damit zu einer entscheidenden Ressource für Innovationsprozesse.[351]

Es wird empfohlen, in diesem Prozess zwischen Nachfrage, Problemen und Bedürfnissen des Kunden zu unterscheiden. Auf der Nachfrageebene sollten Impulse, die vor allem von der Verkaufsseite des Unternehmens kommen, aufgegriffen und kurzfristig spezifische Verbesserungen (Produktdesign, Zusatzfunktionen) durchgeführt werden. Auf der Ebene der Probleme geht es darum, vom Kunden Hinweise auf neue Produktkonzepte zu bekommen, die kurz- bis mittelfristig seine Probleme besser lösen können (neue Produktlösungen für bestehende Probleme). Auf der Ebene der Bedürfnisse werden neue Anwendungsfelder für die Zukunft, unter Berücksichtigung sozialer und technologischer Veränderungen, analysiert. [352]

Als geeignete Methoden der Kundenintegration in den Entwicklungsprozess sind Kundengespräche, Kundenworkshops, Beobachtung des Kunden bei der Produktanwendung, Befragungen, Produkttests zu nennen.

---

[349] Vgl. Hipp (2000), Shire et al. (2003).

[350] Vgl. Kapitel 3.2 Theorien des organisationalen Lernens.

[351] Vgl. Carell/Ritterskamp (2007), S. 150-151.

[352] Vgl. Völker/Sauer/Simon (2007), S. 34.

Neue Methoden der Kundenintegration: Markenproduzenten verschenken Produkte

Eine neuartige Idee der Kundenintegration wurde Ende 2009 in Barcelona umgesetzt: in dem Laden „Esloultimo" (span. „Das ist der letzte Schrei") werden neu entwickelte Produkte kostenlos an Kunden verteilt. Jeder Kunde darf monatlich zehn Produkte aus einer breiten Palette kostenlos mitnehmen. Für Firmen, überwiegend Markenartikler (darunter Cadbury, Danone, HP, Knorr, Pepsico, Playboy und Sanex) ist es eine Plattform, um neue Produkte vorzustellen und zu testen, welche davon bei den Kunden ankommen. Zusätzlich werden die Kundendaten erfasst, um Kundenverhalten und -profile zu analysieren. Ein weiterer Vorteil für die Firmen ist eine Mund-zu-Mund-Propaganda für die neuen Produkte, die viel wirksamer ist, als jede klassische Werbung.[353]

Gelingt es einem Unternehmen, seine Kunden langfristig in seine Innovationsarbeit zu integrieren, so ist es in der Regel besonders erfolgreich und wettbewerbsfähig. Allerdings geht es dabei nicht um beliebige, sondern um besonders engagierte und trendführende Kunden, sogenannte Lead User.

4.9.3 Lead-User-Konzept

Die Einbeziehung besonders fortschrittlicher Verbraucher in die Entwicklung neuer Produkte wird als **Lead-User-Konzept** beschrieben.

Der Grundgedanke, die Bedürfnisse des Kunden zu erforschen und für die Produktinnovationen zu nutzen, ist viel älter und wurde in Form der Kunden- und Marktforschung realisiert. Jedoch geht kein anderer Ansatz so weit, wie das Lead-User-Konzept, das den Kunden zu einem Mitentwickler von neuen Produkten macht.

Der Vorteil des Lead-User-Konzeptes im Vergleich zu den traditionellen Instrumenten der Einbeziehung des Kunden besteht darin, dass man bereits in den frühen Innovationsphasen, bevor das fertige Produkt auf den Markt kommt, repräsentative Tests durchführen kann, um die Eigenschaften des Produktes rechtzeitig zu korrigieren und an die Konsumentenwünsche optimal anzupassen.

Bereits in der Phase der Trendforschung und Suchfeldbestimmung sind User-Workshops und Foren mit Kunden denkbar. Bei der Ideenfindung kann diese Zusammenarbeit fortgesetzt werden, insbesondere durch Wikis und Blogs. Auch bei der Ideenbewertung können Lead User als Experten und potentielle Nutzer ihre Meinung zu dem Produkt äußern, was seine Erfolgswahrscheinlichkeit steigert.

Die Problematik einer praktischen Umsetzung dieses Ansatzes besteht vor allem in der Wahl der Lead User. Als **Lead User** werden Nutzer bezeichnet, deren Bedürfnisse den

[353] Vgl. Engelhardt (2010), S. 25.

Anforderungen des Massenmarktes vorauseilen, und die sich einen besonders hohen Nutzen von einer Problemlösung versprechen. Lead User sind hoch motiviert, eine Problemlösung zu finden, und besitzen durch ihre Erfahrungen einen gewissen Expertenstatus.

Der Begriff wird sowohl für Unternehmen (Geschäftskunden) als auch für Endkonsumenten (Privatkunden) verwendet. Von der Zusammenarbeit mit den Lead Usern versprechen sich Unternehmen eine frühzeitige Identifikation von Kundenbedürfnissen und innovativen Lösungen, die den Markttrends voraus sind, eine Prognose zukünftiger Marktentwicklungen und Marktrisiken sowie eine besondere Kundenbindung, bereits in den frühen Entwicklungsphasen. Dafür nehmen Unternehmen hohe Organisationskosten und eventuelle Produkteinführungsverzögerungen in Kauf.

Oft sind Lead User keine Einzelgänger, sondern beteiligen sich an informellen, meistens virtuellen Communities, die dem Informationsaustausch sowie der gegenseitigen Unterstützung (User-to-User Assistance) dienen.

Interaktion mit Lead Usern am Beispiel Nintendo

Anfang der 90er-Jahre lag der Marktanteil von Nintendo bei Spielkonsolen noch bei 61 Prozent, doch bis 2005 war er auf nur noch 22 Prozent zurückgegangen. Um sich seine führende Position zurückzuerobern, musste Nintendo neue Wege finden, um Videospieler zu begeistern – und neue Zielgruppen zu gewinnen. Zu diesem Zweck ging Nintendo direkt zur Quelle – zu den Spielern selbst. Das Unternehmen baute eine Online-Community auf, indem es seinen Kunden attraktive Anreize für die Bereitstellung von Informationen bot. Das Unternehmen wählte außerdem eine Gruppe von erfahrenen Spielern (Lead Usern) auf der Basis des Nutzens und der Häufigkeit ihrer Beiträge für die Community aus. Als Gegenleistung für die Unterstützung neuer Benutzer und die Bereitstellung von Support für die Community erhielten diese „Auserwählten" attraktive Preise, z. B. Previews neuer Spiele. Über diese Community gelang es Nintendo, wertvolle Einblicke in die Anforderungen und Vorlieben des Marktes zu erhalten. Diese Einblicke haben sämtliche Aspekte, von Spieleangeboten (z. B. einer Online-Bibliothek mit Nostalgiespielen für ältere Spieler) bis zum Design neuer Produkte (z. B. der intuitiven Steuerung der beliebten Nintendo Wii Konsole, mit der Nintendo für neue Zielgruppen und Gelegenheitsspieler attraktiv wurde), beeinflusst. Indem sich Nintendo die Treue und das Wissen seiner wichtigsten Kundengruppe zunutze machte, konnte das Unternehmen zwei neue Kundensegmente – Frauen und ältere männliche Spieler – für sich gewinnen. Die Zusammenarbeit mit seinen Kunden hat sich für das Unternehmen offensichtlich ausgezahlt: Mit einem Marktanteil von 44 Prozent liegt Nintendo heute wieder vor seinen Mitbewerbern.[354]

[354] Vgl. IBM (2008), S. 30.

4.9.4 Open Innovation online

Die Möglichkeiten der IKT beschleunigen und unterstützen den Prozess der Open Innovation. Freie und offene Software zeigt exemplarisch, wie IKT die gesellschaftliche Organisation der Arbeit revolutioniert und zu technischen und sozialen Innovationen führt. Software lässt sich leicht vervielfältigen, in kleine Einheiten einteilen und über das Netz kommunizieren. Diese Voraussetzungen machen sie für die kollektive Entwicklung besonders geeignet. Die neu entstandenen Schutzrechte und Lizenzmodelle mit abgestufter und vererbter Freiheit (oder Kontrolle) wie offene Lizenz GNU GPL und Vererbungskonzept Copyleft (als Wortspiel auf Copyright) geben der Philosophie der offenen Software eine juristische Grundlage.[355]

Die Besonderheiten der kollektiven internetbasierten Produktentwicklung werden anhand einiger erfolgreicher Beispiele aus der Unternehmenspraxis erläutert.

Kollektive Produktentwicklung im Internet am Beispiel Oscar

Oscar (**O**pen **S**ource **Car**) ist ein Open Source Projekt, das sich zum Ziel gesetzt hat, ein Auto komplett im Internet mit Hilfe freier Mitarbeiter zu entwickeln. Gestartet wurde das Projekt 1999 von Markus Merz, einem ehemaligen Angestellten von BMW. Im Rahmen der Arbeit an dem sparsamen Leichtelektroauto Oscar, dessen Entwicklung 2004 abgeschlossen wurde, ist ein offenes Forscherteam unter Leitung der Technischen Universität Darmstadt (Akasol e.V.) entstanden, das von vielen Sponsoren, Unternehmen und Forschungsinstitutionen unterstützt wurde. Entsprechend der Leitidee sollte sowohl die benutzte Software als auch die Hardware den Kriterien von Open Source unterliegen, so dass jeder das Projekt vollständig nachverfolgen kann, sowie auch die Pläne zum Bau eines eigenen Autos benutzt werden können. Dadurch bedingt sind ein freier Zugriff auf Konzepte, Konstruktion, Design – und die Freiheit, diese zu verfeinern und zu verbessern.[356]

Als eine geeignete Methode, um die Innovationskraft von Online Communities nutzbar zu machen, hat sich die sogenannte Netnography herausgestellt. Online Interaktion in bestehenden Internetforen mit Tausenden von Mitgliedern oder der gezielte Aufbau neuer thematischer Community-Plattformen.

Individuelles Audi Design

Auf einer speziellen Internetplattform kann das **Audi User Design** individuell entwickelt und verschiedene Systeme nach eigenen Vorstellungen und Bedürfnissen entworfen werden. Die gewählten Design- und Featureoptionen, technische Zwänge und Ver-

---

[355] Vgl. Willmanns/Hehl (2009), S. 72-73.

[356] Vgl. OScar (2010).

bote sowie Preisänderungen wurden unmittelbar mit Hilfe eines virtuellen Prototyps am Bildschirm angezeigt.[357]

Viele Computerhersteller machen sich die kollektive Intelligenz der Internetnutzer zugute, wobei IT-Begeisterte, insbesondere die **Digital Natives** (Generation Y) eine wichtige Rolle spielen.

Open Innovation Plattform von Fujitsu Siemens

Der IT-Infrastruktur Hersteller **Fujitsu Siemens Computers** treibt Service-Innovationen ebenfalls durch eine Open Innovation Plattform voran. Ca. 350 Ingenieure, Systemadministratoren, IT-Begeisterte, Kunden, Studenten, Professoren aus aller Welt haben sich dem Thema „IT Services für das Rechenzentrum von morgen" angenommen.[358]

Viele Unternehmen kombinieren in ihrer Strategie interne und externe Ideenfindung und profitieren von der Innovationsarbeit in Netzwerken. Die Bedeutung dieses Instruments wird in Zukunft weiterhin zunehmen.

4.9.5 Ideenfindung im Netzwerk

Die Möglichkeiten der IKT erlauben eine breite Beteiligung verschiedener Akteure an der Ideenfindung. Mithilfe von **Innovationsnetzwerken** kann interne und externe Ideenfindung verknüpft und erweitert werden.

Ein etabliertes internes Innovationsnetzwerk in Unternehmen begünstigt den Wissensaustausch und fördert die Kreativität der Belegschaft. Es kann zusätzlich um die Experten bei den Zulieferern, Kunden, Forschungseinrichtungen, Vereinen und Verbänden erweitert werden, um den maximalen Nutzen durch die Bündelung und Vernetzung des Wissens zu erzielen und daraus Innovationen abzuleiten. Ein Innovationsnetzwerk ermöglicht es, für die sich verändernden Kundenbedürfnisse, Prozesse und Technologien adäquate Lösungen schneller und effizienter zu finden. Die Schnittstellen zwischen den eigenen Mitarbeitern, den Lieferanten und Kunden, die Innovation fördern, werden optimiert, so dass eine Umgebung für ein wissensbasiertes Innovationsmanagement geschaffen wird.

In Anlehnung an eine im Jahr 2007 für ThyssenKrupp Xervon entwickelte und erfolgreich etablierte Wissensplattform[359] werden die allgemeinen Grundsätze für ein Innovationsnetzwerk und seine Gestaltung erläutert.

Eigene Mitarbeiter, ausgewählte Kunden und Lieferanten und andere relevante Akteure bekommen Zugang zu einer speziell eingerichteten webbasierten Innovationsplattform

[357] Vgl. Willmanns/Hehl (2009), S. 80.

[358] Vgl. Fujitsu (2009).

[359] Vgl. Bandow/Kuhn/Kuhnert/May (2007), S. 185 f.

und können dort neue Ideen und neues Wissen direkt einbringen. Alle Ideen werden gesammelt und durch einen Netzwerkleiter in regelmäßigen Treffen analysiert, bewertet und entsprechend weiterverfolgt. Keine Idee soll verloren gehen, daher werden alle Ideen archiviert (Ideendatenbank).

Bei dem Aufbau des Innovationsnetzwerkes werden zunächst das notwendige Wissen und die zugehörigen Wissensträger ermittelt. Wissensträger sind sowohl Menschen, als auch Dokumente, Datenbanken, Systeme und Prozesse. Neben eigenen Mitarbeitern als Wissensträger sind insbesondere Wissensträger der Kunden, Lieferanten, Forschungsinstitutionen, Verbände zu identifizieren. Das Ergebnis der Analyse repräsentiert die erforderliche Wissensbasis des Unternehmens (s. Abbildung).

Abbildung 4.27 Innovationsnetzwerk zur Verknüpfung des Innovationsprozesses mit der Wissensbasis[360]

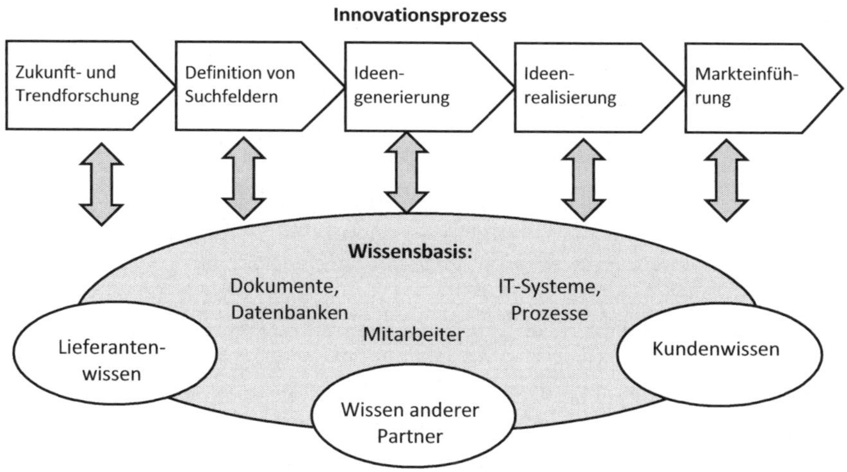

Eine Innovationsplattform soll dem Nutzer seine Kompetenzen, Erfahrungen, Intuition und Kreativität nicht ersetzen, sondern sinnvoll assistieren und benutzerfreundlich sein. Ziel der Innovationsplattform ist es, die vorhandenen Wissensressourcen interner und externer Akteure möglichst optimal zum Einsatz zu bringen und weiterzuentwickeln sowie Innovationen zu fördern. Alle Aktivitäten sollen auf die Zukunftsvision, Strategie und Ziele des Unternehmens ausgerichtet werden.

Die Innovationsplattform speichert Daten und Informationen aus unterschiedlichen Quellen, die ständig ergänzt und aktualisiert werden. Neben explizitem Wissen in Form materieller Wissensträger wird auch Wissen über Wissen (Metawissen) zur Verfügung gestellt,

360 In Anlehnung an Bandow/Kuhn/Kuhnert/May (2007), S. 188.

insbesondere Wissensprofile (Wissenslandkarten) und Wissensträger (Personen). Die Innovationsplattform unterstützt den schnellen Zugriff auf die richtigen Wissensträger, die Ablage formalisierbarer Informationen, die Wissenserweiterung und Wissensgenerierung (Innovation). Darüber hinaus werden Kooperationen angeregt sowie interne und externe Kommunikation verbessert.

Die Beteiligung interner und externer Wissenspartner ist nicht nur in der Phase der eigentlichen Ideengenerierung, sondern auch in den frühen Phasen (Zukunfts- und Trendforschung, Definition von Suchfeldern) wünschenswert. Insbesondere in wissensintensiven Bereichen ist es wichtig, gemeinsam mit Forschungsinstitutionen, Lieferanten, Kunden und Wettbewerbern an zukünftigen Innovationen zu arbeiten. In der Phase der Ideenrealisierung (Innovationsprojekt, Produktion) ist die Beteiligung von verschiedenen Akteuren angesagt, um das Risiko eines Marktmisserfolges und der zu hohen Kosten rechtzeitig zu vermeiden. Vor und bei der Markteinführung sind Produkttests mit Kunden und Zwischenhändlern notwendig.

Die Erfahrungen aus dem Innovationsprozess fließen umgekehrt in die Wissensbasis ein und dienen einem kontinuierlichen Lernprozess. Diese Rückkoppelung ist für ein Unternehmen von großer Bedeutung.

Wissensplattform bei ThyssenKrupp Xervon

Die Einführung einer ähnlichen Wissensplattform bei ThyssenKrupp Xervon hat gezeigt, dass sie zur Förderung von individuellem und kollektivem Wissen im Unternehmen führt, indem sie den Nutzern zur Bewältigung ihrer wissensintensiven Aufgaben mehr und bessere Informationen zur Verfügung stellt. Die Nutzer können diese Informationen situationsangepasst mit ihrem eigenen Wissen verknüpfen und in ihre Entscheidungen einfließen lassen. Hierzu werden Einzelprobleme als so genannte „Fälle" beschrieben. Ein „Fall" enthält alle Informationen und Lösungsmöglichkeiten für das jeweilige Problem bzw. den Aufgabenkomplex. Dadurch werden Fallvergleiche möglich, die zur Innovation anregen können. Über die Metadaten eines Falles (Autor, Ansprechpartner) können neue Lösungsansätze diskutiert, übernommen und umgesetzt werden, was zur Verbreitung innovativer Lösungen führt.[361]

4.10 Ideenbewertung

Die Bewertung einer Produktidee bedeutet, dass diese Idee hinsichtlich ihrer technischen Umsetzbarkeit, ihres voraussichtlichen Markterfolgs, ihres Beitrags zu den angestrebten Zielsetzungen und ihres „strategischen Fits" mit der verfolgten Innovationsstrategie beurteilt wird. Das setzt voraus, dass man objektive Kriterien und standardisierte Verfahren

---

361 Vgl. Bandow/Kuhn/Kuhnert/May (2007), S. 188.

verwenden muss, was jedoch in der Praxis eher selten der Fall ist.[362]

Die Auswahl der besten Idee ist eine komplizierte Angelegenheit, da es schwierig ist, Entwicklungskosten und -zeiten im Voraus einzuschätzen, zukünftige Entwicklungen vorhersagen, Kundenreaktion und Marktsituation zur Zeit der Produkteinführung zu prognostizieren. Neben diesen objektiven Faktoren spielen subjektive, menschliche Empfindungen und Emotionen eine Rolle. Desto wichtiger ist es, standardisierte Methoden der Ideenbewertung sowie fachlich vorbereitete Entscheidungsteams einzusetzen.

In der Praxis der Innovationsarbeit kann die Anzahl von Ideen, die zur Wahl stehen, Hunderte oder sogar Tausende erreichen. Für das Unternehmen ergibt sich damit die Aufgabe der allgemeinen (relativen) sowie der finanziellen Bewertung, die die Frage beantworten soll, ob sich der Aufwand für das Unternehmen lohnt.

4.10.1 Allgemeine Bewertung von Ideen

Die allgemeine Bewertung kann durch die Beantwortung folgender Fragen erfolgen:[363]

- Was macht die Innovation besser als das Existierende (der Wettbewerb)?
- Wie steht die Innovation zur Strategie des Unternehmens?
- Welche Kriterien zeigen den Erfolg der Innovation?
- Wie groß ist das Risiko? Was wären Warnsignale?
- Was kann schiefgehen? In diesem Fall: Wie ginge es weiter?
- Welche Wettbewerber hat die Innovation heute, welche in den nächsten Jahren?
- Wer sind die Kunden? Wie groß ist das Potenzial? Wie werden die Kunden erreicht? Gibt es bereits einen ernsthaften Kandidaten für ein Pilotprojekt?

Für eine relative Bewertung mehrerer Ideen kann eine einfache Scala (z.B. nach Schulnotensystem, von 6 = absolut nicht empfehlenswert bis 1 = unbedingt empfehlenswert) eingeführt werden, nach der ausgewählte Experten verschiedene Varianten untereinander vergleichen.

Ein vereinfachtes Verfahren für die Ideenbewertung ist der sogenannte **NABC-Ansatz**.[364] Dabei wird jede Idee in Bezug auf Kundenbedürfnis (**N**eeds), Lösungsansatz (**A**pproach), Nutzen (**B**enefit) und Alternativen (**C**ompetition) charakterisiert. Die Bewertung kann von einer Expertengruppe oder in einem Online-Diskussionsforum von den Mitarbeitern durchgeführt werden. Es geht dabei um die Beantwortung von vorgegebenen vier Fragen:

---

[362] Vgl. Vahs/Burmester (2005), S. 187.

[363] Vgl. Willmanns/Hehl (2009), S. 44.

[364] Vgl. Carlson/Wilmot (2006).

1. Was ist das entscheidende Bedürfnis von Kunden und Markt?
2. Wie lautet der einzigartige Lösungsansatz, um dieses Bedürfnis zu befriedigen?
3. Was ist der genaue Nutzen, der sich mit diesem Lösungsansatz erreichen lässt?
4. Inwiefern sorgt dieser Nutzen für Wettbewerbsvorteile gegenüber Wettbewerbern?

Diese Methode ermöglicht eine schnelle Bewertung von Ideen in der frühen Phase des Innovationsprozesses, um die Ideen mit dem größten Innovationspotenzial zu identifizieren. Der Ansatz ist insbesondere bei der kollektiven Ideenfindung im Intranet (moderiert durch einen Innovationsmanager) oder für die Ideenarbeit in KMU gut geeignet. Im Verlauf des Innovationsprozesses werden Ideen immer konkreter, was eine detaillierte finanzielle Bewertung ermöglicht.

4.10.2 Finanzielle Bewertung von Ideen

Eine finanzielle Bewertung „Lohnt sich die Innovation für das Unternehmen?" ist schwieriger zu geben, da eine sichere langfristige Prognose von Absatz und Deckungsbeitrag unmöglich ist. Die wirtschaftliche Relevanz einer Innovation erfordert die Voraussage des erwarteten Kapitalflusses – zunächst negativ als Investition, danach positiv als Ertrag. Diese Größen können modellhaft in Form eines Produktlebenszyklus abgebildet werden.

Abbildung 4.28 Modellhafter Produktlebenszyklus[365]

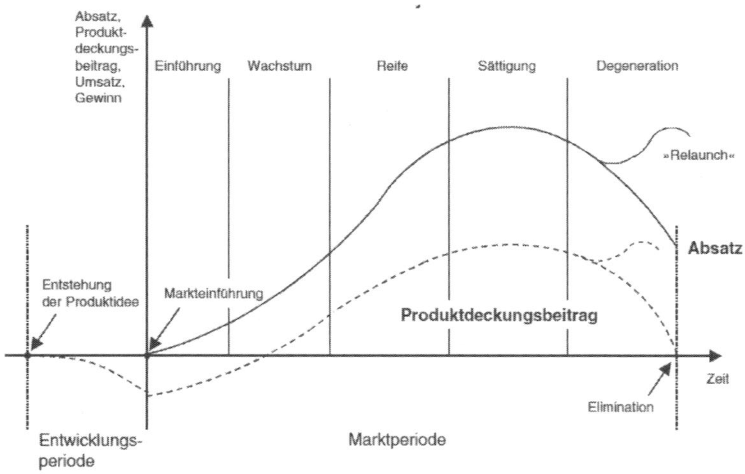

365 Vahs/Burmester (2005), S. 97.

In den frühen Innovationsphasen (bei der Ideenfindung) ist es äußerst schwierig, glaubwürdige Prognosen hinsichtlich der Aufwendungen, Umsätze und Gewinne im Verlauf des Produktlebenszyklus zu erstellen. Sowohl die Entwicklungskosten und -zeiten, als auch die Dauer und die Höhe der Gewinnerzielung sind von vielen internen und externen Größen abhängig und können nicht genau vorhergesagt werden.

Finanzielle Berechnungen von können – theoretisch betrachtet – erstellt werden, indem man die Auszahlungen und Einzahlungen für einige Jahre im Voraus prognostiziert. Im Endeffekt kann der Kapitalwert errechnet werden. Allerdings ist diese Methode bei der praktischen Anwendung als problematisch zu bezeichnen, da diese numerisch korrekte Kalkulation wegen der Unmöglichkeit einer sicheren Prognose auf wackeligen Füßen steht. In der Praxis werden die meisten Entscheidungen in der Phase der Ideenbewertung von Führungskräften mehr oder weniger willkürlich getroffen.

Später, in der Projektphase, wenn detaillierte Informationen vorliegen, können die finanziellen Größen mit größerer Wahrscheinlichkeit geschätzt werden. Zumindest die Entwicklungszeit und die vorläufigen Kosten werden in dieser Phase festgelegt. Die Bewertung von Einnahmen ist auch hier mit großer Unsicherheit verbunden, da die genaue Nachfrage und künftige Konkurrenzprodukte unbekannt sind.

Für eine ausgewogene Bewertung von Ideen werden in der Literatur folgende Bewertungskriterien empfohlen:[366]

- Ökonomische Merkmale (Kosten, Umsatz, Gewinn, Kapitaleinsatz, Cash-Flow, ROI);
- Produkt- und verfahrenstechnische Merkmale (Produktqualität, Leistungsfähigkeit, Flexibilität, Zuverlässigkeit, erforderliche Investitionen, Neuheitsgrad der Prozesse);
- Technologische Merkmale (Integrationsfähigkeit in Produktprogramm, technologische Synergieeffekte);
- Absatzwirtschaftliche Merkmale (Marktvolumen, -anteil und -wachstum, Wettbewerbssituation, Eignung der Vertriebsorganisation);
- Strukturelle Merkmale (Fertigungstiefe, Organisationstyp der Fertigung, zeitliche, personelle, räumliche Kapazitäten, Grad der Arbeitsteilung);
- Arbeitswissenschaftliche Merkmale (Beanspruchung und Belastung der Mitarbeiter, Arbeitssicherheit, Motivation, Qualifikation, Notwendigkeit der Weiterbildung);
- Zeitliche Merkmale (Dauer des Innovationsprozesses, Zeitpunkt der Markteinführung, Amortisationszeit, Länge des Produktlebenszyklus);
- Sonstige Merkmale (ökologische Folgen, eventuell ethische Überlegungen, gesetzliche Rahmenbedingungen).

Diese Kriterien sind hinsichtlich ihrer Bedeutung für den Innovationserfolg zu gewichten.

[366] Vgl. Vahs/Burmester (2005), S. 190.

Anschließend werden verschiedene Varianten der Innovation in Bezug auf die Ausprägung einzelner Kriterien bewertet, die Bewertungsergebnisse der einzelnen Parameter in einer Gesamteinschätzung zusammengefasst und auf dieser Basis unzweckmäßige Ideen aussortiert sowie die besten Alternativen ausgewählt.

Als Bewertungsverfahren können in der Praxis qualitative (verbale Einschätzungen, Checklisten, K.O.-Kriterien), quantitative (statische und dynamische Wirtschaftlichkeitsrechnung) oder gemischte Verfahren wie die Nutzwertanalyse eingesetzt werden. Alle genannten Methoden haben ihre Vor- und Nachteile. Qualitative Verfahren zeichnen sich durch Einfachheit und geringe Kosten aus, sind jedoch subjektiv, oberflächlich und pauschal. Die quantitativen Verfahren und Nutzwertanalyse sind systematischer, fundierter und berücksichtigen monetäre Größen, basieren aber auf unsicheren Prognosen und erfordern einen hohen Aufwand.

In der Unternehmenspraxis werden verschiedene Verfahren angewendet, oft unterstützt durch Standardformulare, die einen Checklistencharakter haben und die Bewertung erleichtern. Trotzdem zeichnet sich praktische Ideenbewertung durch zahlreiche Probleme, Fehler und einen hohen Grad an Subjektivität aus.

Ideenbewertung wird mit einer Ideenauswahl abgeschlossen, wobei eine oder mehrere als vorteilhaft erscheinende Ideen ausgewählt und in den nächsten Schritten des Innovationsprozesses umgesetzt werden. Gemäß dem Trichter-Modell geht es dabei zunächst um Innovationsprojekte und dann um neue Produkte und Markteinführung.

4.11 Durchführung von Innovationsprojekten

Die Umsetzung von neuen Ideen zeichnet sich durch Neuartigkeit und Erstmaligkeit, Planungsunsicherheit und die Notwendigkeit einer interdisziplinären Zusammenarbeit aus. Um diese Herausforderungen zu bewältigen, wird diese Arbeit in **Projektform** organisiert.

Ein Innovationsprojekt beinhaltet drei Hauptphasen: Projektvorbereitung, -planung und -realisierung, die im Weiteren erläutert werden.

4.11.1 Projektvorbereitung und -planung

Bei der Projektvorbereitung (Vorphase) wird die ausgewählte Produktidee umfassend beschrieben – man erstellt ein Lastenheft. Das **Lastenheft** dient dazu, die Kundenanforderungen an das neue Produkt, die wesentlichen Leistungsdaten, die vom Markt kommenden und die unternehmensinternen Rahmenbedingungen sowie die voraussichtlichen Kosten zu definieren. Häufig werden auch die Projektmeilensteine mit Hauptaufgaben und Zeitpunkten beschrieben.

In der Hauptphase der Projektplanung ist die Festlegung von Zielen bezüglich Leistung, Zeit, Ressourcen, und Ausgaben (Kosten und Investitionen) erforderlich. Das wird in Form eines **Pflichtheft**es umgesetzt, das die Angaben des Lastenheftes weiter konkretisiert. Im Pflichtheft wird das Produktkonzept bis auf die Ebene der Baugruppen und der Einzelteile technisch beschrieben, die Aussagen über Absatzziele werden präzisiert und durch konkrete Zielkosten- und Wirtschaftlichkeitsaussagen ergänzt. Es wird ein Fertigungskonzept (Anlagentechnik, Maschineneinsatz, Lieferanten) und Terminvorgaben mit einer endgültigen Definition von Meilensteinen, bis zu denen bestimmte Arbeitsergebnisse vorliegen müssen, festgelegt.[367]

Alle Tätigkeiten, die für die Entwicklung eines neuen Produktes notwendig sind, sollen aufgelistet und in einzelne Teilprojekte und Arbeitspläne gegliedert sein. Auf dieser Basis entstehen Ablaufplan, Ressourcenplan und Ausgaben (Kosten- und Investitionsplan). Als Planungsinstrumente können Balkendiagramme und Netzpläne verwendet werden, die übersichtlich und nachvollziehbar sind und mithilfe spezieller Software einfach erstellt werden können.

4.11.2 Simultaneous Engineering

An der Ideenumsetzung sind viele Organisationseinheiten eines Unternehmens beteiligt, was Abstimmungen und Koordination voraussetzt. Eine sequenzielle Vorgehensweise, bei der einzelne Schritte nacheinander durchgeführt werden, führt zu einem hohen Zeitaufwand und steht in Widerspruch zu der Anforderung, Entwicklungszeiten zu reduzieren.

Aus diesem Grund hat sich eine simultane Vorgehensweise etabliert, bei der mehrere Schritte parallel ablaufen. Dadurch kommt ein beträchtlicher Zeitgewinn zustande.

Ein umfassendes Konzept, das die Parallelisierung von Teilprozessen mit einer laufenden Abstimmung und Integration von Maßnahmen verbindet, ist **Simultaneous Engineering**. Die Zielsetzung des Simultaneous Engineering (SE) ist vor allem, das Magische Zieldreieck der Innovation zu optimieren, wobei die Parallelisierung mit der Standardisierung von Produktteilen und Integration von verschiedenen Funktionsbereichen in Form interdisziplinärer SE-Teams kombiniert wird.

[367] Vgl. Vahs/Burmester (2005), S. 241-242.

Abbildung 4.29 Paralleler statt sequentieller Ablauf von Innovationsprozessphasen[368]

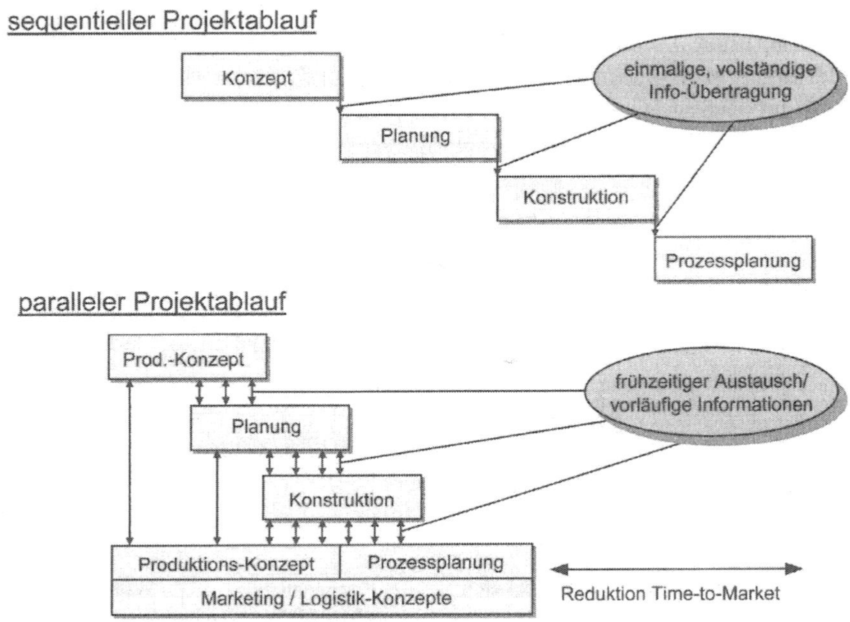

Ein Innovations-SE-Team besteht normalerweise aus einem SE-Kernteam (Mitarbeiter aus F&E, Konstruktion, Arbeitsvorbereitung, Produktion, Qualitätssicherung, Marketing, die ihr spezielles Wissen bezüglich der Produktidee mitbringen) und einem SE-Pool (Mitarbeiter aus Kundendienst, Controlling, Einkauf, Servicefunktionen). Das Kernteam setzt die Idee eigenverantwortlich um, der Pool leistet nach Bedarf Unterstützung (s. folgende Abbildung).

Im Prozess des Simultaneous Engineering spielen interdisziplinäre Zusammenarbeit und frühzeitiger Austausch von Informationen eine entscheidende Rolle. Auch wenn die Informationen oft unvollständig und unsicher sind, erlaubt ein Informationsaustausch der nachfolgenden Stufe, grundlegende Entscheidungen zu treffen. Unterstützend für diesen Prozess wirken Großraumbüros, Vernetzung des Wissens, Intranet-Foren und eine offene Unternehmenskultur. Die Verkürzung der Entwicklungszeit wird bei der Parallelisierung von weiteren positiven Effekten wie Senkung der Entwicklungskosten und Früherkennung der Fehler begleitet.

368 König/Völker (2002), S. 99.

Abbildung 4.30 Innovations-SE-Team[369]

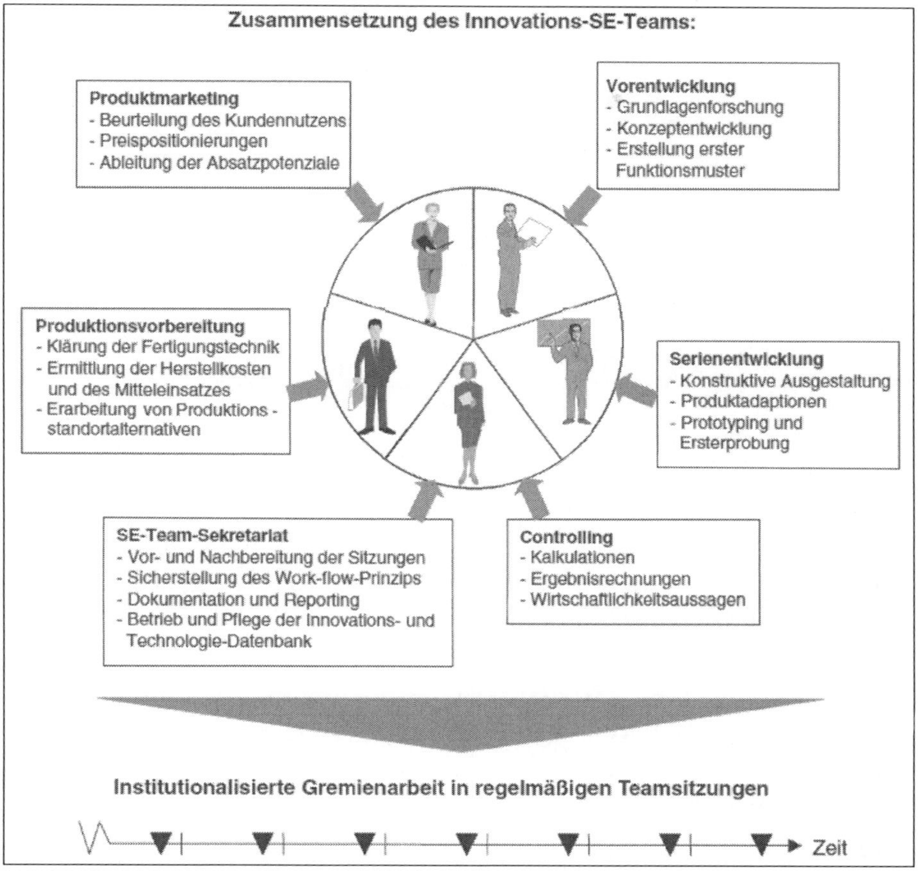

4.11.3 Projektrealisierung

Die Phase der Projektrealisierung beinhaltet den Bau eines Produktprototyps und die Überleitung des Neuproduktes in die Produktion.

Ein **Prototyp** ist die physikalische Realisierung von Produkt oder Produktkomponenten, er dient der praktischen Erprobung und Weiterentwicklung des Produktes. Vorteile eines Prototyps sind: Klärung der technischen Fragen, Vermeidung von Risiken, Lernen aus Experimentieren, Überprüfung der Kundenbedürfnisse sowie Kommunikation über

369 Vahs/Burmester (2005), S. 236.

Schnittstellen hinweg.[370] Computersimulationen, bei denen 3-D-Modelle des Produktes auf dem Bildschirm dargestellt werden, können den Einsatz von Prototypen teilweise ersetzen. Der Einsatz der CAD-Software (Computer-Aided-Design) ermöglicht eine Simulation verschiedener Anforderungssituationen und technischer Ausprägungen. Man kann mehr Varianten entwickeln und Änderungen an Prototypen schneller vornehmen.

Durch mehrere Versionen des künftigen Produktes wird angestrebt, einen Prototyp zu finden, der folgenden Anforderungen entspricht:

- die Kunden finden in dem Prototyp alle Leistungsmerkmale wieder, die in dem Produktkonzept versprochen wurden;
- der Prototyp funktioniert bei normaler Beanspruchung und unter normalen Betriebsbedingungen zuverlässig;
- der Prototyp kann zu den budgetierten Kosten hergestellt werden.

Die Entwicklung eines erfolgreichen Prototyps kann Wochen, Monate oder sogar Jahre in Anspruch nehmen. Wie die Auflistung zeigt, sind bei dem Bau des Prototyps nicht nur die formellen Anforderungen aus der Produktdokumentation, sondern auch die Wahrnehmung des Kunden zu berücksichtigen. Deswegen macht es Sinn, mehrere Kundentests mit Produktprototypen durchzuführen. Bei einem Industriekunden bedeutet das, dass er zu einer Vorführung eingeladen wird. Bei Konsumgütern können Produktproben verteilt und die Kundenmeinungen erfasst werden.

Man unterscheidet zwischen Funktions- und Verbraucherakzeptanztests. Von Alpha-Tests spricht man, wenn das Produkt innerhalb der Firma getestet wird, um seine Leistung in verschiedenen Anwendungen zu überprüfen. Nach notwendigen Verbesserungen wird das Produkt den so genannten Beta-Tests unterzogen, wobei mögliche Kunden gebeten werden, das Produkt zu testen und Rückmeldung zu geben.

Die Konstrukteure und Entwickler müssen dem Produkt nicht nur die funktionalen Eigenschaften verleihen, sondern beachten, dass mit dem Design auch psychologische Produktaspekte vermittelt werden. Bei einer Zahncreme sind beispielsweise die Farben bedeutend: Psychologisch interpretiert steht weiß für Hygiene, rot signalisiert Wirkungsstärke, blau bedeutet angenehme Kühle.[371]

Funktionstüchtige und akzeptanzfähige Produkte erhalten anschließend einen Markennamen und eine Verpackung und werden unter Marktbedingungen getestet – es findet eine **Markterprobung** statt. Dabei kommen verschiedene Instrumente wie Markttest mit ausgewählten Verbrauchern, kontrollierter Markttest in einzelnen Einzelhändlergeschäften in Frage. Bei den Industriegütern wird auf eine ähnliche Markterprobung meistens verzichtet. Als Ersatz kann die Präsentation des neuen Produktes auf einer Fachmesse dienen.

---

370 Vgl. Völker/Sauer/Simon (2007), S. 46.

371 Vgl. Kotler/Keller/Bliemel (2007), S. 469.

Nach allen erfolgreich verlaufenen Tests wird das Neuprodukt in die Produktion übergeleitet. Bei dem Produktionsaufbau handelt es um einen komplexen dauerhaften Prozess, da er oft mit hohen Graden der Automatisierung und Computerisierung einhergeht. In dieser Phase sind folgende Anforderungen zu beachten:

- Es muss sichergestellt werden, dass die Produktherstellung effizient und mit einer hohen Produktivität erfolgt, um Zielkosten und Zeiten nicht zu überschreiten;
- Die im Pflichtenheft festgeschriebene Produktqualität muss in der Fertigung eingehalten werden;
- Die Fertigungskapazität ist so auszulegen, dass sie den geplanten Absatzzahlen möglichst exakt entspricht, um Leer-, Überkapazitäten und zu hohe Fixkosten zu vermeiden.[372]

In der Phase der Realisierung sind darüber hinaus weitere Entscheidungen zu treffen und umzusetzen: Teamzusammensetzung, Projektorganisation und Projektcontrolling.

Teamzusammensetzung und **Projektorganisation** sind für ein Innovationsprojekt und seinen Erfolg von großer Bedeutung. Es kann um Voll- oder Teilzeitbeschäftigung an einem Projekt gehen. Beide Formen sind mit Vor- und Nachteilen behaftet: vollbeschäftigte Projektmitglieder verlieren auf Dauer den Anschluss an ihre Linie, zu gering Beteiligte können ihr Wissen nicht sinnvoll einbringen oder verzetteln sich auf mehrere Projekte.

Ein Innovationsteam – ähnlich wie ein SE-Team – muss heterogen sein. Neben den Mitarbeitern aus der F&E, Konstruktion, Produktion, Qualitätssicherung, dem Marketing sowie unterstützenden Experten aus dem Kundendienst, Controlling, Einkauf und anderen Funktionsbereichen, ist die zumindest teilweise Beteiligung externer Akteure kreativitätsförderlich. Speziell zu Kreativitätssitzungen könnten Wissenschaftler, Praktikanten, Studenten, Kunden, Lieferanten und andere relevante Personen eingeladen werden.

Für den Erfolg des Innovationsteams sind eine klare Zielsetzung und eine intensive Kommunikation von Bedeutung. Nur dann kommt es zu einem Wissensaustausch und zu Lernprozessen. Diese Tatsache spricht für interaktive Zusammenarbeit, z.B. in einem Großraumbüro. Virtuelle Kommunikation, die mithilfe der IKT möglich ist (Groupware, Computerkonferenz), kann persönliche Treffen ergänzen, aber nicht ganz ersetzen.

Ein weiterer Aspekt der Projektrealisierung ist das **Projektcontrolling**. Darunter ist ein kontinuierlicher Soll-Ist-Vergleich zu verstehen, der auf Informations-, Planungs-, Koordinations- und Kontrollaufgaben basiert. Der Ausführende ist in der Regel der Projektleiter, der Ablauf-, Termin-, Ressourcen- und Kostenpläne vorliegen hat und ihre Realisierung verfolgt. Zu kontrollieren sind in einem Innovationsprojekt: Leistung (Qualität), Termine, Ressourcen und Ausgaben (Kosten und Investitionen).

---

[372] Vgl. Vahs/Burmester (2005), S. 249.

Projektcontrolling gilt nicht nur der Überprüfung und Zielerreichung des Projektes, sondern auch einem Lernprozess, der dadurch initiiert wird. Lernen aus Projekten ist ein wesentlicher Bestandteil des organisationalen Lernens.[373] Wertvolle Erfahrungen aus Innovationsprojekten können in expliziter Form (Arbeitsberichte, Analysen) oder eher informell und implizit (Geschichten, Anekdoten, informelle Kommunikation) weitergegeben werden.

4.12 Markteinführung neuer Produkte

Die Markteinführung umfasst den Zeitraum vom Beginn der vorbereitenden Maßnahmen für den Markteintritt bis zur erfolgreichen Behauptung des Produktes im Markt. Häufig wird das Erreichen der Gewinnschwelle (Break-Even-Point) als Endpunkt der Einführungsphase definiert.

Die Bedeutung der Einführungsphase für den Erfolg eines neuen Produktes ist sehr groß. Mit der Präsentation des neuen Produktes beginnt sein Lebenszyklus auf dem Markt. Der erste Kontakt des Kunden mit dem Produkt ist für den Erfolg sehr wichtig, da sich der Kunde dabei ein eigenes Bild über die technischen, funktionalen, qualitativen und ästhetischen Eigenschaften des Produktes macht. Die Absatzmärkte von heute sind ausgeprägte Käufermärkte mit einer starken globalen Konkurrenz. Unter diesen Bedingungen gewinnen die Marketingmaßnahmen für neue Produkte an Bedeutung.

Als Erfolgsfaktoren von neuen Produkten werden in verschiedenen Untersuchungen definiert:

- Was? – Einzigartigkeit und Überlegenheit des Produktes,
- Wann? – das Timing (Zeitpunkt der Einführung),
- Wo und für wen? – geografische Strategie und Zielkunden,
- Wie? – eine gut durchdachte Einführungsstrategie und hoher Ressourceneinsatz.[374]

Einzigartigkeit und **Überlegenheit** des Produktes werden während der Produktentwicklung, anhand einer neuen, erfolgsversprechenden Idee festgelegt. Um erfolgreich zu sein, muss das neue Produkt dem Kunden einen einzigartigen Nutzen bieten und damit den Konkurrenzprodukten deutlich überlegen sein. Die frühzeitige Einbeziehung des Kunden in den Entwicklungsprozess hilft dabei, die Bedürfnisse der Kunden exakter zu verstehen und angemessene Lösungen zu erarbeiten. Das technologische Know-how des Unternehmens garantiert eine hohe Qualität und sorgt für die Überlegenheit gegenüber Wettbewerbern. Zugleich ist es wichtig, das neue Produkt überzeugend darzustellen, seine Einzigartigkeit zu kommunizieren.

---

[373] Vgl. Kapitel 3.3.4 Gestaltung des Gruppenlernens in Unternehmen.

[374] Vgl. Kotler/Keller/Bliemel (2007), S. 478-481; Vahs/Burmester (2005), S. 256.

Das richtige **Timing** bedeutet, dass man den optimalen Zeitpunkt für die Markteinführung findet. Wer als erster ein neues Produkt auf den Markt bringt, hat normalerweise viele Vorteile: Er kann wichtige Händler und Kunden an sich binden, gewinnt an Ansehen. Allerdings gibt es dabei das Risiko, dass noch nicht alle Mängel des Produktes beseitigt sind, was dem Ruf des Unternehmens schaden kann. Führt man ein Produkt in den Markt, das bereits von Konkurrenten angeboten wird, so spart man Kosten für die Markterschließung, profitiert von den Fehlern des Konkurrenzproduktes und erfährt, wie groß der Markt sein könnte. Ersetzt das neue Produkt ein älteres Erzeugnis des Unternehmens, sollte man vielleicht abwarten, bis die Bestände geräumt sind, um sich selbst keine Konkurrenz zu machen. Bei saisongebundenen Produkten sind Jahreszeiten zu beachten.[375]

Bei der Entscheidung zur **geografischen Strategie** muss das Unternehmen beschließen, ob es sein neues Produkt zu gleicher Zeit in einem Bezirk, einer oder mehreren Regionen, dem gesamten inländischen oder dem internationalen Markt einführt. Eine gleichzeitige Einführung auf mehreren Märkten ist kostspielig, deswegen nehmen vielen Unternehmen eine geografische Ausbreitung vor. Allerdings ist diese Frage nur für die Produkte relevant, die überhaupt für den Weltmarkt konzipiert sind. Meistens machen die Unterschiede in Kultur und Mentalität eine Anpassung des Produktes und der Marketingmaßnahmen notwendig. Bei der Entscheidung über Zielmärkte sind die Faktoren wie Marktpotenzial und Nachfrage, Existenz und Stärke der Konkurrenz, Kosten der Warenverteilung und Kommunikation. Innerhalb der Ausbreitungsgebiete muss ein Unternehmen sein Neuprodukt auf das günstigste Segment potenzieller Kunden – **Zielkunden** – ausrichten. Die besten Zielkunden sind Frühadoptierer (besonders annahmefreudig gegenüber dem neuen Produkt), starke Verwender und Meinungsführer.[376]

Und schließlich ist für den Erfolg neuer Produkte eine gut durchdachte **Einführungsstrategie** notwendig, die oft mit einem **hohen Aufwand** verbunden ist. Das Unternehmen muss einen Ablaufplan für die Einführung des Neuproduktes entwickeln, zu dem unter Anderem Timing, geografische Ausbreitung, Zielgruppenorientierung, Positionierung, Vertriebskanäle, Werbemaßnahmen, Preispolitik, Verkaufsförderung und PR-Arbeit zählen. Der Vermarktungsaufwand neuer Produkte beinhaltet Ausgaben für die Werbung und Verkaufsförderung und kann hoch sein. Für eine bedeutende Konsumgütermarke, die landesweit in Deutschland eingeführt wird, kann der Vermarktungsaufwand 3 bis 15 Mio. Euro erreichen. In den USA ist dafür ein Mitteleinsatz zwischen 25 und 100 Mio. $ nicht ungewöhnlich. Bei der Einführung von neuen Lebensmittelprodukten liegen dort die Marketingausgaben erfahrungsgemäß bei knapp 60% des im ersten Jahr erzielten Produktumsatzes.[377]

---

[375] Vgl. Kotler/Keller/Bliemel (2007), S. 479.

[376] Vgl. ebd., S. 480.

[377] Ebd., S. 478.

Zu der Einführungsstrategie gehört ein durchdachter Marketing-Mix, bestehend aus den sogenannten „Vier P": product, price, promotion und place. Diese Marketinginstrumente sind ausführlich in der folgenden Abbildung dargestellt.

Abbildung 4.31 Vier P des Marketing-Mix[378]

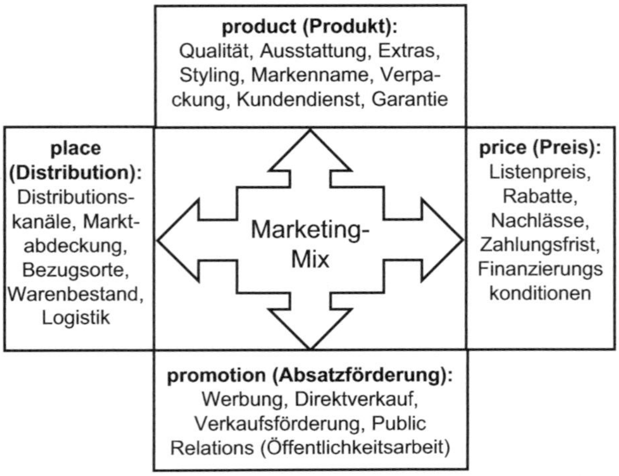

Beispiel: Markteinführung des iPod

Der tragbare MP3-Player iPod von Apple vereinigt überzeugendes Design mit guter Funktionalität. Den durchschlagenden Erfolg bei der Markteinführung jedoch erzielte Apple durch die Kombination mit dem legalen Musik-Download-Portal iTunes, das mit eingängigen Werbespots, die die Silhouetten musikhörender Menschen zeigen, beworben wurde. Um die Zielgruppe der Teenager anzusprechen, kreierte Apple eine Website, auf der Tipps gegeben wurden, wie man seine Eltern überredet, einem einen iPod zu kaufen. Darüber hinaus führte Apple gemeinsame Marketingaktionen mit bekannten Marken durch. Innerhalb eines Jahres verkaufte Apple 2 Mio. iPod, erreichte mit seinem Download-Service einen Marktanteil von über 50% und brachte innerhalb kurzer Zeit ein weiteres Neuprodukt iPod Mini auf den Markt.[379]

4.13 Rahmenbedingungen für Innovation

Ohne motivierte, kreative Mitarbeiter und eine innovationsfördernde Unternehmenskultur kommt keine Innovation zustande. Effektive Wege zu finden, um Menschen, Unterneh-

378 In Anlehnung an Kotler/Keller/Bliemel (2007), S. 25.

379 Vgl. Kotler/Keller/Bliemel (2007), S. 481.

menskultur und Führungsprozesse zu managen, ist eine der herausforderndsten Aufgaben der Innovationsarbeit.

Kreativität und Ideenreichtum der Mitarbeiter sind das A und O der Innovation. Diese Eigenschaften können allerdings nur als good will entstehen. Zwang, Druck und Kontrolle in der Personalführung sind für sie kontraproduktiv. Eine fördernde Atmosphäre, offene Kommunikation, Fehlertoleranz, ein partnerschaftliches Führungsverhältnis sowie die Identifikation mit dem Unternehmen und seinen Zielen wirken sich auf die Innovation positiv aus.

In diesem Kapitel wird diskutiert, welche Unternehmenskultur und Führung sich innovationsgünstig erweisen, welche Rollen (Promotoren) für den Innovationsprozess notwendig sind und wie die Barrieren in der Innovationsarbeit überwunden werden können.

4.13.1 Innovationsfördernde Unternehmenskultur

Unternehmenskultur ist ein System von Werten und Normen, die in einem Unternehmen kollektiv geteilt und gelebt werden. Jede Unternehmenskultur ist individuell und hat ihre Wurzeln in der Geschichte und Traditionen des Unternehmens. Da Innovationsarbeit im starken Maß von Menschen und Organisation abhängig ist, kann Innovation als eine soziale Konstruktion und somit als (unternehmens)kulturell bestimmt verstanden werden.[380] Die Forschung kann Anregungen zur Steigerung der Innovationsfähigkeit von Unternehmen liefern, allerdings müssen diese Ideen jeweils in einen bestehenden kulturellen Kontext eines Unternehmens integriert werden.

4.13.1.1 Studien zur innovationsfördernden Unternehmenskultur

Anhand aktueller empirischer Studien in Deutschland wurden sechs relevante Bereiche für eine innovationsfördernde Unternehmenskultur identifiziert: Unterstützung für Innovation seitens des Managements, Innovationsarbeit als Herausforderung, Engagement und Einbindung der Mitarbeiter in die Innovationsprozesse, Wissens- und Ideenaustausch, Handlungs- und Entscheidungsfreiraum sowie Offenheit und ein effizientes Konfliktmanagement.[381]

Einige Untersuchungen in US-amerikanischen Unternehmen wie Intel, Hewlett-Packard, Motorola u.a. haben folgende Ergebnisse zu innovationsfördernden Kulturen ergeben:[382]

- Routinen und Rituale unterstützen die formalen Prozesse, sodass eine Innovationsstrategie sich nicht in Plänen ausdrückt, sondern in den Mustern des Engagements, der Entscheidungen, Ansätzen und dauerhaften Verhaltensweisen, die das Betreten von

[380] Carell/Euteneuer (2007), S. 20.

[381] Neumann/Joraschkewitz/Krause (2007), S. 108.

[382] Vgl. Goffin/Herstatt/Mitchell (2009), S. 446 ff.

neuem Terrain begünstigen.

- Die Innovationsstrategie muss von der gesamten Organisation verstanden werden.
- Es ist wichtig, relativ kleine, fokussierte Geschäftseinheiten zu bilden, die durch Umstrukturierungen flexibel und veränderungsbereit bleiben.
- Eine starke Unternehmenskultur kann Innovationen nur unter der Bedingung begünstigen, wenn sie auf Normen wie der Akzeptanz von Fehlern und Misserfolgen, dem Hinterfragen von Entscheidungen und Schlussfolgerungen gründet. Ansonsten entsteht ein ausgeprägtes Gruppendenken.
- Gefragt sind die Mitarbeiter, die bereit sind, den Status quo in Frage zu stellen und Risiken einzugehen.
- Für die Implementierung von Ideen sind autonome Teams notwendig, die schnelle Entscheidungen treffen und interdisziplinär zusammengesetzt sind.

Diese Ergebnisse weisen große Ähnlichkeit mit den Rahmenbedingungen für organisationales Lernen auf, vor allem in den Theorien von Senge und Nonaka/Takeuchi.[383] Offensichtlich, ist eine fördernde Unternehmenskultur sowohl für Lernen als auch für Innovationen wichtig.

Zum Schluss wird noch eine internationale Studie erläutert, in der die Kultur von elf innovativen Unternehmen in Asien, Europa und den USA untersucht wurde. Bei der ganzen Unterschiedlichkeit in Konzepten und Strategien, wurden gemeinsame Kulturprinzipien hervorgebracht, die alle diese erfolgreichen Unternehmen aufwiesen: Alle Unternehmen waren überaus stolz auf ihren Ruf als innovative Organisationen, zeichneten sich durch eine hohe Bereitschaft zum Experimentieren aus, hatten eine exzellente Arbeitsbeziehung zwischen F&E und Marketing, ein echtes Kundenverständnis und Engagement für die Innovationsarbeit, waren auf die Ausschöpfung der individuellen Innovationskapazitäten jedes Einzelnen sowie die Nutzung von Kapazitäten und Synergieeffekten ausgerichtet.[384]

Basierend auf den dargestellten Ergebnissen verschiedener Studien können einige Empfehlungen für die praktische Gestaltung einer innovationsfördernden Unternehmenskultur ausgesprochen werden. Allerdings gibt es dabei keine Universallösungen, jede Idee soll in Unternehmen individuell angepasst werden.

4.13.1.2 Gestaltung der Innovationskultur

Die Gestaltung einer innovationsfördernden Unternehmenskultur findet im Spannungsfeld zwischen dem auf der Basis einer Ist-Analyse ermittelten Status quo und dem definierten Soll-Zustand statt. Allgemeine Empfehlungen beziehen sich auf verschiedene Felder des Unternehmens (vgl. Abbildung).

---

[383] Vgl. Kapitel 3.2 Theorien des organisationalen Lernens.

[384] Goffin/Herstatt/Mitchell (2009), S. 448.

Abbildung 4.32 Empfehlungen für die Gestaltung der Innovationskultur[385]

Nr.	Kulturaspekte	Gestaltungsmöglichkeiten
1	Organisationsstrukturen:	
	marktorientierte Strukturen; wiederholte Umstrukturierungen;	Ausrichtung des Unternehmens auf Märkte und Kunden, so bleiben Großunternehmen flexibel und anpassungsfähig;
	Teams;	Autonome Teams sind die beste Methode zur Erzielung radikaler Innovationen;
	Innovationsmanager.	Spezifische Position eines Innovationsmanagers, der als Galionsfigur wirkt und für Innovationsprozesse zuständig ist.
2	Machtstrukturen:	
	Schulungen;	Schulungen für abteilungsübergreifende Arbeit und interdisziplinäre Vorgehensweise, Führungsworkshops für Manager;
	funktionsübergreifende Rotation.	Management funktionsübergreifender Grenzlinien durch Rotation.
3	Symbole:	
	Kommunikation;	Innovationsfokus in interner und externer Kommunikation; Aktualisierung von Logos, Slogans, Bildschirmschoner u.a.;
	Ausstellen von Innovationserfolg, Produkten;	Sichtbarkeit von Innovationen und Erfolgen in Arbeits- und Empfangsbereichen, in der Kantine;
	Symbolische Anerkennung, Auszeichnung.	Tafeln, Zertifikate und Anerkennungen für innovative Mitarbeiter.
4	Geschichten:	Mit Geschichten und Anekdoten aus der Vergangenheit des Unternehmens können zukünftige Innovationen inspiriert werden.
5	Routinen und Rituale:	
	Förderung neuer Ideen zur Produkt- und Prozessoptimierung;	Fresh Eye-Programme – Meinungen neuer Mitarbeiter über das Geschäft erfassen. Herausforderung durch interessante Aufgaben;
	Fehlertoleranz.	Auch ein Misserfolg ist ein wichtiges Produkt; Vermeidung von negativer Kritik („war ein guter Versuch").
6	Kontrollsysteme:	
	Prozesse;	Einführung von halbstandardisierten Innovationsprozessen; Systeme zur Förderung unternehmerischen Denkens;
	Messgrößen;	Unternehmensziele und Erfolgskriterien über alle Hierarchieebenen kommunizieren;
	Belohnung und Anerkennung.	Belohnung, Anerkennung, Lob eng mit Innovationsarbeit verknüpfen.

Die Maßnahmen betreffen Organisations- und Machtstrukturen des Unternehmens, seine Symbole, Geschichten, Routinen und Rituale sowie Kontrollsysteme. Für den Erfolg der Gestaltungsmaßnahmen ist eine systematische Vorgehensweise nötig, die verschiedene Maßnahmen kombiniert, und langfristig ausgerichtet ist. Diese Handlungsempfehlungen sollten in den Kontext jedes einzelnen Unternehmens und entsprechend seiner individuellen Innovationsstrategie implementiert werden.

4.13.2 Innovationsfördernde Führung

Führungskräfte spielen in der Innovationsarbeit eine außerordentlich wichtige Rolle: Sie dienen als Vorbilder, leben die innovationsfördernde Unternehmenskultur vor, sorgen für ein kreativitätsförderndes Klima, kommunizieren Innovationsziele, geben Feedback bezüglich neuer Ideen und unterstützen ihre Verwirklichung.

---

[385] Vgl. Goffin/Herstatt/Mitchell (2009), S. 448 ff.

Der Erfolg des Einsatzes von Führungsinstrumenten in der Innovationsarbeit hängt von den Menschenbildern einer Führungskraft ab. Nur vor dem Hintergrund einer positiven Annahme über die Natur des Menschen können spezifische Führungsinstrumente zum Erfolg führen.

4.13.2.1 Annahmen über Menschen

Positive Annahmen über den Menschen bilden eine notwendige Basis für die innovationsfördernde Führung. Dieses positive Menschenbild könnte auf der Grundlage des Konzeptes des „komplexen Menschen" nach Edgar Schein in folgende Annahmen münden:[386]

- Menschen sind veränderungsfähig. Ihre Bedürfnisse, Interessen und Motive ändern sich in Abhängigkeit von Lebensabschnitten, Situationen und Anreizen.
- Menschen sind lernfähig. Sie entwickeln neue Verhaltensmuster und Motivationsstrukturen aufgrund von Erfahrungen, Vorbildern und Einsichten.
- Menschen sind Individuen und erfordern individuelle Führung, die ihre Besonderheiten (Fähigkeiten, Motive, Aufgabenstellungen, Reifegrad usw.) berücksichtigt.

Die moderne Arbeitspsychologie lehnt das Modell „Homo oeconomicus" als primitiv und einseitig ab, stattdessen werden Emotionen und Intuition als relevante Entscheidungsfaktoren angesehen. Diese gelten ebenfalls für die Innovationsarbeit. Eine freundliche, angenehme Arbeitsatmosphäre, Freiräume für Initiative und Eigenverantwortung, Wertschätzung der Individualität motivieren zur Ideenarbeit viel mehr, als materielle Anreize. Neugierde und Experimentierlust regen Ideen an und entstehen nur in angstfreier Umgebung, in der Zusammenarbeit mit engagierten Kollegen und begeisterungsfähigen Führungskräften.

4.13.2.2 Innovationsförderliche Führungsinstrumente

Zu den verbreiteten innovationsfördernden Führungsinstrumenten zählen Instrumente der Information, Partizipation, Motivation und Personalentwicklung.

Eine umfassende, zeitgerechte und glaubwürdige Information über Innovationsarbeit spielt eine wichtige Rolle. Die Vision des Unternehmens und seine strategische Ausrichtung sollten jedem Mitarbeiter bekannt sein, genauso wie die konkreten Ziele der Innovationsarbeit. Auch die Erfolge des Innovationsmanagements und seine Champions müssen breit kommuniziert werden.

Zu den Instrumenten der Partizipation gehören kooperative Entscheidungsprozesse, partnerschaftliches Verhältnis zwischen den Führungskräften und Untergebenen, überwiegend kooperativer oder delegativer Führungsstil mit einem hohen Beteiligungsgrad der Mitarbeiter an Entscheidungen, selbstgesteuerte Umsetzung und Selbstkontrolle.

---

[386] Vgl. Thom (2007), S. 11.

Motivation zur Innovationsarbeit kann auf verschiedenen Wegen zustande kommen. Die intrinsische Motivation entsteht durch Interesse, Neugierde, herausfordernde Aufgaben, Lust am Lernen und Experimentieren. Sie kann durch Freiräume, Fehlertoleranz und Wertschätzung der Leistung gestärkt werden. Die extrinsische Motivation erfordert spezielle Anreize, die in Form von leistungsabhängiger Entlohnung, Prämien, Erfolgsbeteiligung, Geschenken, Auszeichnungen oder Aufstiegschancen gewährt werden können. Darüber hinaus wirken Mitarbeitergespräche motivierend, in denen Feedback und Anerkennung gegeben wird.

Auch die Aus- und Weiterbildungsaktivitäten haben für die Anregung der Kreativität und Innovation eine große Bedeutung. Insbesondere Workshops zu Kreativitätstechniken und Methoden der Ideenarbeit können helfen, die Potenziale der Mitarbeiter zu erkennen und zu entwickeln.

4.13.3 Barrieren in der Innovationsarbeit

Von dem Begründer des Innovationsmanagements Schumpeter wurden Innovationen als schöpferische Zerstörung bezeichnet: Was vorher als wertvoll, wichtig, ökonomisch erfolgsversprechend galt, wird für veraltet erklärt und durch neue Lösungen ersetzt. Ressourcen werden umverteilt, Arbeitsabläufe neu gestaltet. Diese Umwälzungen rufen bei vielen Gruppen und Individuen in Unternehmen Unzufriedenheit und Widerstand hervor.

Die Verlierer des Innovationsprozesses fürchten, dass ihre bisherigen Kompetenzen durch eine Neuerung wertlos werden oder ihre Einflusschancen vermindert werden. Was für den Einen nützlich ist, kann zum Nachteil Anderer werden – und für Dritte wiederum völlig belanglos sein. In der Praxis äußern sich diese Konflikte oft verdeckt in Form von innerbetrieblichen Barrieren, die überwunden werden müssen, um einer innovativen Idee zum Durchbruch zu verhelfen.[387]

Zu den typischen, oft vorkommenden Barrieren zählen personelle, technische und organisatorische Innovationswiderstände.[388]

Die erste Gruppe bilden **personell bedingte Innovationswiderstände**. Da Innovationen immer eine Veränderung des Status quo bedeuten, führen Akzeptanzprobleme oft zu erheblichen Problemen. Die betroffenen Mitarbeiter sind nicht willens, die Optionen von Innovationen zu nutzen, und verschließen sich der Entwicklung zur Absicherung der eigenen Position. Neben diesen Willensbarrieren (**nicht-Wollen**) kann es bei personellen Widerständen auch um die Fähigkeitsbarrieren (**nicht-Können**) und Ermöglichungsbarrieren (**nicht-Dürfen**) gehen. Oft werden Veränderungen vorangetrieben, die heute noch nicht vorhandene Kompetenzen voraussetzen. Der vorbeugenden bzw. flankierenden

---

[387] Carell/Euteneuer (2007), S. 23.

[388] Vgl. Kriegesmann (2007), S. 144 f.

Personalentwicklung für Innovationen kommt daher eine Schlüsselrolle zu. Darüber hinaus müssen Handlungsspielräume für Innovationsarbeit geschaffen werden, die es den Mitarbeitern ermöglichen, sich mit neuen Ideen zu beschäftigen.

Technisch bedingte Innovationswiderstände kommen zustande, wenn die Umsetzung von Innovationen an fehlenden oder inkompatiblen Fertigungstechnologien scheitert. Die vielfach geforderte, unter dem Begriff Simultaneous Engineering populär gewordene parallele Entwicklung von Produkt- und Prozesstechnologien stellt im betrieblichen Alltag noch lange keine Selbstverständlichkeit dar. Die verspätete Auseinandersetzung mit Produktionsproblemen führt unter Zeitdruck oftmals zu suboptimalen Lösungen. Entscheidend ist deshalb, sich frühzeitig mit der erforderlichen Produktionstechnik auseinanderzusetzen. Im Vordergrund steht dabei die Kompatibilität der Technologien: Die jeweilige Fertigungs- bzw. Verfahrenstechnologie muss sich für die Integration in das vorhandene Personal-, Technik- und Organisationssystem eignen.

Organisatorisch bedingte Innovationswiderstände ergeben sich aus der Betroffenheit des gesamten innovierenden Systems bei Änderungen. Innovation erstreckt sich auf das Zusammenwirken unterschiedlicher Akteure und Abteilungen im Unternehmen: Sowohl die Entwicklung und Produktion, als auch die Vermarktung einer Innovation erfordern in hohem Maße eine Neuordnung von Prozessen, Strukturen und Regelungen des Unternehmens. Der Übergang auf eine neue Produkttechnologie führt praktisch zu einem radikalen Umbau des Unternehmens. Bei der Vorbereitung der Innovation sollte man neben der Änderung der Fertigungstechnologie auch neue Mitarbeiterkompetenzen und die Reorganisation unterstützender Prozesse durchdenken.

Extern bedingte Innovationswiderstände kommen dadurch zustande, dass eine Innovation eine Neuordnung von Marktverhältnissen erfordern kann. Dazu zählen Veränderungen bei der Materialbeschaffung und in den Lieferantenbeziehungen. Bei den Kunden können neue Anwendungsbedingungen und -schwierigkeiten entstehen. Oftmals scheitern Innovationen, weil die Integrationsfähigkeit der eigenen Angebote in die personellen, organisatorischen und technischen Konfigurationen des Kunden nicht ausreichend bedacht wird. Eine rechtzeitige Berücksichtigung dieser Komplikationen und die Einbeziehung von Lieferanten und Kunden in den Innovationsprozess helfen, diese Widerstände abzubauen.

Diese Innovationswiderstände stellen Problembereiche dar, mit denen sich jedes innovierende Unternehmen zu beschäftigen hat.

4.13.4 Rollen und Promotoren im Innovationsprozess

Eine reibungsvolle, konstruktive Zusammenarbeit von Menschen im Innovationsprozess trägt zum Erfolg von Innovationen bei, deswegen ist die personelle Rollenbesetzung eine ernsthafte Angelegenheit. Man kann grundsätzlich folgende Rollen in der Innovationsarbeit definieren:[389]

- Der Ideengeber – eine kreative Erfinderpersönlichkeit oder eine Person mit Gespür für den Zeitgeist;
- Der Intrapreneur – ein Promotor der Innovation, der diese Aufgabe nicht als Auftrag von oben, sondern als freiwillige Selbstverpflichtung aus Überzeugung übernimmt;
- Der Klimamacher – eine Führungskraft, die das geeignete Klima mit hinreichenden Freiräumen und Offenheit schafft;
- Das Team, das Ideen entwickelt, bewertet und in Prototyp und Produkt umsetzt;
- Der Sponsor – eine Person im Unternehmen, die aufgrund ihrer Stellung und Autorität bei der Beschaffung von Ressourcen und Freiraum hilft.

Alle diese Rollen sind für die erfolgreiche Innovationsarbeit unentbehrlich und sollen richtig besetzt sein. Insbesondere hervorzuheben ist die Rolle eines **Intrapreneurs**. Er soll selbstständig Pläne entwickeln, Ressourcen im Unternehmen beschaffen, das Team zusammenhalten und das Management motivieren. Damit braucht ein Intrapreneur sowohl kreativ-visionäre als auch tatkräftig-analytische Eigenschaften.[390]

Oft wird in Verbindung mit Innovationsarbeit von **Promotoren** gesprochen, die einen Innovationsprozess aktiv und intensiv unter Einsatz von besonderem Engagement fördern. Hauptaufgabe der Promotoren ist es, Willens- und Fähigkeitsbarrieren der Mitarbeiter im Zusammenhang mit Innovationsprozessen abzubauen und zu überwinden. In der Regel wird zwischen Fach-, Macht- Prozess- und Beziehungspromotoren als Hauptakteuren des Innovationsprozesses unterschieden.[391]

- Der **Machtpromotor** beeinflusst einen Veränderungs- oder Innovationsprozess aufgrund seiner hierarchisch legitimierten Macht. Er hat eine höherrangige Position in der Aufbauorganisation inne und kann Ressourcen für seine Belange frei einteilen. Durch seine Stellung in der Hierarchie ist der Machtpromotor einerseits in der Lage Opponenten mit Sanktionen zu belegen, andererseits kann er Innovationswillige schützen und unterstützen. Die Hauptaufgabe des Machtpromotors ist Überzeugungs- und Begeisterungsarbeit durch Belohnungen und Anreize aller Art.
- Der **Fachpromotor** beeinflusst einen Veränderungsprozess durch sein objektspezifisches Fach- und Methodenwissen. Seine hierarchische Position in der Aufbauorganisation ist dabei unerheblich, da er die Mitglieder der Organisation dadurch nicht beeinflussen kann. Fachpromotoren entstehen oft aus Linienpositionen aufgrund ihrer Nähe zu technischen Neuheiten im Arbeitsalltag. Sie sind vor allem Wissensgeber, die den Innovationsprozess vorantreiben und Lösungsansätze entwickeln.

---

[389] Vgl. Pinchot/Pellman (1999).

[390] Vgl. Willmanns/Hehl (2009), S. 24.

[391] In Anlehnung an Hauschild (2004).

- Der **Prozesspromotor** zeichnet sich durch die besondere Kenntnis der Organisationsstruktur des Unternehmens aus. Er stellt Kontakte und Verbindungen zwischen den Macht- und Fachpromotoren und deren Umwelt außerhalb der Unternehmung her. Der Prozesspromotor wirkt als Koordinator des Innovationsprozesses.

- Der **Beziehungspromotor** ist dadurch gekennzeichnet, dass er über ein weit verzweigtes Netzwerk von persönlichen Kontakten verfügt, mit dem Großteil des Unternehmens gute und freundschaftliche Beziehungen pflegt und durch alle Hierarchie-Schichten hindurch akzeptiert und respektiert wird. Er ist in der Lage, neue Netze nach innen und nach außen zu spannen und so den Innovationsprozess zu unterstützen.

Die optimale Form ist eine Kombination von Macht- und Fachpromotor entweder in einer Person oder durch eine enge Verflechtung zweier Personen im Unternehmen. In diesem Fall hat der Promotor sowohl auf hierarchischer als auch auf fachlicher Ebene die Macht und das notwendige Wissen, um Prozessgegner zu sanktionieren und Innovationsfreunde zu belohnen. Eine Ergänzung durch einen Prozess- und einen Beziehungspromotor wirkt sich zusätzlich innovationsunterstützend aus.

4.14 Innovationsperformance und ihre Steigerung

Angesichts der immer spezifischer werdenden Kundenbedürfnisse in gesättigten Käufermärkten und zunehmend kürzeren Produktlebenszyklen, können nur diejenigen Unternehmen langfristig erfolgreich sein, die in der Lage sind, schneller als Konkurrenten innovative Produkte einzuführen und innovative Prozesse im Unternehmen zu implementieren. Die Innovationsfähigkeit eines Unternehmens wird daher zunehmend wichtiger. Wie Unternehmen ihre Innovationsperformance messen und steigern können, wird in diesem Kapitel diskutiert.

4.14.1 Begriff und Indikatoren der Innovationsperformance

Die Fähigkeit eines Unternehmens zu erfolgreicher Innovation – Innovationsperformance – ist eine der wichtigsten Eigenschaften für seinen nachhaltigen Erfolg. In der einschlägigen Literatur und Unternehmenspraxis gibt es verschiedene Begriffe zur Bewertung der Innovationsperformance wie Innovationsfähigkeit, Innovationsvermögen und Innovationskompetenz. Trotz der Vielfalt der Ansätze gibt es nur wenige repräsentative Belege für die Wirksamkeit einzelner Faktoren und für ihre Wirtschaftlichkeit.

Zugleich gibt es erprobte Indikatoren, die die Innovationsperformance eines Unternehmens objektiv messen können, wie:

- Der Anteil von neuen Produkten (nicht älter als 3 Jahre) am Umsatz;

- F&E-Ausgaben (im Prozent des Umsatzes);

- Anzahl laufender Innovationsprojekte;

- Anzahl von Ideen (Verbesserungsvorschlägen) pro Beschäftigten.

Insbesondere der Anteil von neuen Produkten am aktuellen Umsatz („Freshness Index“) korreliert recht gut mit Wachstum und Profitabilität von Unternehmen.[392]

Eine Umfrage von IBM und dem amerikanischen Institut APQC (das amerikanische Zentrum für Produktivität und Qualität) bei 150 Unternehmen aus dem Jahr 2006 zeigt die wichtigsten Instrumente zur Messung der Innovation und ihrer praktischen Wirksamkeit (s. folgende Abbildung). Die Prozentangaben sind die positiven Antworten auf die Frage „Wie effektiv ist diese Metrik in Ihrer Organisation zum Messen von Innovation?“ Neben den oben genannten erprobten Indikatoren der Innovationsperformance sind nach Meinung von Experten mehrere zeitbezogene Faktoren wie Time-to-Market, Zeit für Auftragserfüllung, Dauer bis zur Profitabilität (Time to Profit) sowie Zeit bis zur Reaktion auf eine erkannte Geschäftschance kennzeichnend. Die eher subjektiven Indikatoren wie Kundenzufriedenheit und interdisziplinäre Teamarbeit spielen für die Innovationsperformance ebenfalls eine bedeutende Rolle.

Abbildung 4.33 Messkriterien der Innovation in der IBM/APQC-Firmenstudie[393]

Nr.	Gemessene Eigenschaft	Positive Bewertung, %
1	Kundenfeedback zur Attraktivität von Produkt/Dienst	61,9
2	F&E-Ausgaben (vom Umsatz)	47,1
3	Anteil Umsatz und Gewinn durch neue Produkte/Dienste	44,4
4	Time-to-Market für neue Produkte/Dienste	44,3
5	Interdisziplinäre Teamarbeit	44,2
6	Anzahl der laufenden Innovationsprojekte	43,7
7	Ertragswachstum (jährlich)	42,4
8	Zeit für Auftragserfüllung	41,7
9	Dauer bis zur Profitabilität neuer Produkte/Dienste	40,9
10	Zeit bis zur Reaktion auf eine erkannte Geschäftschance	40,7

Besonders wichtig für die Innovationsarbeit in Unternehmen ist die Frage, welche Faktoren sich positiv auf den Erfolg von Innovationen auswirken. Auch wenn die Best Practices nicht einfach von einem auf das andere Unternehmen übertragen werden können, macht es Sinn, die allgemeinen Erfolgsfaktoren zu analysieren.

[392] Vgl. Willmanns/Hehl (2009), S. 49.

[393] Ebd., S. 48.

Die relevanten Erfolgsfaktoren wurden in einigen repräsentativen Untersuchungen identifiziert. Eine der bekanntesten Erfolgsfaktorenstudien ist die NewProd-Untersuchung von Cooper/Kleinschmidt, in der innerhalb von 25 Jahren mehr als 2000 Produktinnovationen analysiert worden sind. Als Ergebnis identifizierte Cooper eine Reihe kritischer Erfolgsfaktoren, welche den Unterschied zwischen Erfolg und Misserfolg der Produktinnovation ausmachen (vgl. folgende Abbildung).

Abbildung 4.34 Erfolgsfaktoren bei Produktinnovationen[394]

Faktorengruppen	Eigenschaften
Leistung	Einzigartige, differenzierte Leistungen mit einem hohen Kundennutzen
Markt	Umfassende Marktorientierung während des Entwicklungsprozesses
	Internationale Ausrichtung bei der Produktentwicklung
	Marktattraktivität als Entscheidungsfaktor
Prozess	Implementierung eines klar gegliederten Innovationsprozesses
	Systematisches Vorgehen in frühen Entwicklungsphasen
	Klare und frühzeitige Projekt- und Produktdefinition (Lastenheft)
	Frühzeitige Entwicklung von Marketingkonzept und Markteinführung
	Systematische Bewertung einzelner Schritte
Strategie und Organisation	Interdisziplinäre Zusammenarbeit
	Innovationsstrategie und Unterstützung durch das Top Management
	Zielgerichtete Ressourcenzuweisung für Innovation
	Nutzung von Synergien in allen relevanten Bereichen und Disziplinen

Diese Ergebnisse demonstrieren, dass der Erfolg von Innovationen auf ein Bündel von Faktoren zurückgeht. Es bedarf einer kontinuierlichen Gestaltung des Produktes (der Leistung), bei der Market-Pull- und Technology-Push-Ansätze kombiniert werden, ergänzt durch eine von dem Top Management vorgelebte Innovationsstrategie und interdisziplinäre Organisation der Innovationsarbeit.

In einer Studie von Pinchot/Pellman in den USA wurden 19 Faktoren für die Fähigkeit zur Innovation identifiziert, die wichtigsten davon sind:[395]

- Durchdringung des Teams mit Vision und Strategie des Unternehmens (und deren Akzeptanz), Ausrichtung auf die Zukunft;
- Toleranz für Fehler;
- Unterstützung für interne Unternehmer;

394 Cooper (2002), S. 86, zitiert nach Gaubinger (2009), S. 11.

395 Willmanns/Hehl (2009), S. 49.

- Stabile Teamarbeit über Bereichsgrenzen hinweg;
- Verfügbare Zeit für Innovation;
- Kundenorientierung;
- Aufbau des positiven sozialen Klima.

Zusammenfassend kann man feststellen, dass die genannten Merkmale den Grad der Freiheit, Partizipation und Zusammengehörigkeit beschreiben. Diese Auflistung bestätigt die Tatsache, dass die weichen Faktoren der Unternehmensführung harte wirtschaftliche Folgen haben können.

4.14.2 Steigerung der Innovationsperformance

Aus einigen Quellen sind positive Zusammenhänge zwischen der Innovationsarbeit und wirtschaftlichen Kennzahlen von Unternehmen bekannt.[396] Deswegen betrachten viele Unternehmen die Steigerung der Innovationskompetenz als ein wichtiges strategisches Ziel.

Aus der Diskussion über die Messkriterien und Erfolgsfaktoren der Innovation können die Wege zur Steigerung der Innovationskompetenz von Unternehmen abgeleitet werden. Allerdings sind viele dieser Maßnahmen nur schwer realisierbar, da in der Praxis viele Barrieren und Stolpersteine vorkommen. Das größte Problem ist der Widerspruch zwischen den Routineaufgaben und Ideenarbeit, oder auch zwischen kurz- und langfristigen Zielen. Innovationen sind in die Zukunft gerichtet, und werden – wenn überhaupt – erst viel später Gewinn bringen. Und die kurzfristigen Ziele und Aufgaben sind dringend zu erledigen und werden deswegen als Priorität behandelt. Im Endeffekt fehlt es an Ressourcen und Zeit für die Beschäftigung mit der Zukunft.

Eine Studie der Beratungsgesellschaft Arthur D. Little mit forschungsintensiven Fertigungsunternehmen, darunter Phillips, Renault, Nestlé, ABB, Audi, 3M, Nokia, BASF und BMW, hat drei wichtige Bestrebungen im Innovationsprozess dieser Konzerne identifiziert:

- Entwicklung von nahtlosen Innovationsprozessen, die die Barrieren zwischen den Abteilungen F&E, Fertigung und Marketing beseitigen;
- Ausrichtung der F&E auf die ausgeprägte Vermarktung der Innovationen;
- Trend zu Open Innovation, vor allem die Erschließung von externen technologischen Ideenquellen.[397]

---

[396] Vgl. Cooper (2002), S. 46 ff.

[397] Vgl. Goffin/Herstatt/Mitchel (2009), S. 26.

Diese Prioritäten können als allgemeine Entwicklungstrends für die Steigerung der Innovationsperformance in Großunternehmen bezeichnet werden. Die Maßnahmen und Instrumente der Förderung von Innovationskompetenz sind von Unternehmen zu Unternehmen unterschiedlich und variieren je nach Größe, Branche, Innovationsstrategie und Unternehmenskultur.

4.14.3 Ansätze zur Steigerung der Innovationsperformance in Großunternehmen

Unternehmen strengen sich an, ihre Innovationsperformance zu verbessern, und gehen dabei verschiedene Wege. Einige Konzerne setzen auf finanzielle Kennzahlen und Messkriterien, andere auf die Motivation der Mitarbeiter und Schaffen einer positiven Unternehmenskultur. Anhand einiger Beispiele wird die Vielfalt der Ansätze gezeigt. Zu den innovativsten Unternehmen im Bereich Pharmaindustrie zählt der Bayer Konzern, der sich durch hohe F&E-Ausgaben und einen hohen Anteil neu eigenentwickelter Produkte am Umsatz auszeichnet.

Organisation der Innovationsarbeit im Bayer-Konzern

Der Bayer-Konzern bezeichnet sich als ein „wissenschaftlich orientiertes Erfinderunternehmen". Im Jahr 2008 wurden 2,7 Mrd. Euro für Forschung und Entwicklung aufgewendet, 12 Tausend Mitarbeiter forschen auf allen Kontinenten. Der Umsatzanteil an patentgeschützten Produkten liegt bei 40%, allein im Jahr 2008 wurden 649 Patente angemeldet.

Mit dem Innovationsmanagement beschäftigen sich im Bayer-Konzern verschiedene Einheiten. Jeder Teilkonzern (HealthCare, CropScience und MaterialScience) hat eine eigene F&E; die Bayer Technology Services bearbeitet Plattform- und Basistechnologien; die Bayer Innovation GmbH ist für die Entwicklung neuer Geschäftsideen außerhalb der Kernaktivitäten zuständig. Die Koordination aller Innovationsaktivitäten obliegt dem Vorstand für Innovation, Technologie und Umwelt der Bayer AG.

Im Rahmen der Open Innovation werden weltweit mehr als 800 wissenschaftliche Kooperationen mit Forschungsinstituten und Hochschulen gepflegt. F&E-Projekte werden interdisziplinär ausgerichtet und verwenden standardisierte Instrumente für Ideen- und Projektbewertung. Zur Förderung des Wissensmanagements im Sinne einer lernenden Organisation werden ein informeller Austausch und die Vernetzung der Projektleiter unterstützt. Eine Best-Practice-Sammlung aus Innovationsprojekten ist für alle zugänglich. 2007 wurde bei Bayer die Innovationsoffensive „Triple-i: Inspirationen, Ideen, Innovationen" ins Leben gerufen, bei der mehr als 8.500 Vorschläge für neue Produkte und Anwendungen eingereicht wurden. Einige Ansätze, z.B. die Verwendung von Polycarbonat im Bootsbau und in Sportgeräten, konnten bereits erfolgreich im Markt eingeführt werden. Parallel dazu existiert bei Bayer ein klassisches BVW, bei dem es primär um Verbesserungen in Prozessen und Abläufen geht.[398]

Ein weiteres Beispiel eines überdurchschnittlich erfolgreichen Innovationsmanagements ist der Konzern 3M, der harte und weiche Faktoren der Innovationsarbeit kombiniert und zu einer Legende der Innovation geworden ist.

Messung des Innovationsgrades und die Zeit für Ideenarbeit bei 3M

Das 1902 in den USA gegründete Unternehmen 3M ist zu einem Weltkonzern mit 75.000 Mitarbeitern in 65 Ländern der Welt geworden. Als einzigartige Stärke des Konzerns gilt die kombinierte Nutzung von 45 eigenen Technologieplattformen, die immer wieder erfolgreiche Produkte und neue Anwendungslösungen für Kunden schafft: von medizinischen Produkten, Lösungen zur Verkehrssicherheit, Büroprodukten, Schleifmitteln bis hin zu hoch innovativen Klebstoffen. Das Portfolio des Unternehmens zählt mehr als 60 Tausend Produkte. 3M hat eine ganze Reihe von Initiativen angeschoben, um Innovation zu beschleunigen. 2010 hat 3M eine neue und in Deutschland bislang einzigartige Internetplattform ins Leben gerufen: Unter „die-erfinder.com" erhalten Unternehmen, Institutionen und Interessierte Informationen, praktische Beispiele und Anregungen, wie sich die Innovationskultur in einem Unternehmen verbessern lässt, die auf Erfahrungen von 3M basieren. Ein aktuelles Thema dieser Homepage ist gerade (Januar 2011) „Wann rechnet sich der Ideenreichtum? – Kennzahlen geben Auskunft".

Bei 3M ist das Aufspüren von nicht artikulierten Kundenproblemen selbstverständliche Aufgabe aller Mitarbeiter, egal ob aus Vertrieb, Marketing oder Entwicklung. Das Ergebnis: 3M besitzt die Rechte an rund 26.000 Patenten. Der Eckpfeiler des Innovationsmanagements ist eine bewusste Messung der Innovationsperformance, vor allem nach dem Freshness Index. 30 Prozent des Umsatzes wurden 2010 mit Produkten erzielt, die jünger sind als fünf Jahre. Zielsetzung für 2015 ist es, diesen Umsatzanteil auf 40 Prozent zu erhöhen. Die Verwendung finanzieller Messgrößen wird mit einer systematischen Förderung der Kreativität und Innovation kombiniert. Mitarbeiter des Unternehmens dürfen 10 bis 15 Prozent ihrer Arbeitszeit auf Ideen und Projekte verwenden, die sie selber entwickelt haben. Ideen, die in dieser „freien" Zeit entstanden sind und vorangetrieben wurden, können für eine Sonderfinanzierung nominiert werden.[399]

Der Erfolg der Zeitregel von 3M für neue Ideen hat zu ihrer Verbreitung beigetragen. Eine ähnliche Zeitregelung ist unter Begriff „20%-Regel" von Google bekannt und wird in einigen weiteren Großunternehmen praktiziert. Allerdings sollten positive Erfahrungen anderer Unternehmen unter Berücksichtigung eigener Besonderheiten übertragen werden, was am Beispiel von Evotec gezeigt wird.

---

[398] Vgl. Schewe (2010), S. 31-34.

[399] Vgl. 3M Deutschland (2010), 3M Pressnet (2010).

Einführung der Zeitregel bei Evotec

Angeregt durch die positiven Erfahrungen von 3M, haben einige Unternehmensberater dem deutschen Chemie- und Pharmadienstleister Evotec empfohlen, die Regel von 3M zu übernehmen und jedem F&E-Mitarbeiter 10-15 Prozent seiner Arbeitszeit für die Verfolgung eigener Projekte zu gewähren. Die Unternehmensleitung war jedoch skeptisch, ob dieser Ansatz bei der riesigen Zeitinvestition genug Rendite bringen wird. Die Idee wurde modifiziert: Den leistungsstarken Mitarbeitern, die von ihren Kollegen ausgewählt wurden, wurden ein Jahr lang 10 Prozent ihrer Arbeitszeit zur Verfolgung eigener Projekte eingeräumt. Damit mussten sich die auserwählten Spezialisten ihren Kollegen gegenüber beweisen. Im Endeffekt sind aus diesen „persönlichen" Projekten der selektierten Spitzenleister außerordentlich profitable Ideen für das Unternehmen entstanden.[400]

Gemeinsam für die meisten innovativen Großunternehmen ist eine organisierte, systematische Innovationsarbeit, die von einer speziellen Gruppe (meistens einer Stabstelle) für Innovationsmanagement koordiniert wird. Darüber hinaus verfügen Großunternehmen über eine institutionalisierte Zukunfts- und Trendforschung sowie über ein Ideenmanagement (als BVW, KVP oder meistens Kombination aus beiden). Auch die digitale Unterstützung der Ideen- und Innovationsarbeit im Intranet, inklusive einer computergestützten Einreichung von Ideen und ihrer Verfolgung, einer Ideendatenbank, Wiki (oder Gelbe Seiten) und Wissensforen, ist für Großkonzerne üblich.

Die kleinen und mittleren Unternehmen (KMU) zeichnen sich dagegen durch mangelnde Ressourcen und Methodenkompetenz bei der Innovationsarbeit aus und verwenden in der Innovationstätigkeit meistens andere Ansätze.

4.14.4 Förderung der Innovationskompetenz von KMU

Die kleinen und mittleren Unternehmen (KMU) im Sinne der Definition der Europäischen Kommission beschäftigen bis 250 Mitarbeiter und erzielen einen Umsatz von unter 50 Mio. Euro pro Jahr. Nach aktuellen Statistiken des Instituts für Mittelstandsforschung in Bonn (IfM) machen die KMU rund 99,7 Prozent aller umsatzsteuerpflichtigen Unternehmen in Deutschland aus, in denen rund 66 Prozent aller sozialversicherungspflichtigen Beschäftigten angestellt sind, rund 38 Prozent aller Umsätze erwirtschaftet sowie 83 Prozent aller Auszubildenden ausgebildet werden.[401] Da die Anzahl und Bedeutung der KMU in Deutschland und Europa so groß ist, erscheint es wichtig, geeignete Methoden zur Förderung der Innovationskompetenz von KMU zu erläutern. Aktuelle Studien belegen, dass Innovations- und Ideenarbeit nur bei wenigen KMU systematisch betrieben werden, nur 30% der KMU nutzen bewusst die Methoden des Innovationsmanagements, lediglich 7%

[400] Vgl. Goffin/Herstatt/Mitchel (2009), S. 453.

[401] Vgl. IfM (2009).

haben ihre Innovationskraft überhaupt analysiert. Viele KMU können sich wegen knapper personeller und finanzieller Mittel keine speziellen Organisationseinheiten bzw. Stellen für Innovation und Ideenarbeit leisten. Sie haben auch keine eigene F&E-Abteilung. Erneuerungen werden oft von der Geschäftsführung initiiert oder von Wettbewerbern abgeguckt. Andererseits können viele KMU durch eine besondere Kundennähe und hohe Veränderungsbereitschaft sowie die Offenheit für Innovationskooperationen punkten. Durch intuitive Vorgehensweise und Kooperationen erreichen die KMU oft einen hohen Umsatzanteil mit neuen Produkten (Freshness Index). [402]

Abbildung 4.35 Typische Schwächen und Stärken der Innovationsarbeit in KMU

Typische Schwächen	Typische Stärken
- Chronischer Ressourcenmangel, - keine organisierte Innovations- und Ideenarbeit, - fehlende Methodenkompetenz bei Entwicklung und Bewertung von Ideen, - fehlendes System zur Erhebung von Kennzahlen der Innovation, - Mangel an kompetenten Fachkräften für Innovationsarbeit, - Mangelhafte Weiterbildung, insbesondere im Bereich der Kreativität.	+ Überschaubare Organisationsstrukturen und kurze Kommunikationswege, + Starke Kundenorientierung und Kundennähe, + überdurchschnittliche Flexibilität und Erneuerungsbereitschaft, + Offenheit für Ideen von außen, + Bereitschaft für Kooperationen (insbesondere in F&E und Innovationsarbeit), + Netzwerkarbeit.

Die KMU leiden unter einem chronischen Ressourcenmangel und können sich nur begrenzt eine organisierte Innovations- und Ideenarbeit leisten. Diese Situation wird durch die fehlende Methodenkompetenz in der Ideen- und Innovationsarbeit zusätzlich erschwert. Die Problematik des Fachkräftemangels trifft KMU noch stärker als Großunternehmen, da die KMU für qualifizierte Bewerber weniger attraktiv sind und kaum Mittel für Personalmarketing besitzen. Diese Nachteile gleichen KMU jedoch durch ihre überdurchschnittliche Kundenorientierung, Flexibilität und kurze Kommunikationswege sowie ihre Bereitschaft zur Kooperationen und Netzwerkarbeit aus. Eine ausgeprägte Anpassungsfähigkeit ermöglicht es den KMU, neue Marktbedarfe zu entdecken und schnell zu reagieren, was durch ihre überschaubaren Strukturen begünstigt wird. Viele KMU sind offen für die Ideen von außen und praktizieren Open Innovation im Rahmen von Unternehmenskooperationen, Verbänden und Netzwerken oder in der Zusammenarbeit mit Hochschulen.

Anhand analysierter Besonderheiten können praktische Empfehlungen für die Förderung der Innovationkompetenz in KMU formuliert werden:

[402] Vgl. Fraunhofer Institut (2007), Franken (2010a).

- Der erste und wichtigste Schritt für die Förderung der Innovationsperformance ist eine ernsthafte Entscheidung der Geschäftsführung, sich mit dem Thema bewusst zu beschäftigen. Diese Bereitschaft sollte durch eine klare Vision und konkrete Zielsetzung formalisiert und mit allen Mitarbeitern kommuniziert werden.
- Im zweiten Schritt ist es erforderlich, eine Situationsanalyse der Innovationsarbeit vorzunehmen, die notwendigen Maßnahmen zu ihrer Förderung abzuleiten sowie einen Verantwortlichen zu bestimmen (z.B. in Form eines Projektes).
- Es ist wichtig, langsam voranzugehen und jeden kleinen Erfolg zu kommunizieren. Da die Förderung der Innovationskompetenz ein komplexer, langwieriger Prozess ist, besteht die Gefahr, dass man ohne sichtbare Erfolgserlebnisse zu schnell aufgibt.
- Ein Ideenwettbewerb oder eine moderierte Zukunftswerkstatt mit engagierten Mitarbeitern können als Instrumente für die Ideenfindung eingesetzt werden.
- Ein klar beschriebener Innovationsprozess mit vordefinierten Schritten und Bewertungskriterien für Ideen (vorgefertigte Formulare und geeignete Expertengruppen) dienen als organisatorischer Rahmen.
- Die Unterstützung der Champions der Innovationsarbeit ist von besonderer Bedeutung. Dabei haben KMU einen Vorteil gegenüber Großkonzernen – übersichtliche Strukturen und direkte Kommunikation innerhalb des Unternehmens. Lob und Anerkennung der Ideengeber spielen im Innovationsprozess eine wichtige Rolle.
- Langfristig sollte Innovationsarbeit in Verbänden (Insbesondere Trend- und Marktforschung), zusammen mit Kunden, Lieferanten oder Hochschulen organisiert werden. Weitere Quellen für Ideen sind Messen, Veranstaltungen und Fachpublikationen. Auch von Praktikanten und Diplomanden mit ihrem frischen Blick kann man viel lernen und neue Impulse bekommen.
- Für KMU geeignet sind Gelbe Seiten zur Erfassung von Kompetenzen aller Mitarbeiter, Intranet und Foren zum Austausch von Ideen und Wissen sowie Dokumentation von Projektergebnissen. Darüber hinaus ist eine direkte Kommunikation über die Gruppen- und Abteilungsgrenzen hinweg wichtig, z.B. Betriebsfeier und -ausflüge, gemeinsames Mittagessen.
- Es ist notwendig an den Rahmenbedingungen für Kreativität, Lernen und Innovation zu arbeiten. Vertrauen, Partnerschaftlichkeit, Offenheit und Fehlertoleranz begünstigen Ideen und Innovationen.

So können KMU ihre Innovationskompetenz in kleinen Schritten und zu geringen Kosten fördern und gestalten. Diese Maßnahmen werden ähnlich, aber mit einem höheren Ressourceneinsatz, strukturiert und organisatorisch verankert in Großkonzernen durchgeführt. Sowohl in Großunternehmen als auch in KMU ist der Erfolg der Innovationsarbeit von ihrem systematischen, langfristigen Charakter und den Verbindungen zu der Wissensarbeit und Lernprozessen abhängig. Nur wenn man diese Prozesse ganzheitlich und integriert gestaltet, kann mit einer nachhaltigen Wettbewerbsfähigkeit und Innovationskompetenz gerechnet werden.

Ausblick

Globalisierung, technischer Fortschritt und hart umkämpfte Käufermärkte führen zu immer kürzeren Produktlebenszyklen, zu einer erheblichen Angebotsausweitung und einem enormen Veränderungs- und Innovationsdruck auf Unternehmen. Die IBM CEO Study 2010 stellt fest, dass Unternehmen derzeit einen tiefgreifenden Wandel erleben, da die Wirtschaftswelt von einer hohen Dynamik, zunehmenden Unsicherheit und Komplexität sowie einem kontinuierlichen strukturellen Wandel gekennzeichnet ist.[403] Nur ein Unternehmen, das in der Lage ist, seine Wissensbasis ständig zu aktualisieren, neue Ideen zu generieren und diese in marktfähige Geschäftsmodelle und Produkte sowie effiziente Prozesse und organisatorische Neuerungen umzusetzen, kann den Zukunftsherausforderungen der Wirtschaft und Gesellschaft standhalten.

Diese Entwicklungen bieten zugleich neue Chancen und Gelegenheiten, die intelligente Unternehmen wahrnehmen und nutzen sollen. Die IKT eröffnet phantastische Möglichkeiten für neue Geschäftsmodelle, innovative Produkte und Prozesse, erleichtert Unternehmensführung und -steuerung. Die neuen Akteure der Unternehmenswelt – die sogenannten Digital Natives – sind in Social Media und Foren zu Hause, bloggen und twittern, sind durchgehend erreichbar bzw. online und zeichnen sich durch eine besondere Offenheit im Umgang mit persönlichen Informationen aus. Diese Eigenschaften der Generation Y eröffnen neue Chancen für die Gestaltung des Wissens- und Innovationsmanagements in Form von Communities, Intranetforen, Social Media usw.

Wir haben versucht, in diesem Buch einen kurzen Überblick über die aktuellen Trends und ihre Auswirkungen auf Unternehmen und ihr Management zu geben und sowohl die Herausforderungen als auch die dadurch entstehenden Chancen aufzuzeigen. Mithilfe der dynamischen Begriffskette Wissen – Lernen – Innovation haben wir ein Konzept für ein ganzheitliches Wissens- und Innovationsmanagement entwickelt, das die Bereiche Wissensmanagement, Organisationales Lernen und Innovationsmanagement als Einheit betrachtet.

Das Konzept sollte nur so viel Theorie wie nötig und so viele praktische Anwendungen und Beispiele wie möglich beinhalten. Damit haben wir Ihnen, liebe Leserinnen und Leser, eine aktive, mitdenkende Rolle unterstellt. Gemäß der konstruktivistischen Sichtweise, die wir bewusst vertreten, sind wir alle Akteure und Schöpfer der Realität und für die Folgen unseren Tuns verantwortlich. Da das Wissen nicht übertragen, sondern nur in jedem einzelnen Kopf neu geschaffen werden kann, gehen wir davon aus, dass dieser Vorgang mit dem Lesen des Buches nicht abgeschlossen wurde, sondern nun in Ihren Köpfen weiterhin stattfindet und eine praktische Umsetzung in die Unternehmensrealität nach sich ziehen wird.

---

[403] Vgl. IBM (2010).

Wie können Sie die praktische Umsetzung des integrierten Wissens- und Innovationsmanagements in einem Unternehmen anpacken? Eine Hilfestellung findet sich in der Struktur des Buches: Egal, bei welchem Kapitel (Wissensmanagement, Organisationales Lernen oder Innovationsmanagement) Sie beginnen, die Querverweise und -verbindungen weisen auf weitere relevante Ausführungen in anderen Kapiteln hin, sodass Sie nicht umhin kommen können, das Ganze zu überblicken. So wurde es gemeint, um zu zeigen, dass die Bereiche der traditionellen Disziplinen zusammengehören.

So kann es auch bei der Gestaltung im Unternehmen aussehen: Bei einem beliebigen Bereich anfangen und nach und nach Verbindungen zu anderen Bereichen erstellen. So wird sich das Bild zu einem Ganzen entwickeln. Hat ein Unternehmen eine gut gestaltete Innovationsarbeit, aber es fehlen die Bereiche des Wissensmanagements und Lernens, so kann man anhand der Instrumente und Maßnahmen für Innovationsarbeit die fehlenden Teile nachbauen. Ist Wissensarbeit relativ fortgeschritten, so kann man darauf aufbauend die Instrumente des Lernens und der Innovation gestalten.

Für eine erfolgreiche Implementierung des integrierten Wissens- und Innovationsmanagements sind die Rahmenbedingungen und die Motivation der Beteiligten ausschlaggebend. In jedem der Hauptkapitel wurde die Wichtigkeit der Unternehmenskultur und Führungsinstrumente erläutert und die Möglichkeiten ihrer Förderung diskutiert. Praktiker in Unternehmen merken sehr schnell, dass gute Strategien und Pläne allein wenig bewirken, wenn es an Vertrauen mangelt oder Unternehmenskultur innovationshemmend ist. Perfekte Konzepte und Organisationsstrukturen, Digitalisierung und Vernetzung von Wissensbeständen und Experten garantieren weder Kreativität noch Innovation. Nur ein Verständnis des Menschen als Ideenschöpfer und Wissensarbeiter und eine kontinuierliche Arbeit an der kollektiven Intelligenz können zum Erfolg führen. Das Zauberwort dabei heißt Motivation. Wie bewege ich die neue Generation von Digital Natives, sich mit den Belangen des Unternehmens und mit neuen Ideen zu beschäftigen?

Auch hier sind neue und individuelle Lösungen gefragt. Der Wertewandel in der Gesellschaft hin zu Selbstverwirklichung und Entfaltung persönlicher Talente und Fähigkeiten, die Verschmelzung der Arbeits- und der Freizeit durch neue Arbeitszeitmodelle, Vernetzung und permanente Erreichbarkeit, die Zunahme des Anteils der hochqualifizierten Wissensarbeit an den Unternehmensaktivitäten sprechen für die neuen Motivationskonzepte. Vertrauen, Freiräume, Selbstorganisation, Zeit für eigene Ideen – das sind die Voraussetzungen für Wissen, Lernen und Kreativität.

Die Zukunft ist das, was wir aus ihr machen. Ob Sie sich in Ihrem Unternehmen nur auf die Anforderungen, Gefahren und Risiken der Zukunft konzentrieren oder die Veränderungen als eine Chance auffassen, ist Ihnen überlassen. Ob Sie als Antwort auf die steigende Dynamik und Komplexität ihre Arbeitsweise, ihre Meinungen, ihr Portfolio oder auch ihr Geschäftsmodell überdenken werden? Lernen Sie nur indem Sie sich anpassen oder überprüfen Sie Ziele und Strategien, vielleicht sogar Ihre Lernkonzepte?

Die Optionen der Zukunft sind offen, und wir entscheiden (aufgrund unseren Wissens), was wir daraus machen.

Anhang: Kontrollfragen und -aufgaben

Kapitel 1: Das Modell des integrierten Wissens- und Innovationsmanagements

1. Was verstehen Sie unter Unternehmen? Unter Management?
2. Beschreiben Sie die Anforderungen an die Unternehmen und Unternehmensführung in Zukunft.
3. Welche Chancen ergeben sich für Unternehmen aus der IKT?
4. Warum ist ein integriertes Wissens- und Innovationsmanagement notwendig?
5. In welchem Zusammenhang stehen die Begriffe Wissen, Lernen und Innovation zueinander?

Kapitel 2: Wissen und Wissensmanagement

1. Was verstehen Sie unter Wissen?
2. Definieren Sie drei Formen des Wissens.
3. Vergleichen Sie explizites und implizites Wissen.
4. Anhand welcher Kriterien kann Wissen bewertet werden?
5. Beschreiben Sie drei Grundtypen beim Wissensaustausch.
6. Wie entsteht kollektives Wissen? Charakterisieren Sie Kollektive Mentale Modelle (KMM).
7. Was wird unter der Wissensbasis eines Unternehmens verstanden?
8. Welche Wissensträger und Wissensformen gibt es in Unternehmen?
9. Definieren Sie Wissensmanagement und seine Funktionen.
10. Durch welche Besonderheiten zeichnet sich individuelle Wahrnehmung aus?
11. Wie findet die Wahrnehmung von Unternehmen statt? Nennen Sie drei Formen der Wahrnehmung von Unternehmen.
12. Skizzieren Sie Ihre Vorgehensweise für die Erstellung einer Wettbewerberanalyse für ein Logistikunternehmen.
13. Was ist RFID? Welche Potenziale bringt RFID für Unternehmen?
14. Beschreiben Sie das Konzept des „Internet der Dinge".
15. Wozu ist eine Standardisierung von Begriffen erforderlich?

16. Welchen Einfluss hat die Repräsentationsform des Wissens in Unternehmen auf die Gestaltung von Wissenssystemen? Beschreiben Sie Beispiele von Wissenssystemen für die verschiedenen Repräsentationsformen.
17. Welche Funktionen im Umgang mit dem Wissen übernehmen Wissenssysteme?
18. Welche Bedeutung hat das Vergessen von Wissen für Unternehmen?
19. Beschreiben Sie die Funktionsweise von Dokumentenmanagementsystemen.
20. Welche Rolle spielen Multiagentensysteme für die Planung und Steuerung des Handelns von Unternehmen? Wo liegen ihre Vorteile?
21. Was sind plansichernde Maßnahmen von Unternehmen?
22. Beschreiben Sie das Konzept der Real Time Planung.
23. Zu welchen Zwecken beschäftigt man sich mit dem Wert des Wissens eines Unternehmens?

Kapitel 3: Organisationales Lernen

1. Was versteht man unter Lernen?
2. Wie funktioniert der individuelle Lernprozess? Beschreiben Sie seine Phasen und Ergebnisse.
3. Erläutern Sie die Erkenntnisse des Behavioristen bezüglich des Lernens.
4. Beschreiben Sie klassisches und operantes Konditionieren (Lernen am Erfolg).
5. Erläutern Sie das Lernkonzept des Kognitivismus.
6. Welche kognitiven Fähigkeiten befähigen Menschen zum Lernen?
7. Charakterisieren Sie das Lernen am Modell und durch Einsicht.
8. Erläutern Sie das Lernkonzept des Konstruktivismus.
9. Beschreiben Sie die Rolle des Lehrers im Behaviorismus, Kognitivismus und Konstruktivismus.
10. Welche Rolle spielen die Rahmenbedingungen für den Erfolg des Lernens?
11. Beschreiben Sie die Prinzipien des gehirngerechten Lernens.
12. Welche Besonderheiten des Lernverhaltens werden den Digital Natives unterstellt?
13. Warum ist lebenslanges Lernen notwendig?
14. Vergleichen Sie formales, nicht formales und informelles Lernen.
15. Welche Effekte hat das Lernen in Gruppen?
16. Beschreiben Sie den lerntheoretischen Ansatz von Argyris und Schön und die drei

Lerntypen: single-loop-, double-loop- und deutero-learning.

17. Erläutern Sie die Theorie von P. Senge und die fünf Disziplinen der lernenden Organisation: Personal Mastery, mentale Modelle, gemeinsame Visionen, Teamlernen und Systemdenken.
18. Charakterisieren Sie die Wissensmanagementtheorie von Nonaka/Takeuchi: Wissensschaffung statt Wissensnutzung.
19. Beschreiben Sie die Phasen der Wissensumwandlung; Sozialisation, Externalisierung, Internalisierung und Kombination. Wie entsteht daraus die Wissensspirale?
20. Charakterisieren Sie die Bedingungen für Lernen nach Nonaka/Takeuchi.
21. Welche Rolle spielt für das organisationale Lernen die Hypertextorganisation?
22. Was versteht man unter dem organisationalen Lernen? In welchem Zusammenhang stehen individuelles und organisationales Lernen?
23. Beschreiben Sie die vier Ebenen des organisationalen Lernens: individuelle, Gruppen-, organisationale Ebene und Open Learning.
24. Nennen Sie Beispiele für formales und informelles Lernen in Unternehmen.
25. Erläutern Sie typische Formen des individuellen Lernens in Unternehmen.
26. Warum gewinnen web- und spielbasierte Instrumente des Lernens an Bedeutung?
27. Beschreiben Sie gängige Instrumente des Gruppenlernens in Unternehmen.
28. Wie gestaltet man eine erfolgreiche Community of Practice?
29. Erläutern Sie typische Maßnahmen des Lernens auf der organisationalen Ebene.
30. Charakterisieren Sie Open Learning und die Möglichkeiten seiner Gestaltung.

Kapitel 4: Innovationsmanagement

1. Definieren Sie den Begriff Innovation.
2. Beschreiben Sie verschiedene Typen von Innovationen nach Gegenstandbereich.
3. Vergleichen Sie Innovationen je nach Auslöser.
4. Welche Innovationsarten kann man nach dem Neuheitsgrad unterscheiden?
5. Charakterisieren Sie Merkmale einer Innovation.
6. Warum sind die Misserfolgsquoten von Innovationen so hoch? Welche Risiken sind dafür verantwortlich?
7. Welche Ziele werden mit Innovationen verfolgt? Was wird unter dem Zieldreieck der Innovation verstanden?

8. Worin besteht das Konzept Target Costing?
9. Welche Aufgaben und welche Dimensionen hat Innovationsmanagement?
10. Beschreiben Sie die Bedeutung und den Ablauf der Zukunfts- und Trendforschung in Unternehmen.
11. Was versteht man unter Innovationsstrategie? Wie wird sie entwickelt?
12. Vergleichen Sie die Konzepte der Closed und Open Innovation.
13. Erklären Sie die Anwendung der SWOT-Analyse für die Entwicklung der Innovationsstrategie.
14. Beschreiben Sie die Möglichkeiten der organisatorischen Eingliederung von Innovationsarbeit in Unternehmen.
15. Aus welchen Schritten besteht ein idealtypischer Innovationsprozess?
16. Erläutern Sie die Gestaltung der internen Ideenfindung in Unternehmen. Nennen Sie drei typische Instrumente.
17. Welche Akteure sind für die externe Ideenfindung besonders relevant?
18. Beschreiben Sie die Möglichkeiten der Integration des Kunden in Innovationsprozess, insbesondere die Lead User Methode.
19. Welche Vorteile und Risiken hat die Ideenfindung im Netzwerk?
20. Beschreiben Sie die gängigen Verfahren der Ideenbewertung.
21. Was wird unter Simultaneous Engineering verstanden?
22. Wie bereitet man die Markteinführung neuer Produkte vor?
23. Durch welche Merkmale zeichnet sich innovationsfördernde Unternehmenskultur aus?
24. Beschreiben Sie typische Barrieren in der Innovationsarbeit und die Methoden, diese zu überwinden.
25. Diskutieren Sie über Begriff und Indikatoren der Innovationsperformance.
26. Erläutern Sie die Methoden der Steigerung von Innovationsperformance in Großunternehmen. Belegen Sie Ihre Vorschläge mit Beispielen.
27. Welche Stärken und Schwächen haben KMU bei der Innovationsarbeit im Vergleich zu Großunternehmen?

Literaturverzeichnis

3M DEUTSCHLAND (2010): Das Unternehmen in Zahlen und Fakten, http://solutions.3mdeutschland.de/wps/portal/3M/de_DE/Corporate/About/Kompakt/Facts_Figures/ (02.01.11).

3M PRESSNET (2010), http://www.3m-pressnet.de/3m/opencms/newsdata/allgemein/3M_Innovationsgipfel.html (02.01.11).

ADECCO INSTITUT-WEIßBUCH (2008): Sind deutsche Unternehmen bereit für den demografischen Wandel: Demografische Fitness- Umfrage: Deutschland 2007, London.

ANDERSON, J. R. (1988): Kognitive Psychologie, Spektrum Verlag, Heidelberg.

ANDREEV, M.V.; IVASHCHENKO, A.V.; SIMONOVA, E.V.; SKOBELEV, P.O. (2009): Die Automatisierung der adaptiven Produktionssteuerung im Industriebetrieb. Powolschski Staatliche Universität für Telekommunikation und Informatik, Samara (auf Russisch).

ARGYRIS, C.; SCHÖN, D. A. (1999): Die lernende Organisation. Grundlagen, Methode, Praxis, Klett-Cotta Verlag, Stuttgart.

BANDOW, G.; KUHN, A.; KUHNERT, F.; MAY, H. (2007): Wissensbasiertes Innovationsmanagement, In: Carell, A.; Herrmann, T.; Kleinbeck, U. (Hrsg.) (2007): Innovationen an der Schnittstelle zwischen technischer Dienstleistung und Kunden, Physica-Verlag, Heidelberg, S.181-195.

BARNETT, H. G. (1953): Innovation: The Basis of Cultural Change. McGraw-Hill, New York.

BAUMGARTNER, P.; PAYR, S. (1994): Lernen mit Software, Innsbruck.

BECKER, M. (2005): Personalentwicklung. Bildung, Förderung und Organisationsentwicklung in Theorie und Praxis, 4. Aufl., Schäffer Poeschel, Stuttgart.

BERTELSMANN STIFTUNG (HRSG.) (2010a): Pressemitteilung Lebenslanges Lernen in Europa, http://www.bertelsmann-stiftung.de/cps/rde/xchg/SID-04188D81-400B4A62/bst/hs.xsl/nachrichten_102888.htm (09.01.2011)

BERTELSMANN STIFTUNG (HRSG.) (2010b): Projekt ELLI, http://www.elli.org/de/ueber-elli/das-elli-projekt.html (09.01.2011)

BILDUNGSBERICHTERSTATTUNG (AUTORENGRUPPE) (2008): Bildung in Deutschland 2008 – Ein indikatorgestützter Bericht mit einer Analyse zu Übergängen im Anschluss an den Sekundarbereich 1, Bertelsmann, Bielefeld.

BMBF (HRSG.) (2010): Demografischer Wandel – (k)ein Problem! Werkzeuge für Praktiker – von Betrieben für Betriebe, Bonn, Berlin.

BMW GROUP (HRSG.) (2010): Innovation unter http://www.bmw.de/de/de/insights/news/current/content.html?go2=http://www.bmw.tv/de/home/showNews.do?articleID=6459&spaceID=1(07.02.2011)

BMW GROUP (HRSG.) (2011): Forschung & Entwicklung unter http://www.bmwgroup.com/d/nav/index.html?../0_0_www_bmwgroup_com/home/home.html&source=overview (21.01.2011)

BMWI (BUNDESMINISTERIUM FÜR WIRTSCHAFT UND TECHNOLOGIE) (HRSG.) (2008): Wissensbilanz – Made in Germany. Leitfaden 2.0 zur Erstellung einer Wissensbilanz, Berlin, http://www.bmwi.de/BMWi/Navigation/Service/publikationen,did=289468.html (28.01.2011)

BMWI (HRSG.) (2010): Fünfter Nationaler IT-Gipfel Programm – Personen – Projekte, http://www.bmwi.de/BMWi/ Redaktion/PDF/Publikationen/Technologie-und-Innovation/it-gipfel-2010-programm-personen-projekte,property=pdf,bereich=bmwi,sprache=de,rwb=true.pdf (20.01.2011)

BMWI (HRSG.) (2010a): Im Fokus: Industrieland Deutschland. Stärken ausbauen – Schwächen beseitigen – Zukunft sichern, http://www.bmwi.de/BMWi/Navigation/Wirtschaft/industrie,did=366204.html (02.01.2011).

BOSCH (HRSG.) (2010): Magazin – Mit Vielfalt zum Erfolg, http://csr.bosch.com/content/language1/ html/5769_DEU_XHTML.aspx (03.02.2011)

BULLINGER, H.-J.; ENGEL, K. (2006): Best Innovator – Erfolgsstrategien von Innovationsführern, 2. Aufl., FinanzBuch Verlag, München.

BULLINGER, H.-J.; TEN HOMPEL, M. (HRSG.) (2007): Internet der Dinge. www.internet-derdinge.de, Springer Verlag, Berlin, Heidelberg.

CARELL, A.; EUTENEUER, M. (2007): Innovation und (Unternehmens-) Kulturen: Innovationsprozesse im Spannungsfeld von Dienstleister- und Kundenkultur, In: Carell, A.; Herrmann, T.; Kleinbeck, U. (Hrsg.) (2007): Innovationen an der Schnittstelle zwischen technischer Dienstleistung und Kunden, Physica-Verlag, Heidelberg, S. 19-34.

CARELL, A.; RITTERSKAMP (2007): Analyse und Gestaltung von Innovationsflüssen bei IT-Dienstleistungen, In: Carell, A.; Herrmann, T.; Kleinbeck, U. (Hrsg.) (2007): Innovationen an der Schnittstelle zwischen technischer Dienstleistung und Kunden, Physica-Verlag, Heidelberg, S. 149-161.

CARLSON, C.; WILMOT, W. (2006): Innovation – The Five Disciplines for Creating What Customers Want, New York.

CHOO, C. W. (1996): The Knowing Organization: How Organizations Use Information to Construct Meaning, Create Knowledge and Make Decisions, International Journal of Information Management, 16, 5/1996, S. 329-340.

COOPER, R.; EDGETT, S. J.; KLEINSCHMIDT, E. J. (2002): Portfolio management: fundamental to new product success. In: Belliveau, P.; Griffin, A.; Sommermeyer, S. (Hrsg.): The PDMA toolbook for new product development, New York, S. 331-364.

CORSTEN, H.; GÖSSINGER, R.; SCHNEIDER, H. (2006): Grundlagen des Innovationsmanagements, Vahlen Verlag, München.

CYERT, R. M.; MARCH, J. G. (1963): A Behavioral Theory of the Firm, Englewood Cliffs, N.J.

DAMASIO, A. (2006): Der Spinoza-Effekt. Wie Gefühle unser Leben bestimmen. 3. Aufl., List Verlag, Berlin.

DE GEUS, A. (1998): Jenseits der Ökonomie. Die Verantwortung der Unternehmen, Klett-Cotta Verlag, Stuttgart.

DETJE, F. (1999): Handeln erklären. Vergleich von Theorien menschlichen Handelns und Denkens, Deutscher Universitätsverlag, Wiesbaden.

EADS (HRSG.) (2010): Pressearchiv, http://www.eads.net (20.11.10)

ECA (HRSG.) (2011): ECA-Studie Managing Mobility 2010, http://www.eca-international.com/ news/press_releases/7236/ (11.01.2011)

EDELMANN, W. (1995): Lernpsychologie, Psychologie-Verlags-Union, Weinheim.

ENGEL, K.; NIPPA, M. (HRSG.) (2007): Innovationsmanagement – Von der Idee zum erfolgreichen Produkt, Physica-Verlag, Heidelberg.

ENGELHARDT, D. (2010): Brauche Daten, biete Ware, In: Die Zeit, 21.01.2010, S. 25.

ETZION, O.; NIBLETT, P. (2011): Event Processing in Action, Manning, Greenwich.

EUROPÄISCHE KOMMISSION, GENERALDIREKTION BILDUNG UND KULTUR, GENERALDIREKTION BESCHÄFTIGUNG UND SOZIALES (2001): Mitteilung der Kommission – Einen europäischen Raum des Lebenslangen Lernens schaffen, Brüssel.

FAYOL, H. (1929): Allgemeine und industrielle Verwaltung, Oldenbourg Verlag, München, Berlin.

FAUST, K.; SCHLOSSER, N. (2010): Fit für die Zukunft, In: Personalwirtschaft, 12/2010, S. 34-35.

FINK, A.; SIEBE, A. (2006): Handbuch Zukunftsmanagement. Werkzeuge der strategischen Planung und Früherkennung, Campus Verlag, Frankfurt/New York.

FINZEN, J.; KASPER, H.; KINTZ, M. (2010): Innovation Mining, Fraunhofer Verlag, Stuttgart.

FLEISCH, E.; MATTERN, F. (HRSG.) (2005): Das Internet der Dinge. Ubiquitous Computing und RFID in der Praxis: Visionen, Technologien, Anwendungen, Handlungsanleitungen, Springer Verlag, Berlin, Heidelberg, New York.

FLEISCH, E.; MÜLLER-STEWENS, G. (2008): High-Resolution-Management: Konsequenzen des »Internet der Dinge« auf die Unternehmensführung, zfo, 77, 5/2008, S. 272-281.

FRANKEN, R. (1982): Grundlagen einer handlungsorientierten Organisationstheorie, Verlag Duncker&Humblot, Berlin.

FRANKEN, R. (2009): High Resolution Management durch das Zusammenspiel von RFID und Multiagentensystemen, Fachhochschule Köln, Forschungsbericht 2009, S. 148-151.

FRANKEN, R. (2011): Wissensmanagement, In: Jung, R. H.; Bruck, J.; Quarg, S. (Hrsg.): Allgemeine Managementlehre. Lehrbuch für die angewandte Unternehmens- und Personalführung. 4. Aufl., Erich Schmidt Verlag, Berlin, S. 503-521.

FRANKEN, R.; GADATSCH, A. (Hrsg.) (2002): Integriertes Knowledge Management, Vieweg Verlag, Wiesbaden.

FRANKEN, S. (2010): Verhaltensorientierte Führung – Handeln, Lernen und Diversity in Unternehmen, 3. Aufl., Gabler Verlag, Wiesbaden.

FRANKEN, S. (2010a): Innovationsfähigkeit von KMU: Status quo und Förderung durch ganzheitliches Ideenmanagement, In: Zeitschrift Ideenmanagement, 1/2010, S 12–17.

FRANKEN, S.; BRAND, D. (2008): Ideenmanagement für intelligente Unternehmen, Peter Lang Verlag, Frankfurt.

FRAUNHOFER INSTITUT (HRSG.) (2007): Broschüre Überholspur Innovation, http://www.innoscore.de/http/index.php?pNET=736974653d7061676526616d703b6d656e7549643d3132&nosid=0 (20.11.10)

FREIMUTH, J.; HAUCK, O.; ASBAHR, T. (2002): Organizational Memory und betriebliche Wissensstrukturen. Dargestellt am Beispiel von Teams in einer industriellen Fertigung, In: Zeitschrift Führung & Organisation, 71, 2/2002, S. 96 – 104.

FRESE, E. (2005): Grundlagen der Organisation. Konzept-Prinzipien-Strukturen. 9. Aufl., Gabler Verlag, Wiesbaden.

FUJITSU (HRSG.) (2009): http://search.fujitsu.com/de/search.jsp?q=cache:d4hRbyuhmtkJ:http://de.ts.fujitsu.com/nl/media_topics_0901_innovation.pdf+Open+Innovation&num=10&ie=UTF-8&access=p&#2 (30.12.2009)

FUCHS, J.; DÖRFLER, K. (2005): Projektion des Erwerbspersonenpotenzials bis 2050. Demografische Effekte nicht mehr zu bremsen, IAB-Kurzbericht 11/2005.

GAUBINGER, K.; WERANI, T.; RABL, M. (2009): Praxisorientiertes Innovations- und Produktmanagement. Grundlagen und Fallstudien aus B-to-B-Märkten, Gabler Verlag, Wiesbaden.

GLEICH, R.; RUSSO, P. (HRSG.) (2010): Perspektiven des Innovationsmanagements 2009, Lit Verlag Dr. W. Hopf, Berlin.

GOFFIN, K.; HERSTATT, C.; MITCHELL, R. (2009): Innovationsmanagement. Strategien und effektive Umsetzung von Innovationsprozessen mit dem Pentathlon-Prinzip, FinanzBuch Verlag, München.

GOSCHKE, T. (2006): IDer bedingte Wille. In: Roth, G.; Grün, K.-J.: Das Gehirn und seine Freiheit, Verlag Vandenhoeck und Ruprecht, Göttingen.

GRAF, G.; LASKE, S. (2010): Nichts für Kurzsichtige, In: Personalwirtschaft, 12/2010, S. 18-23.

GRAUER, M.; KARADGI, S.; METZ, D.; SCHÄFER, W. (2010): Real-Time Enterprise – Schnelles Handeln für produzierende Unternehmen, In: Wirtschaftsinformatik & Management, 5/2010, S. 40-45.

GRONAU, N. (HRSG.); BAHRS, J.; SCHMID, S. (2005): Anwendungen und Systeme für das Wissensmanagement. Ein aktueller Überblick, 2. Aufl., GITO Verlag, Berlin.

GRUBER, T. R. (1993): A Translation Approach to Portable Ontology Specifications. In: Knowledge Acquisition 5, 2/1993, S. 199-220.

HAEBERLIN, F. (2003): Ältere Mitarbeiter im Betrieb, In: von Rosenstiel, L.; Regnet, E.; Domsch, M. (Hrsg.): Führung von Mitarbeitern, Schäffer Poeschel Verlag, Stuttgart.

HASEBROOK, J. (2003): Lernen in der New Economy, In: Beyer, L. u.a. (Hrsg.): Vom E-Business zur E-Society: New Economy im Wandel, Hampp Verlag, München, S. 152-198.

HAUN, M. (2002): Handbuch Wissensmanagement. Grundlagen und Umsetzung, Systeme und Praxisbeispiele, Springer Verlag, Berlin/Heidelberg.

HAUSCHILD, J. (2004): Innovationsmanagement, 3. Aufl., Vahlen Verlag, München.

HEITMANN, M. (2003): Handbuch Trend- und Zukunftsforschung, herausgegeben von Zukunftsinstitut Kelkheim.

HOBMAIR, H. (HRSG.) (1996): Pädagogik, Stam Verlag, Köln/München.

HOLSAPPLE, C. W. (ED.) (2003): Handbook of Knowledge Management. Volume 1: Knowledge Matters, Springer Verlag, Berlin, Heidelberg.

HOLSAPPLE, C. W. (ED.) (2003): Handbook of Knowledge Management. Volume 2: Knowledge Directions, Springer Verlag, Berlin, Heidelberg.

HOLSAPPLE, C. W.; JOSHI, K. D. (2003): A Knowledge Management Ontology, Springer Verlag, Berlin, Heidelberg.

HOLTMANNSPÖTTER, D.; RIJKERS-DEFRASNE, S.; PLOETZ, C.; THALLER-HONOLD, S. (2010): Technologieprognosen. Internationaler Vergleich, VDI Technologiezentrum, Zukünftige Technologien Nr. 88, Düsseldorf.

HORX, M.; HUBER, J.; STEINLE, A.; WENZEL, E. (2007): Zukunft machen. Wie Sie von Trends zu Business-Innovationen kommen, Campus Verlag, Frankfurt/New York.

HÜTHER, G. (2009): Die Macht der inneren Bilder. Wie Visionen das Gehirn, den Menschen und die Welt verändern, 5. Aufl., Vandenhoeck & Ruprecht Verlag, Göttingen.

IBM (HRSG.) (2008): Das Unternehmen der Zukunft: Global CEO Study, Stuttgart, Wien, Zürich, http://www-935.ibm.com/services/de/gbs/pdf/2008/ceostudy-de.pdf (27.12.10)

IBM (HRSG.) (2010): Unternehmensführung in einer komplexen Welt, Global CEO Study, Stuttgart, Wien, Zürich, http://www-935.ibm.com/services (29.12.2010).

IKEA (HRSG.) (2010): Daten und Fakten, http://www.ikea.com/ms/de_DE/about_ikea/facts_and_figures/index.html (27.12.10)

INSTITUT FÜR MITTELSTANDSFORSCHUNG (IFM) BONN (2009): Schlüsselzahlen des Mittelstandes in Deutschland 2007/2008, http://www.ifm-bonn.org/index.php?id=99 (02.10.11).

IMAI, M. (1993): Kaizen. Der Schlüssel zum Erfolg der Japaner im Wettbewerb, 11. Aufl., Wirtschaftsverlag Langen Müller/Herbig, München.

JAPAN HUMAN RELATIONS ASSOCIATION (HRSG.) (1994): CIP-Kaizen-KVP – Die kontinuierliche Verbesserung von Produkt und Prozess, hrsg. Von H. Steinbeck, Verlag Moderne Industrie, Landsberg/Lech.

JASHAPARA, A. (2011): Knowledge Management. An Integrated Approach. 2nd ed., Pearson, Harlow, London, New York, Boston.

KLEIN, D. (2010): Die Nutzung eines Ideenwettbewerbs im Rahmen von Change Management. Ein Praxisbeispiel der BMW Group Financial Services Deutschland, In: Ideenmanagement – Zeitschrift für Vorschlagswesen und Verbesserungsprozesse, 36. Jg. 2010, Nr.1, S. 27-33.

KLETTI, J. (HRSG.) (2006): MES - Manufacturing Execution System. Moderne Informationstechnologie zur Prozessfähigkeit der Wertschöpfung, Springer Verlag, Berlin, Heidelberg, New York.

KÖNIG, M.; VÖLKER, R. (2002): Innovationsmanagement in der Industrie, Carl Hanser Verlag, München/Wien.

KOMMISSION DER EUROPÄISCHEN GEMEINSCHAFTEN (HRSG.) (2009): Internet der Dinge – ein Aktionsplan für Europa KOM (2009) 278, Brüssel http://eur-lex.europa.eu/LexUriServ/site/de/com/2009/com2009_0278de01.pdf (18.2.2010)

KOTLER, P.; KELLER, K. L.; BLIEMEL, F. (2007): Marketing-Management. Strategien für wertschaffendes Handeln, 12. Aufl., Pearson Studium, München.

KRIEGESMANN, B. (2007): Innovationsmanagement: Den Kunden neu entdecken, In: Carell, A.; Herrmann, T.; Kleinbeck, U. (Hrsg.) (2007): Innovationen an der Schnittstelle zwischen technischer Dienstleistung und Kunden, Physica-Verlag, Heidelberg, S. 133-148.

KUHLIN, B.; THIELMANN, H. (Hrsg.) (2005): Real-Time Enterprise in der Praxis. Fakten und Ausblick, Springer Verlag, Berlin, Heidelberg, New York.

LAMMERT, U.; GRAUER, M. (2006): RFID im Blickpunkt wirtschaftlicher Überlegungen, In: Wirtschaftsinformatik, 48, 3/2006, S. 198-205.

LEFRANCOIS, G. R. (2008): Psychologie des Lernens, 4. Aufl., Springer Verlag, Berlin.

LEHNER, F. (2000): Organizational Memory. Konzepte und Systeme für das organisatorische Lernen und das Wissensmanagement, Hanser Verlag, München, Wien.

LEHNER, F. (2009): Wissensmanagement. Grundlagen, Methoden und technische Unterstützung. 3. Aufl., Hanser Verlag, München, Wien.

LEHR, U. (2007): Psychologie des Alterns, Quelle & Meyer Verlag, Wiebelsheim.

LEMBKE, G.; MÜLLER, M.; SCHNEIDEWIND, U. (2006): Wissensnetzwerke. Grundlagen – Anwendungsfelder – Praxisberichte, LearnAct! Unternehmensentwicklung Verlagsgesellschaft, Wiesbaden.

LUCKHAM, D. (2002): The Power of Events: An Introduction to Complex Event Processing in Distributed Enterprise Systems, Addison-Wesley Longman, Amsterdam.

LÜER, C. U. (1998): Kognition und Strategie. Zur konstruktiven Basis des Strategischen Managements, Gabler Verlag, Wiesbaden.

LYNN, G. S.; MORONE, J. G.; PAULSON, A. S. (1996): Wie echte Produktinnovationen entstehen, in: Harvard Business Manager, Nr.4/1996, S. 80 – 91.

MACHARZINA, K,; WOLF, J. (2005): Unternehmensführung. Das internationale Managementwissen: Konzepte – Methoden – Praxis, 5. Aufl., Gabler Verlag, Wiesbaden.

MAIER, R.; HÄDRICH, T.; PEINL, R. (2009): Enterprise Knowledge Infrastructures. Second Edition, Springer Verlag, Berlin, Heidelberg.

MALHOTRA, Y. (2005): Integrating knowledge management technologies in organizational business processes: getting real time enterprises to deliver real business performance, Journal of Knowledge Management, 9, 1/2005, S. 7-28.

MATTERN (2005): Die technische Basis für das Internet der Dinge, In: Fleisch, E.; Mattern, F. (Hrsg): Das Internet der Dinge. Ubiquitous Computing und RFID in der Praxis: Visionen, Technologien, Anwendungen, Handlungsanleitungen, Springer Verlag, Berlin, Heidelberg, New York, 2005, S. 39-66.

MAUTH, R. (2010): TRIZ-basiertes Service-Roadmapping – Ein Rahmenkonzept zur Planung von Service-Innovationen. In: Gleich, R.; Russo, P. (Hrsg.): Perspektiven des Innovationsmanagements 2009, Lit Verlag Dr. W. Hopf, Berlin.

MEFFERT, H. (1998): Marketing. Grundlagen marktorientierter Unternehmensführung; Konzepte – Instrumente – Praxisbeispiele, Gabler Verlag, Wiesbaden.

MEINERT, S. (2010): Zwischen iPod und Learning 2.0, Financial Times Deutschland vom 29.04.2010, http://www.ftd.de/karriere-management/management/:generation-y-zwischen-i-pod-und-learning-2-0/50107269.html

MENGES, J.; HORN, H.; KABATH, J. (2011): Mehr Mut zur Vision, In: Personalwirtschaft, 1/2011, S. 34-35.

MERTINS, K.; ALWERT, K.; HEISIG, P. (HRSG.) (2005): Wissensbilanzen. Intellektuelles Kapital erfolgreich nutzen und entwickeln, Springer Verlag, Berlin, Heidelberg, New York.

MICIC, P. (2000): Der Zukunftsmanager. Wie Sie Marktchancen vor Ihren Mitbewerbern erkennen, Haufe Verlagsgruppe, Freiburg, Berlin, München.

MÜHLHOFF, T. (2003): ThyssenKrupp CommunityWorld. Ein Konzern will wissen, was er weiß (Vortrag), Düsseldorf.

MÜHLHOFF, T.; VOLLMAR, G. (OJ): ThyssenKrupp CommunityWorld. Von Kanzlern, Bürgermeistern und Shopbesitzern, Düsseldorf.

MÜSSELER, J. (HRSG.) (2008): Allgemeine Psychologie, 2. Aufl., Spektrum Akademischer Verlag, Berlin/Heidelberg.

MYERS, D. G. (2008): Psychologie, 2. Aufl., Springer Verlag, Heidelberg.

NECKEL, H. (2004): Modelle des Ideenmanagements. Intuition und Kreativität unternehmerisch nutzen, Klett-Cotta Verlag, Stuttgart.

NEUMANN, D.; JORASCHKEWITZ, I.; KRAUSE, M. (2007): Innovationsförderliche Klimata an der Anbieter-Kundenschnittstelle, In: Carell, A.; Herrmann, T.; Kleinbeck, U. (Hrsg.) (2007): Innovationen an der Schnittstelle zwischen technischer Dienstleistung und Kunden, Physica-Verlag, Heidelberg, S. 102-116.

NONAKA, I.; TAKEUCHI, H. (1997): Die Organisation des Wissens, Campus Verlag, Frankfurt/ New York.

NONAKA, I., TOYAMA, R., KONNO, N. (2000): SECI, Ba and Leadership: a Unified Model of Dynamic Knowledge Creation; Long Range Panning, Nr. 1, S. 5-34.

NORTH, K. (1998): Wissensorientierte Unternehmensführung. Wertschöpfung durch Wissen, Gabler Verlag, Wiesbaden.

NORTH, K., FRIEDRICH, P., BRAHTZ, M. (2005): Innovationskompetenz – Bestandsaufnahme, Modell, Ebenen. In: Arbeitsgemeinschaft Betriebliche Weiterbildungsforschung e.V. (Hrsg.) Kompetenzentwicklung 2005, Waxmann Verlag, Münster, S 69-122.

NORTH, K.; GÜLDENBERG, S. (2008): Produktive Wissensarbeit(er), Gabler Verlag, Wiesbaden.

OELSNITZ, D. V. D. (2009): Die innovative Organisation. Eine gestaltungsorientierte Einführung, Verlag W. Kohlhammer, Stuttgart.

OPEL KAISERSLAUTERN (HRSG.) (1997): Betriebsvereinbarung – Gruppenarbeit Stufe II, Ergänzungsvereinbarung zur Betriebsvereinbarung 179 "Gruppenarbeit", Kaiserslautern.

OSCAR-REINVENT MOBILITY (HRSG.) (2010): Projekthomepage, http://www.theoscarprojekt.org (20.01.2011)

OVERWIEN, B. (2005): Stichwort: Informelles Lernen. In: Zeitschrift für Erziehungswissenschaft, Heft 3 (2005), S. 339-359.

PESCH, U. (2010): Und – Action! In: Personalwirtschaft 9/2010, S. 48-51.

PINCHOT, G.; PELLMAN, R. (1999): Intrapreneuring in Action, Berrett and Koehler.

PLESCHAK, F.; SABISCH, H. (1996): Innovationsmanagement, Schäffer Poeschel Verlag, Stuttgart.

PORSCHEN, S. (2008): Austausch impliziten Erfahrungswissens. Neue Perspektiven für das Wissensmanagement, Gabler Verlag, Wiesbaden.

PROBST, G.; RAUB, S.; ROMHARDT, K. (2006): Wissen managen: Wie Unternehmen ihre wertvolle Ressource optimal nutzen, 5. Aufl., Gabler Verlag, Wiesbaden.

REICHENBERGER, K. (2010): Kompendium semantische Netze. Konzepte, Technologie, Modellierung, Springer Verlag, Heidelberg, Dordrecht, London, New York.

REICHWALD, R. (HRSG.) (2002): Mobile Kommunikation. Wertschöpfung, Technologien, neue Dienste, Gabler Verlag, Wiesbaden.

REICHWALD, R.; PILLER, F. (2006): Interaktive Wertschöpfung – Open Innovation, Individualisierung und neue Formen der Arbeitsteilung, Gabler Verlag, Wiesbaden.

REINMANN-ROTHMEIER, G.; ERLACH, C.; NEUBAUER, A. (2000): Erfahrungsgeschichten durch Story Telling. Eine multifunktionale Wissensmanagement-Methode, Forschungsbericht Nr. 127, Ludwig-Maximilians-Universität, München.

RITZ, A.; THOM, N. (HRSG.) (2010): Talent Management. Talente identifizieren, Kompetenzen entwickeln, Leistungsträger erhalten, Gabler Verlag, Wiesbaden.

RIZZOLATTI, G.; SINIGAGLIA, C. (2008): Empathie und Spiegelneurone. Die biologische Basis des Mitgefühls, Suhrkamp Verlag, Frankfurt.

ROBBINS, S. (2001): Organisation der Unternehmung, Pearson Studium, München.

ROGERS, E. (2003): Diffusion of Innovations. 5th edn, The Free Press, New York.

ROTH, G. (2003): Fühlen, Denken, Handeln, Suhrkamp Verlag, Frankfurt.

ROTH, G. (2005): Wer entscheidet, wenn ich entscheide? Das menschliche Ich zwischen Verstand, Vernunft und Gefühl; In: Wissenschaft und Wirtschaft, Nr. 1/2005, S. 50-57.

ROTH, G. (2007): Möglichkeiten und Grenzen von Wissensvermittlung und Wissenserwerb. Erklärungsansätze aus Lernpsychologie und Hirnforschung, In: Caspary, R. (Hrsg.): Lernen und Gehirn, Herder Spektrum, Freiburg in Breisgau, 3. Aufl., S. 54-69.

RÜEGG-STÜRM, J. (2005): Das neue St. Galler Management- Modell. Grundkategorien einer integrierten Managementlehre. Der HSG-Ansatz. 2. Aufl., Haupt Verlag, Bern, Stuttgart, Wien.

RÜGGE, I. (2006): Mobile Solutions. Einsatzpotenziale, Nutzungsprobleme und Lösungsansätze, Teubner Research, Wiesbaden.

SCHACHL, H. (2005): Was haben wir im Kopf? Die Grundlagen des gehirngerechten Lernens, Linz.

SCHAT, H.-D. (2005): Ideen fürs Ideenmanagement, hrsg. vom Institut für angewandte Arbeitswissenschaft, Köln.

SCHEWE, G. (2010): Forschung und Entwicklung im Bayer-Konzern. Interview mit dem Vorstand für Innovation, Technologie und Umwelt der Bayer AG W. Plischke, In: zfo 1/2010, S. 31–34.

SCHIRP, H. (2007): Neurowissenschaften und Lernen. Was können neurobiologische Forschungsergebnisse zur Weiterentwicklung von Lehr- und Lernprozessen beitragen?, In: Caspary, R. (Hrsg.): Lernen und Gehirn, Herder Spektrum, Freiburg in Breisgau, S. 99-127.

SCHMALZL, B.; VANSELOW, K. (2009): Wissenskommunikation in global verteilten Teams, In: Wissensmanagement 4/2009, S. 48-50.

SCHMIDT, C. (2007): Kundenwissen im Innovationsprozess, Peter Lang Verlag, Frankfurt.

SCHMIDT, K.; GLEICH, R.; RICHTER, A. (HRSG.) (2009): Gestaltungsfeld Arbeit und Innovation. Perspektiven und Best Practices aus dem Bereich Personal und Organisation, Haufe Mediengruppe, Freiburg, Berlin, München.

SCHNEIDER, P. (2010): So einfach, so gut, In: Personalwirtschaft, 12/2010, S. 24-26.

SCHNEIDER, U. (2006): Das Management der Ignoranz. Nichtwissen als Erfolgsfaktor, Deutscher Universitäts-Verlag, Wiesbaden.

SCHNELLE, E. (1966): Entscheidungen im Management. Wege zur Lösung komplexer Aufgaben in großen Organisationen, Verlag Schnelle, Quickborn.

SCHNETZLER, N. (2006): Die Ideenmaschine, 5. Aufl., Wiley-VCH Verlag, Weinheim.

SCHOLL, A.; KLEIN, R.; HÄSELBARTH, L. (2003): Planung im Spannungsfeld zwischen Informationsdynamik und zeitlichen Interdependenzen, Arbeits- und Diskussionspapiere der Wirtschaftswissenschaftlichen Fakultät der Friedrich-Schiller-Universität Jena, 14/2003, Jena.

SCHREYÖGG, G.; EBERL, P. (1998): Organisationales Lernen: Viele Fragen, noch zu wenig neue Antworten, In: DBW, 58, 4/1998, 516-536.

SCHREYÖGG, G.; KOCH, J. (2007): Grundlagen des Managements, Lehrbuch, Gabler Verlag, Wiesbaden.

SCHUMPETER, J. A. (1993): Kapitalismus, Sozialismus und Demokratie, 7. Aufl., Bern.

SCORNAVACCA, E.; BARNES, S. J.; HUFF, S. L. (2006): Mobile Business Research Published in 2000-2004: Emergence, Current Status, and Future Opportunities, The Communications of the Association for Information Systems, 17/2006, S. 635-646.

SEEL, N. M. (2000): Psychologie des Lernens, Ernst Reinhardt Verlag, München/Basel.

SENGE, P. M. (1996): Die fünfte Disziplin. Kunst und Praxis der lernenden Organisation, 2. Aufl., Stuttgart.

SIMON, H. A. (1990): Die Wissenschaften vom Künstlichen, Kammerer & Unverzagt, Berlin.

SOMMERLATTE, T.; BEYER, G.; SEIDEL, G. (2006): Innovationskultur und Ideenmanagement, Symposion Verlag, Düsseldorf.

STEINMANN, H.; SCHREYÖGG, G. (2005): Management. Grundlagen der Unternehmensführung. Konzepte - Funktionen - Fallstudien. 6. Aufl., Gabler Verlag, Wiesbaden.

STOEBER, M. (o.J.): Knowledge Management – Methoden, Strukturen und Technologien zur Etablierung eines zielgerichteten und ganzheitlichen Knowledge Management, Diss., Bochum.

STUCKENSCHMIDT, H. (2009): Ontologien. Konzepte, Technologien und Anwendungen, Springer Verlag, Dordrecht, Heidelberg, London, New York.

THIER, K. (2006): Storytelling. Eine narrative Managementmethode, Springer Medizin Verlag, Heidelberg.

THOM, N. (1992): Innovationsmanagement, Schweizerische Volksbank, Bern.

THOM, N. (1997): Effizientes Innovationsmanagement in kleinen und mittleren Unternehmen, hrsg. Von Berner Kantonal Bank (BEKB), Bern.

THOM, N.; PIENING, A. (2009): Vom Vorschlagswesen zum Ideen- und Verbesserungsmanagement, Peter Lang Verlag, Bern.

TOMASELLO, M. (2002): Die kulturelle Entwicklung des menschlichen Denkens. Zur Evolution der Kognition, Suhrkamp Verlag, Frankfurt.

TROMMSDORFF, V.; STEINHOFF, F. (2007): Innovationsmarketing, Vahlen Verlag, München.

VAHS, D.; BURMESTER, R. (2005): Innovationsmanagement. Von der Produktidee zur erfolgreichen Vermarktung, 3. Aufl., Schäffer Poeschel, Stuttgart.

VÖLKER, R.; SAUER, S.; SIMON, M. (2007): Wissensmanagement im Innovationsprozess, Physica-Verlag, Heidelberg.

VOLKSWAGEN AG (HRSG.) (2010): Ideenmanagement, http://www.volkswagenag.com/vwag/vwcorp/info_center/de/news/2010/02/Ideas.html (12.12.2010)

VESTER, F. (2007): Denken, Lernen, Vergessen, dtv, München.

WEIDAUER, R.; WETZEL, A. (1972): Sozialisitische Leitung im Betrieb und Kombinat, Verlag Die Wirtschaft, Berlin.

WEISS, G. (ED.) (1999): Mulitagentsystems - A Modern Approach to Distributed Artificial Intelligence, Cambridge, Mass.; MIT-Press, London.

WEISSENBERGER-EIBL, M. A.; EBERT, D. (2010): Communities of Practice: So gestalten Sie die Wissenskultur in Organisationen, In: zfo 6/2010, 79. Jahrgang, S. 360-365.

WIDUCKEL, W. (2009): Führung, Innovation und soziale Verantwortung, In: Schmidt, K.; Gleich, R.; Richter, A. (Hrsg.): Gestaltungsfeld Arbeit und Innovation, Haufe Mediengruppe, Freiburg, Berlin, München, S. 211-230.

WILLMANNS, R.; HEHL, W. (2009): Paradoxa und Praxis im Innovationsmanagement, Hanser Verlag, München.

WÖHE, G.; DÖRING, U. (2008): Einführung in die Allgemeine Betriebswirtschaftslehre, 23. Aufl., Vahlen Verlag, München.

WÖRDENWEBER, B.; WICKORD, W. (2004): Technologie- und Innovationsmanagement im Unternehmen. Methoden, Praxistipps und Softwaretools, 2. Aufl., Springer Verlag, Berlin.

WUPPERTALER KREIS E.V. (HRSG.) (1997): Ideenmanagement. Ein Leitfaden für mittelständische Unternehmen, Deutscher Wirtschaftsdienst, Köln.

ZECH, R. (2010): Die permanente Selbsterschaffung des Unternehmens, In: Heidsiek, C.; Petersen, J. (Hrsg.): Organisationslernen im 21. Jahrhundert, Peter Lang Verlag, Frankfurt, S. 69-79.

ZERFAß, A.; BOELTER, D. (2005): Die neuen Meinungsmacher. Weblogs als Herausforderung für Kampagnen, Marketing, PR und Medien, Graz.

ZIMBARDO, P.; GERRIG, R. (2004): Psychologie, 16. Aufl., Pearson Studium, München.

Stichwortverzeichnis